生态环境保护与可持续发展

主　编　胡智泉
副主编　胡　辉　李胜利

华中科技大学出版社
中国·武汉

内容简介

本书共十二章，内容包括绪论、可持续发展理论、环境规划与管理、生态环境改善行动计划、从清洁生产到循环经济、新时代生态文明建设、生态城市的理论与实践、新时代美丽中国建设、全球应对气候变化、长江经济带绿色发展战略、长江经济带生态环境保护方案、长江经济带生态环境保护和修复机制建设。

本书可作为培养高校各专业本科生、专科生及研究生生态环境保护意识和可持续发展思想的通识教育公共教材，对环境保护从业人员和关注环境保护人士也具有重要的参考价值。

图书在版编目(CIP)数据

生态环境保护与可持续发展/胡智泉主编.—武汉：华中科技大学出版社，2021.8
ISBN 978-7-5680-7266-3

Ⅰ.①生… Ⅱ.①胡… Ⅲ.①生态环境-环境保护-可持续性发展-中国 Ⅳ.①X171.1

中国版本图书馆 CIP 数据核字(2021)第 136373 号

生态环境保护与可持续发展
Shengtai Huanjing Baohu yu Kechixu Fazhan

胡智泉 主编

策划编辑：王新华
责任编辑：张 琳
封面设计：潘 群
责任校对：曾 婷
责任监印：周治超
出版发行：华中科技大学出版社(中国·武汉) 电话：(027)81321913
武汉市东湖新技术开发区华工科技园 邮编：430223
录 排：华中科技大学惠友文印中心
印 刷：武汉开心印印刷有限公司
开 本：787mm×1092mm 1/16
印 张：18.75
字 数：487 千字
版 次：2021 年 8 月第 1 版第 1 次印刷
定 价：48.00 元

本书若有印装质量问题，请向出版社营销中心调换
全国免费服务热线：400-6679-118 竭诚为您服务
版权所有 侵权必究

前　言

党的十八大以来，国家把生态文明建设和环境保护摆在更加突出的战略位置，对绿色发展、绿色生活作出一系列新决策、新部署、新安排。高校环境教育应迅速延伸至生态教育，紧跟现实需求，推进生态文明建设。针对全球环境问题，将培养学生站位全局的环保意识作为高校环境保护与可持续发展课程教学的重点。在新时代，强化绿色发展理念、走可持续发展道路、构建美丽中国，是高校环境保护与可持续发展课程所必须坚持的理念。

本书是作者在10多年教学和科研实践的基础上，根据当前学科发展和教学需求，按照全新的视角，构建的一个生态环境保护、生态文明建设通识教育的框架。本书定位为一本生态环境基本知识及生态文明建设的指引书，可作为培养高校各专业专科生、本科生及研究生生态环境保护意识和可持续发展思想的通识教育公共教材，对环境保护从业人员和关注环境保护人士也具有重要的参考价值。

本书由胡智泉任主编，胡辉、李胜利任副主编。本书编写分工如下：第一、二章由李胜利编写；第三、四、五章由胡辉编写；第六、七、八章由胡智泉编写；第九章由胡辉、胡智泉编写；第十章由胡智泉、胡辉编写；第十一章由胡辉、胡智泉编写；第十二章由胡智泉编写。全书由胡智泉统稿，胡辉校订。在本书编写过程中，华中科技大学环境科学与工程学院的研究生张紫璇、包美玲、邓梦婷、谢欢欢、陈柳、强平等积极参与，在此一并表示感谢！

本书在编写过程中，引用了大量国内外相关参考文献，大部分注明了出处。如有未详细注明的引用文献，敬请文献作者谅解，在此向相关专家、学者致以诚挚的感谢。

本书内容广泛，因编者学术水平和经验所限，书中缺点和错误在所难免，敬请读者批评指正。

编　者

目　录

第一章　绪　　论

第一节　环境的定义

一、不同学科对环境的定义

“环境”是个相对的概念，其相对于某一中心事物而言，作为某一事物的对立面而存在，中心事物不同，环境的含义也就随之不同。

不同学科中主体的界定存在差异，因此环境的含义各不相同。生态学领域主要研究生物与环境的关系，其环境是以动物、植物和微生物为主体的生态环境；地理学领域主要研究人类社会与环境的关系，其环境是以人类社会为主体的地理环境；环境科学领域主要研究人类与环境的关系，其环境是以人类为主体的人类环境。

世界各国的环境保护法中，通常把环境要素或者保护对象称为环境。《中华人民共和国环境保护法》第二条明确指出：“本法所称环境，是指影响人类生存和发展的各种天然的和经过人工改造的自然因素的总体，包括大气、水、海洋、土地、矿藏、森林、草原、湿地、野生生物、自然遗迹、人文遗迹、自然保护区、风景名胜区、城市和乡村等”。

二、环境的分类

环境系统庞大而复杂，人们可以从不同的角度、不同的原则，按照人类环境的组成和结构关系进行分类。通常按照环境的主体、环境的范围、环境的要素等原则进行分类。

（一）按照环境的主体分类

按照环境的主体可将环境分为两大类：一种是以人类为主体，其他的生命物体和非生命物质都被视为环境要素，环境就是指人类的生存环境，通常在环境科学中采用这种分类方法；另一种是以所有生物为环境的主体，其他的非生命物质为环境要素，通常在生态学中采用这种分类法。

（二）按照环境的范围分类

按照环境的范围可将环境分为聚落环境（院落环境、小区环境、乡村环境）、地理环境、地质环境和星际环境。

（三）按照环境的要素分类

按照环境要素可将环境分为两大类：自然环境和社会环境。自然环境是指由水土、地域、气候等自然事物所形成的环境。社会环境是人类社会在长期的发展中，为了不断提高人类的物质和文化生活而创造出来的环境。

第二节　环境意识及发展过程

一、环境意识的定义

环境意识包含的内容非常广泛，存在多种理解及定义，由于研究者的学术背景不同，对环境意识形成了不同的观察、研究角度，如哲学角度、文化角度、价值观角度、心理学角度等。

余谋昌从“可持续发展”的角度，对环境意识的定义进行了进一步的分析，提出“所谓环境意识，是人与自然环境关系所反映的社会思想、理论、情感、意志、知觉等观念形态的总和。它是反映人与自然和谐发展的一种新的价值观念。”

二、环境意识的发展过程

“环境意识”首先倡导于西方，即“environmental awareness”一词。1968 年，美国学者 Roth 首先提出环境素养（environmental literacy）的概念，其含义与环境意识极为接近。1970 年，美国总统尼克松以“环境素养”为题，在美国环境质量委员会的年度报告上揭示环境素养的重要性。同年，美国新泽西州环境教育委员会制定新泽西州环境教育整体规划，其目的是采用迅速而有效的方法培养具有环境素养的公民。1978 年，联合国教科文组织在苏联第比利斯召开政府间环境教育会议，提出了具有环境素养的人所具有的特征。同年，美国学者 Dunlap 和 Van Liere 提出“新环境典范”的概念，它提倡一种人与自然之间互动关系的新思维，其信念是了解人是整个自然生态系统的一部分，相信各种极限的存在，确认地球的负荷能力不是无限的，认识整个生态系统平衡的重要性。“新环境典范”是相对于传统的以人类发展为中心的思维模式，即“主流社会典范”而提出的。这个概念与环境意识相似。

可以说，环境意识是关于人地关系的各种先进思想观念的集合。就中国而言，在正式场合出现“环境意识”的提法，始自 1983 年召开的第二届全国环境保护会议。

环境意识目前已逐渐被国际社会广泛接受。在一些发达国家，环境意识已经成为一种潮流，并逐渐成为人们思想意识的一部分，它不仅要求规范个人的生活方式，还要求规范社区与整个社会的生活方式和经济活动方式。在我国，“环境意识”一词也在大众传媒中频繁出现，日益受到人们的重视。

三、新型环境意识的特点、内涵和重要性

新型环境意识是人类思想的先进观念。它是一种新的、独立的意识形态，是在人类思想深层对人类与自然关系的科学认识。它的产生是人类意识进化的新表现。但它不是人类的生物-生理进化，而是人类的文化-意识进化，是人类价值观的完善，是人类伦理价值和美学价值观的进步，因而新型环境意识与传统意识的相比具有鲜明的特点。

（1）传统意识强调分析性思维，把统一的世界分化为人类社会和自然界分别进行研究，并进一步分化为许多学科，对世界的各种因素分别进行认识。

新型环境意识强调综合思维，不仅把地球生态系统看成一个有机整体，而且人类、社会和自然界的相互联系和相互作用构成了统一的有机整体。它具有整体性特点，包括自然生态整体性、人类利益和人类实践的整体性，以及人类与自然的整体性。同时，新型环境意识也十分重视自然生态系统、人类利益和人类实践，以及不同地域人类与自然关系的多样性和差异性，

强调从这种多样性和差异性中把握整体性。因而新型环境意识的思维方式是分析与综合的统一。

(2) 传统意识强调人类活动是为了主宰和统治自然，主张无限制地改造自然和利用自然；而新型环境意识是依据生态系统整体性的观点，认为人类改造和利用自然有一个限度，超过这一限度就会导致生命维持系统的破坏，因而需要把人类活动限制在某一历史时期生态系统所能承受的限度内。

(3) 新型环境意识在根本价值观上有重大突破。它主张在突破人类中心主义价值观的基础上，确立人类与自然和谐发展的价值方向，并依据新的价值观放弃传统的社会发展模式，选择新的谋生模式，实现社会物质生产方式和社会生活方式的变革。

新型环境意识的内涵是指人们对环境和环境保护的一个认识水平和认识程度，包括人们为保护环境而不断调整自身的经济活动和社会行为，协调人与环境、人与自然相互关系的实践活动的自觉性。简单地说，环境意识反映的是人们的一种心理，是对环境的认同感。在这种心理的作用下，人们会有意识地去关注环境变化和生态平衡，并且会自觉地维护生态系统的良性发展，强烈反对任何破坏、污染环境的行为。

环境意识属于上层建筑的范畴，它对于环境行为具有极大的积极作用，对环境保护工作具有重大的促进意义，具体表现在以下几个方面。

第一，环境意识是保护和改善环境、防治污染和其他公害所必需的思想和心理条件。人的一切行为无不基于一定的思想目的和心理动机而进行，环境行为也是如此。人们要使自己的环境行为符合环境规律，就应在实施环境行为之前，具备一定的环境观念，即保护和改善环境的目的和动机，这是提高人们环境意识的关键。

第二，环境意识中的环境思想体系，即环境科学可以正确地指导人们的环境行为，改变环境保护工作一度存在的被动局面。人们一切行为包括环境行为都在一定的环境中进行，对环境施加着各种各样的影响。然而，缺乏环境科学指导的行为是盲目的，它会给环境造成消极影响，即污染和破坏；而基于系统环境科学知识指导下的行为，对环境产生积极影响——保护和改善环境。

第三，提高环境意识是实施可持续发展战略的重要保障。可持续发展是中国彻底摆脱贫穷、人口、资源和环境困境的唯一正确选择。

第三节　环境承载力

一、环境承载力的概念

“承载力”(carrying capacity)一词起源于生态学，其含义是“某一特定环境条件下，某种生物个体存在数量的最高极限”。1968 年，日本学者首次在环境科学领域提出了“环境容量”的概念，以表达环境的纳污能力，目的是为制定某一区域环境污染物控制总量提供可量化的最大负荷量。1983 年版的《中国大百科全书·环境科学》中给出了“环境容量”的定义：在人类生存和自然不致受害的前提下，某一环境所能容纳污染物的最大负荷量。1991 年，我国学者在国家“七五”重点科研项目“我国沿海新经济开发区环境的综合研究——福建省湄洲湾开发区环境规划综合研究报告”中首次提出了“环境承载力”的概念。同年，曾维华等将“环境承载力”的概念定义为“在某一时期，某种状态或条件下，某地区环境所能承受人类活动作用的阈值”；

1998年，曾维华又在这一概念的基础上，对环境承载力概念中的“某种状态或条件下”进行了明确，指出：“环境承载力”是指“在一定时期与一定范围内，以及在一定自然环境条件下，维持环境系统结构不发生质的改变、环境功能不遭受破坏的前提下，环境系统所能承受的人类活动的阈值”。

二、环境承载力的研究内容

1. 环境承载力理论的DPCSIR模型

借鉴DPCSIR概念模型中的因果分析思路，将环境承载力与该模型相结合，建立了环境承载力理论的驱动力-压力-承载力-状态-影响-响应(DPCSIR)模型，如图1-1所示。

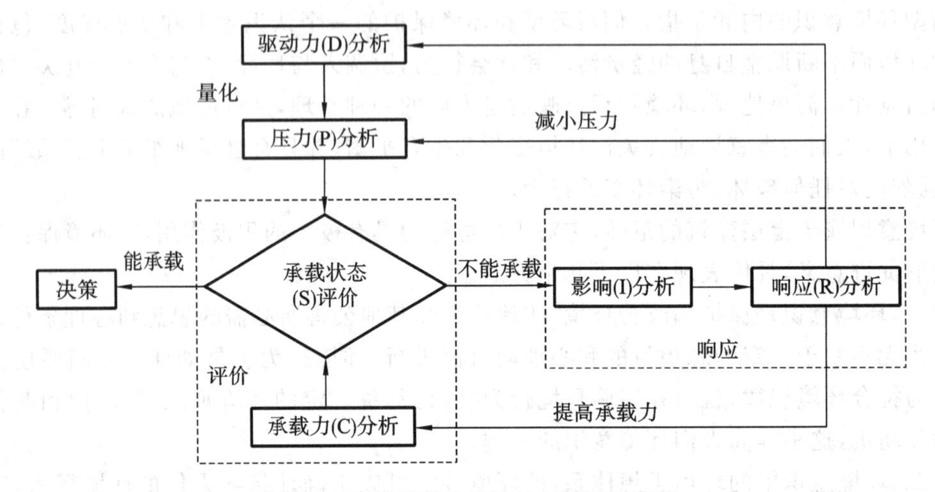

图1-1 环境承载力理论的DPCSIR模型

其中：

D(drive force)是指规模较大的社会经济活动和产业发展趋势，是造成环境变化的潜在原因，包括人口发展、城市化进程以及经济发展等。

P(pressure)是指人类活动对其紧邻的环境以及自然生态的影响，是环境的直接压力因子，包括社会经济发展对区域资源的需求压力、对区域环境的污染物排放压力、对区域环境的生态服务需求压力等。

C(carrying capacity)是指环境系统及其自身的内在复杂结构对人类社会经济系统的承载能力，包括资源的供给能力、环境对污染物的净化能力以及环境的生态服务能力。

S(state)是描述可见的区域环境动态变化和可持续发展能力的因子，包括资源的供需平衡状况以及环境质量状况。

I(impact)是指环境系统的状态对人类健康、自然生态和经济结构的影响，它是前四个因子作用的必然结果。

R(response)是指系统变化的响应措施，包括调整驱动力、减小压力以及提高环境承载力。

该模型将人类-环境巨型系统进行分解，并分别对环境系统自身及社会经济系统的客观运动规律进行深入研究，从而准确地把握环境系统对人类活动作用的承载能力及社会经济发展对环境系统的压力。在此基础上，将压力与承载力进行匹配，以寻找环境问题发生的根源，并根据匹配的结果，同时从社会经济系统和环境系统两个角度提出具体的、具有针对性的对策措施。

据此，该模型将环境承载力研究内容分成三个部分：第一，环境承载力的量化；第二，环境承载力的评价；第三，环境承载状态的响应。

2. 环境承载力的量化

环境承载力的本质是环境系统的组成与结构外在功能的表现。然而，人们很难直接对环境系统的组成与结构特征进行把握和量化。因此，人们可以从环境系统与人类系统之间在物质、能量及信息的输入与输出方面入手，把环境系统对人类的各种支持功能进行量化。

环境系统对人类社会经济活动的支持功能至少包括以下三个方面：资源供给能力、环境纳污能力及生态服务能力。此外，人类可以通过理性的行为来提高环境承载力，为社会经济发展创造更适宜的条件。因此，环境承载力除了上述三项组成外，还应有第四项，即环境承载力中的社会支持能力。

环境承载力的量化可以从区域实际的或是规划的人类社会经济活动出发，结合区域的环境特点，从以上环境承载力的四个组成中选取容易形成该区域社会经济发展限制因子的环境敏感指标，建立环境承载力的量化指标体系。一般来说，环境承载力的量化指标选取包括资源供给能力指标、环境纳污能力指标、生态服务能力指标及社会支持能力指标。

3. 环境承载力的评价

要真正地实现环境承载力作为人类活动与环境保护协调程度判断依据的功能，就必须在环境承载力量化的基础上对其进行评价。环境承载力的评价就是要着重对社会经济发展的环境压力进行分析和预测，并将其与环境承载力进行比较，以判断人类活动与环境保护之间的协调程度，并据此提出具体的社会经济发展与环境保护对策措施。

环境承载力的评价指标体系包括环境承载力指标(C)、驱动力指标(D)、压力指标(P)、状态指标(S)及响应指标(R)。每一个指标体系下又选取多项分指标对其进行进一步的具体描述。

在压力指标和承载力指标的基础上，进行环境承载率(环境承载量与环境承载力之比)指标的计算，进而进行单要素或综合承载状态评价。

4. 环境承载状态的响应

当环境承载力评价的结果为超载，或是各要素的承载状态之间严重不均衡时，研究人员应该对此作出响应。

环境承载状态的响应可以从三个方面出发：调整驱动力、减小压力及提高环境承载力。

为了将社会经济发展的环境压力控制在环境承载力或某种特定的环境目标之内，可以通过反向推算法或正向试算法，确定环境承载状态的响应指标所应达到的具体指标。

三、环境承载力的特点

由于环境承载力是环境系统组成与结构特征的综合反映，因而应该围绕其“组成与结构”来把握其特点。正确把握环境承载力的特点，对于人类认识其影响因素，并将其应用于人类社会经济发展的实践，特别是用于指导人类如何发挥改造环境的主观能动性，朝着更有利于人类的方向发展。环境承载力具有如下特点。

1. 客观性

区域环境作为一个开放系统，可以通过与外界交换物质、能量及信息而保持自身结构与功能的相对稳定，即在一定时期内，区域环境系统在结构、功能方面不会发生质的变化。因而，环境承载力在环境系统结构不发生本质变化的前提下，是客观的，是可以被量化和把握的。

2. 区域性

在研究环境对人类活动作用支撑能力的“限制”时，通常以某区域为对象。区域是一个开放系统，与邻近区域不断存在着物质、能量及信息交换，如资源的跨区域调配和污染物的越境迁移等。这些交换对区域的环境承载力有着深刻的影响。因此，研究环境承载力，必须首先明确研究的空间范围，同时考虑对其产生影响的区外范围。

3. 动态性与相对稳定性

环境承载力的本质是由环境系统的组成与结构所决定的物质、能量及信息的输入输出能力，而环境系统的结构会因为以下两个方面的因素而发生变动：第一，环境系统自身的运动变化；第二，人类活动对环境所施加的作用。因此，环境承载力具有绝对的动态性。

然而在一定时期内，环境承载力又是相对稳定的。正是环境承载力的这种相对稳定性使其能够被人类所认识和把握，并且被充分利用。

4. 有限的可控性

在引起环境系统发生变化的两点原因中，人类活动对环境所施加的压力起主导作用。因此，环境承载力的动态性在很大程度上可以由人类活动加以控制。人类在掌握环境系统的客观运动规律及社会经济系统与环境系统之间的辩证关系的基础上，可以根据生产和生活的实际需要，对环境系统进行有目的的改造，从而提高环境承载力。

但是，人类对环境所施加的压力，必须要有一定的限度，而不能无限制地施加。因此，环境承载力的可控性是有限度的可控性。

环境承载力的上述特点表明：人类可以通过理性的行为来提高环境承载力，为社会经济发展创造更适宜的条件。

四、环境承载力概念的扩展

自从我国学者首次提出“环境承载力”的概念之后，环境承载力受到了国内外众多学者的普遍重视。众多学科的研究人员分别从各自的角度对环境承载力理论作出了进一步的研究。

彭再德等提出了“区域环境承载力”的概念，它是指一定的时期和一定的区域范围内，在维持区域环境系统结构不发生质的改变、区域环境功能不朝恶性方向转变的条件下，区域环境系统所能承受的人类各种社会经济活动的能力，即区域环境系统结构与区域社会经济活动的适宜程度。

夏军等提出了“生态环境承载力”的概念，它是指在满足一定的环境保护准则和标准下，在一定的经济、技术水平条件下，在保证一定的社会福利水平的要求下，利用当地（和调入）的水资源和流域“社会-经济-生态环境”系统以及其他资源与环境条件，维系良好的生态环境所能支撑的最大人口数量和社会经济规模。

有关承载力的概念还有“资源环境承载力”“区域资源环境承载力”及“区域承载力”等概念。尽管诸多承载力概念在名称上不尽相同，但其所包含的内容却并没有太多的差异，都是对资源要素及环境要素的综合考虑。

第二章　可持续发展理论

第一节　可持续发展思想的产生

一、人类文明发展史上人与环境关系的变化

文明的定义，可以从广义和狭义两方面来理解。广义上讲，文明是人类在征服、改造自然与社会环境过程中所获得的精神、制度和物质的所有产物。狭义上讲，文明偏重于文化含义，指国家或群体的风俗、信仰、艺术、生活方式及社会组织等。从文化特性来看，任何一种文明的存在与其特定模式的构成，都是它所处自然环境与社会环境互相“选择”的结果。因为区域社会生态系统不同，地理、气候的多样性加上生物的多样性，必然会带来多样性的文明。从地球开始出现人类算起，人类文明经历了四个阶段：原始文明（狩猎文明）、农业文明、工业文明和生态文明（后工业文明）。

1. 原始文明

原始文明阶段，人类学会了用火，学会了制造简单工具从自然界获取生活必需品，主要的物质生产活动是采集和渔猎，这两种活动都是直接利用自然物作为人的生活资料。采集是向自然索取现成的植物性食物，主要运用自身的四肢和感官；渔猎则是向自然索取现成的动物性食物，这种活动比采集更为困难、复杂，单靠人体自身的四肢和感官难以完成，必须更多地制造和运用体外工具。在原始文明阶段，尽管人类已经作为具有自觉能动性的主体呈现在自然面前，但是由于缺乏强大的物质和精神手段，对自然的开发和支配能力极其有限，他们不得不依赖自然界直接提供的食物和其他简单的生活资料，同时也无法抵御各种自然力的肆虐，经常忍受饥饿、疾病、寒冷和酷热的折磨，受到野兽的侵扰和危害。因此，在原始文明下，人类把自然视为威力无穷的主宰，视为某种神秘超自然力量的化身。他们匍匐在自然之神的脚下，通过各种原始宗教仪式对自然表示顺从、敬畏，祈求恩赐和庇佑，而很少有意识地改变环境。因此这个阶段，人与自然的关系属于服从关系。

2. 农业文明

农业文明时期，人类为了自身生存与发展的需要，由简单的利用生物资源扩大到利用气候、水力、土地资源，出现了农田和牧场，开始了自觉和不自觉的征服和改造自然的过程。随着人类活动能力的增强，使用的工具也日益改善，人类开始懂得改变环境，学会农耕、养殖、穿衣、盖房，人口得以大量增加。此时人类进入了农业文明阶段。在农业文明阶段，人类对自然界的改造，引起了环境的“对抗”，人与环境的矛盾凸显出来。无节制地毁林垦荒，造成地球森林资源减少，引起严重的水土流失，土地肥力下降，石漠化出现；大规模地放牧，使草原资源日趋减少，导致荒漠化的扩大；不合理的引水灌溉造成土壤盐化的形成。但从总体来看，人类改造自然的能力仍然有限。这一时期，人与自然的关系属于顺从关系。

地理学和生态学学者发现：两河文明衰落的根本原因是不合理的灌溉。由于古巴比伦人对森林的破坏，加之地中海的气候因素，致使河道和灌溉沟渠严重淤塞；为此，人们不得不重新

开挖新的灌溉渠道，而这些灌溉渠道又重新淤积；如此恶性循环，使得水越来越难以流入农田。一方面，森林和水系的破坏，导致土地荒漠化、沙化；另一方面，古巴比伦人只知道引水灌溉，不懂得如何排水灌田。由于缺少排水系统，致使美索不达米亚平原地下水位不断上升，给这片沃土罩上了一层又厚又白的“盐”外套，使淤泥和土地盐渍化。

一些历史学家认为：玛雅文明消失的主要原因是天气干旱、森林砍伐加剧了水土流失，最终导致了社会崩溃，而人类不得不迁徙。

3. 工业文明

工业文明开始于18世纪中叶，以工业化为主要标志，人类运用科学技术和改进的工具来控制和改造自然。工业文明的出现，使人类和自然的关系发生了根本改变。自然界不再具有以往的神秘和威力，人类仿佛觉得自己已经成为征服和驾驭自然的“神”。在工业文明阶段，人们认为自己是自然的征服者，人和自然只是利用和被利用的关系。人类利用掌握的科学技术知识和先进的工具，从自然界无节制地获取资源，用于满足人类的生产和消费需要。在这个阶段，人与自然的关系变成了掠夺关系。

机器成了工业文明的核心。生产的机械化带来了思维方式的机械化，人们把社会、自然和人都看作机器，机械论的思潮统治着人们的自然观、社会观(历史观)和价值观。机械论的自然观把自然界视为一部大机器，认为自然界具有稳定的静态结构，它是在外力作用下产生运动的，主要的运动形式是机械运动，服从于单义决定论。

工业文明在给人类带来优越生活条件的同时，却给自然造成了空前严重的伤害，环境的结构组成、物质循环的方式和强度都发生了深刻的变化，因而使人类自己也面临着深刻的危机。在工业文明下，人们把自然当作可以任意摆布的机器、可以无穷索取的原料库和无限容纳工业废弃物的垃圾箱。这些做法违背了自然规律，超出了自然界能够承受的阈值。环境的结构组成、物质循环的方式和强度都发生了深刻的变化，环境问题随之凸显出来。现代工业使大量埋藏在地下的矿产资源被开采出来，经过生产和消费过程后投入环境之中，其中许多废弃物难以处理、同化。工业文明只关注主体性和能动性，而忽视了自身还有受动性的一面，忽视了自然界对人类的根源性、独立性和制约性，工业文明对自然的开发观念和行为准则违背了人和自然关系的辩证法，而藐视辩证法是不可能不受惩罚的。

4. 生态文明

人类历史进入20世纪中叶以后，日趋严重的环境、生态、资源、人口等问题，已经成为人类发展的绊脚石，促使人们开始重新思考人与自然的关系。

工业文明以“人是自然的主人”为哲学依据，通过发展科学技术，不断增强人类对大自然的“控制”与“征服”能力；通过大规模的工业化生产，无限度地索取和利用自然资源发展经济，不断增加物质生产总量，最大限度地满足人的物质需求。与此相反，生态文明信奉“人是自然的一员”的哲学观点，在生产和生活活动中遵循生态学原理，谋求建立人与自然和谐相处、协调发展的关系，在不破坏生态平衡的基础上开发利用自然资源，发展经济，同时建设良好的生态环境，建立具有经济发展、环境保护、社会公正与稳定等基本功能的社会体制和秩序。

1866年，德国科学家海克尔在所著的《生物体普通形态学》一书中首次提出“生态”的概念，20世纪20年代出现了“人类生态学”的概念。1935年，英国学者坦斯勒首先提出“生态系统”的概念，认为应从宏观的角度认识自然生态环境。1967年，日本学者梅棹忠夫提出“文明生态史观”，他认为生态环境、自然条件对人类的发展进程起着重要的作用。1984年，苏联环境学家首次提出了“生态文明”的概念，认为生态文明是人类发展的必然趋势。1987年我国学者叶谦吉明确提出了“生态文明建设”这一概念，他认为人类从自然中获利的同时应保护自然，人与自然之间的关系是和谐统一的，并认为21世纪应该是生态文明建设的世纪。刘思华教授也认为真正意义上的现代文明包括物质文明、精神文明和生态文明，三者是内在统一的关系。20世纪90年代初期，美国著名作家、评论家罗伊·莫里森根据自身的经历，敏锐地洞察到生态问题日益突出并持续恶化，全球环境问题已经成为众多政治问题的一个重要方面，提出生态文明是继工业文明之后的一种新的文明形式，认为生态文明是人类发展的另一个更高的文明形态，这是现代意义上的生态文明概念，之后成为人们广泛使用的概念和理念。

二、古代朴素的可持续思想

中国在公元前700年前后进入传统农业阶段，在长期的农业实践中，出现了朴素的可持续发展思想，这些朴素的可持续发展思想，以用之有度为原则，以永续利用为目的，主张“天人合一”，人类的一切活动必须遵循自然规律。

周文王曾说：山林非时不升斧斤，以成草木之长；川泽非时不入网罟，以成鱼鳖之长；不麛不卵，以成鸟兽之长；是以鱼鳖归其渊，鸟兽归其林，孤寡辛苦，咸赖其生。

管仲对齐桓公提出如下建议：为人君而不能谨守山林菹泽草莱，不可立为天下王。

孔子指出：伐一木，杀一兽，不以其时，非孝也，并主张钓而不纲，弋不射宿，把顺应自然规律提高到了道德伦理的高度。

孟子提出的治国理念包括：不违农时，谷不可胜食也；数罟不入池，鱼鳖不可胜食也；斧斤以时入山林，材木不可胜用也。谷与鱼鳖不可胜食，材木不可胜用，是使民养生丧死无憾也。

荀子把自然资源的保护视为治国安邦之策，指出：圣王之制也，草本荣华滋硕之时，则斧斤不入山林，不夭其生，不绝其长也；春耕、夏耘、秋收、冬藏，四者不失时，故五谷不绝，而百姓有余食也；池渊沼川泽，谨其时禁，故鱼鳖尤多而百姓有余用也；斩伐养长不失其时，故山林不童而百姓有余材也。

老子认为：人法地，地法天，道法自然。主张人要按自然规律办事，对万物要抚养和保护，生长万物而不据为己有，帮助万物而不恃有功，引导万物而不主宰它们，这是人类最深远和高尚的道德。

上述主张都一致强调，人类在生产活动中不能搞竭泽而渔、焚林而猎的掠夺式资源利用，而要适应自然规律，采取适当的手段、选择适当的时机获取资源，使自然资源成为人类取之不尽、用之不竭的物质保障。

相对于中国漫长农业文明所产生的古代朴素的可持续发展思想，西方古代在可持续发展方面的认识还比较初级，只是在经济理论中加入了一些自然资源和环境的考虑因素。重农学派是西方经济思想史上首先在生产中找寻财富和价值来源的流派。重农学派代表人物杜邦·德·奈穆尔(1739—1817)将社会财富认定为农业生产出的生活必需品，“土地是财富的来源，而农业生产发掘了财富”。值得注意的是，这里的“土地”并不单指可耕种的田地，而是指所有能进行农业生产的田地、牧场、矿山等，与我们现在所认为的自然资源相类，也涵盖了一些生态环境方面的定义。亚当·斯密(1723—1790)在其《国富论》中认为：人力的不断增加会让所有土地都能得到开发，土地就会逐渐变成稀有资源，人口的继续增加最终会导致劳动边际报酬降低的态势。不过他也认为分工和资本累计促进的报酬增加能够抵消土地稀少对经济提升的负面作用，进而能让经济与社会获得永续发展。

西方经济学家马尔萨斯的《人口原理》(1766—1834)、李嘉图(1772—1823)和穆勒(1806—

1873)等的著作中也认识到人类消费的物质限制,即人类的经济活动范围存在着生态边界。

三、现代可持续发展理论的产生

1. 酝酿期(20 世纪 20—60 年代)

苏联科学家弗拉基米尔·伊万诺维奇·维尔纳茨基是生物圈研究的创始人,他在主要著作《生物圈》(1926)、《人类自养》(1940)和一系列研究论文中,提出了人类社会发展促进了地球生态圈的进化,人类是地球生态系统的一部分,强调了人类与地球环境中的其他要素和谐共存的必要性。

美国学者奥尔多·利奥波德在 20 世纪 40 年代末发表的著作《沙乡年鉴》(1949)中,提出了真正的文明"是人类与其他动物、植物、土壤互为依存的合作状态",标志着生态整体主义的正式确立,也标志着人类思想经过数千年以人类为中心的发展之后,终于超越了人类自身的局限,开始从生态整体的宏观视野来思考问题。

美国海洋生物学家蕾切尔·卡逊在其发表的著作《寂静的春天》(1962)中,从人类广泛使用杀虫剂的角度,阐述了人类改造自然过程中对自然环境的破坏,这种破坏是个渐进的过程,起初不明显,一旦效果显现出来,对人类生存的影响巨大。

美国学者威廉·福格特通过大量研究后,在其著作《生存之路》(1949)中提出:人类的存在,具体到每一个人的存在,都完完全全取决于它的生存环境,同时又或多或少地影响这一环境,并提出了"生态平衡"的概念。

从上面分析可看出:早在 20 世纪前半叶,许多科学家已经注意到了人类改造自然的活动破坏了环境,提出了人与环境和谐发展的必要性。

2. 初步形成期(20 世纪 60—80 年代前期)

首先出现的是悲观派。早在 1960 年,福伊斯特已经认识到人类工业文明的快速发展所带来的各种问题,这些问题有可能导致现代社会的崩溃,并在《科学》杂志上发表了《世界末日:公元 2026 年 11 月 23 日,星期五》的论文警示人们,可惜当时被认为过于骇人听闻而没有受到重视。

美国麻省理工学院的丹尼斯·梅多斯教授等受罗马俱乐部的委托,1972 年发布了一份报告《增长的极限》。该报告采用世界系统动力学模型 World3 模型,借助计算机,研究了人口、粮食生产、工业化、污染和不可再生自然资源的消耗这五个参数的相互关系及其动态趋向。研究结论认为:这些参数都按"指数增长"的模式增长,如果按这个趋势增长下去,地球将在 100 年后达到极限,所谓极限表现在粮食短缺、资源耗竭、污染严重等方面,最终表现为社会崩溃。报告同时提出:为避免社会崩溃的发生,采用经济"零增长"的策略以达到"全球性均衡"。《增长的极限》借助模型预测未来数十年世界的发展情景,其预测的前瞻性及事后被证明其惊人准确的预测结果,改变了全球人类的发展理念,报告获得巨大成功。但是,针对《增长的极限》所反映的问题,也出现了许多反对的声音。

1974 年,罗马俱乐部发布了米萨诺维克和帕斯托尔等的研究报告《人类处在转折点》,该报告与《增长的极限》的相同之处在于进一步重申地球资源对人类经济增长的严重限制,反对各国继续高速发展;不同之处在于对梅多斯等人"零增长"的观点有所改正,提出了有组织增长的概念,认为如果人类步入有组织增长的途径,那么世界将变成一个相互依赖而又和谐的系统。同年,罗马俱乐部负责人贝切伊继《深渊在前》之后,又出版了《前途如何》一书,进一步发展论述悲观主义思想。

罗马俱乐部在可持续发展进程中被划归为悲观派，这些学者过分夸大经济发展带来的负面影响，所提出的解决办法不但发达国家无法接受，不发达国家和发展中国家更是不能采用。

与悲观派针锋相对的是乐观派。乐观派早期的代表作是 1970 年美国学者阿尔文·托夫勒所著的《未来的冲击》和 1973 年丹尼尔·贝尔所著的《后工业社会》。这两篇著作把全球问题的严重性放在次要的位置，而把新科技革命对生产力和人类社会发展的巨大推动力放在极为突出的地位加以渲染。

1976 年，美国学者康恩、布朗、马特尔在发表的《下一个 200 年》中，针对《增长的极限》提出的问题进行了逐条批判，充分强调了地球上资源的丰富性和技术发展对所有问题的解决能力。

美国未来学家朱利安·林肯·西蒙在 1981 年出版的《最后的资源》和 1984 年出版的《资源丰富的地球》中提出：生产的不断增长能为更多的生产进一步提供潜力；虽然目前人口、资源和环境的发展趋势给技术、工业化和经济增长带来了一些问题，但是人类能力的发展是无限的，因而这些问题不是不能解决的；世界的发展趋势是在不断改善而不是在逐渐变坏。他认为人类的智慧和努力完全可以解决未来的人口问题，对人口和经济发展的前景持乐观态度。

《增长的极限》使用技术分析方法预测未来，《最后的资源》使用历史外推法预测未来。分析方法的不同，导致悲观派局限于短期社会状态，低估了科学技术发展对控制人口、提高资源利用率和发现新资源、提高粮食产量、改善环境等方面的作用，同时也忽略了随着人类社会发展人的主观能动性的转变。乐观派过分强调科学技术发展对解决人类面临问题的解决能力，忽略了发展极限和自然边界的存在。

世界未来学会主席爱德华·科尼什认为：乐观派和悲观派都以不同形式暗示我们放弃努力，我们不能上当，世界的好坏要靠我们自己的努力。

3. 逐渐完善期(20 世纪 80 年代以后)

(1) 1972 年 6 月 5 日至 16 日，联合国在瑞典首都斯德哥尔摩召开了联合国人类环境会议。出席会议的国家有 113 个，共 1300 多名代表。会议通过了著名的《联合国人类环境会议宣言》，阐明了与会国和国际组织所取得的七点共同看法和二十六项原则，鼓舞和指导世界各国人民保护和改善人类环境，并将 6 月 5 日定为“世界环境日”。

七点共同看法可概括为以下内容。

①由于科学技术的迅速发展，人类能在空前规模上改造和利用环境。人类环境的两个方面，即天然和人为的两个方面，对于人类的幸福和对于享受基本人权，甚至生存权利本身，都是必不可少的。

②保护和改善人类环境是关系到全世界各国人民的幸福和经济发展的重要问题；也是全世界各国人民的迫切希望和各国政府的责任。

③在现代，如果人类明智地改造环境，可以给各国人民带来利益和提高生活质量；如果使用不当，就会给人类和环境造成无法估量的损害。

④在发展中国家，环境问题大半是由于发展不足造成的。因此，必须致力于发展工作；在工业化国家里，环境问题一般与工业化和技术发展有关。

⑤人口的自然增长不断给保护环境带来一些问题，但采用适当的政策和措施，可以解决这些问题。

⑥我们在世界各地行动时，必须更审慎地考虑它们对环境产生的后果。保护和改善人类环境，已成为人类一个紧迫的目标。

⑦为实现这一环境目标，要求团体、企业和各级机关承担责任；各级政府应承担最大的责任；国与国之间应进行广泛合作，国际组织应采取行动，以谋求共同的利益。呼吁各国政府和人民为全人类及子孙后代的利益共同努力。

二十六项原则包括：人的环境权利和保护环境的义务，保护和合理利用各种自然资源，防治污染，促进经济和社会发展，使发展同保护和改善环境协调一致。筹集资金，援助发展中国家，对发展和保护环境进行计划和规划，实行适当的人口政策，发展环境科学、技术和教育，销毁核武器和其他一切大规模毁灭手段，加强国家对环境的管理，加强国际合作等。

(2) 1980 年 3 月 5 日，联合国环境规划署委托国际资源和自然保护联合会组织中国、日本、美国、英国、苏联等 35 个国家签字，通过并发表了《世界自然资源保护大纲》。该文件目标是促使各国通过保护生物资源的途径，尽快达到自然资源永续利用的目的，帮助促进持续不断的发展。该文件明确提出：必须研究自然的、社会的、生态的、经济的以及利用自然资源过程中的基本关系，以确保全球的可持续发展。该文件中出现了“可持续发展”一词。“可持续发展”最早出现在生态学中，是一种自然资源的有效管理战略。

(3) 1981 年，美国著名学者布朗出版了《建设一个可持续发展的社会》一书，提出以人为中心的自然-社会-经济三维结构复合系统的可持续性，由此将“可持续发展”定义为能动地调控自然-经济-社会复合系统，使人类在不超越资源与环境承载力的条件下，促进经济发展、保持资源永续利用和提高人类生活质量的系统调控过程。“可持续发展”反映的是复合系统的运用状态和总体趋势，有三个方面的内涵：①调控的机制能促进经济发展；②发展不能超越资源与环境的承载能力；③发展的结果是提高人的生活质量和创造人类美好的社会。

(4) 1983 年 3 月，联合国通过成立以挪威首相布伦特兰夫人为主席的世界环境与发展委员会(WCED)的决议。1987 年以布伦特兰夫人为首的世界环境与发展委员会发表了报告《我们共同的未来》。报告分为三个部分，即共同的问题、共同的挑战和共同的努力。在集中分析了全球人口、粮食、物种和遗传资源、能源、工业和人类居住等方面的情况，并系统探讨了人类面临的一系列重大经济、社会和环境问题之后，这份报告鲜明地提出了三个观点：①环境危机、能源危机和发展危机不能分割；②地球的资源和能源远不能满足人类发展的需要；③必须为当代人和下代人的利益改变发展模式。《我们共同的未来》中正式提出可持续发展的概念和模式。

(5) 1991 年由世界自然保护联盟(IUCN)、联合国环境规划署(UNEP)和世界自然基金会(WWF)共同发表的《保护地球：可持续生存战略》报告，将“可持续发展”定义为：在生存于不超出维持生态系统承载能力的情况下，改善人类的生存品质。这一定义既强调了人类生产方式、生活方式要与地球承载能力保持平衡，又强调了人类可持续发展的价值观：最终改善人类的生活质量，形成美好的生活环境。只有在“发展”的内涵中包含了提高人类健康水平、改善人类生活质量、保障人类平等自由权利等，才是真正意义上的“发展”。

(6) 1992 年 6 月，在巴西里约热内卢召开了联合国环境与发展会议，183 个国家、102 位国家元首和政府首脑、70 个国际组织就可持续发展的道路达成共识，通过了以可持续发展为核心的《里约环境与发展宣言》《21 世纪议程》等文件。

《里约环境与发展宣言》的目标是通过在国家、社会重要部门和人民之间建立新水平的合作，来建立一种新的和公平的全球伙伴关系，为签订尊重大家的利益和维护全球环境与发展体系完整的国际协定而努力，认识到地球的完整性和互相依存性。宣言中制定了 27 项原则。

《21 世纪议程》阐明了人类在环境保护与可持续发展之间应做出的选择和行动方案，提供了21世纪的行动蓝图，涉及可持续发展有关的所有领域，是世界范围内可持续发展行动计划。《21世纪议程》可分为可持续发展战略、社会可持续发展、经济可持续发展、资源的合理利用与环境保护四个部分。每个部分由若干章节组成，每章均有导言和方案领域两部分；导言重点阐明该章的目的、意义、工作基础及存在的主要难点；方案领域则说明解决问题的途径和应采取的行动。《21世纪议程》的发表，标志着可持续发展战略由理论推向实际行动。

随后，中国政府编制了《中国21世纪议程——中国21世纪人口、环境与发展白皮书》，首次把可持续发展战略纳入我国经济和社会发展的长远规划。1997年党的十五大把可持续发展战略确定为我国现代化建设中必须实施的战略。可持续发展主要包括社会可持续发展，生态可持续发展，经济可持续发展。

第二节　可持续发展的定义、原则及内涵

一、可持续发展的定义

"持续"一词来自拉丁语，意思是"维持下去"或"保持继续提高"。资源与环境，应该理解为保持或延长资源的生产使用性和资源基础的完整性，这意味着使自然资源能够永远为人类所利用，不致因其耗竭而影响后代人的生产与生活。

自从"可持续发展"的概念提出后，专家对此概念进行了研究，不同研究领域的学者都是从本学科出发，进而扩展到相关领域。不同学者和不同国家对可持续发展概念的理解不同，所下的定义也各有不同。

1. 侧重于生态方面的定义

1991年，世界自然保护联盟对可持续发展给出了这样的定义：改进人类的生活质量，同时不要超过支持发展的生态系统的负荷能力。同年11月，国际生态学联合会和国际生物科学联合会共同举行的可持续发展研讨会将可持续发展定义为：保持和加强环境系统的生产和更新能力。Forman(1990)则认为可持续发展是"寻求一种最佳的生态系统，以支持生态系统的完整性和人类愿望的实现，使人类的生存环境得以可持续"。Robert Goodland(1994)等则将其定义为"不超过环境承载能力的发展"。

侧重于生态方面的可持续发展定义，强调了发展要限制在生态系统允许的范围内，其实质就是资源的开发不要超过生态系统的最大可持续产量，也就是保持生态系统的可持续性。

2. 侧重于经济方面的定义

Barbier(1985)把可持续发展定义为"在保持自然资源的质量和所提供服务的前提下，使经济的净利益增加到最大限度"。Pearce将可持续发展定义为"在自然资本不变的前提下的经济发展"。世界资源研究所(1992—1993)将其定义为"不降低环境质量和不破坏世界自然资源基础的经济发展"。

侧重于经济方面的可持续发展定义，认为可持续发展的核心是经济发展，强调的重点是经济的可持续性。

3. 侧重于技术方面的定义

Spath(1989)认为：可持续发展就是转向更清洁、更有效的技术，尽可能接近零排放或密闭式工艺方法，尽可能减少能源和其他自然资源的消耗。世界资源研究所(1992—1993)认为：可持续发展就是建立极少产生废料和污染物的工艺或技术系统。

侧重于技术方面的可持续发展定义，主要从技术选择的角度扩展了可持续发展的内容，这个定义的局限性主要在于它偏重于生产领域，特别是工业生产领域，可以理解成一个狭义的可持续发展的定义，将该定义理解为工业可持续发展的定义可能更为贴切。

4. 侧重于社会方面的定义

莱斯特·R·布朗认为可持续发展是指人口趋于平稳、经济稳定、政治安定、社会秩序井然的一种社会发展。Oinsh(1994)认为可持续发展就是在环境允许的范围内，现在和将来给社会上所有的人提供充足的生活保障。

侧重于社会方面的可持续发展定义包含了政治、经济、社会的各个方面，是一种广义的可持续发展的定义。

5. 侧重于世代伦理方面的定义

这是世界环境与发展委员会在其重要报告《我们共同的未来》中给出的定义，即可持续发展就是在满足当代人需要的同时，不损害后代人满足其自身需要能力的发展。这个定义着重从代际间的公平和社会平等的角度，对可持续发展进行了高度概括。

6. 侧重于空间方面的定义

杨开忠认为可持续发展不仅要重视时间维度，也要重视空间维度，而且空间维度是其质的规定，可持续发展的定义应该体现这一规定性。他认为可持续发展可更好地定义为：既满足当代人需要又不危害后代人满足需要能力，既符合局部人口利益又符合全球人口利益的发展。

7. 侧重人与自然相协调的定义

1995年召开的"全国资源、环境与经济发展研讨会"给可持续发展下的定义是：可持续发展的根本点就是经济、社会的发展与资源、环境相协调，核心就是生态与经济相协调。另一种定义认为：可持续发展是谋求在经济发展、环境保护和生活质量的提高之间实现有机平衡的一种发展。

侧重于自然与经济相协调方面的可持续发展的定义，可以说是具有中国特色的持续发展的定义，它是中国古代"天人合一"思想的继承与发展，其实质就是生态与经济协调发展。

8. 国际社会普通接受的可持续发展概念——布伦特兰的可持续发展定义

1987年，以挪威首相布伦特兰夫人为首的世界环境与发展委员会发表了长篇专题报告《我们共同的未来》，报告系统地阐述了人类面临的一系列重大经济、社会和环境问题，提出了"可持续发展"的概念。这一概念在最一般的意义上得到了广泛的承认和认可，并在1992年巴西召开的联合国环境与发展会议上得到共识。布伦特兰夫人提出的可持续发展定义是：既满足当代人的需求，又不对后代人满足其自身需求的能力构成危害的发展。

从根本上说，可持续发展概念包括三个基本要素：需要、限制、平等。其中，需要是指发展目标满足人类需要；限制是指社会组织、技术状况对环境能力施加限制，限制因素包括人口数、环境、资源，即生命支持系统；平等是指当今世界不同地区、不同人群之间的平等。

二、可持续发展的原则和内涵

从前面可持续发展的定义可看出，虽然不同的研究者从不同的角度给出了可持续发展的定义，但其基本原则和内涵趋于相同。

(一) 可持续发展的原则

制定可持续发展战略所必须遵循的主要原则包括如下几点。

1. 公平性原则

可持续发展所追求的公平性原则，包括代际公平和代内公平（当代人的公平）。代际公平指的是当代人与后代人之间的公平，强调在发展问题上要足够公正地对待后人，当代人的发展不能以损害后代人的发展能力为代价。要认识到人类赖以生存的自然资源是有限的，人类各代对于共同生存的地球上的资源、空间，拥有均等的享用权利和发展机会。

代内公平（当代人的公平）指的是代内的所有人对于利用自然资源和享受清洁、良好的环境享有平等的权利。代内公平强调的是任何地区、任何国家、任何民族的发展不能以损害别的地区、别的国家、别的民族的发展为代价。当今社会一部分人富足，另一部分人处于贫困状态，这种贫富悬殊、两极分化的世界不可能实现可持续发展，要把消除贫困作为可持续发展进程中优先考虑的问题。

有文献中指出：公平性原则还包括人与自然的公平性，人类的发展要公平地对待自然，在自然限度范围内利用自然。

2. 持续性原则

持续性原则的核心思想是指人的经济建设和社会发展不能超越自然资源与生态环境的承载能力。这意味着可持续发展不仅要求人与人之间的公平，还要顾及人与自然之间的公平。资源和环境是人类生存与发展的基础，离开了资源和环境，就无从谈及人类的生存与发展。可持续发展主张建立在保护地球自然系统基础上的发展，因此，发展必须有一定的限制因素。人类发展对自然资源的耗竭速率应充分顾及资源的临界性，应以不损害支持地球生命的大气、水、土壤、生物等自然系统为前提。换句话说，人类需要根据持续性原则调整自己的生产、生活方式，确定自己的消耗标准，而不是过度生产和过度消费。发展一旦破坏了人类生存的物质基础，发展本身也就倒退了。

3. 共同性原则

鉴于世界各国历史、文化和发展水平的差异，可持续发展的具体目标、政策和实施步骤不可能是完全一样的。但是，可持续发展作为全球发展的总目标，体现的公平性原则和持续性原则，则是应该共同遵从的。要实现可持续发展的总目标，就必须采取全球共同的联合行动，认识到我们的家园（地球）的整体性和相互依赖性。从根本上说，贯彻可持续发展就是要促进人类之间及人类与自然之间的和谐。如果每个人都能真诚地遵守共同性原则，那么人类内部及人与自然之间就能保持互惠共生的关系，从而实现可持续发展。

4. 和谐性原则

可持续发展的思想所要达到的理想境界是人和人之间以及人和自然之间的和谐，这就要求每个人在考虑和安排自己的行动时也要考虑到自己的行动对他人、后代人及生态环境的影响，从而在人类内部及人类和自然之间建立起一种互惠共生的和谐关系。

5. 协调性原则

根据可持续发展的思想，良好的生态环境是可持续发展的基础，经济的发展是可持续发展的条件，稳定的人口是可持续发展的要求，科技进步是可持续发展的动力，社会发展是可持续发展的目的，因而经济、环境、人口、社会、科技应协调发展。

（二）可持续发展的基本内涵

可持续发展的重要特征是可持续性，它包括了社会、经济和环境的可持续性，具体如下。

(1) 可持续发展尤其突出强调的是发展，把消除贫困当作实现可持续发展的一项不可缺少的条件。发展是可持续发展的核心和前提，发展不限于增长，持续依赖发展，发展才能持续。

(2) 可持续发展认为经济发展与环境保护相互联系、不可分割，并强调把环境保护作为发展过程一个重要组成部分，作为衡量发展质量、水平、程度的标准之一。

(3) 可持续发展还强调国际之间的机会均等，指出当代人享有的正当的环境权利，即享有在发展中合理利用资源和拥有清洁、安全、舒适的环境权利，后代人也同样享有这些权利。

(4) 可持续发展呼吁人们改变传统的生产方式和消费方式，要求人们在生产时要尽量地少投入多产出，在消费时要尽可能地多利用少排放。这样可减少经济发展对资源和能源的依赖，减轻对环境的压力。

(5) 可持续发展要求人们必须彻底改变对自然界的传统认识态度，把自然看作人类生命的源泉和价值的源泉。尊重自然，善待自然，保护自然。这正如哥白尼发现了地球不是宇宙的中心，在文明史上具有伟大的变革意义，那么研究生物生存发展的今天，承认人类不是自然界的中心，同样具有伟大的变革意义。

第三节 可持续发展的行动纲领

一、《21世纪议程》

1992年6月，联合国环境与发展会议通过的全球《21世纪议程》，成为可持续发展进程中的第二个里程碑。这意味着可持续发展从理论走向实践，标志着人类历史可持续发展新时期的开始。《21世纪议程》不具备强制约束效应，但代表了全球的政治承诺，为在全球推进可持续发展战略提供了行动准则和纲领，可持续发展被确定为全球长期的发展战略。

《21世纪议程》是一份关于政府、政府间组织和非政府组织所应采取行动的广泛计划，旨在实现朝着可持续发展转变。《21世纪议程》为采取措施、保障我们共同的未来提供了一个全球性框架。这项行动计划的前提是所有国家都要分担责任，但承认各国的责任和首要问题各不相同，特别是在发达国家和发展中国家之间。《21世纪议程》的一个关键目标，是逐步减少和最终消除贫困，同样还要就保护主义和市场准入、商品价格、债务和资金流向问题采取行动，以消除阻碍第三世界进步的国际性障碍。为了符合地球的承载能力，特别是工业化国家，必须改变消费方式；而发展中国家必须降低过高的人口增长率。为了采取可持续的消费方式，各国要避免在本国和国外以不可持续的方式开发资源。文件提出以负责任的态度和公正的方式利用大气层和公海等全球公有财产。

《21世纪议程》共40章，包括以下内容。

· 序言

第一部分：社会和经济方面

· 加速发展中国家可持续发展的国际合作和有关的国内政策

· 消除贫穷

· 改变消费形态

· 人口动态和可持续能力

· 保护和增进人类健康

· 促进人类住区的可持续发展

· 将环境与发展问题纳入决策过程

第二部分:保存和管理资源以促进发展

· 保护大气层
· 统筹规划和管理陆地资源的方法
· 制止砍伐森林
· 脆弱生态系统的管理:防沙治旱
· 管理脆弱的生态系统:可持续的山区发展
· 促进可持续的农业和农村发展
· 养护生物多样性
· 对生物技术的无害环境管理
· 保护大洋和各种海洋,包括封闭和半封闭海以及沿海区,并保护、合理利用和开发其生物资源
· 保护淡水资源的质量和供应:对水资源的开发、管理和利用采用综合性办法
· 有毒化学品的无害环境管理,包括防止在国际上非法贩运有毒的危险产品
· 对危险废料实行无害环境管理,包括防止在国际上非法贩运危险废料
· 固体废物的无害环境管理以及同污水有关的问题
· 对放射性废料实行安全和无害环境管理

第三部分:加强各主要群组的作用

· 序言
· 为妇女采取全球性行动以谋求可持续的公平的发展
· 儿童和青年参与可持续发展
· 确认和加强土著人民及共社区的作用
· 加强非政府组织作为可持续发展合作者的作用
· 支持《21 世纪议程》的地方当局的倡议
· 加强工人和工会的作用
· 加强商业和工业的作用
· 科学和技术界
· 加强农民的作用

第四部分:实施手段

· 财政资源和机制
· 转让无害环境技术、合作和能力建议
· 科学促进可持续发展
· 促进教育、公众认识和培训
· 促进发展中国家能力建设的国家机制和国际合作
· 国际体制安排
· 国际法律文书和机制
· 决策资料

20 多年来,国际社会为推动“里约精神”的落实做出了努力:联合国可持续发展委员会每年举行会议,审议《21 世纪议程》的执行情况,为推动《21 世纪议程》的实施发挥了主导作用;许多国家制定了国家和地方层面的《21 世纪议程》或可持续发展战略;世界银行、全球环境基金、联合国开发计划署、联合国环境规划署等相关国际组织,以可持续发展能力建设为主的活动也

十分活跃。

二、《中国21世纪议程》

（一）可持续发展是中国进一步发展的必然选择

中国实行改革开放以来，经济上取得了巨大成就，人民生活水平大幅度提高。同时，发展过程中的经济、社会和环境问题也逐步凸显出来，成为进一步发展的障碍，中国必须选择可持续发展模式，具体表现如下。

1. 经济可持续发展的需要

(1) 提高效益的需要。

改革开放四十多年，中国经济取得了飞速发展，据国家统计局发布的数据，2019年中国GDP达到了98.65万亿元，位居世界第二。

目前中国的经济发展在很大程度上仍然沿袭传统的发展模式，粗放型经济发展模式在许多行业均不同程度地存在，具体表现为：生产过程中，只注重生产的数量不注重生产的质量，只注重经济的发展不注重环境的保护，甚至主张“先破坏后整治，先污染后治理”。

表1-1至表1-3所示的数据可看出：我国自改革开放以来，生产效率已经获得大幅度提高（以tce/万元作参考），甚至高于世界平均水平。但与发达国家相比，仍然存在较大差距。

表1-1　GDP单位能源消耗(2011年不变价购买力平价美元/千克石油当量)

年份	中国	美国	英国	日本	德国	俄国	印度	平均
1990年	1.99	4.831	7.458	8.61	7.076	3.481	4.995	9.14
2014年	5.70	7.465	13.775	10.758	11.526	5.196	8.448	9.66

注：世界银行公布的数据。

表1-2　2010—2016年中国单位GDP能耗变化

年份	2010年	2011年	2012年	2013年	2014年	2015年	2016年
单位GDP能耗/(tce/万元)	0.88	0.86	0.83	0.80	0.76	0.72	0.68
能耗强度同比增速/(%)	−3.0	−2.0	−3.5	−3.7	−4.7	−5.6	−5.0

注：来源于《中国能源统计年鉴2016》。

表1-3　中国能耗强度的国际比较(2016年)

区域	世界	发达国家	中国	美国	日本	德国	英国
tce/万美元	2.6	1.8	3.7	1.8	1.6	1.4	1.0

注：来源于《中国能源统计年鉴2016》，按照2015年美元价格和汇率计算。

景维民等提出：政府主导型经济发展模式拉动了中国经济高速增长，但这种高投入、高消耗的要素驱动及粗放型经济增长方式造成增长质量不高、创新能力不够强、资源环境代价过高、发展不平衡不充分等问题。随着国际经济形势变化、经济增长要素驱动减弱，经济可持续发展遭受严峻的挑战。要素驱动的粗放型经济增长方式难以持续，民生保障和公共服务供给不足，城乡区域发展、收入分配差距扩大，经济发展不平衡不充分等都制约了人民日益增长的美好生活需求。

(2) 产业结构调整的需要。

首先，产业发展不平衡的核心问题是结构及其要素配置问题，即第一产业、第二产业和第三产业以及农业内部、工业内部、服务业内部结构及要素配置不合理，这是产业发展不平衡的主要原因。

一是第一产业、第二产业和第三产业结构不合理。农业偏大、工业能力不强、服务业比重依然较低，还未形成“321”的产业结构，尤其作为现代化标志的第三产业发展水平、质量与发达国家相比仍然较低。制造业面临转型升级、提质增效的问题，现代农业产业体系、生产体系、经营体系仍需构建。

二是农业内部、工业内部、服务业内部结构不合理。农业内部不平衡体现在传统农业重、新型农业轻。全国农业还是以传统农业为主，高附加值的现代农业仍然弱小。农业科技贡献率在56.7%左右，低于发达国家70%的水平。工业内部不平衡表现在传统工业重、新兴工业轻。传统工业增加值在工业增加值中仍占主体地位，新兴工业占比近年来虽有一定上升，但绝对值仍然偏低，全国大部分工业产能都集中在传统工业门类。而传统工业门类的产能又集中在煤炭、电力、钢铁等过剩领域。服务业内部不平衡体现在劳动密集型服务业占比过高、技术密集型服务业占比过低。我国正处在劳动密集型服务业向技术密集型服务业过渡的时期，然而劳动密集型服务比重减少的同时，技术密集型服务业并没有实现较快增长。技术密集型服务业对产业结构向高端进阶的保障作用尚未得到充分发挥。

其次，要素配置不合理也是产业结构不平衡的主要原因。

一是要素配置在产业间不合理。我国把资金、技术、人才、信息等要素资源主要配置在第二产业及社会高盈利行业(如房地产、金融、通信等)，而对第一产业、第三产业的投入不足，尤其是对农业的要素配置一直处于低洼状态，农业发展资金、基础设施建设、农业科技发展人才配置、农业现代信息化建设等要素配置不足，致使农业发展的压力都集中在农民以及县乡两级的政府身上。

二是要素配置在产业内部也不合理。农业内部要素资源集中于林牧渔业等经济价值较高的新兴业态和新兴群体，而传统种植业要素投入下降，转型升级提质增效的难度加大。工业内部要素资源集中在重工业领域及建筑业，新兴工业产业要素资源投入虽增长较快，但行业及地方差异较大。服务业要素资源向垄断行业、新兴行业、盈利高的行业集中，传统行业由于其市场竞争加剧、劳动力成本上升、替代性高的影响，获得要素资源投入能力在下降。

2. 社会可持续发展的需要

人类是社会发展的基础，一个国家合理的人口数量也一直是人类学家研究的重要问题之一。根据胡鞍钢在国情报告中所分析的结果，中国人口发展可分为以下三个阶段。

1950—1980年，中国一直处在极低收入阶段，中国的人口国情可以概括为三大特征：一是“人口过多”；二是“农村人口过多”；三是“素质过低”(15岁以上人口平均受教育年限为1～5年)。这三大特征体现了沉重的“人口包袱”。

1980—2010年，中国的人口国情可以概括为三大特征：一是劳动年龄人口比例持续上升，享有“人口红利”；二是“大力开发人力资源”，开始享有人力资源红利(15岁以上人口平均受教育年限为5～10年)；三是从2000年进入老龄社会、少子化阶段。这三大特征体现了极其丰富的劳动力资源和人力资源极大地促进了持续的高增长。

2010—2050年，中国的人口国情可以概括为三大特征：一是劳动年龄人口比例持续下降，

“人口红利”下降；二是继续享有“人力资源红利”及“人才红利”；三是严重少子化（0—14 岁人口比重低于 20%）与老龄化和高龄化（80 岁以上人口比重加大，2030 年将超过 5%）的加速阶段，形成了越来越大的老年人口负担，这成为中国人口发展的最大挑战。

可见，中国人口国情并不是一成不变的，会随着发展阶段的不同，形成不同的人口优势和人口劣势，先有人口负担，再有人口红利，后有人口负债。因此，制定适合中国国情的人口发展战略，以保证中国社会的可持续发展，就成为中国可持续发展的重要一部分。

3. 环境可持续发展的需要

（1）中国资源的特点。

总量大、人均少、质量差是中国资源的总体特征。从总量上看：中国地大物博，自然资源丰富，我国矿产储蓄量居世界第三位，可供开发资源占世界第一位，森林面积占世界第五位，国土面积占世界第三位，我国属于资源大国。但是从人均水平看，我国却又属于低水平国家；以世界人均水平为基本单位计算，我国重要矿产不足世界人均水平的 50%，水资源为世界人均水平的 28%左右，居世界第 88 位，是水资源短缺的国家；人均森林资源为世界人均水平 14%。

许多矿产品位低，如铁、铜、铅、锌、氧化铝、硫、磷、钾等大宗重要矿产贫矿多富矿少，如 86%的铁矿石平均品位只有 30%～35%（澳大利亚、巴西等国一般在 65%以上），70%的铜矿为含铜低于 1%的贫矿，品位超过 2%的铜矿只有 6%。而且中小型矿多，大矿少，矿产共生、伴生的综合矿多，单一矿少。与国外富矿比较，我国矿产的冶炼难度大大提高。

（2）环境污染问题严重。

根据《全国环境统计公报》，2015 年中国废水排放总量为 735.3 亿吨，比 2000 年（415.2 亿吨）增加了 77%。2012 年我国单位 GDP 废水排放量是发达国家的 4 倍。

根据国家统计局 2014 年发布的环境统计数据，45 个全国重点评价湖泊水质中，劣Ⅴ类水质占比 11.11%，Ⅴ类水质占比 17.78%，Ⅳ类水质占比 28.89%，Ⅲ类水质占比 33.33%，Ⅱ类水质占比 6.67%，Ⅰ类水质占比 2.22%。流域分区河流水质的全国平均状况中，劣Ⅴ类水质占比 11.7%，Ⅴ类水质占比 4.7%，Ⅳ类水质占比 10.8%，Ⅲ类水质占比 23.4%，Ⅱ类水质占比 43.5%，Ⅰ类水质占比 5.9%。其中：海河劣Ⅴ类水质占比达到了 51.3%，辽河劣Ⅴ类水质占比达 23.1%，淮河劣Ⅴ类水质占比 14.8%。河流、湖泊水质的变化主要是由于污水排放造成的。有学者认为，中国经济增长是全国废水排放增加的直接原因。

2015 年全国废气中二氧化硫排放量为 1859.1 万吨，全国废气中氮氧化物排放量为 1851.9万吨。其中，工业氮氧化物排放量为 1180.9 万吨、城镇生活氮氧化物排放量为 65.1 万吨、机动车氮氧化物排放量为 585.9 万吨。全国废气中烟（粉）尘排放量为 1538.0 万吨。其中，工业烟（粉）尘排放量为 1232.6 万吨、城镇生活烟尘排放量为 249.7 万吨、机动车烟（粉）尘排放量为 55.5 万吨。

表 1-4 和表 1-5 所列的为我国大气主要污染物 SO_2、NO_x 的排放情况，并与主要发达国家进行了比较。可以看出，单位 GDP 的 SO_2 和 NO_x 的排放量远大于发达国家，形势不容乐观。

表 1-4　2010 年 SO_2 排放量（按当年汇率计算）

国　家	法　国	德　国	日　本	美　国	英　国	中　国
总量/万吨	40.007	49.574	78.303	1036.8	51.6	2185.1
GDP/亿美元	25554	33059	53901	146242	22586	57451
公斤 SO_2/万美元	1.566	1.50	1.45	7.09	2.28	38.03

表 1-5　2011 年 NO_x 排放量(按当年汇率计算)

国　家	法国(2007 年)	德国(2007 年)	日本(2007 年)	美国(2007 年)	英国(2007 年)	中国(2011 年)
总量/千吨	1307.46	1380.27	1874.29	13940.79	1406.24	24043
GDP/亿美元	25200	32800	52900	139800	25700	74261
公斤 NO_x/万美元	5.188333	4.20814	3.543081	9.971953	5.471751	32.37635

(3) 自然生态问题突出。

中国所处的地理位置和自然条件决定了我国的生态环境相当脆弱,自然灾害频发,而持续多年不合理的生产活动和消费方式,更加剧了我国生态环境的恶化,尤其是人口的剧增,经济的迅速发展,对自然资源无节制的开发和与日俱增的索取,进一步使生态环境恶化,使得自然灾害更加频繁发生。近 40 年来,每年由气象、海洋、洪涝、地震、地质、农业、林业等七类灾害造成的直接经济损失,占国内生产总值的 3%～5%。

生态环境的破坏使我国农业的发展深受其害。作为农业大国,中国有 8 亿多农民靠天吃饭,但农业生产条件先天不足,不利的气候、地貌条件给农业发展带来了极大的限制;脆弱的生态环境本身就不利于农业生产,而环境的恶化和耕地的减少加剧了这种不利因素。中国在工业化的同时,也产生了日益严重的生态破坏和环境污染。目前,中国的生态问题已十分严重,这主要表现为:水土流失严重,每年达 50 亿吨,占世界流失量的 1/5;水土流失强度中度以上的面积达 193.08 平方千米;水蚀区平均侵蚀强度约为 3800 t/(km^2 · a),远远高于土壤容许流失量,也远大于世界上水土流失严重的国家。土地沙漠化的速度加剧,每年以 2000 平方千米的速度向前推进。按照《联合国防治荒漠化公约》中对土地荒漠化的界定,中国荒漠化的土地面积达到 330 万平方千米,占到中国国土总面积的 30%。森林减少,草场退化,生物物种大量灭绝。"三废"污染日益严重,自然灾害和环境事故频繁。上述数据表明,所有这些现象都危及人类社会的可持续发展。

2005 年,全球森林总面积 39.52 亿公顷(1 公顷＝0.01 平方千米＝10000 平方米),人均 0.62 公顷,森林覆盖率 30.3%。我国森林面积 1.97 亿公顷,占亚洲森林面积的 34.4%;人均仅 0.15 公顷,不足世界平均水平的 24.2%,与亚洲平均水平持平;森林覆盖率 21.1%,略高于亚洲平均水平,但远低于世界平均水平。全球森林总蓄积约 4342.19 亿立方米,平均水平为 110 立方米/公顷。我国森林总蓄积 132.55 亿立方米,是亚洲森林总蓄积的 28.1%,每公顷蓄积 67 立方米,也远低于世界平均水平。总体来看,我国森林资源在全球总量中所占比重较小,各项平均指标都远低于世界平均水平,与南美洲和欧洲等森林资源丰富地区的对应指标的差距更是明显。

(二)《中国 21 世纪议程》的制定及内容

1992 年联合国环境与发展会议一结束,国务院决定由国家计委和国家科委牵头组织有关部门、社会团体和科研机构编制《中国 21 世纪议程》。《中国 21 世纪议程》的编制工作得到了联合国开发计划署的高度重视,编制和实施《中国 21 世纪议程》被列为与中国政府的合作项目。经过 52 个政府相关部门、300 余名专家历时 18 个月的共同努力,在广泛征求国务院各有关部门和中外专家意见的基础上完成了制定工作。1994 年 3 月 25 日,国务院第 16 次常务会议审议通过,并定名为《中国 21 世纪议程——中国 21 世纪人口、环境与发展白皮书》,成为指导我国国民经济和社会发展中长期发展战略的纲领性文件。

1996 年 3 月，第八届全国人大第四次会议把可持续发展正式确定为中国经济和社会发展的两大战略之一。为了加强对《中国 21 世纪议程》实施的管理和协调，中国政府成立了由国家计委和国家科委牵头的跨部门制定与实施《中国 21 世纪议程》领导小组及其办公室。与此同时，中编办批准成立了“中国 21 世纪议程管理中心”，承担《中国 21 世纪议程》及其优先项目实施的日常管理，开展可持续发展领域的政策与战略研究、地方试点、信息网络建设、国际合作等相关工作。2000 年，“制定《中国 21 世纪议程》领导小组”更名为“全国推进可持续发展战略领导小组”，领导小组在《中国 21 世纪议程》基础上，组织编制了《中国 21 世纪初可持续发展行动纲要》，确定了 21 世纪初中国可持续发展的重点领域和行动计划。

1. 中国对可持续发展的认识

由于世界各个国家经济发展情况不同，资源环境状况差别巨大，社会现状和理念各异，因此，制定可持续发展战略必须结合国情，抓主要矛盾，才能制定出切实可行的可持续发展战略。根据我国的具体国情，我国对可持续发展的认识和理解重点放在以下几个方面。

(1) 中国可持续发展的核心是发展。

中国是世界上最大的发展中国家，目前虽然经济总量位于世界前列，根据国际货币基金组织发布的数据，2017 年中国人均 GDP 为 8643 美元，列世界第 71 位，与主要发达国家相比仍处于较低水平(美国 59501 美元，加拿大 45077 美元，德国 44550 美元，法国 39869 美元，英国 39735 美元)，并低于世界平均水平(全球平均 10728 美元)。落后和贫穷不可能实现可持续发展的目标，中国实施可持续发展战略，首要是强调发展，只有当经济增长率达到并保持一定水平时，才有可能不断消除贫困，人民的生活水平才会逐步提高，并且提供必要的能力和条件，支持可持续发展。经济发展是办一切事情的物质基础，也是实现人口、资源、环境与经济协调发展的根本保障。

(2) 资源的永续利用和良好的生态环境是中国可持续发展的重要标志。

我国资源的特点是总量大、人均少、质量差、资源利用效率较低，资源又是实现经济发展的重要基础；中国 52%的国土是干旱、半干旱地区，自然环境脆弱；大部分自然资源、能源主要分布在生态环境脆弱的西部地区，开采、利用与保护的成本较高。随着经济社会的发展，对我国资源和生态承载能力的挑战将加剧，且该挑战会长期存在。因此，制定符合中国国情的可持续发展战略，必须把资源的永续利用和良好的生态环境作为重要标志。

(3) 改变传统发展模式是中国可持续发展的实质。

中国实施可持续发展战略的实质，是要开创一种新的发展模式，代替传统落后的发展模式，把经济发展与人口、资源、环境协调起来，把当前发展与长远发展结合起来。在现阶段，要实现经济体制由计划经济向社会主义市场经济体制转变和经济增长方式由粗放型向集约型转变，使国民经济和社会发展逐步走上良性循环的道路。

2.《中国 21 世纪议程》的主要内容

《中国 21 世纪议程》约 20 万字，共 20 章，78 个方案领域，主要分为可持续发展总体战略与政策、社会可持续发展、经济可持续发展、资源的合理利用与环境保护四个部分。

(1) 可持续发展总体战略与政策。

这一部分由序言、中国可持续发展的战略与对策、与可持续发展有关的立法与实施、费用与资金机制、教育与可持续发展能力建设、团体与公众参与可持续发展 6 章组成，设 18 个方案领域。其中论述了中国实施可持续发展战略的背景与必要性，着重强调从中国国情出发，可持续发展的前提是发展；指出在经济快速发展的同时，必须做到自然资源的合理开发与利用，加强环境保护，注重谋求社会的可持续发展；进而提出了人口、资源、环境、经济和社会相互协调的可持续发展的总体战略，以及为保证该战略目标实现应采取的主要对策。

（2）社会可持续发展。

这部分由人口、居民消费和社会服务，消除贫困，卫生与健康，人类住区可持续发展和防灾减灾 5 章组成，设有 19 个方案领域。其中把计划生育和教育、收入的公平分配、改变传统的生活和消费模式作为促进社会进步的核心。

（3）经济可持续发展。

这部分由可持续发展的经济政策，农业与农村的可持续发展，工业与交通、通信业的可持续发展，可持续的能源生产和消费 4 章组成，设有 20 个方案领域。其中把促进经济快速增长作为消除贫困、提高人民生活水平、增强综合国力的必要条件。

（4）资源的合理利用与环境保护。

这部分由自然资源保护与可持续利用、生物多样性保护、荒漠化防治、保护大气层和固体废物的无害化管理 5 章组成，设有 21 个方案领域。其中把资源的合理利用和环境保护视为经济和社会可持续发展的物质基础。

第三章　环境规划与管理

第一节　环 境 规 划

第一次产业革命后的大量全球环境问题表明，盲目的发展导致了包括大气污染、水污染、土壤污染和生态破坏等众多的环境问题，严重影响了人类社会的发展和人们生活质量的提高。为此，1972 年召开的第一次联合国人类环境会议探讨了全球环境保护战略，各国一致认为经济发展中缺乏环境规划是导致环境问题产生的重要原因，并且在《人类环境宣言》中指出“合理的计划是协调发展的需要和保护环境的需要相一致”。自此，各国开始探索如何在发展经济的过程中，实现人与自然和谐相处的可持续发展模式，编制既遵循经济发展规律又符合生态环境保护的计划或规划。

一、环境规划相关的基本概念

（一）环境规划

环境规划是一门学科，有其自身的学科特点，其目标是通过协调人与自然的关系，实现生态环境质量的总体改善，包括环境空气质量、水环境质量、土壤环境质量和生态环境状况等在一定时期内需要达到的量化性指标等内容。因此，要求环境规划贯穿于整个国民经济和社会发展规划中，并与国民经济和社会发展规划相协调。为此，环境规划通常是指人类为使生态环境与经济和社会协调发展而对其自身活动和生态环境在空间和时间上所做的合理安排，是环境管理者对一定时期的环境目标和措施所做出的具体计划，是一种带有指令性的环境保护方案。其目的是指导人们进行各种生产和生活活动时，按既定的环境目标和污染防治措施，合理分配一定时期污染物的削减量，约束排污者的行为，从而达到在发展经济的同时改善生态环境，促进生态环境、经济和社会的可持续发展。

《中华人民共和国环境保护法》(2014 年 4 月修订通过，2015 年 1 月 1 日正式实施)第十三条规定：县级以上人民政府应当将环境保护工作纳入国民经济和社会发展规划。该条同时要求，国务院环境保护主管部门会同有关部门，根据国民经济和社会发展规划编制国家环境保护规划，报国务院批准并公布实施。县级以上地方人民政府环境保护主管部门会同有关部门，根据国家环境保护规划的要求，编制本行政区域的环境保护规划，报同级人民政府批准并公布实施。我国在 1989 年颁布的《中华人民共和国环境保护法》中也有相同的规定。基于法律条文规定，每个五年计划期间，从国家到地方均编制环境保护规划。例如生态环境部从国家层面上编制了《“十三五”生态环境保护规划》，并由国务院在 2016 年 11 月 24 日发布。该环境保护规划的内容包括生态保护和污染防治的目标、任务、保障措施等，并与主体功能区规划、土地利用总体规划和城乡规划等相衔接。环境保护规划一旦发布，将具有相应的法律效力。由此可见，环境规划或环境保护规划是一个综合性政策和技术文件，以便于不同管理层次的环境管理。

（二）环境承载力

人类赖以生存的生物圈位于大气圈、水圈和岩石-土壤圈三者之间的交叉部分，所有的生产和生活活动均将影响大气圈、水圈和岩石-土壤圈的基本物质组成，以及生物圈的大气环境质量、水环境质量、土壤环境质量和生态环境质量等。由于大气圈、水圈和岩石-土壤圈的基本物质组成处于一个相对平衡的动态过程，在一定时期内能够提供给生物圈中活动所需要的资源有限，因此，对于人类的活动而言，位于生物圈中的大气圈、水圈和岩石-土壤圈部分的资源具有一定的环境承载力。通过环境承载力分析，以进一步论证规划的合理性，也可以对规划进行调整。

环境承载力与环境系统本身的结构和外界（人类社会经济活动）的输入输出有关。若将环境承载力看成一个函数，则它至少包含三个自变量：时间（T）、空间（S）、人类经济行为的规模与方向（B）：

$$EBC = F(T, S, B)$$

在一定时刻、一定的区域范围内，可以将环境系统自身的固有特征视为定值，则环境承载力随人类经济行为规模与方向的变化而变化。环境承载力的特征表现为时间性、区域性以及与人类社会经济行为的关联性，它既是一个客观的表现环境特征的量，又与人类的主要经济行为息息相关。

区域开发和可持续发展是当前区域经济发展中所面临的两个重要问题，实际上表现为如何协调区域社会经济活动与区域环境系统结构的相互关系，这就是区域环境承载力所要解决的问题。对某区域的环境承载力的分析，一般可以从环境容量和资源利用现状两个方面来进行。

（三）环境容量

环境容量一般是指在保证不超出环境目标值的前提下，区域环境能够容许的污染物最大允许排放量。

研究环境容量的意义主要有以下两个方面：一是便于对总量控制的研究，特别是对已建成区污染源的控制和削减；二是可利用环境容量合理布局新开发区。

环境容量可分成整体环境单元（区域环境）容量和某一环境单元单一要素的容量。若按照环境要素，又可细分为大气环境容量、水环境容量（其中包括河流、湖泊和海洋环境容量等）、土壤环境容量和生物环境容量等。此外，还有人口环境容量、城市环境容量等。如果按照污染物性质划分，可分为有机污染物（包括易降解的和难降解的污染物）环境容量和重金属与非金属污染物的环境容量。

（四）“三线一单”

“三线”是指生态保护红线、环境质量底线和资源利用上线，“一单”是指环境准入负面清单。在编制生态环境保护规划时，必须考虑“三线一单”问题，合理确定规划期间的环境目标或指标。2016 年 7 月 15 日颁布的《“十三五”环境影响评价改革实施方案》中，要求在开展环境影响评价时，需要说清楚规划或建设项目的“三线一单”情况。

（五）环境目标

环境目标是在一定的条件下，依据生态保护红线、环境质量底线和资源利用上线等内容，管理者或决策者希望环境质量达到的状况或标准，是特定规划期限内期望达到的环境质量水平和环境结构状态，是一定时期的生态建设规划报告编制中不可缺少的内容。

环境目标一般分为总目标、单项目标、环境指标三个层次。其中：总目标是区域环境质量所要达到的要求或状态。单项目标是依据规划区环境要素和环境特征以及不同环境功能所确定的目标。

环境目标的属性分为约束性指标、预期性指标或指导性指标。在一个具体的环境保护和生态建设规划中，这三个指标属性有可能同时存在。

表 3-1 和表 3-2 分别是我国“十三五”期间的生态环境保护基本环境目标或主要指标，以及某地区的“十三五”期间的生态环境保护的基本环境目标或主要指标。

表 3-1 中国“十三五”期间的生态环境保护的环境目标体系

指标		2015 年	2020 年	[累计][1]	属性
生态环境质量					
1. 空气质量	地级及以上[2]城市空气质量优良天数比率/(%)	76.7	>80	—	约束性
	细颗粒物未达标地级及以上城市浓度下降/(%)	—	—	[18]	约束性
	地级及以上城市重度及以上污染天数比例下降/(%)	—	—	[25]	预期性
2. 水环境质量	地表水质量[3]达到或好于Ⅲ类水体比例/(%)	66	>70	—	约束性
	地表水质量劣Ⅴ类水体比例/(%)	9.7	<5	—	约束性
	重要江河湖泊水功能区水质达标率/(%)	70.8	>80		预期性
	地下水质量极差比例/(%)	15.7[4]	15 左右	—	预期性
	近岸海域水质优良(一、二类)比例/(%)	70.5	70 左右	—	预期性
3. 土壤环境质量	受污染耕地安全利用率/(%)	70.6	90 左右	—	约束性
	污染地块安全利用率/(%)	—	90 以上	—	约束性
4. 生态状况	森林覆盖率/(%)	21.66	23.04	[1.38]	约束性
	森林蓄积量/亿立方米	151	165	[14]	约束性
	湿地保有量/亿亩	—	≥8	—	预期性
	草原综合植被盖度/(%)	54	56		预期性
	重点生态功能区所属县域生态环境状况指数	60.4	>60.4	—	预期性
污染物排放总量					
5. 主要污染物排放总量减少/(%)	化学需氧量	—	—	[10]	约束性
	氨氮	—	—	[10]	
	二氧化硫	—	—	[15]	
	氮氧化物	—	—	[15]	

续表

指　　标		2015年	2020年	[累计][1]	属　　性
6. 区域性污染物排放总量减少/(%)	重点地区重点行业挥发性有机物[5]	—	—	[10]	预期性
	重点地区总氮[6]	—	—	[10]	预期性
	重点地区总磷[7]	—	—	[10]	
生态保护修复					
7. 国家重点保护野生动植物保护率/(%)		—	>95	—	预期性
8. 全国自然岸线保有率/(%)		—	≥35	—	预期性
9. 新增沙化土地治理面积/万平方公里		—	—	[10]	预期性
10. 新增水土流失治理面积/万平方公里		—	—	[27]	预期性

注：1. [　]内为五年累计数。

2. 空气质量评价覆盖全国338个城市(含地、州、盟所在地及部分省辖县级市，不含三沙和儋州)。

3. 水环境质量评价覆盖全国地表水国控断面，断面数量由"十二五"期间的972个增加到1940个。

4. 为2013年数据。

5. 在重点地区、重点行业推进挥发性有机物总量控制，全国排放总量下降10%以上。

6. 对沿海56个城市及29个富营养化湖库实施总氮总量控制。

7. 总磷超标的控制单元以及上游相关地区实施总磷总量控制。

从表3-1可知，我国"十三五"期间的生态环境保护的主要指标分为10大类、26小类。环境指标的属性包括约束性指标和预期性指标两种。

根据国家发布的我国"十三五"期间的生态环境保护的主要指标，地方政府也根据本地区的实际情况，制定出当地的"十三五"期间的生态环境保护的主要指标，表3-2所示的是某城镇的"十三五"生态环境保护的基本环境目标体系。

表3-2　某城镇的"十三五"生态环境保护的基本环境目标体系

类　　别	指　　标	2015年	2020年	2030年	属　　性
环境质量指标	空气质量优良率/(%)	84	92	94	预期性
	$PM_{2.5}$年均浓度/($\mu g/m^3$)	39	35	30	约束性
	PM_{10}年均浓度/($\mu g/m^3$)	53	≤50	≤45	约束性
	臭氧年评价值/($\mu g/m^3$)	163	160	151	约束性
	集中式饮用水源水质达标率/(%)	100	100	100	约束性
	城镇水功能区水质达标率/(%)	100	100	100	约束性
	地表水省控以上断面达标率/(%)	100	100	100	预期性
	城镇建成区黑臭水体比例/(%)	≤10	0	0	约束性
	土壤环境质量达标率/(%)	100	100	100	预期性
	区域环境噪声均值/dB(A)	61.4	57	57	预期性
	城市交通干线噪声均值/dB(A)	61.6	70	70	预期性

续表

类　别	指　　标	2015年	2020年	2030年	属　性
总量控制指标	二氧化硫排放量/吨	1.78	1.62	1.57	约束性
	氮氧化物排放量/吨	13.57	11.68	9.64	约束性
	工业烟粉尘排放量/吨	5.69	5.46	4.93	约束性
	挥发性有机气体排放量/吨	100.75	80	65	约束性
	工业废气排放量/万 m^3	110583	109362	99453	约束性
	化学需氧量削减量/吨		控制在市下达指标内		约束性
	氨氮削减量/吨				约束性
污染控制指标	机动车排放路边检测合格率/(%)	85	90	100	预期性
	城镇生活污水集中处理率/(%)	85.2	90	95	预期性
	城镇生活垃圾无害化处置率/(%)	100	100	100	预期性
	危险废物处置率/(%)	100	100	100	预期性
生态建设指标	建成区绿化覆盖率/(%)	40	41	41.5	预期性
	建成区人均公园绿地面积/m^2	11.5	14	16.5	预期性
环境管理目标	单位GDP能耗降低率/(%)	—	10	25	预期性
	单位GDP二氧化碳排放降低率/(%)	—	10	20	预期性
	公众环境满意率/(%)	85	90	95	预期性
	中小学环境教育普及率/(%)	100	100	100	预期性
	重点企业应急预案备案率/(%)	100	100	100	指导性
	清洁生产审核率/(%)	75	100	100	指导性
	污水处理厂处理能力/(万吨/天)	4	4.4	8	预期性
生态文明建设指标	生态文明建设考核的比重/(%)	10	20	25	指导性
	环境信息公开率/(%)	70	80	90	约束性
	公众对城市环境的满意率/(%)	80	90	95	预期性

从表3-2可知，地方的生态环境保护的主要指标分为6大类、34小类。环境指标的属性包括约束性指标、预期性指标和指导性指标三种。

总之，在实际规划工作中，根据规划区域对象、规划层次、目的要求、范围、内容而选择适当的指标。指标选择的基本原则是科学性、规范化、适应性、针对性、超前性和可操作性。指标类型主要包括环境质量指标、污染物总量控制指标、环境管理与环境建设指标、环境投入以及相关的社会经济发展指标等。

（六）情景设计

情景一般是对一些有合理性和不确定性的事件在未来一段时间内可能出现的一种假定。因此，情景分析是预测这些事件出现后可能对某些其他事件产生各种影响的整个过程分析。它是环境规划编制过程中对规划目标年或规划展望年的环境质量变化趋势预测常采用的一种技术方法。

环境规划情景设计通常需要考虑的内容包括：规划对象、焦点问题及关键决策识别，对经济因素、政策因素和环境管理因素等关键要素识别，对与环境相关的其他行业发展情况的预判，对未来规划区域内生态环境可能出现的一些情况和预期达到的目标进行展望等。

二、环境规划编制的原则

环境规划的编制，必须坚持以可持续发展战略为指导，围绕促进生态环境的可持续发展这个根本目标。为此，编制环境规划必须遵循以下基本原则。

（一）坚持生态环境优先、绿色发展与标本兼治

以“山水林田湖草是一个生命共同体”和“绿水青山就是金山银山”为理念，坚持生态保护优先，立足区域环境承载力，构建绿色低碳发展的经济结构。绿色富国、绿色惠民，处理好经济发展和生态环境保护的关系，通过企业的产业结构升级改造，推进新型工业化、城镇化、信息化、农业现代化与绿色化，从源头预防生态破坏和环境污染。加大生态环境治理力度，促进人与自然和谐发展，实现经济效益、社会效益和环境效益的统一。

（二）坚持“三线一单”原则和以环境质量改善为核心

在编制环境保护或生态建设规划时，必须以环境质量改善为核心目标，坚持“三线一单”原则，严守生态保护红线，强化准入环境管理。以解决生态环境突出问题为导向，分区域、分流域、分阶段明确生态环境质量改善目标任务。开展多污染物协同防治，系统推进生态修复与环境治理，确保生态环境质量稳步提升和改善。

人类对资源环境的开发利用，必须维持自然资源的再生能力和环境质量的恢复能力，不能超过环境的承载能力或环境容量。在编制环境规划时，应该在慎重分析研究区域环境承载力和“三线一单”的原则上，对经济社会活动的强度、发展规模等进行适当的调节和安排。

（三）坚持因地制宜和分类指导

不同地区在其地理环境、人口密度、经济发展水平、文化技术水平等方面都有各自的特点，在其生态环境治理和需要解决的环境问题上具有明显的区域性或地域性特点。因此，不同区域的生态环境规划必须按区域环境的特征，科学制定各区域的环境功能区划（如大气环境功能区划、水环境功能区划和声环境功能区划等）。

在开展区域环境质量现状评价的基础上，掌握区域自然环境和社会经济环境之间的关系；按照某种或某几种方法，预测某规划实施后对环境可能产生的影响，因地制宜地采取预防和减轻生态环境的策略措施和计划方案。坚持生态环境保护实行分类指导，突出不同地区和不同时段环境保护的重点领域。要把城市环境保护和城市建设紧密结合，按照因地制宜的原则，从实际出发，制定切合实际的生态环境保护目标，提出切实可行的措施和行动。

（四）坚持深化改革、创新驱动

以改革创新推进生态环境保护，改革环境治理理念和治理体系，加强资源环境市场制度建设，完善生态保护管理机制，逐步建立系统完善、适应生态文明建设的环境管理和环境保护制度体系。

（五）坚持依法保护、社会共治

严格按照国家和地方发布的最新生态环境保护制度，保护区域生态环境。按照“源头严防、过程严管、后果严惩”的要求切实加强执法监督。加强生态文明宣传教育，让生态文明理念深入人心，落实政府、企业和公众生态文明责任，构建多方共治的生态文明建设的格局。加强

环境立法、环境司法、环境执法，从硬从严，重拳出击，促进全社会遵纪守法。

三、环境规划类型

从规划范畴来讲，规划包括总体规划、区域规划和专项规划几大类。因此，在国民经济和社会发展规划体系中，生态环境保护或生态环境建设规划是一个多层次、多要素、多时段的专项规划，内容十分丰富。基于规划所涉及的主体内容及分类方法，可以对生态环境保护或生态环境建设规划进行分类。

（一）按规划的主体划分

根据规划的实施主体，环境规划可分为区域生态环境规划和部门（行业）生态环境保护规划。

1. 区域生态环境规划

根据规划的分类分级管理，区域环境规划可以分为以下几类。

（1）全国生态环境规划，如国务院2016年11月发布的《“十三五”生态环境保护规划》。各省、自治区和直辖市发布的生态环境保护规划，如《重庆生态文明建设“十三五”规划》。地市级生态环境保护规划，如《东莞市环境保护和生态建设“十三五”规划》。乡镇级的生态环境保护规划，如《东莞市石龙镇“十三五”生态环境规划》等。

（2）流域生态环境保护规划，如长江流域生态环境保护规划，黄河流域生态环境保护规划和洞庭湖流域生态环境保护规划等。

从上述生态环境保护规划的名称可以看出，区域环境规划综合性、地域性很强，它既是制定上一级环境规划的基础，又是制定下一级区域环境规划和部门环境规划的依据和前提。

2. 部门（行业）生态环境保护规划

依据各行业部门的属性，部门（行业）生态环境规划可以分为以下几类：工业部门的生态环境规划（冶金、化工、电力、石油、造纸等）；农业部门的生态环境规划；交通运输部门的生态环境规划等。这些行业部门的属性不同，其活动过程中产生的污染物类型、污染物排放规模和排放强度及对生态环境影响程度均存在明显差异。因此，制定的生态环境规划内容和环境目标也存在较大差异。

（二）按规划的层次划分

环境规划按规划的层次划分，可分为宏观生态环境规划、专项生态环境规划以及环境规划决策实施方案三个方面。

1. 宏观生态环境规划

这是一种战略层次的生态环境规划，主要包括环境保护战略规划，如《国家“十三五”生态环境保护规划》；污染物总量宏观控制规划，如“十二五”期间二氧化硫、氮氧化物、氨氮和化学需氧量减排控制规划；区域生态建设与生态保护规划，如长江流域生态环境保护规划等。

2. 专项生态环境规划

这是针对典型的环境系统质量改善而编制的专项生态环境保护规划，如某城市环境综合整治规划、某乡镇环境综合整治规划，以及近岸海域环境保护规划等。

3. 环境规划决策实施方案

这是战略决策最低层次的规划，实施方案是决策和规划的落实和具体时间安排，如《武汉市“十三五”拥抱蓝天专项规划》《东莞市臭氧污染防控专项行动计划（2015—2017）》等。

（三）按时间跨度划分

环境规划按时间跨度通常可分为长期生态环境规划、中期生态环境规划和短期生态环境规划，这是目前我国各个层次的生态环境规划划分的主要形式。

1. 长期生态环境规划

长期生态环境规划通常为纲要性规划或计划，一般的时间跨度为 10 年以上，其主要内容是确定生态环境保护战略目标、主要生态环境问题的重要指标，以及改善生态环境质量的重大政策和措施。

2. 中期生态环境规划

中期生态环境规划是环境保护的基本计划，一般时间跨度为 5～10 年，其主要内容是确定生态环境保护目标、主要生态环境质量指标、大气环境、水环境、声环境、土壤环境和生态环境的环境功能区划、主要生态环境保护设施建设、修改项目及其环境保护投资估算和资金筹集渠道等。

3. 短期生态环境规划

短期生态环境规划时间跨度一般为 5 年以下，短期生态环境规划或年度生态环境计划是中期生态环境规划的实施计划，内容比中期生态环境规划更为具体，可操作性更强，是针对特定阶段突出的环境问题而制订的短期环境保护行动计划，有所侧重，但不一定面面俱到，如《东莞市臭氧污染防控专项行动计划(2015—2017)》等。

通常情况下，我国每一个五年计划期间，均需要编制该五年计划的生态环境建设规划，以上一个五年计划的最后一年作为现状年或基准年，以该五年计划的最后一年作为规划目标年，同时，为了保持规划实施的可持续性，通常设置一个规划展望年，时间跨度为五年，甚至十年。

（四）按规划的要素划分

环境规划按生态环境规划的要素可分为污染防治规划和生态环境保护规划两大类型。

1. 污染防治规划

污染防治规划通常也称为污染控制规划，是我国当前生态环境保护规划的一个重点。根据范围和性质可分为区域污染防治规划、部门污染防治规划和环境要素污染防治规划。

(1) 区域污染防治规划。区域污染防治规划主要是针对具有共性的环境污染问题，为了达到某种环境目标而制定的，主要以专项规划为主。如为了改善北京城市区域的环境空气质量，实施了京津冀地区大气污染防治联防联控行动计划，2018 年实施的京津冀地区“2＋26”大气污染防治规划，武汉市“1＋8”城市圈大气污染防治联防联控规划等，以及长江流域中下游水污染防治规划等。

城市污染综合防治规划是最常见的一种区域污染防治规划，主要包括以下几种。

①环境功能区划分专项规划：注重合理部署居民区、商业区、游览区、文教区、工业区、交通运输网络、城镇体系及布局等。

②大气污染防治专项规划：主要考虑产业结构和产业布局、能源结构等，提出大气主要污染物环境容量和优化方案，提出污染物消减方案和控制措施。

③水源保护和污水处理专项规划：重点是规定饮用水源保护区及其保护措施，根据产业发展情况，规定污水排放标准，确定下水道与污水处理厂的建设规划。

④垃圾处理专项规划：重点是规定垃圾的收集、处理和利用指标和方式，争取由堆积、填埋、焚烧处理垃圾走向垃圾的综合利用。

⑤城市绿化专项规划:规定绿化指标、规定绿地区等。

(2) 部门污染防治规划。由于各产业部门的经济活动特点不同,造成的污染与破坏程度也不相同。因此,污染防治规划侧重点也不相同。例如,燃煤电厂排放的主要污染物包括烟尘、二氧化硫和氮氧化物等。同时,燃煤电厂还存在固体废物(如粉煤灰等)的处理处置和资源化利用问题,以及脱硫除尘废水处理问题。因此,燃煤电厂的污染防治规划主要是在规定的一定时间范围内,实现除尘、脱硫脱硝、废水达标排放和固体废物的资源化利用方面的专项规划。交通部门的污染综合防治规划,主要包括尾气排放的污染控制、噪声的污染控制和道路扬尘的污染控制等方面。

基于上述分析可知,部门污染防治规划总体上是在行业规划的基础上,以加强重点污染行业技术改造和治理点源为主的专项规划。该专项规划充分体现行业或工业特点,突出污染物排放总量控制和具体项目的污染治理。其规划的主要内容包括以下几点。

①按照组织生产和保护环境两方面的要求,划定工业或行业的发展区,并确定工业或行业的发展规模。

②根据区域内工业污染物现状和规划排放总量,按照环境功能区划目标要求,确定部门某些污染物的允许排放量及需要实现的削减量。

③对新建、改建、扩建项目,根据区域污染物总量控制要求,确立新增污染物的排放量和消减量;对老污染源的改建治理项目,制定淘汰落后工艺和产品的规划,提出治理对策,确定污染物削减量。

④制定工业污染排放标准和实现区域环境目标的其他主要措施。

(3) 环境要素污染防治规划。环境要素污染防治规划可以划分为大气污染防治规划、水污染防治规划等,这些规划均是污染防治方面的专项规划。

按照规划范围的大小,大气污染防治规划可以分为全球性大气污染防治规划、区域大气污染防治规划和城市大气污染防治规划等。该类专项规划的主要内容如下:a. 估算区域的大气环境承载力或环境容量,计算典型污染源对区域环境质量的影响程度或对区域污染物控制点位的贡献率;b. 明确具体的大气污染控制目标;c. 优化大气污染综合防治措施,提出分期实施的工程设施和投资概算等。

依据水体形貌(江、河、湖泊、海湾等)、水域面积和水环境功能区划,水污染防治规划包括饮用水源地污染防治规划、城市水环境污染防治规划等。该类专项规划的主要内容如下:a. 估算某水域的水环境承载力或环境容量,计算典型污染源对水体环境质量的影响程度或对某水体水质断面污染物控制点位的贡献率;b. 依据水环境功能区划,明确具体的水污染物控制目标和减排目标;c. 优化水污染防治措施,推荐水体污染控制方案,提出分期实施的工程设施和投资概算等。

其他污染物防治专项规划还包括固体废物污染防治规划、声环境污染防治专项规划,以及土壤污染防治和修复专项规划等。

2. 生态环境保护规划

生态环境保护规划是以生态学原理和城乡规划原理为指导,根据社会、经济、自然等条件,应用系统科学、环境科学等多学科辨识、模拟和设计人工复合生态系统内的各种生态关系,确定资源开发利用与保护的生态适宜度,合理布局和安排农、林、牧、副、渔业和工矿、交通,以及住宅、行政和文化设施等,探讨改善系统结构与功能的生态建设对策。生态环境保护规划一般分为生态环境建设规划和自然生态环境保护规划两种。

（1）生态环境建设规划：包括区域生态建设规划、城市生态建设规划、农村生态建设规划、海洋生态保护规划、生态特殊保护区建设规划、生态示范区建设规划。

（2）自然生态环境保护规划：根据不同要求、不同保护对象可以分成不同的规划类型。自然生态环境保护规划主要有两类，即自然资源开发与保护规划、自然保护区规划。

①自然资源开发与保护规划包括森林、草原等生物资源开发与保护规划，土地资源开发与保护规划，海洋资源开发与保护规划，矿产资源开发与保护规划，旅游资源开发与保护规划等。

②自然保护区规划是在充分调查的基础上，论证建立自然保护区的必要性、迫切性、可行性，确立保护区范围、拟建自然保护区等级、保护类型，提出保护、建设、管理的对策意见。自然保护区一旦确立，便成为一个占有法定空间、具有特定自然保护任务、受法律保护的特殊环境实体。我国自然保护区分为国家级自然保护区和地方级自然保护区，地方级自然保护区又包括省、市、县三级。

四、环境规划编制的工作程序

（一）环境规划编制的技术路线

环境规划的种类多种多样。由于不同类型的生态环境规划针对的对象、目标、任务、内容和范围等不同，环境规划内容编制的侧重点也各不相同。尽管如此，为了规范生态环境保护规划编制工作，国家和地方均相应地给出了生态环境保护规划编制导则或技术规范，如《广东省环境保护规划编制技术导则》。因此，生态环境规划从编制到实施的工作程序大致相同，主要包括编制环境规划工作计划、现状调查和评价、环境预测分析、确定环境规划目标、制定环境规划方案、环境规划方案的申报与审批、环境规划方案的实施等步骤。图 3-1 所示的是生态环境规划编制的技术路线图。

（二）环境规划编制的工作程序

政府在确定需要编制某种生态环境规划后，可以委托环保行政主管部门寻找具有相应资质或经验的单位编制生态环境保护规划，通过项目委托合同，确定生态环境规划编制过程中的委托方和承担方各自的任务、要求、工作进度安排和验收方式等内容。承担方在接受编制任务后，可以按照以下工作程序，开展生态环境规划的编制工作。

1. 生态环境质量现状调查

通过户外现场生态环境质量现状调查，获得规划区域的大气环境、水环境、土壤环境、声环境和生态环境等方面的观测数据；查阅资料，收集与编制的环境规划相关的其他规划，用于编制的生态环境规划与这些相关性规划间的相关性分析。

2. 编制生态环境规划编写提纲

根据生态环境规划编制委托单位的项目合同要求，以及国家及地方的生态环境保护规划编制导则或技术规范，编制生态环境规划编写提纲。必要时可以咨询专家，在此基础上，根据专家咨询建议修改生态环境规划编写提纲。

3. 编制生态环境规划

按照规划大纲的要求编制生态环境规划的具体内容，具体内容参考国家及地方的生态环境保护规划编制导则或技术规范。

4. 生态环境规划论证及公众参与

在生态环境规划编制过程中，应当广泛征求政府有关部门的意见和建议，同时通过多种形式咨询公众意见，并组织专家论证会对生态环境规划成果进行论证。

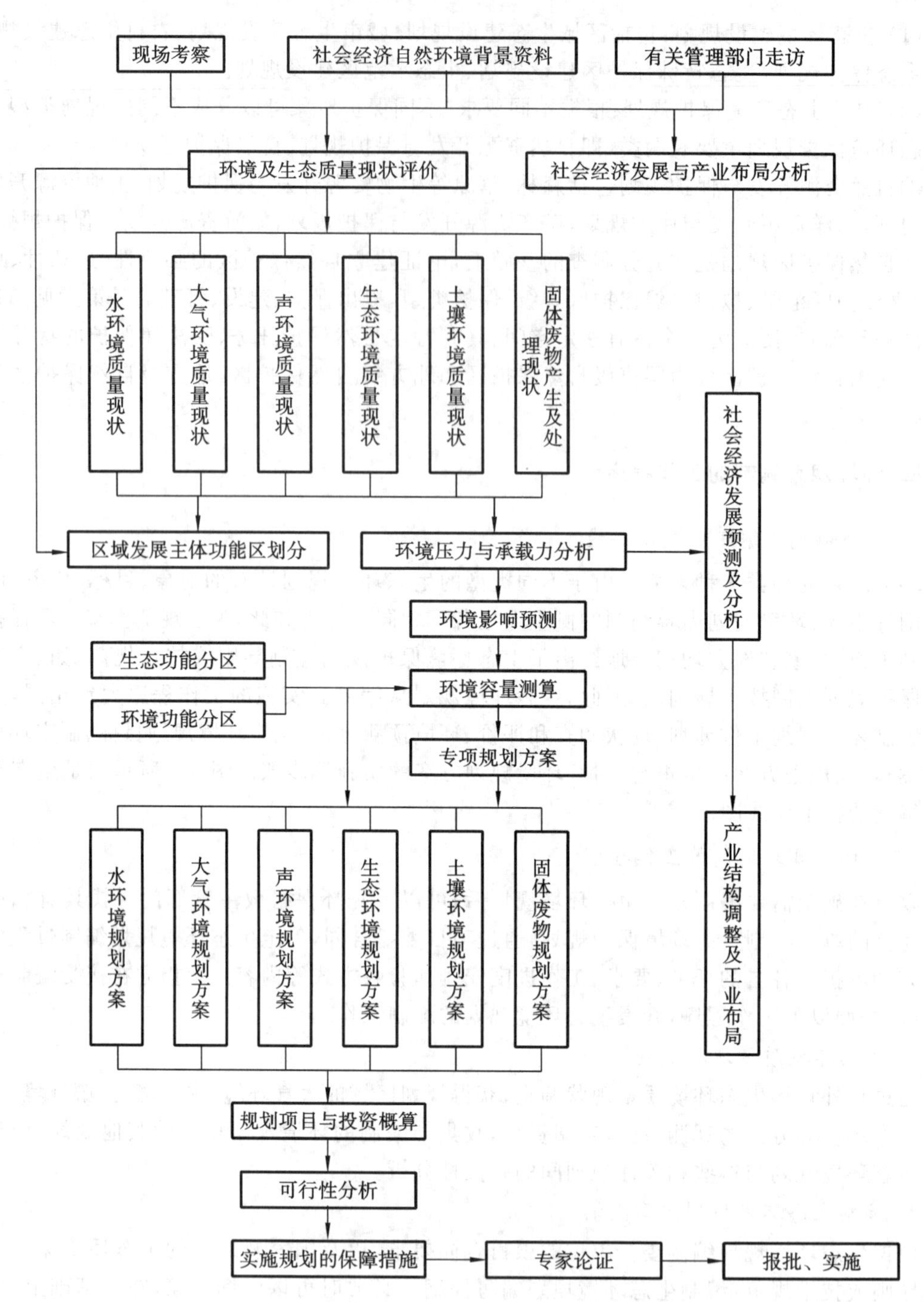

图 3-1　生态环境规划编制的技术路线

5. 生态环境规划审查

委托方将编制完成的生态环境规划文本，呈交给项目委托方，即当地环境保护行政主管部门。环境保护行政主管部门可以组织生态环境保护方面的专家，以及其他方面的专家组成专家组，对承担方编制完成的生态环境规划进行审查。规划编制单位根据审查意见对规划进行修改、完善后形成规划报批稿。

6. 生态环境规划批准、实施

生态环境规划报批稿，经上一级人民政府环境保护行政主管部门审查同意后，报同级人大或人民政府批准，由同级人民政府组织实施。

五、生态环境规划的主要内容

（一）总论

总论包括规划背景，规划编制目的，规划编制的指导思想与基本原则，规划编制依据（包括相关法律与法规、相关规划、引用的环境标准和相关技术规范），规划范围和规划时限，以及规划编制的技术路线。

（二）生态环境规划区域的环境概况

生态环境规划区域的环境概况主要是对区域内环境质量现状、自然资源现状进行调查，明确存在的主要环境问题，然后进行科学的分析和评价。

通过环境调查和评价，充分认识环境现状，发现主要环境问题，确定造成污染的主要污染源。环境调查与评价要特别重视污染源的调查与评价，将污染源的排放总量、“三废”超标排放情况进行排序，决定本区域污染物总量控制的主要污染物和主要污染源。通过调查，建立环境信息数据库，为合理利用环境资源、制定切实可行的环境规划奠定基础。具体调查内容如下。

1. 自然环境调查

自然环境调查的基本内容包括环境特征调查、生态调查、污染源调查、环境质量调查、环境治理措施效果调查以及环境管理现状调查等。

2. 环境特征调查

环境特征调查的主要内容包括自然环境特征调查（如地质地貌，水文资料，气象条件，土壤类型和特征、土地利用情况，生物资源种类形状特征、生态习性、环境背景值等）。

3. 生态调查

生态调查的主要内容包括水土保持面积、自然保护区面积、土地开发利用情况、森林覆盖率、绿地覆盖率等。

4. 污染源调查

污染源调查的主要内容包括工业污染源、农业污染源、生活污染源、交通运输污染源、噪声污染源、放射性和电磁辐射污染源等。

5. 环境质量调查

环境质量调查的主要内容包括调查区域大气、水及生态等环境质量，多数可以从环境保护部门及工厂企业历年的监测资料获得。

6. 环境保护措施效果调查

环境保护措施效果调查可从环境保护工程措施的消减效果及其综合效益进行分析评价。

7. 环境管理现状调查

环境管理现状调查的主要内容包括环境管理机构、环境保护工作人员业务素质、环境政策法规和标准的实施情况、环境监督的实施情况等。

（三）社会经济现状调查与发展定位

社会环境特征调查：人口数量与密度分布、产业结构和布局、产品种类和产量、经济密度、建筑密度、交通公共设施、产值、农田面积、作物品种和种植面积、灌溉设施、渔牧业等。

经济社会发展规划调查：规划区内短、中、长期发展目标，包括国民生产总值、国民收入、工农业生产布局以及人口发展规划、居民住宅建设规划、工农业产品产量、原材料品种及使用量、能源结构、水资源利用等。

区位优势分析和发展目标：经济发展背景分析、社会经济发展预测、区位优势和劣势分析，以及发展目标。

（四）区域环境现状评价

在上述户外现场调查和资料收集的基础上，开展区域环境质量现状评价，包括大气环境质量现状评价、地表水环境质量现状评价、地下水环境质量现状评价、声环境质量现状评价、土壤环境质量现状评价、生态环境质量现状评价等。

环境质量评价就是按照一定的评价标准和评价方法，对一定区域范围内的环境质量进行定量的描述以便查明环境规划区环境质量的历史和现状，确定影响环境质量的主要污染源和主要污染物，掌握环境规划区环境质量的变化规律，预测未来的发展趋势，为规划区的环境规划提供科学依据。环境质量评价的基本内容如下。

1. 污染源评价

通过调查、监测和分析研究，找出主要污染源和主要污染物及污染物的排放方式、途径、特点、排放规律和治理措施等。

2. 环境污染现状评价

根据污染源结果和环境监测数据分析，评价环境污染程度。

3. 环境自净能力的确定

对人体健康和生态系统的影响进行评价，主要包括环境污染与生态破坏导致的人体效应、经济效应以及生态效应。

4. 费用效益分析

调查由污染造成的环境质量下降带来的直接、间接经济损失，分析治理污染的费用和所得的经济效益的关系。

（五）环境规划情景设计

根据规划目标和规划范围，预测在规划目标年和远期展望年期间，对经济发展过程中所面临的环境压力进行预测和分析。以武汉市机动车排气污染防治规划(2013—2015)为例，该规划提出了在正常控制和强化控制两种不同情景模式下，预测在黄标车淘汰计划、机动车油品升级计划、控制外来车辆转入，以及加强管理等情况下，到2015年，武汉市机动车尾气主要污染物HC、NO_x、CO和PM_{10}的排放量。其中：正常控制情景模式是指满足国家基本要求，即按时执行排放阶段要求，按时完成相关黄标车淘汰计划，按时完成油品提升计划等一系列最低要求；强化控制情景模式是指采取积极的减排措施，即积极实施国家排放标准，完成更大规模的淘汰计划、将机动车车用油品提升到目前国家规定的最高标准等一系列可行的积极措施。

（六）环境压力分析预测

按照环境规划预设的各种情景，开展不同情景设计下的环境压力预测，包括大气环境、水环境和生态环境等方面。环境压力分析预测是根据已掌握的区域环境信息资料，结合国民经济和社会发展状况，对区域未来的环境变化的发展趋势做出科学的、系统的分析，预测未来可能出现的环境问题，包括预测这些问题出现的时间、分布范围及可能产生的危害，并针对性地提出防治可能出现的环境问题的技术措施及对策。环境压力分析预测包括大气环境压力预测分析、水环境压力预测分析、声环境质量发展趋势预测、生活垃圾产生量预测和生态环境质量发展趋势分析。具体内容如下。

1. 社会和经济发展压力预测

社会发展预测的重点是人口预测，包括人口数量、人口密度及其分布等；经济发展预测包括能源消耗预测、国民生产总值预测、工业部门产值预测以及产业结构和布局预测等内容。社会和经济发展预测是环境预测的基本依据。

2. 资源供需压力预测

自然资源是区域经济持续发展的基础。随着人口的增长和国民经济的迅速发展，我国许多重要的自然资源开发强度不断增大。在资源开发利用中，应该在做好资源合理开发和高效利用的同时，分析资源开发和利用过程中的生态问题，关注其产生原因并预测其发展趋势。所以，在制定环境规划时必须对资源的供需平衡进行预测分析。

3. 污染源预测

污染源预测包括大气污染源预测、废水排放总量及各种污染物总量预测、污染源废渣产生量预测、噪声预测、农业污染源预测等。污染源预测必须结合区域产业发展的趋势，包括产业结构调整情况、区域产业布局情况、区域人口和城市功能分区等，提出环境污染源排放量和分布变化趋势。

4. 环境质量预测

根据污染源预测结果，在预测主要污染物增长的基础上，结合区域环境模型，分别预测环境质量的变化情况，包括大气环境、水环境、土壤环境等环境质量的时间、空间变化。

5. 生态环境预测

生态环境预测包括城市生态环境预测、农业生态环境预测、草原和沙漠生态环境预测，珍稀濒危物种和自然保护区现状及发展趋势预测、古迹和风景区的现状及变化趋势预测。

6. 环境污染和生态污染造成的经济损失预测

环境污染和生态污染会给区域经济发展和人民生活带来损失。环境污染和生态污染造成的经济损失预测，就是根据环境经济学的理论和方法，调查和计量因环境污染和生态破坏而带来的直接和间接经济损失。

（七）确定规划目标与环境指标

1. 规划目标

不同的环境规划依据其特点和具体要求，所确定的目标不同。国家《“十三五”生态环境保护规划》的总体目标：到 2020 年，生态环境质量总体改善。生产和生活方式绿色、低碳水平上升，主要污染物排放总量大幅减少，环境风险得到有效控制，生物多样性下降势头得到基本控制，生态系统稳定性明显增强，生态安全屏障基本形成，生态环境领域国家治理体系和治理能力现代化取得重大进展，生态文明建设水平与全面建成小康社会目标相适应。

《东莞市环境保护与生态建设“十三五”规划》的总体目标：“十三五”时期，全市大气和水环境质量持续改善，土壤环境质量总体保持稳定，主要污染物排放得到有效控制，生态系统服务功能增强，环境监管能力显著提高，环境风险得到有效管控，基本实现城乡环境基础设施服务均等化，生态文明制度体系基本完善。2018 年全面达到小康社会环境类指标目标，2019 年创建成为国家生态文明建设示范市。

《东莞市石龙镇的环境保护与生态建设“十三五”规划》的总体目标：到 2020 年，生态环境质量进一步改善，绿色生产和低碳生活方式水平稳步上升，主要污染物排放总量控制在东莞市要求范围，生态文明建设水平与全面建成小康社会目标相适应，为实现石龙镇“打造国际宜居宜商口岸新城”这一目标提供生态环境安全保障。

2. 环境指标

环境指标可以分为直接指标和间接指标两大类，直接指标主要包括环境质量指标和污染控制指标，间接指标主要是与环境相关的经济、社会发展指标，以及生态建设指标等。根据国家“十三五”规划相关要求，指标可以分为约束性指标和引导性指标两大类。

(1) 环境质量指标：主要表征自然环境要素（如大气、水等）和生活环境质量状况，一般以环境质量标准为基本衡量尺度，环境质量指标是环境规划管理的出发点和归宿点，所有其他指标的确定都是围绕完成环境质量指标来进行的。

(2) 环境管理指标：达到污染物总量控制指标进而达到环境质量指标的支持和保证性指标。

(3) 相关性指标：主要包括经济指标、社会指标和生态指标三类，与环境指标有密切的关系，对环境质量好坏有深刻的影响。

将上述环境指标组合，构成了生态环境规划的指标体系，具体实例参见表 3-1 和表 3-2。

需要强调的是，环境规划确定的环境目标必须科学、切实、可行。确定恰当的环境目标，即明确所要解决的问题及所达到的程度，这是制定环境规划的关键。规划目标要与该区域的经济和社会发展目标进行综合平衡，根据当地的环境状况与经济实力、技术水平和管理能力制定出切合实际的规划目标及相应的措施。目标太高，环境保护投资多，超过经济负担能力，环境目标不仅不能实现还会影响当地经济发展。目标太低，环境质量得不到保证，会造成严重的环境问题。因此，制定环境规划时，确定恰当的环境保护目标十分重要，环境规划目标的切实可行是评价规划的重要标志。

（八）生态与环境功能区划的确定

环境功能区是指对经济和社会发展起特定作用的地域或环境单元。环境功能区划是依据社会的发展需要和不同区域在环境结构、环境状态和使用功能上的差异，对区域进行合理划分。

生态与环境功能区划的总体原则如下：科学地、合理地、全面地考虑不同区域的生态环境特点和具备的功能；以不降低现有功能并逐步改善区域生态环境质量为前提；充分利用环境、资源承载力，促进社会经济的高速、持续发展。

环境功能区划可分为综合环境功能区划和专项环境功能区划两个层次。其中：专项环境功能区划包括大气环境功能区划、水环境功能区划、声环境功能区划和近海海域环境功能区划等。

环境功能区划需要遵循以下划分原则。

(1) 区域整体性原则。按照“山水林田湖草是一个生命共同体”的理念，把生态环境作为一个整体，实施统一保护和监管，增强生态保护的系统性、协同性。

(2) 环境保护与经济发展并重原则。把生态环境保护和经济建设作为一个整体，在注重自然生态功能保护的同时，充分体现地方社会经济发展要求。根据区域资源、环境承载能力，以及社会经济发展现状、特点及未来发展趋势划分功能区。

(3) 相似性和差异性原则。依据《全国生态保护"十三五"规划纲要》(环生态〔2016〕151号),有机融合生态环境保护的主要任务和重点工作,创新保护模式,提高示范效应,激发保护活力。

(4) 以人为本原则。以改善生态环境质量为核心,既要防治各环境功能区中的各类经济活动对居民身体健康的威胁,同时也要保证工业区、商业区与居住区间的适当联系,以及居民娱乐、休闲等生活需求。

(5) 一致性原则。环境功能分区与其他规划间要保持一致性,以保证其他规划的顺利实施。

确定生态与环境功能区划后,可以根据规划区内各区域环境功能的不同,分别采取不同对策确定并控制其环境质量。确定环境保护目标时,至少应包括环境总体目标、污染物总量控制目标和各环境功能区的环境质量目标三项内容。

(九) 资源环境承载力和环境容量测算

资源环境承载力从以下两个方面进行分析:一是自然资源承载力;二是环境污染承载力。自然界能力不是固定不变的,而是与具体历史发展阶段、可预见的技术、经济水平、发展规模等密切相关。通过资源环境承载力分析,进一步论证规划的合理性,也可以对规划进行调整。

自然资源的稀缺性决定了资源具有一定的承载力,开发和利用自然资源应在科学统筹规划的基础上,实现自然环境与人类活动、经济建设的和谐发展,而不是无限度地开发、利用。同理,资源环境承载力的有限性,也决定了项目投资规模和环境污染治理技术要求。

通常按照一定的数学模型或物理模型,计算满足某一环境质量标准情况下的大气环境容量和水环境容量。也可以采用计算或类比分析的方法,按照人居环境标准要求,确定规划区域的最佳人口数量限值。图 3-2 所示的是资源环境承载力指标体系结构示意图。

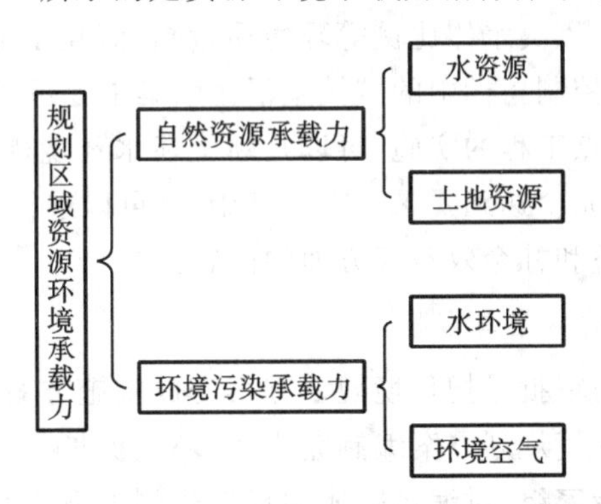

图 3-2　资源环境承载力指标体系结构示意图

(十) 提出环境规划方案

在环境质量现状评价、资源环境承载力分析、规划前景下的环境压力预测分析的基础上,立足于规划环境目标,可以提出环境规划方案。编制环境规划方案需要针对环境进行调查,筛选主要环境问题,根据所确定的环境目标和环境目标指标体系,提出措施,包括具体的污染防治和自然保护的措施和对策。

生态环境规划方案通常是以提高环境质量为核心,以污染物总量控制和污染源达标排放为底线,编制大气、水和土壤三大污染专项防治行动,以及声环境质量、固体废物和生态环境保护等方面的环境保护规划方案。生态环境规划方案的具体内容还包括各环境规划方案所设置的重点工程及其投资预算等。表3-3给出了某区域"十三五"生态环境建设规划中的生态保护建设概算。

表3-3　生态保护与建设重点工程

序号	工程项目	完成时限	投资预算	建设内容
1	美丽规划区域工程	2020年	500万元	火车站站前广场绿化、江岸绿化等工程;拓展堤岸公园,升级城市公园生态景观和提高中山公园等休闲地区的多样化功能
2	绿色低碳生态建设工程	2020年	500万元	推动企业开展自愿性清洁生产审核;严格执行国家卫生城市标准,定期开展清洗街道、内巷工作。组织机关、企事业单位、村(社区)及个体工商户参与"城镇清洁日"活动,倡导居民自觉维护身边的环境,落实"门前三包"制度,实现城镇卫生无死角
总计			1000万元	

环境规划方案的实施,需要政策保障,因此,在环境规划方案中,需要给出政策保障规划方面的内容。

(十一)环境规划指标的可达性分析

由表3-1或表3-2可知,环境规划指标的种类或数量存在差异。例如水环境保护,其环境规划的主要指标包括:集中式饮用水源水质达标率、城镇水功能区水质达标率、地表水省控以上断面达标率和城镇建成区黑臭水体比例等环境质量指标;化学需氧量削减量和氨氮削减量这两项总量控制指标;污染控制指标中的城镇生活污水集中处理率等指标。通过现状调查、环境压力预测和分析,以及重点工程的实施,可以判断上述水环境规划指标,在一定的规划年限内,这些环境目标是否能够完全达到要求。在此基础上,可以进一步开展环境规划实施效益分析,包括环境效益、经济效益和社会效益等方面的内容。

(十二)环境规划方案的申报与审批

环境规划方案的申报与审批是把环境规划方案变成实施方案的基本途径,也是环境管理中一项重要的工作制度。环境规划方案编制完成后,环境保护行政主管部门可以组织环境保护及其他方面的专家组成专家组,对编制完成的环境规划方案进行审查。规划编制单位根据审查意见对规划方案进行修改、完善后形成规划报批稿。环境规划方案必须按照一定的程序上报有关决策机关,等待审核批准。

第二节　环境管理

一、环境管理的基本体系

(一)环境管理的定义

环境管理(environmental management)是一个特定概念,其管理的对象涉及水、气、声、土壤和生态等诸多自然要素，因此它与一般的行政管理、工商管理和金融管理等涉及的管理对象不同。根据《环境科学大辞典》，环境管理有两种含义：从狭义上讲，环境管理是管理者为了实现预期的环境目标（如预设的环境空气质量优良率、Ⅲ类水体水质合格率），对经济、社会发展过程中人为因素施加给自然环境的污染和破坏性影响进行调节和控制，实现经济、社会和环境效益的统一；从广义上讲，环境管理是指在环境容量允许的情况下，以环境科学的理论为基础，运用技术、经济、法律、教育和行政等手段，对人类社会经济活动进行管理。

对于具体企业或其他类型单位的环境管理而言，环境管理是指利用行政、经济、技术、法律和教育等手段对生产经营发展和环境保护的关系进行协调，达到既发展生产又保护环境的目的。

（二）环境管理体系

国际标准化组织提出了一个环境管理体系，即 ISO14000 系列。在 ISO14000 系列中给出环境管理体系的定义：环境管理体系是一个组织内全面管理体系的组成部分，它包括为制定、实施、实现、评审和保持环境方针所需的组织机构、规划活动、机构职责、惯例、程序、过程和资源，还包括组织的环境方针、目标和指标等管理方面的内容。

环境管理体系是一个组织有计划而且协调运作的管理活动，目的在于防止对环境的不利影响。环境管理体系是一项内部管理工具，旨在帮助组织实现自身设定的环境表现水平或环境目标，提供不断地改进环境行为，使环境质量不断达到新的水平。

（三）环境管理的基本类型

环境管理的类型多种多样。按部门门类划分，可以分为工业环境管理、农业环境管理和城市环境管理等；按环境要素划分，有大气环境管理、水环境管理、土壤环境管理、噪声环境管理和生态环境管理等；按部门管理内容划分，有环境监测管理、环境质量管理、环境治理技术管理和环境政策管理等。

（四）环境管理机构

为了从宏观和微观层面加强生产和生活中污染物排放控制和管理，持续地改善环境质量，国家和省（自治区、直辖市）分别设置了一系列环境管理的行政管理机构，包括中华人民共和国生态环境部和各省（自治区、直辖市）生态环境厅或局。按照机构的分级管理办法，各省（自治区、直辖市）又分别在地市级、县级等分设了市级、区级和县级等环境管理的职能部门，如武汉市生态环境局，武汉市生态环境局洪山区分局等。按照各自所在的行政区域，开展环境管理工作。

针对具体的环境保护职能，在上一级的环境管理部门的领导下，设置了相应的环境管理单位，如湖北省生态环境监测站、污染物排放总量控制处、环境影响评价处、自然生态与农村环境保护处、环境执法大队等。

另外，还有一些其他部委设置的环境管理部门，如环境卫生局、水务局和城管局，长江水利委员会等单位也分别承担了一些职能范围内的环境管理工作。

二、环境管理内容和环境目标的制定

（一）环境管理内容的制定

环境管理的内容多种多样，依据管理的对象和管理目的可以设计出许多不同的内容。以环境要素为例，大气环境管理所涉及的内容包括机动车尾气排放管理、水环境管理、土壤环境管理、噪声环境管理和生态环境管理等。下面以某一工业集聚区规划建设为例介绍管理部门确定的主要环境管理内容。

1. 制定规划区的环境保护规定

规划区应根据国家和省(自治区、直辖市)现行的环保法律法规、政策、制度,结合实际情况,制定适合规划区经济发展和环境管理需要的环境保护规定,规范人们在保护环境、防治污染等方面的行为,实现该环境规划中提出的环境目标。

2. 实行严格的项目审批制度

制定相应的项目审批、审核制度,在引进项目时,严格把好技术含量关和环境友好关,注意产品和生产工艺的科技含量和其对环境的影响。对不符合国家产业政策和规划区产业发展方向的项目一律不引进。严格执行建设项目环境影响评价制度和"三同时"制度,实行项目的环保"一票否决"制,通过严格控制污染源,以达到从源头控制的目的。

3. 切实落实环境保护目标责任制

实行生产者环境责任制,要求生产企业对其使用的原料、包装物、产品生产、消费过程及消费后的剩余物对环境的影响负责。根据环境规划总目标和污染物总量控制计划,按单位或企业层层分解,建立以企业及主管部门领导为核心的管理体系,明确各自的环境责任,以签订责任状的形式,将责任落实给企业领导者,达到目标管理的目的。

4. 健全污染治理设施管理制度

强化企业污染治理设施的管理,制定各级岗位责任制,编制设备及工艺的操作规程,建立相应的管理台账。不得擅自拆除或闲置已有的污染处理设施,严禁故意不正常使用污染处理设施。

5. 严格落实各项环境制度

在项目筹备、实施、建设阶段,应严格执行"三同时"制度,确保污染处理设施能够和生产工艺"同时设计"、和项目"同时施工"、与项目生产做到"同时验收运行",保证规划区环境规划的落实。

对企业的"三废"排放和"双达标"实行严格的控制和监督。

6. 建立报告制度

规划区内所有排污企业均实行排污许可证制度,并按照有关规定要求填写排污月报表,上报当地环保部门。

在排污发生重大变化、污染治理设施发生改变或者拟实施新、改、扩建项目计划时,都必须向环保主管部门申报。

7. 制定环保奖惩制度

制定环保奖惩条例,鼓励清洁生产,限制和规范企业的环境行为。

对重视环境管理、节能降耗、污染物排放少、污染治理效果好等利于环境改善的企业采取一定的奖励措施;对环保观念淡薄、浪费能源与资源的企业则予以重罚。

总结工业集聚区内环境管理优秀企业的环境保护经验,在规划区内积极推广,并对这些企业给予奖励。

总之,环境管理内容的制定必须要有针对性,做到有的放矢。环境管理的内容必须为环境目标的完成而制定。

(二)环境管理目标的制定

环境管理目标是指达到污染物总量控制指标进而达到环境质量指标的支持和保证性指

标。不同的时期，不同的环境管理部门所制定的环境管理目标不同，如表3-2中给出的环境管理目标包括单位GDP能耗降低率(%)、单位GDP二氧化碳排放降低率(%)、公众环境满意率(%)、中小学环境教育普及率(%)、重点企业应急预案备案率(%)，以及应该实施强制性清洁生产企业通过审核率(%)等。而在一个工业集聚区规划中的环境管理目标可以包括：实施清洁生产企业比例(%)、“环评”执行率(%)和“三同时”执行率(%)这三项。这些环境管理指标的制定，必须要有依据，同时具有可达性和可操作性。

环境管理内容和环境目标制定后，将按照既定的内容开展环境管理工作，一切环境管理内容都将为实现环境目标服务。

（三）环境管理的内容和环境目标制定中需要关注的基本问题

随着人类对环境变迁研究和认知的逐步深入拓展，以及人类自身环境保护意识的提高，有关环境管理所涉及的内容、深度与广度也在逐步变化。因此，环境管理狭义和广义两个方面的含义也在逐步发生变化，在制定和执行环境管理内容和目标过程中，均需要关注以下几个问题。

1. 环境管理的基本内容或基本环境目标问题

众所周知，生物圈位于大气圈、水圈和岩石-土壤圈三者之间的交叉部分，人类就生活在生物圈中，人类的一切生产和生活活动均将影响大气圈、水圈和岩石-土壤圈的基本物质组成。一旦大气圈、水圈和岩石-土壤圈的基本物质组成发生了不可逆变化，人类赖以生存的生物圈或生态环境就会遭到破坏。因此，环境管理的内容应该从整个地球圈的角度考虑，确定其环境管理的内容，制定出某段时期内的环境管理的基本环境目标或主要指标。

要实现表3-1和表3-2所示的“十三五”期间的生态环境保护的主要指标，必须在环境管理方面做到有的放矢。

从表3-1和表3-2可知，不管是国家层面，还是地方层面所确定的针对环境目标的环境管理内容，均包括对大气圈、水圈、岩石-土壤圈，以及生物圈的环境保护管理内容。

2. 正确认识环境管理首先是对人的环境行为管理问题

从环境管理的基本内容或基本环境目标问题可知，人类的一切生产和生活活动均将影响大气圈、水圈和岩石-土壤圈的基本物质组成。因此，人的活动是影响地球圈基本物质组成的行为主体，其行为均影响大气环境质量、水环境质量、土壤环境质量和生态环境质量。为此，环境管理者不仅需要管理好自己的环境行为，还要运用好法律、法规和行政规章赋予的一切手段，限制他人损害环境的行为。

3. 环境管理方法学应用问题

管理的依据是管理者根据法律、法规和行政规章赋予的权利而进行的一种活动，这就要求管理者不仅需要了解一定时期内的区域环境目标，了解法律、法规和行政规章在生态环境保护方面的具体内容，还需要了解人类个体实施环境行为时的心理活动。这既涉及自然科学，也涉及社会科学。因此，环境管理方法学实际上是一门跨学科领域的综合性学科。管理者的环境管理方法也应该是一种综合性方法，既要应用社会科学中的管理方法(包括经济，社会和伦理方面)，又要应用自然科学中环境科学、生态学和生物学等学科的成果，即环境污染防治方法。

4. 环境管理方法的可持续性问题

大气圈、水圈和岩石-土壤圈的基本物质组成处于一个相对平衡的非稳定状态，当这种相对平衡状态被破坏后，人类赖以生存的生物圈或生态环境也会遭到破坏。这种相对平衡状态可以通过环境承载力或环境容量进行表述，即一定区域的大气环境、水环境、土壤环境和生态环境均有一定的环境承载力或环境容量。一旦生物圈中的生产和生活活动超过了其所在区域的环境承载力或环境容量，人类赖以生存的生物圈或生态环境就会遭到破坏。因此，环境管理方法的确定与应用应该考虑区域的环境承载力或环境容量，并根据科学技术和社会经济的发展状况，及时调整管理对策和方法，使人类的社会经济活动不超过区域的环境承载力或环境容量，以保持区域的环境承载力或环境容量具有可持续性，为代际平衡发展留下应有的空间。这就要求环境管理方法的确定与应用具有可持续性。

5. 环境管理的跨区域问题

许多环境问题具有大区域特性，如大气污染物可以通过大气环流从一个区域或一个国家迁移到另一个区域或国家，一些跨境的大水系也存在同样情况。因此，某些区域的环境行为不仅影响本区域的环境质量，还会影响其他区域或国家的环境质量。这就要求区域或国际间的共同合作，需要各国超越文化和意识形态的差异，采取协调合作的行动。这种跨境环境管理的唯一原因，是大家共同拥有一个赖以生存的地球。

三、环境管理的基本制度

环境管理内容的制定和执行不仅要依据国家和省（自治区、直辖市）现行的环保法律法规、政策、制度，而且还需要考虑区域和企事业的实际情况。自我国 20 世纪 70 年代第一次全国环境保护会议召开之后，环境管理部门通过多年的环境管理实践，先后制定出许多符合中国国情的环境管理制度。这些环境管理制度为我国的环境管理部门执法和环境管理内容和环境目标的制定提供了依据。同时，环境管理制度也是环境保护部门依法行使环境管理职能的主要手段和方法。目前这些制度在我国得到了较好的推广和执行，其最终目的是控制环境污染和生态破坏，改善环境质量，实现环境保护的目标。主要的环境管理基本制度有如下几个方面。

（一）环境影响评价制度

环境影响评价是指对规划和建设项目实施后可能造成的环境影响进行分析、预测和评估，提出预防或者减轻不良环境影响的对策和措施，进行跟踪监测的方法和制度。

环境影响评价制度是把环境影响评价工作以法律、法规或行政规章的形式确定下来而必须遵守的制度，是一项体现“预防为主”管理思想的极为重要的制度，要求在工程、项目、计划和政策等活动的拟定和实施中，除了考虑传统的经济和技术等因素外，还需要考虑环境影响，并把这种考虑体现到决策中。

（二）环境保护目标责任制

环境保护目标责任制是一种具体落实地方各级人民政府和有污染的单位对环境质量负责的行政管理制度。这项制度确定了一个区域、一个部门乃至一个单位环境保护的主要责任者和责任范围，运用目标化、定量化、制度化的管理方法，把贯彻执行环境保护这一基本国策作为各级领导的行动规范，推动环境保护工作全面、深入的发展。

环境保护目标责任制的实施是一项复杂的系统工程，涉及面广，政策性和技术性强。它的实施以环境保护目标责任书为纽带，实施过程大体可分为四个阶段，即责任书的制定阶段、下达阶段、实施阶段和考核阶段。责任制是否得到贯彻执行，关键在于抓好以上四个阶段。

环境保护目标责任制的推出，是我国环境管理体制的重大改革，标志着我国环境管理进入新的阶段。在执行过程中要不断总结经验，使其在环境保护中发挥更大的作用。

（三）"三同时"制度

"三同时"制度是指新建、改建、扩建项目和技术改造项目以及区域性开发建设项目的污染治理设施必须与主体工程同时设计、同时施工、同时投产的制度。它与环境影响评价制度相辅相成，是防止新污染和破坏的两大"法宝"，是我国环境保护法"以预防为主"的基本原则的具体化、制度化、规范化，是加强开发建设项目环境管理的重要措施，是防止我国环境质量恶化的有效的经济手段和法律手段。"三同时"制度由我国首创，它是在总结我国环境管理的实践经验基础上，被我国法律所确认的一项重要的控制新污染源的法律制度。

（四）排污收费制度

排污收费制度也称为征收排污费制度，它是指向环境排放污染物以及向环境排放污染物超过国家或地方污染物排放标准的排污者，按照污染物的种类、数量和浓度，根据排污收费标准向环境保护主管部门设立的收费机关缴纳一定的治理污染或恢复环境破坏费用的法律制度。

我国的排污收费制度是 20 世纪 70 年代根据"谁污染谁治理"的原则，借鉴国外经验，结合我国国情开始实行的。我国的排污收费制度规定，在全国范围内，对污水、废气、固体废物、噪声、放射性等各种污染物的各种污染因子，按照一定标准收取一定数额的费用，并规定排污费可以计入生产成本，排污费专款专用，排污费主要用于补助重点排污源治理等。

排污收费制度的根本目的不是为了收费，而是防治污染、改善环境质量的一个经济手段和经济措施。排污收费制度利用价值规律通过征收排污费，促进排污单位对污染的治理，节约和综合利用资源，减少或消除污染物的排放，实现保护和改善环境的目的。

（五）排污申报登记制度与排污许可证制度

排污申报登记制度是环境行政管理的一项特别制度。凡是排放污染物的单位，须按照规定向环境保护管理部门申报登记所拥有的污染物排放设施、污染物处理设施和正常作业条件下排放污染物的种类、数量和浓度。

排污许可证制度以改善环境质量为目标，以污染物总量控制为基础，规定排污单位许可排放什么污染物，许可污染物排放量、许可污染物排放去向等，是一项具有法律意义的行政管理制度。

（六）污染集中控制制度

污染集中控制制度是指污染控制走集中与分散相结合、以集中控制为主的发展方向，以便充分发挥规模效应的作用。为有效地推行污染集中控制制度，必须有一系列有效措施加以保证。

（1）实行污染集中控制制度，必须以规划为先导。污染集中控制制度与城市建设密切相关，如完善城市污水管网，才有利于建设大型的污水处理厂，实行集中处理。因此，污染集中控制制度必须与城市建设同步规划，同步实施。

（2）实行污染集中控制制度，必须突出重点，划定不同的功能区划，分别治理。

（3）实行污染集中控制制度，必须和分散控制相结合，构建区域环境污染综合防治体系。

（4）疏通多种资金渠道是推行污染集中控制制度的保证。要实现集中控制制度必须落实资金。

（5）实行污染集中控制制度，地方政府协调是关键。污染集中控制制度不仅涉及企业也涉及地方政府各部门，充分依靠地方政府的协调，是污染集中控制制度得以落实的基础。

（七）限期治理污染制度

限期治理污染制度是强化环境管理的一项重要制度。限期治理污染制度是以污染源调查、评价为基础，以环境保护规划为依据，突出治理重点，分期、分批地对污染危害严重的污染源和污染物采取限定治理时间、治理内容及治理效果的强制性措施。被限期治理的企事业单位必须依法完成限期治理任务。

在环境管理实践中执行限期治理污染制度，可以提高各级领导的环境保护意识，推动污染治理工作；可以迫使地方、部门、企业把污染治理列入议事日程，纳入计划，在人、财、物方面做出安排。

（八）城市环境综合整治定量考核制度

城市环境综合整治定量考核不仅考核城市区域或某些特定区域特定时期的环境目标达成情况，还包括考核环境管理部门的环境管理能力、环境管理建设能力，以及城市生态环境、交通环境和城市市容等多方面。因此，城市环境综合整治定量考核制度，就是把城市作为一个系统、一个整体，运用系统工程的理论和方法，采取多功能、多目标、多层次的综合战略、手段和措施，对城市环境进行综合规划、综合管理、综合控制，以最小的投入，换取城市环境质量的优化，做到经济建设、城乡建设、环境建设同步规划、同步实施、同步发展。城市环境综合整治定量考核制度的实施，不仅使城市环境综合整治工作定量化、规范化，而且还增强了透明度，引进了社会监督机制。

（九）现场检查制度

不管是环境监察机构，还是环境保护行政主管的其他部门，都有责任和义务依法对企事业的排污现场进行检查。因此，现场检查制度是指环境保护部门或者其他依法行使环境监督管理权的部门，进入管辖范围的排污单位现场对排污情况和污染治理情况进行检查的法律制度。它可促进排污单位采取措施积极防治污染和消除污染事故隐患，及时发现和处理环境保护问题，同时也可督促排污单位遵守环境保护法律法规，自觉履行环境保护义务。

（十）污染控制的强制淘汰制度

污染控制的强制淘汰制度的制定一方面是根据国家以调整产业结构、促进经济增长方式转变、防治环境污染为目的，定期公布严重污染环境的工艺、设备、产品或者项目名录，并通过行政和法律的强制措施，限期禁止其生产、销售、进口、使用或者转让的一种管理制度。另一方面，则是为了达到改善环境质量的目的，对某些污染排放重的设备、工艺技术采取强制淘汰，以减少污染物的排放，例如黄标车的淘汰。

四、环境管理的基本方法

环境管理的方法多种多样，如近年来开展的中央环境保护巡视督查，以及各省（自治区、直辖市）实行的地方环境保护巡视督查，均是环境管理方法的某种形式体现。常态化的各级别环境保护巡视督查方法，有利于加强环境保护的力度，有利于环境质量的改善。概括而言，环境管理的基本方法主要有以下几种。

（一）法律管理方法

法律管理是应用法律赋予的权利、责任和义务，开展对某些环境行为的强制管理。法律管理方法是环境管理的一种强制性手段，是在其他环境管理方法对破坏环境的行为无法制止或达不到环境管理目标时所采取的最终办法。因此，法律管理方法是环境保护行政主管部门通过依法管理，达到控制并消除环境污染、保障自然资源合理利用并维护生态平衡的目的。环境管理一方面靠立法，把国家对环境保护的要求、做法全部以法律形式固定下来，强制实行。另一方面靠执法，环境管理部门要配合司法部门对违反环境保护法律的犯罪行为进行斗争，协助仲裁。按照环境标准、环境法规来处理环境污染和环境破坏问题，对严重的污染破坏行为提起公诉，甚至追究法律责任。

环境管理部门可以依据环境法规对危害人民健康、财产，造成污染和破坏的个人或单位给予批评、警告、罚款，或责令赔偿损失等。我国自 20 世纪 80 年代开始，从中央到地方颁布了一系列环境保护法律、法规，已经形成了包括我国宪法、刑法、环境保护法、环境保护单行法规、其他法律和法规规章中关于环境保护的法律法规、环境标准、地方环境法规以及涉外环境保护的条约、协定等组成的环境保护法律法规体系。因此，现阶段我国的环境管理是有法可依、执法必严、违法必究。

（二）行政管理方法

行政管理方法主要是指国家和地方各级行政管理机关，根据国家行政法规所赋予的组织和指挥权力，制定方针、政策，建立法规，颁布标准，进行监督协调，对环境资源保护工作实施行政决策和管理。例如环境管理部门组织制定国家和地方的环境保护政策、工作计划和环境规划，并把这些计划和规划报请政府审批，使之具有行政法规效力；运用行政管理权力对某些区域的环境行为采取特殊措施，例如要求重污染企业限期治理，甚至勒令其关、停、并、转、迁。

（三）经济管理方法

包括大气、水、土壤和生态在内的一切自然资源均是有价值的资源，对这些资源的使用，或使其利用价值降低的行为，均需要进行补偿。因此，环境保护行政主管部门可以通过法律法规和行政规章中的有关规定，依法对自然资源的使用或使其利用价值降低的行为进行适当的经济处罚，达到控制并消除环境污染、保障自然资源合理利用并维护生态平衡的目的。因此，经济管理方法通常是指依法利用价值规律，运用价格、税收、信贷等经济杠杆，对企事业单位或个体在资源开发中损害环境的社会经济活动进行限制。同时，奖励积极治理污染的单位，促进节约和合理利用资源，充分发挥价值规律在环境管理过程中的杠杆作用。经济管理的主要方法包括：各级环境管理部门对积极防治环境污染的企事业单位进行补助和奖励，对违反规定造成污染的单位进行罚款；对于损坏人群健康和造成财产损失的排污单位，责令其对被害人进行赔偿；对积极开展三大污染防治计划，保护大气环境、水环境、土壤环境和生态环境的单位、团体和个人给予税收部分减免及其他方面的奖励。环境管理方法中一些经济手段的基本类型如表 3-4 所示。

表 3-4　环境管理方法中经济手段的基本类型一览表

经济手段	内容
明确产权	所有权：土地所有权、矿权、水权 使用权：许可证、特许证、开发证
建立市场	可交易的排污许可证 可交易的资源配额

续表

经济手段	内容
税收手段	污染税 原料税和产品税 租金和资源税
收费手段	排污费 使用者收税 管理费 资源、生态、环境补偿费
财政手段	财政补贴 优惠贷款 环境基金
责任制度	环境、资源损害赔偿责任 保障赔偿:对特定的有环境风险的活动进行强制性保险 执行保证金:预缴的执行法律的保证金
押金制度	押金退款制度
发行债券	发行政府和企业债券

(四)技术管理方法

按照法律法规和行政规章的要求,所有的排污责任主体均应该采取一定的技术方法,减少损害环境的污染物排放。这些技术方法也是环境管理部门通过政府设置的交流管理平台,便于排污单位或主体进行污染治理技术信息交换。排污单位或主体可以利用这些信息,有针对性地选择适当的技术,开展污染治理。因此,环境管理部门的技术管理职责或内容包括组织制定环境标准、制定防治技术政策、交流合作、技术咨询等。

环境管理部门可以通过环境监测、环境统计对本地区、本部门、本行业污染状况进行调查,也可以委托第三方进行。在此基础上,编写月度、季度和年度生态环境报告;组织开展环境影响评价工作;交流推广无污染、少污染的清洁生产工艺及先进治理技术;组织环境科研成果和环境科技情报的交流等。可以看出,在环境政策、法规的制定和实施过程中都涉及许多科学技术问题,这些技术将在很大程度上决定环境污染问题解决程度的好坏。

(五)宣传教育方法

随着生活质量的提高,人们希望在一个相对舒适的环境中生活、学习和工作,但许多人不一定知道环境质量的高低与个人或单位的环境行为有关。为此,需要加大环境保护知识的宣传力度。

建立和完善环境信息公开制度,让大家了解所在区域的环境质量现状和与之相关的环境信息,起到宣传和监督作用。具体可以通过推进区域环境信息网络建设,促进与企事业的联通来实现。在一定区域的环境信息网络建设基础上,建立环境新闻宣传网络平台。深化与各级各类媒体的联系、合作与信息沟通、情况通报,完善由宣传、环保等部门共同组成的环境新闻宣传网络平台与信息公开、应急宣传等机制。协助媒体如实报道极端天气以及典型的环境污染事故，指导及普及媒体宣传环保业务常识。

同时，要加强和完善学校环境教育活动网络。完善大中小学校、幼儿园环境教育活动网络，进一步推进学校课堂环境教育教学、教案与课外实践活动；深化各级党校环境教育教学实践工作。

另外，要建设环保非政府组织（Non-Governmental Organizations，NGO）活动网络平台（如中华环保联合会）。加强与环保 NGO 的联系与合作、业务指导和对环保志愿者的扶持及业务能力培训，建立环保 NGO 与志愿者公共资源网络平台。鼓励和引导公众深入参与环境保护活动，每年组织举办针对环保志愿者的关于大气环境保护、水环境保护、声环境保护等方面的基本知识介绍与污染防治培训，发挥环保 NGO、环保社团在环保事业中的重要作用。

五、环境管理的基本特点

从环境管理体系、环境管理内容、环境管理方法和环境管理机构等方面可以看出，环境管理具有许多与环境规划不同的特点。

（一）综合性

由于环境管理的对象是一个由许多相互依存、相互制约的因素组成的大系统，这个系统中的各个子系统之间保持着一个相对平衡的状态，这使得环境管理内容多样化。环境管理既包括管理学、法学和伦理学方面的内容，也包括环境科学和生态学等自然科学方面的内容。因此，环境管理具有综合性的特点，主要表现为管理内容的综合性、管理方法的综合性、管理领域的综合性和应用知识的综合性等方面。为了从管理层面解决环境问题，环境管理部门必须综合运用科学技术、经济杠杆、行政、法律、宣传教育等方法或策略才能奏效。同时，为了使环境得到持续改善，环境管理内容和方法也需要与时俱进。

（二）区域性

许多环境问题与区域经济特点、地域特点具有明显的相关性。因此，环境管理具有区域性的特点，主要表现为地域地理地貌方面的差异、区域经济的结构性差异、区域资源分布的不均匀、区域科技水平的差异等方面。世界各国的经济、技术发展和文化都存在差异，其环境问题也具有明显的区域性。因此，环境管理必须从实际情况出发，根据不同的地域特征，制定有针对性的环境目标和环境管理对策与措施，既要强调全国的统一化管理，也要考虑区域发展的不平衡性。

（三）社会性

环境问题的发生和解决方法，常常与社会经济发展水平、受教育程度和生活水平密切相关，使得针对某些环境问题的环境管理内容和方法具有社会性特点。环境管理的社会性主要体现在人们的环境保护意识与环境行为对环境的影响方面。人们已经意识到雾霾天气的发生与工厂和机动车尾气排放密切相关，区域性自然环境生态系统的退化和破坏、水污染和水资源的枯竭与人们过度使用和排放有关。一旦环境保护成为全社会的责任和义务时，环境管理的内容和方法也将发生巨大变化，而且具有可持续性。

第三节　环境规划与环境管理之间的关系

环境规划学与环境管理学是两门不同的学科，其理论基础和核心内容存在明显差异，但两者之间也存在必然联系。也有学者将环境规划学与环境管理学合并为一门学科，即环境规划与环境管理学，其理论基础分别来自环境规划学与环境管理学。为了在源头上将环境破坏减小到最低程度，首先需要做好规划。一旦规划建设完成，其在建设过程中和运行期间环境问题的解决，需要环境管理才能实施。同样的，环境管理部门发现的环境问题，可以反馈到环境规划部门，为后续的环境规划修编提供依据和支撑。

一、环境规划与环境管理的对象

环境规划通常是指人类为使生态环境与经济和社会协调发展而对其自身活动和生态环境在空间和时间上所做的合理安排，是环境管理者对一定时期的环境目标和措施所做出的具体计划，是一种带有指令性的环境保护方案。基于此，环境规划是为了某一区域一定时期内所确定的环境目标的实现而提出的一种带有指令性的环境保护方案，具有宏观性特点。因此，环境规划有明确的规划范围、规划时限和规划基准年。

环境管理是根据法律法规和行政规章，为实现环境规划中所确定的环境目标而开展的一种活动。环境管理的对象比较复杂，既可以是宏观层面的，如对一个区域、流域或海域的环境管理、某个经济技术开发区的环境管理，也可以是指针某个具体的企事业单位、某个团体或自然人的环境管理，其管理内容涉及水、气、声、土壤和生态等诸多自然要素及其各自的环境质量。因此，环境管理既具有长期性特点，如为实现某个环境目标，至少要在一个规划时限内持续开展环境管理；也具有时效性特点，如突发性或突出性环境污染时开展短期的针对性环境管理。

二、环境规划与环境管理的目的

工业产业革命给人类带来了巨大的物质财富和精神财富，同时也带来了严重的环境污染和自然资源耗竭的问题。环境污染使人类在快速发展的同时也付出了巨大的代价。大量的研究结果表明，出现环境问题主要有两个层面的原因：一是思想观念层面；二是社会行为层面。基于这种思考，人们认识到只有从根本上改变思想观念，对人类的行为进行规划和管理，保证人类的行为在环境的承载范围之内，使人类与环境能够持久和谐地协同发展下去。因此，环境规划的目的是指导人们进行各种生产和生活活动时，按既定的环境目标和污染防治措施，合理分配一定时期污染物的削减量，约束排污者的行为，从而达到在发展经济的同时改善生态环境，促进生态环境、经济和社会的可持续发展；环境管理的目的是通过采用某些环境管理方法，对经济、社会发展过程中人为因素施加给自然环境的污染和破坏性影响进行调节和控制，实现一定时期内的环境目标，达到既发展生产又保护环境的目的。

三、环境规划与环境管理的任务

从环境规划和环境管理的目的可知，两者的具体任务存在一定差异。环境规划的主要任务是通过开展环境质量现状评价、环境承载力分析、环境压力预测分析后，确定一定时期内规划范围内的规划目标和环境目标，为了实现环境目标，继而提出相应的环境保护方案和重要的环境保护工程措施。环境管理的主要任务是围绕环境质量改善和环境目标的实现,依法开展环境管理活动。

尽管环境规划和环境管理的具体任务不同,但两者的任务目标是一致的,即转变人类社会的基本观念和调整人类社会的环境行为。因为环境规划发布后具有法律作用,企事业单位、团体或自然人均应该依法办事,而环境管理必须依法开展和执行。

人类的社会行为可以分为政府行为、市场行为和公众行为三种。这三种行为都有可能对环境产生不同程度的影响,因此,调整人类的社会行为,提倡环境友好型行为方式是环境规划与环境管理的共同目标。

四、环境规划与环境管理的联系

由于环境规划的编制通常是政府的一种行政管理行为,环境规划的编制者最终提出的规划目标和环境目标,都需要政府经过论证确认后才能生效。环境目标和措施的执行者是环境管理部门,环境规划提出的环境保护方案和重要的环境保护工程措施的实施或监督者也是环境管理部门。因此,环境规划和环境管理两者之间存在必然联系。

第四章 生态环境改善行动计划

党的十八大首次将生态文明建设上升为国家战略，并在十八大报告中提出了经济建设、政治建设、文化建设、社会建设、生态文明建设“五位一体”的新理念，将生态文明建设作为我国全面建成小康社会、实现社会主义现代化和中华民族伟大复兴的一个重要组成部分。基于“五位一体”的新理念，国家出台了《生态文明体制改革总体方案》，先后发布和实施了包括《大气污染防治行动计划》《水污染防治行动计划》和《土壤污染防治行动计划》等生态环境持续改善行动计划。随着一系列生态环境改善行动计划的实施和推进，我国的生态环境质量得到了持续改善，这使得“山水林田湖草是生命共同体”和“绿水青山就是金山银山”的生态文明建设理念，逐渐根植于我国人民日常的生产和生活中。基于此，本章将介绍我国为实现生态环境的可持续发展而实施的生态环境改善行动计划。

第一节 大气环境质量改善行动计划

在工业化、城镇化深入推进，能源资源消耗持续增加，以及经济快速发展的同时，我国大气污染问题也愈发严重，尤其是 2012 年我国开始出现了大范围和高频率的雾霾现象，这种由细颗粒物 $PM_{2.5}$引起的雾霾现象，不仅使能见度明显降低，还会引起支气管哮喘、肺炎、心脏病等各类疾病，严重制约着我国经济的可持续发展。因此，大气环境保护事关人民群众根本利益，事关经济持续健康发展，事关全面建成小康社会，事关实现中华民族伟大复兴的中国梦。

大气污染不仅影响人的身体健康，还会影响整个生态系统的正常运转。受污染的空气会使植物的叶茎受到伤害，影响植物的正常发育，使农作物减产等，例如 SO_2、HF 等气体会使植物的叶面变色而导致植物死亡。SO_2、NO_x引起的酸雨会使湖泊酸化，土壤酸化，水体的 pH 值发生改变，从而使水生生物的生存受到影响，农作物生长受到抑制，导致产量下降。

面对以可吸入颗粒物（PM_{10}）、细颗粒物（$PM_{2.5}$）为特征污染物的区域性复合型大气污染问题，2012 年国务院发布的修订的《环境空气质量标准》（GB 3095—2012）中增设了 $PM_{2.5}$的浓度限值和臭氧（O_3）8 小时平均浓度限值。同年 10 月，环境保护部联合国家发改委、财政部印发《重点区域大气污染防治“十二五”规划》，其中明确要求到 2015 年京津冀、长三角、珠三角地区的 $PM_{2.5}$年均浓度下降 6%，其他城市群将其作为预期性指标。2013 年 9 月，国务院发布了《大气污染防治行动计划》（简称大气国十条）。

一、《大气污染防治行动计划》

（一）奋斗目标和具体指标

《大气污染防治行动计划》是由国务院于 2013 年 9 月 10 日印发的，自 2013 年 9 月 10 日起实施。

《大气污染防治行动计划》给出了第一阶段的奋斗目标和具体指标。

奋斗目标：经过五年努力，全国空气质量总体改善，重污染天气较大幅度减少；京津冀、长三角、珠三角等区域空气质量明显好转。力争再用五年或更长时间，逐步消除重污染天气，全国空气质量明显改善。

具体指标：到 2017 年，全国地级及以上城市可吸入颗粒物浓度比 2012 年下降 10%以上，优良天数逐年提高；京津冀、长三角、珠三角等区域细颗粒物浓度分别下降 25%、20%、15%左右，其中北京市细颗粒物年均浓度控制在 60 $\mu g/m^3$左右。

（二）十条内容简述

1. 加大综合治理力度，减少多污染物排放

（1）加强工业企业大气污染综合治理。全面整治燃煤小锅炉，加快推进集中供热、“煤改气”及“煤改电”工程建设；加快重点行业脱硫、脱硝、除尘改造工程建设；推进挥发性有机物污染治理。京津冀、长三角、珠三角等区域要于 2015 年底前基本完成燃煤电厂、燃煤锅炉和工业窑炉的污染治理设施建设与改造，完成石化企业有机废气综合治理。

（2）深化面源污染治理。综合整治城市扬尘，加强施工扬尘监管，施工现场全封闭设置围挡墙，施工现场道路应进行地面硬化。渣土运输车辆应采取密闭措施，并逐步安装卫星定位系统。推行道路机械化清扫等低扬尘作业方式。大型煤堆、料堆要实现封闭储存或建设防风抑尘设施。推进城市及周边绿化和防风防沙林建设，扩大城市建成区绿地规模。

开展餐饮油烟污染治理。城区餐饮服务经营场所应安装高效油烟净化设施，推广使用高效净化型家用吸油烟机。

（3）强化移动源污染防治。实施公交优先战略，提高公共交通出行比例，加强步行、自行车交通系统建设，降低机动车使用强度；北京、上海、广州等城市每年新增或更新的公交车中新能源和清洁燃料车的比例达到 60%以上，严格限制机动车保有量；在 2017 年底前，全国供应符合国家第五阶段标准的车用汽、柴油；加快柴油车车用尿素供应体系建设；到 2017 年全国范围基本淘汰黄标车；加强机动车环保管理，无环保合格标志的机动车不得上路行驶；开展工程机械等非道路移动机械和船舶的污染控制。

2. 调整优化产业结构，推动产业转型升级

（1）严控“两高”行业新增产能。修订高耗能、高污染和资源性行业准入条件，明确资源能源节约和污染物排放等指标；严格控制“两高”行业新增产能，新、改、扩建项目要实行产能等量或减量置换。

（2）加快淘汰落后产能。结合产业发展实际和空气质量状况，提高环保、能耗、安全、质量等标准，分区域明确落后产能淘汰任务，倒逼产业结构转型升级。

（3）压缩过剩产能。加大环保、能耗、安全执法力度，建立以节能环保标准促进“两高”行业过剩产能退出机制；严禁核准产能严重过剩行业新增产能项目。

（4）坚决停建产能严重过剩行业违规在建项目。对未批先建、边批边建、越权核准的违规项目，尚未开工建设的不准开工，正在建设的要停止建设；坚决遏制产能严重过剩行业盲目扩张。

3. 加快企业技术改造，提高科技创新能力

（1）强化科技研发和推广。加强雾霾、臭氧的形成机理、来源解析、迁移规律和监测预警等研究，为污染治理提供科学支撑；加强大气污染与人群健康关系的研究；支持企业技术中心、国家重点实验室、国家工程实验室建设，推进大型大气光化学模拟仓、大型气溶胶模拟仓等科技基础设施建设。

加强脱硫、脱硝、高效除尘、挥发性有机物控制、柴油机（车）排放净化、环境监测，以及新能

源汽车、智能电网等方面的技术研发，推进技术成果转化应用；加强大气污染治理先进技术、管理经验等方面的国际交流与合作。

(2) 全面推行清洁生产。推进钢铁、水泥、化工、石化、有色金属冶炼等重点行业的清洁生产技术改造，到2017年，重点行业排污强度比2012年下降30%以上；推进非有机溶剂型涂料和农药等产品创新，减少生产和使用过程中挥发性有机物的排放。积极开发缓释肥料新品种，减少化肥施用过程中氨的排放。

(3) 大力发展循环经济。鼓励工业集聚区发展，实施园区循环化改造，在50%以上的各类国家级园区和30%以上的各类省级园区实施循环化改造，构建循环型工业体系；推动水泥、钢铁等工业窑炉、高炉实施废物协同处置；大力发展机电产品再制造，推进资源再生利用产业发展；到2017年，单位工业增加值能耗比2012年降低20%左右，主要有色金属品种及钢铁的循环再生比重达到40%。

(4) 大力培育节能环保产业。着力把大气污染治理的政策要求有效转化为节能环保产业发展的市场需求，促进重大环保技术装备、产品的创新开发与产业化应用；鼓励外商投资节能环保产业。

4. 加快调整能源结构，增加清洁能源供应

(1) 控制煤炭消费总量。到2017年，煤炭占能源消费总量的比重降至65%以下。京津冀、长三角、珠三角等区域力争实现煤炭消费总量负增长，通过逐步提高接受外输电比例、增加天然气供应、加大非化石能源利用强度等措施替代燃煤，新建项目禁止配套建设自备燃煤电站。

(2) 加快清洁能源替代利用。加大天然气、煤制天然气、煤层气供应；积极有序发展水电，开发利用地热能、风能、太阳能、生物质能，安全高效发展核电；京津冀地区城市建成区、长三角城市群、珠三角地区到2017年，基本完成燃煤锅炉、工业窑炉、自备燃煤电站的天然气替代改造任务。

(3) 推进煤炭清洁利用。提高煤炭洗选比例，新建煤矿应同步建设煤炭洗选设施，现有煤矿要加快建设与改造；禁止进口高灰、高硫劣质煤炭；限制进口高硫石油焦；鼓励北方农村地区建设洁净煤配送中心，推广使用洁净煤和型煤。

(4) 提高能源使用效率。新建高耗能项目单位产品(产值)能耗要达到国内先进水平，用能设备达到一级能效标准；京津冀、长三角、珠三角等区域新建高耗能项目单位产品(产值)能耗要达到国际先进水平；新建建筑要严格执行强制性节能标准，推广使用太阳能热水系统、地源热泵、空气源热泵、光伏建筑一体化、“热-电-冷”三联供等技术和装备。

5. 严格节能环保准入，优化产业空间布局

(1) 调整产业布局。按照主体功能区规划要求，合理确定重点产业发展布局、结构和规模，重大项目原则上布局在优化开发区和重点开发区；各类产业发展规划，所有新、改、扩建项目，必须进行环境影响评价；严格限制在生态脆弱或环境敏感地区建设“两高”行业项目。

在东部、中部和西部地区实施差别化的产业政策，对京津冀、长三角、珠三角等区域提出更高的节能环保要求。强化环境监管，严禁落后产能转移。

(2) 强化节能环保指标约束。提高节能环保准入门槛，健全重点行业准入条件，公布符合条件的企业名单并实施动态管理。严格实施SO_2、NO_x、烟粉尘和挥发性有机物排放总量控制，并将其作为建设项目环境影响评价审批的前置条件。

京津冀、长三角、珠三角地区以及辽宁中部、山东、武汉及其周边、长株潭、成渝、海峡西岸、山西中北部、陕西关中、甘宁、乌鲁木齐城市群等“三区十群”，新建火电、钢铁、石化、水泥、有

色、化工等企业以及燃煤锅炉项目要执行大气污染物特别排放限值。各地区可根据环境质量改善的需要，扩大特别排放限值实施的范围。

(3) 优化空间格局。科学制定并严格实施城市规划，强化城市空间管制要求和绿地控制要求，规范各类产业园区和城市新城、新区设立和布局，禁止随意调整和修改城市规划，形成有利于大气污染物扩散的城市和区域空间格局；有序推进位于城市主城区的钢铁、石化、化工、有色金属冶炼、水泥、平板玻璃等重污染企业环保搬迁、改造，到 2017 年基本完成。

6. 发挥市场机制作用，完善环境经济政策

(1) 发挥市场机制调节作用。本着“谁污染、谁负责，多排放、多负担，节能减排得收益、获补偿”的原则，积极推行激励与约束并举的节能减排新机制。

分行业、分地区对水、电等资源类产品制定企业消耗定额；对能效、排污强度达到更高标准的先进企业给予鼓励；全面落实“合同能源管理”的财税优惠政策，完善促进环境服务业发展的扶持政策，推行污染治理设施投资、建设、运行一体化特许经营；完善绿色信贷和绿色证券政策，将企业环境信息纳入征信系统。严格限制环境违法企业贷款和上市融资；推进排污权有偿使用和交易试点。

(2) 完善价格税收政策。根据脱硝成本，结合调整电价，完善脱硝电价政策；推进天然气价格形成机制改革，理顺天然气与可替代能源的比价关系；完善对部分困难群体和公益性行业的成品油价格改革补贴政策。

加大排污费征收力度，做到应收尽收。适时提高排污收费标准，将挥发性有机物纳入排污费征收范围。

(3) 拓宽投融资渠道。深化节能环保投融资体制改革，鼓励民间资本和社会资本进入大气污染防治领域；引导银行业金融机构加大对大气污染防治项目的信贷支持；探索排污权抵押融资模式，拓展节能环保设施融资、租赁业务。

7. 健全法律法规体系，严格依法监督管理

(1) 完善法律法规标准。加快大气污染防治法修订步伐，重点健全总量控制、排污许可、应急预警、法律责任等方面的制度；建立健全环境公益诉讼制度；研究起草环境税法草案，加快修改环境保护法，尽快出台机动车污染防治条例和排污许可证管理条例；各地区可结合实际，出台地方性大气污染防治法规、规章。

加快制(修)订重点行业排放标准以及汽车燃料消耗量标准、油品标准、供热计量标准等，完善行业污染防治技术政策和清洁生产评价指标体系。

(2) 提高环境监管能力。完善国家监察、地方监管、单位负责的环境监管体制，加强对地方人民政府执行环境法律法规和政策的监督。加大环境监测、信息、应急、监察等能力建设力度，达到标准化建设要求。

建设城市站、背景站、区域站统一布局的国家空气质量监测网络，加强监测数据质量管理，客观反映空气质量状况。加强重点污染源在线监控体系建设，推进环境卫星应用；建设国家、省、市三级机动车排污监管平台；到 2015 年，地级及以上城市全部建成细颗粒物监测点和国家直管的监测点。

(3) 加大环保执法力度。推进联合执法、区域执法、交叉执法等执法机制创新，严厉打击环境违法行为；对涉嫌环境犯罪的，要依法追究刑事责任；对监督缺位、执法不力、徇私枉法等行为，监察机关要依法追究有关部门和人员的责任。

(4) 实行环境信息公开。国家每月公布空气质量最差的 10 个城市和最好的 10 个城市的

名单；各省（自治区、直辖市）要公布本行政区域内地级及以上城市空气质量排名；地级及以上城市要在当地主要媒体及时发布空气质量监测信息。

各级环保部门和企业要主动公开新建项目的环境影响评价文件、企业污染物排放、治污设施运行情况等信息，接受社会监督；建立重污染企业环境信息强制公开制度。

8. 建立区域协作机制，统筹区域环境治理

（1）建立区域协作机制。建立京津冀、长三角区域大气污染防治协作机制，组织实施会商、联合执法、信息共享、预警应急等大气污染防治措施，通报区域大气污染防治工作进展，研究确定阶段性工作要求、工作重点和主要任务。

（2）分解目标任务。国务院与各省（自治区、直辖市）人民政府签订大气污染防治目标责任书，将目标任务分解落实到地方人民政府和企业。将重点区域的细颗粒物指标、非重点地区的可吸入颗粒物指标作为经济社会发展的约束性指标，构建以环境质量改善为核心的目标责任考核体系。

（3）实行严格责任追究。未通过年度考核的，由环保部门会同组织部门、监察机关等部门约谈省级人民政府及相关部门有关负责人，提出整改意见，予以督促；因工作不力、履职缺位及干预、伪造监测数据等行为而未完成年度目标任务的，监察机关要依法依纪追究有关单位和人员的责任，环境保护主管部门要对有关地区和企业实施建设项目的环评限批，取消国家授予的环境保护荣誉称号。

9. 建立监测预警应急体系，妥善应对重污染天气

（1）建立监测预警体系。环保部门要加强与气象部门合作，建立重污染天气监测预警体系；要做好重污染天气过程的趋势分析，完善会商研判机制，提高监测预警的准确度，及时发布监测预警信息。

（2）制定完善应急预案。空气质量未达到规定标准的城市应制定和完善重污染天气应急预案并向社会公布；按不同污染等级确定企业限产停产、机动车和扬尘管控、中小学校停课和可行的气象干预等措施；开展重污染天气应急演练。

（3）及时采取应急措施。将重污染天气应急响应纳入地方人民政府突发事件应急管理体系，实行政府主要负责人负责制；要依据重污染天气的预警等级，迅速启动应急预案，引导公众做好卫生防护。

10. 明确政府、企业和社会的责任，动员全民参与环境保护

（1）明确地方政府统领责任。地方各级人民政府对本行政区域内的大气环境质量负总责，要根据国家的总体部署及控制目标，确定本地区的工作重点任务和年度控制指标，完善政策措施，并向社会公开；要不断加大监管力度，确保任务明确、项目清晰、资金保障。

（2）加强部门协调联动。各有关部门要密切配合、协调力量、统一行动，形成大气污染防治的强大合力，依法做好各自领域的相关工作。

（3）强化企业施治。企业是大气污染治理的责任主体，要按照环保规范要求，采用先进的生产工艺和治理技术，确保达标排放，甚至达到“零排放”；要自觉履行环境保护的社会责任，接受社会监督。

（4）广泛动员社会参与。积极开展多形式的宣传教育，普及大气污染防治科学知识。加强大气环境管理专业人才培养。倡导文明、节约、绿色的消费方式和生活习惯，在全社会树立起“同呼吸、共奋斗”的行为准则，共同改善空气质量。

自《大气污染防治行动计划》发布以来，各省（自治区和直辖市）按照国家的要求，相继发布

了地方大气污染防治行动计划，并按照行动计划要求实施。

（三）实施效果评估

经过五年的大气污染防治工作实施，全国各地按照《大气污染防治行动计划》所要求的第一阶段即到2017年的具体指标全部实现了。2017年全国338个地级及以上城市可吸入颗粒物（PM_{10}）平均浓度比2013年下降22.7%，京津冀地区、长三角地区和珠三角地区的可入肺颗粒物（$PM_{2.5}$）平均浓度分别下降39.6%、34.3%、27.7%，北京市$PM_{2.5}$年均浓度从2013年的89.5 $\mu g/m^3$降至58 $\mu g/m^3$，优于具体目标60 $\mu g/m^3$的要求，珠三角地区的$PM_{2.5}$平均浓度连续三年达标。这些指标具有标志性意义。

《大气污染防治行动计划》第一阶段的回顾性总结发现，此阶段的春季、冬季首要污染物仍为$PM_{2.5}$，$PM_{2.5}$仍为影响空气质量指数（AQI）的首要污染物。因此，必须清醒地认识到$PM_{2.5}$防治刚刚走出第一步，大气治理依然任重道远。

二、环境空气质量现状评价

（一）环境空气质量标准

某个区域环境空气质量现状如何，可以利用现状调查数据进行评价。根据《环境空气质量标准》（GB 3095—2012），一般城市的居住区、商业交通居民混合区、文化区、工业区和农村地区为二类环境空气质量功能区。因此，除了风景名胜区、疗养院和需要特殊保护的区域外，一般区域都可划分为二类环境空气质量功能区，评价时采用《环境空气质量标准》（GB 3095—2012）中的二级标准浓度限值。SO_2、NO_2、CO、O_3、PM_{10}和$PM_{2.5}$这六个常规因子的标准浓度限值如表4-1所示。当某种污染物的浓度小于或等于《环境空气质量标准》（GB 3095—2012）中对应的标准浓度限值即为达标，否则不达标。

表4-1　SO_2、NO_2、CO、O_3、PM_{10}和$PM_{2.5}$的标准浓度限值

污染物项目	平均时间	浓度限值		单　位
		一级	二级	
二氧化硫（SO_2）	年平均	20	60	$\mu g/m^3$
	24 h平均	50	150	
	1 h平均	150	500	
二氧化氮（NO_2）	年平均	40	40	
	24 h平均	80	80	
	1 h平均	200	200	
一氧化碳（CO）	24 h平均	4	4	mg/m^3
	1 h平均	10	10	
臭氧（O_3）	日最大8 h平均	100	160	$\mu g/m^3$
	1 h平均	160	200	
颗粒物（PM_{10}）	年平均	40	70	
	24 h平均	50	150	
颗粒物（$PM_{2.5}$）	年平均	15	35	
	24 h平均	35	75	

（二）评价方法

采用《环境空气质量评价技术规范（试行）》（HJ 663—2013）中规定的评价方法：单因子指数法和空气质量指数法（AQI 法）。

1. 单因子指数法

单因子指数法评价的计算公式，分别如式（4-1）和式（4-2）所示：

$$S_i = C_i / S_{0i} \tag{4-1}$$

$$B_i = (C_i - S_{0i}) / S_{0i} \tag{4-2}$$

式中：

S_i表示污染物的标准指数；

B_i表示超标因子 i 的超标倍数；

C_i表示超标因子的浓度值，分别为年平均浓度值和 24 h 平均的特定百分位数浓度值；

S_{0i}表示超标因子 i 的浓度限值标准，分别为年均值标准和日均值标准。

在使用式（4-1）与式（4-2）进行计算时须注意：对于 SO_2、NO_2、PM_{10}、$PM_{2.5}$，计算其年平均浓度和 24 h 平均的特定百分位数浓度，是指其相对于年均值标准和日均值标准的超标倍数；对于 O_3，计算日最大 8 h 平均的特定百分位数浓度相对于 8 h 平均浓度限值标准的超标倍数；对于 CO，计算 24 h 平均的特定百分位数浓度相对于浓度限值标准的超标倍数。

2. 空气质量指数评价

空气质量指数评价将按照《环境空气质量指数（AQI）技术规定（试行）》（HJ 633—2012）中的规定，先将常规空气污染物（SO_2、NO_2、PM_{10}、$PM_{2.5}$、CO、O_3等）的浓度简化为无量纲指数值形式，再进行分级，从而更直观地表示空气质量情况。空气质量指数计算的数学表达式如下。

$$IAQI_P = \frac{IAQI_{Hi} - IAQI_{Lo}}{BP_{Hi} - BP_{Lo}} (C_P - BP_{Lo}) + IAQI_{Lo} \tag{4-3}$$

式中：

$IAQI_P$表示污染物项目 P 的空气质量分指数；

C_P表示污染物项目 P 的质量浓度值；

BP_{Hi}表示表 4-2 中与 C_P相近的污染物浓度限值的高位值；

BP_{Lo}表示表 4-2 中与 C_P相近的污染物浓度限值的低位值；

$IAQI_{Hi}$表示表 4-2 中与 BP_{Hi}对应的空气质量分指数；

$IAQI_{Lo}$表示表 4-2 中与 BP_{Lo}对应的空气质量分指数。

计算出各个污染物项目的空气分指数后，其中最大值即为要求的 AQI 值，计算公式如下。

$$AQI = \max\{IAQI_1, IAQI_2, IAQI_3, \cdots, IAQI_n\} \tag{4-4}$$

式中：

IAQI 表示空气质量分指数；

n 表示污染物项目。

AQI 大于 50 时，IAQI 最大的污染物为首要污染物。若 IAQI 最大的污染物为两项或两项以上时，并列为首要污染物。IAQI 大于 100 的污染物为超标污染物。依据 AQI 的范围，确定空气污染程度的大小或级别（优、良、轻度污染天、中度污染天、重度污染天和严重污染天）。空气质量分指数及对应污染物项目浓度限值如表 4-2 所示。

表 4-2　空气质量分指数及对应污染物项目浓度限值

空气质量分指数(IAQI)	污染物项目浓度限值(CO 浓度单位为 mg/m³,其余浓度单位均为 μg/m³)									
	SO_2 24 h 平均值	SO_2 1 h 平均值(1)	NO_2 24 h 平均值	NO_2 1 h 平均值(1)	PM_{10} 24 h 平均值	CO 24 h 平均值	CO 1 h 平均值(1)	O_3 1 h 平均值	O_3 8 h 滑动平均值	$PM_{2.5}$ 24 h 平均值
0	0	0	0	0	0	0	0	0	0	0
50	50	150	40	100	50	2	5	160	100	35
100	150	500	80	200	150	4	10	200	160	75
150	475	650	180	700	250	14	35	300	215	115
200	800	800	280	1200	350	24	60	400	265	150
300	1600	(2)	565	2340	420	36	90	80	800	250
400	2100	(2)	750	3090	500	48	120	1000	(3)	350
500	2620	(2)	940	3840	600	60	150	1200	(3)	500
说明	(1) SO_2、NO_2、CO 的 1 h 平均浓度限值仅用于实时报,在日报中需使用相应污染物的 24 h 平均浓度限值。 (2) SO_2 1 h 平均浓度值高于 800 μg/m³ 的,不再进行其空气质量分指数计算,SO_2空气质量分指数按 24 h 平均浓度计算的分指数报告。 (3) O_3 8 h 平均浓度值高于 800 μg/m³ 的,不再进行其空气质量分指数计算,O_3空气质量分指数按 1 h 平均浓度计算的分指数报告。									

3. 空气质量综合指数评价

空气质量综合污染指数法可综合比较和反映不同区域同一个时期内环境空气污染程度的大小。空气质量综合指数计算公式如下。

$$\mathrm{I_{sum}}=\mathrm{SUM}\left\{\mathrm{MAX}\left(\frac{C_i}{S_i},\frac{C_{i,d}}{S_{i,d}}\right)\right\} \tag{4-5}$$

式中：

C_i表示污染物 i 的年平均均浓度值；

S_i表示污染物 i 的年平均二级标准浓度限值；

$C_{i,d}$表示污染物 i 的日平均浓度的特定百分位数浓度(O_3为日最大 8 h 均值的特定百分位数浓度)；

$S_{i,d}$表示污染物 i 的日平均浓度的二级标准浓度限值(O_3为 8 h 均值的二级标准浓度限值)。

(三) 环境空气质量评价

基于《环境空气质量标准》(GB 3095—2012)的常规污染物均值浓度标准限值,国家到地方均在每年 6 月 5 日世界环境日前开展区域环境空气质量现状评价,并发布区域环境空气质量状况公报,给出过去一年区域的常规六项大气污染物的年均值浓度、空气质量优良率和首要污染物等。

生态环境部在2020年6月5日前发布了《2019中国生态环境状况公报》，结果显示全国337个地级及以上城市中，157个城市环境空气质量达标，占全部城市数的46.6%；180个城市环境空气质量超标，占53.4%。337个城市平均优良天数比例为82.0%，其中，16个城市优良天数比例为100%，16个城市优良天数比例低于50%。以$PM_{2.5}$、O_3、PM_{10}、NO_2和CO为首要污染物的超标天数分别占总超标天数的45.0%、41.7%、12.8%、0.7%和不足0.1%。$PM_{2.5}$、PM_{10}、O_3、SO_2、NO_2和CO浓度分别为36 $\mu g/m^3$、63 $\mu g/m^3$、148 $\mu g/m^3$、11 $\mu g/m^3$、27 $\mu g/m^3$和1.4 mg/m^3；与2018年相比，PM_{10}和SO_2浓度下降，O_3浓度上升，其他污染物浓度持平。

2019年全国酸雨区面积约47.4万平方千米，占国土面积的5.0%，比2018年下降了0.5%，其中较重酸雨区面积占国土面积的0.7%。酸雨主要分布在长江以南-云贵高原以东地区，主要包括浙江、上海的大部分地区、福建北部、江西中部、湖南中东部、广东中部和重庆南部。

武汉市生态环境局也发布了《2019年武汉市生态环境状况公报》，指出武汉市环境空气质量优良天数为245天。其中：优41天、良204天、轻度污染103天、中度污染15天、重度污染2天，重度污染天数较2018年减少3天。重度污染天数的减少，表明环境空气质量得到进一步改善。全年120个污染日中，首要污染物为臭氧8 h(O_3-8 h)的占50.8%，首要污染物为$PM_{2.5}$的占31.7%，首要污染物为NO_2的占15.8%，首要污染物为PM_{10}的占1.7%。

其他省市自治区和直辖市发布的生态环境公报均显示，自2013年《大气污染防治行动计划》实施以来，全国各地的环境空气质量得到了持续改善。

三、蓝天保卫战三年行动计划

（一）行动计划背景

到2017年底，《大气污染防治行动计划》确定的第一阶段的具体目标如期实现，全国环境空气质量总体改善，京津冀地区、长三角地区和珠三角地区等重点区域的空气质量改善明显。同时，《大气污染防治行动计划》的实施，也有力推动了许多区域的产业结构、能源结构和交通运输等重点领域的优化升级，这表明我国的大气污染防治新机制基本形成。

尽管第一阶段的区域环境空气质量改善的具体目标完成，但大气污染形势仍然不容乐观，个别地区污染仍然较重。京津冀地区仍然是全国环境空气质量最差的地区，河北、山西、天津、河南、山东5省(直辖市)优良天气比例仍不到60%，汾渭平原近年来大气污染程度不降反升。根据《大气污染防治行动计划》第一阶段的回顾性总结报告、全国空气质量整体现状特点，以及十九大作出的重大决策部署，国家提出《大气污染防治行动计划》第二阶段的行动计划，即《打赢蓝天保卫战三年行动计划》。因此，打赢蓝天保卫战，事关满足人民日益增长的美好生活需要，事关全面建成小康社会，事关经济高质量发展和美丽中国建设。

（二）目标指标

经过3年努力，主要大气污染物排放总量大幅减少，温室气体排放协同减少，细颗粒物($PM_{2.5}$)浓度进一步明显降低，重污染天数明显减少，环境空气质量明显改善，人民的蓝天幸福感明显增强。

到2020年，SO_2、NO_x排放总量分别比2015年下降15%以上；$PM_{2.5}$未达标地级及以上城市浓度比2015年下降18%以上，地级及以上城市空气质量优良天数比率达到80%，重度及以上污染天数比率比2015年下降25%以上；提前完成“十三五”目标任务的省份，要保持和巩固改善成果；尚未完成的，要确保全面实现“十三五”约束性目标；北京市环境空气质量改善目标应在“十三五”目标基础上进一步提高。

（三）重点范围

京津冀及周边地区，包含北京市，天津市，河北省石家庄、唐山、邯郸、邢台、保定、沧州、廊坊、衡水市以及雄安新区，山西省太原、阳泉、长治、晋城市，山东省济南、淄博、济宁、德州、聊城、滨州、菏泽市，河南省郑州、开封、安阳、鹤壁、新乡、焦作、濮阳市等。

长三角地区，包含上海市、江苏省、浙江省、安徽省；汾渭平原，包含山西省晋中、运城、临汾、吕梁市，河南省洛阳、三门峡市，陕西省西安、铜川、宝鸡、咸阳、渭南市以及杨凌示范区等。

（四）主要内容

主要内容基本上都包含在《大气污染防治行动计划》中，基于第一阶段即2017年的环境空气质量现状及下一阶段的环境空气质量改善目标要求，提出了以下内容。

1. 调整优化产业结构，推进产业绿色发展

(1) 优化产业布局。完成“三线一单”的编制工作，明确禁止和限制发展的行业、生产工艺和产业目录；积极推行区域、规划环境影响评价，新、改、扩建钢铁、石化、化工、焦化、建材、有色等项目的环境影响评价。

加快城市建成区重污染企业搬迁改造或关闭退出，推动实施一批水泥、平板玻璃、焦化、化工等重污染企业搬迁工程；重点区域城市钢铁企业要切实采取彻底关停、转型发展、就地改造、域外搬迁等方式，推动转型升级；重点区域禁止新增化工园区，加大现有化工园区整治力度。

(2) 严控“两高”行业产能。重点区域严禁新增钢铁、焦化、电解铝、铸造、水泥和平板玻璃等产能；严格执行钢铁、水泥、平板玻璃等行业产能置换实施办法；新、改、扩建涉及大宗物料运输的建设项目，原则上不得采用公路运输。

加大落后产能淘汰和过剩产能压减力度。重点区域加大独立焦化企业淘汰力度，京津冀及周边地区实施“以钢定焦”，力争2020年炼焦产能与钢铁产能比达到0.4左右。2020年，河北省钢铁产能控制在2亿吨以内。

(3) 强化“散乱污”企业综合整治。全面开展“散乱污”企业及集群综合整治行动，制定“散乱污”企业及集群整治标准；实行拉网式排查，建立管理台账；按照“先停后治”原则，实施分类处置。京津冀及周边地区2018年底前全面完成；长三角地区、汾渭平原2019年底前基本完成；全国2020年底前基本完成。

(4) 深化工业污染治理。持续推进工业污染源全面达标排放，未达标排放的企业一律依法停产整治。建立覆盖所有固定污染源的企业排放许可制度，2020年底前，完成排污许可管理名录规定的行业许可证核发。

重点区域SO_2、NO_x、PM和挥发性有机物(VOCs)全面执行大气污染物特别排放限值；推动钢铁等行业超低排放改造；开展钢铁、建材、有色、火电、焦化、铸造等重点行业及燃煤锅炉无组织排放排查，强化排放管控。2018年底前京津冀及周边地区基本完成治理，长三角地区和汾渭平原2019年底前完成，全国2020年底前基本完成。

推进各类园区循环化改造、规范发展和提质增效。大力推进企业清洁生产，减少工业集聚区污染。完善园区集中供热设施，积极推广集中供热。

(5) 大力培育绿色环保产业。壮大绿色产业规模，发展节能环保产业、清洁生产产业、清

洁能源产业，培育发展新动能。积极支持培育一批具有国际竞争力的大型节能环保龙头企业，支持企业技术创新能力建设，加快掌握重大关键核心技术，促进大气治理重点技术装备等产业化发展和推广应用。

2. 加快调整能源结构，构建清洁低碳高效能源体系

（1）有效推进北方地区清洁取暖。坚持从实际出发，宜电则电、宜气则气、宜煤则煤、宜热则热，确保北方地区群众安全取暖过冬。集中资源推进京津冀及周边地区、汾渭平原等区域散煤治理，优先以乡镇或区县为单元整体推进。

抓好天然气产供储销体系建设。力争2020年天然气占能源消费总量的比重达10%。新增天然气量优先用于城镇居民和大气污染严重地区的生活和冬季取暖散煤替代，重点支持京津冀及周边地区和汾渭平原，实现“增气减煤”；限时完成天然气管网互联互通，打通“南气北送”输气通道；加快储气设施建设步伐，2020年采暖季前，地方政府、城镇燃气企业和上游供气企业的储备能力达到量化指标要求。

加快农村“煤改电”电网升级改造。地方政府对“煤改电”配套电网工程建设应给予支持，统筹协调“煤改电”“煤改气”建设用地。

（2）重点区域继续实施煤炭消费总量控制。到2020年，全国煤炭占能源消费总量比重下降到58%以下；北京、天津、河北、山东、河南五省（直辖市）煤炭消费总量比2015年下降10%，长三角地区下降5%，汾渭平原实现负增长；新建耗煤项目实行煤炭减量替代。按照煤炭集中使用、清洁利用的原则，重点削减非电力用煤，提高电力用煤比例，2020年全国电力用煤占煤炭消费总量的55%以上。继续推进电能替代燃煤和燃油，替代规模达到1000亿度以上。

制定专项方案，大力淘汰关停环保、能耗、安全等不达标的30万千瓦以下燃煤机组。重点区域严格控制燃煤机组新增装机规模，新增用电量主要依靠区域内非化石能源发电和外送电满足。到2020年，京津冀、长三角地区接受外送电量比例比2017年显著提高。

（3）开展燃煤锅炉综合整治。县级及以上城市建成区基本淘汰每小时不超过10蒸吨的煤锅炉及茶水炉、经营性炉灶、储粮烘干设备等燃煤设施，原则上不再新建每小时35蒸吨以下的燃煤锅炉，其他地区原则上不再新建每小时10蒸吨以下的燃煤锅炉。燃气锅炉基本完成低碳改造，城市建成区生物质锅炉实施超低排放改造。

加大对纯凝机组和热电联产机组技术改造力度，加快供热管网建设，充分释放和提高供热能力，淘汰管网覆盖范围内的燃煤锅炉和散煤。2020年底前，重点区域30万千瓦及以上热电联产电厂供热半径15公里范围内的燃煤锅炉和落后燃煤小热电全部关停整合。

（4）提高能源利用效率。继续实施能源消耗总量和强度双控行动。重点区域新建高耗能项目单位产品（产值）能耗要达到国际先进水平；持续推进供热计量改革，推进既有居住建筑节能改造，重点推动北方采暖地区有改造价值的城镇居住建筑节能改造。鼓励开展农村住房节能改造。

（5）加快发展清洁能源和新能源。到2020年，非化石能源占能源消费总量比重达到15%。有序发展水电，安全高效发展核电，优化风能、太阳能开发布局，因地制宜发展生物质能、地热能等；加大可再生能源消纳力度，基本解决弃水、弃风和弃光问题。

3. 积极调整运输结构，发展绿色交通体系

（1）优化调整货物运输结构。大幅提升铁路货运比例。到2020年，全国铁路货运量比2017年增长30%，京津冀及周边地区增长40%、长三角地区增长10%、汾渭平原增长25%。大力推进海铁联运，全国重点港口集装箱铁水联运量年均增长10%以上。制定实施运输结构

调整行动计划。

推动铁路货运重点项目建设。在环渤海地区、山东省、长三角地区，2018 年底前，沿海主要港口和唐山港、黄骅港的煤炭集港改为由铁路或水路运输；2020 年采暖季前，沿海主要港口和唐山港、黄骅港的矿石、焦炭等大宗货物原则上主要改由铁路或水路运输。钢铁、电解铝、电力、焦化等重点企业要加快铁路专用线建设，到 2020 年，重点区域达到 50%以上。

大力发展多式联运。依托铁路物流基地、公路港、沿海和内河港口等，推进多式联运型和干支衔接型货运枢纽（物流园区）建设，加快推广集装箱多式联运。鼓励发展江海联运、江海直达、滚装运输、甩挂运输等运输组织方式。

（2）加快车船结构升级。推广使用新能源汽车，2020 年新能源汽车产销量达到 200 万辆左右。重点区域港口、机场、铁路货场等新增或更换作业车辆主要使用新能源或清洁能源汽车。2020 年底前，重点区域的直辖市、省会城市、计划单列市建成区公交车全部更换为新能源汽车。在物流园、产业园、工业园、大型商业购物中心、农贸批发市场等物流集散地建设集中式充电桩和快速充电桩。

大力淘汰老旧车辆。重点区域采取经济补偿、限制使用、严格超标排放监管等方式，大力推进国三及以下排放标准营运柴油货车提前淘汰更新，加快淘汰采用稀薄燃烧技术和“油改气”的老旧燃气车辆。2020 年底前，京津冀及周边地区、汾渭平原淘汰国三及以下排放标准营运中型和重型柴油货车 100 万辆以上。2019 年 7 月 1 日起，重点区域、珠三角地区、成渝地区提前实施国六排放标准。

推进船舶更新升级。2018 年 7 月 1 日起，全面实施新生产船舶发动机第一阶段排放标准。推广使用电、天然气等新能源或清洁能源船舶。长三角地区等重点区域内河应采取禁限行等措施，限制高排放船舶使用，鼓励淘汰使用 20 年以上的内河航运船舶。

（3）加快油品质量升级。2019 年 1 月 1 日起，全国全面供应符合国六标准的车用汽柴油，停止销售低于国六标准的汽柴油，实现车用柴油、普通柴油、部分船舶用油“三油并轨”，重点区域、珠三角地区、成渝地区等提前实施。

（4）强化移动源污染防治。严格执行新车环保装置检验，在新车销售、检验、登记等场所开展环保装置抽查，保证新车环保装置生产一致性。取消地方环保达标公告和目录审批。构建全国机动车超标排放信息数据库。有条件的城市定期更换出租车三元催化装置。

加强非道路移动机械和船舶污染防治。开展非道路移动机械摸底调查，划定非道路移动机械低排放控制区，严格管控高排放污染物的非道路移动机械，重点区域 2019 年底前完成。2019 年底前，调整扩大船舶排放控制区范围，覆盖沿海重点港口。推动内河船舶改造，加强颗粒物排放控制，开展减少氮氧化物排放试点工作。

推动靠港船舶和飞机使用岸电。加快港口码头和机场岸电设施建设，提高港口码头和机场岸电设施使用率。2020 年底前，沿海主要港口 50%以上专业化泊位（危险货物泊位除外）具备向船舶供应岸电的能力。重点区域沿海港口新增、更换拖船优先使用清洁能源，民航机场在飞机停靠期间主要使用岸电。

4. 优化调整用地结构，推进面源污染治理

（1）实施防风固沙绿化工程。建设北方防沙带生态安全屏障，重点加强三北防护林体系建设、京津风沙源治理、太行山绿化、草原保护和防风固沙。在城市功能疏解、更新和调整中，将腾退空间优先用于留白增绿，大力提高城市建成区绿化覆盖率。建设城市绿道绿廊，实施“退耕还林还草”。

(2) 推进露天矿山综合整治。对违反资源环境法律法规、规划，污染环境、破坏生态、乱采滥挖的露天矿山依法予以关闭；对污染治理不规范的露天矿山，依法责令停产整治，验收合格后方可恢复生产；对责任主体缺失的露天矿山，要加强修复绿化、减尘抑尘。重点区域原则上禁止新建露天矿山建设项目。

(3) 加强扬尘综合治理。将施工土地扬尘污染防治纳入文明施工管理范畴，建立扬尘控制责任制度，扬尘治理费用列入工程造价。重点区域要做到工地周边围挡、物料堆放覆盖、土方湿法开挖、路面硬化、出入车辆清洗和渣土车辆密闭运输，安装在线监控设备，并与当地有关主管部门联网。大力推进道路清扫保洁机械化作业，提高清扫率，2020 年底前地级及以上城市建成区达 70%以上，县城达 60%以上，重点区域要显著提高。严格渣土运输车辆规范化管理，渣土运输车要密闭。

实施重点区域降尘考核。京津冀及周边地区、汾渭平原各市平均降尘量不得高于 9 t/(月 · km^2)；长三角地区不得高于 59 t/(月 · km^2)，其中苏北、皖北不得高于 79 t/(月 · km^2)。

(4) 加强秸秆综合利用和氨排放控制。强化地方各级政府秸秆禁烧主体责任。严防因秸秆露天焚烧造成区域性重污染天气。重点区域建立网格化监管制度，在夏收和秋收阶段开展秸秆禁烧专项巡查。东北地区要有针对性地制定专项工作方案。全面加强秸秆综合利用，到 2020 年，全国秸秆综合利用率达到 85%。

控制农业源氨排放。减少化肥农药使用量，增加有机肥使用量。提高化肥利用率，到 2020 年，京津冀及周边地区、长三角地区达到 40%以上。强化畜禽粪污资源化利用，提高畜禽粪污综合利用率，减少氨挥发排放。

5. 实施重大专项行动，大幅降低污染物排放

(1) 开展重点区域秋冬季攻坚行动。制定并实施京津冀及周边地区、长三角地区、汾渭平原秋冬季大气污染综合治理攻坚行动方案，将攻坚目标、任务措施分解落实到城市。京津冀及周边地区要以北京为重中之重，雄安新区环境空气质量要力争达到北京市南部地区同等水平。统筹调配全国环境执法力量，实行异地交叉执法、驻地督办，确保各项措施落实到位。

(2) 打好柴油货车污染治理攻坚战。制定柴油货车污染治理攻坚战行动方案，统筹油、路、车治理，实施清洁柴油车(机)、清洁运输和清洁油品行动，确保柴油货车污染排放总量明显下降。建立天地车人一体化的全方位监控体系，实施在用汽车排放检测与强制维护制度。各地开展多部门联合执法专项行动。

(3) 开展工业炉窑治理专项行动。建立炉窑管理清单。提高重点区域排放标准。加快淘汰中小型煤气发生炉。重点区域取缔燃煤热风炉，基本淘汰热电联产供热管网覆盖范围内的燃煤加热、烘干炉(窑)；淘汰炉膛直径 3 米以下燃料类煤气发生炉；集中使用煤气发生炉的工业园区，原则上应建统一的清洁煤制气中心；禁止掺烧高硫石油焦。凡未列入清单的工业炉窑均纳入秋冬季错峰生产方案。

(4) 实施 VOCs 专项整治方案。制定石化、化工、工业涂装、包装印刷等 VOCs 排放重点行业和油品储运销综合整治方案，出台泄漏检测与修复标准，编制 VOCs 治理技术指南。重点区域禁止建设生产和使用高 VOCs 含量的溶剂型涂料、油墨、胶黏剂等项目，加大餐饮油烟治理力度。到 2020 年，VOCs 排放总量较 2015 年下降 10%以上。

6. 强化区域联防联控，有效应对重污染天气

(1) 建立完善区域大气污染防治协作机制。将京津冀及周边地区的大气污染防治协作小组调整为领导小组；建立汾渭平原大气污染防治协作机制，纳入京津冀及周边地区大气污染防

治领导小组统筹领导;继续发挥长三角区域大气污染防治协作小组作用。相关协作机制负责研究审议区域大气污染防治实施方案、年度计划、目标、重大措施,以及区域重点产业发展规划、重大项目建设等事关大气污染防治工作的重要事项,部署区域重污染天气联合应对工作。

(2) 加强重污染天气应急联动。强化区域环境空气质量预测预报中心能力建设,2019 年底前实现 7～10 天预报能力,省级预报中心实现以城市为单位的 7 天预报能力。当预测到区域将出现大范围重污染天气时,统一发布预警信息,各相关城市按级别启动应急响应措施,实施区域应急联动。

(3) 夯实应急减排措施。制定完善重污染天气应急预案。提高应急预案中污染物减排比例,黄色、橙色、红色级别减排比例原则上分别不低于 10%、20%、30%。细化应急减排措施,落实到企业各工艺环节,实施"一厂一策"清单化管理。在黄色及以上重污染天气预警期间,对钢铁、建材、焦化、有色、化工、矿山等涉及大宗物料运输的重点用车企业,实施应急运输响应。

重点区域实施秋冬季重点行业错峰生产。各地针对钢铁、建材、焦化、铸造、有色、化工等高排放行业,制定错峰生产方案,实施差别化管理。企业未按期完成治理改造任务的,一并纳入当地错峰生产方案,实施停产。属于《产业结构调整指导目录》限制类的,要提高错峰限产比例或实施停产。

7. 健全法律法规体系,完善环境经济政策

(1) 完善法律法规标准体系。制定排污许可管理条例、京津冀及周边地区大气污染防治条例。2019 年底前完成涂料、油墨、胶黏剂、清洗剂等产品 VOCs 含量限值强制性国家标准制定工作,2020 年 7 月 1 日起在重点区域执行。研究制定石油焦质量标准。修改《环境空气质量标准》中关于监测状态的有关规定,实现与国际接轨。加快修订制药、农药、日用玻璃、铸造、工业涂装类、餐饮油烟等重点行业污染物排放标准,以及 VOCs 无组织排放控制标准。鼓励制定地方性污染物排放标准。研究制定内河大型船舶用燃料油标准和汽柴油质量标准。制定机动车排放检测与强制维修管理办法,修订《报废汽车回收管理办法》。

(2) 拓宽投融资渠道。增加中央大气污染防治专项资金投入,扩大中央财政支持北方地区冬季清洁取暖的试点城市范围,将京津冀及周边地区、汾渭平原全部纳入。环境空气质量未达标地区要加大大气污染防治资金投入。

支持依法合规开展大气污染防治领域的政府和社会资本合作(PPP)项目建设。鼓励开展合同环境服务,推广环境污染第三方治理。鼓励政策性、开发性金融机构在业务范围内,对大气污染防治、清洁取暖和产业升级等领域符合条件的项目提供信贷支持,引导社会资本投入。支持符合条件的金融机构、企业发行债券,募集资金用于大气污染治理和节能改造。

(3) 加大经济政策支持力度。建立中央大气污染防治专项资金安排与地方环境空气质量改善绩效联动机制,调动地方政府治理大气污染积极性。加大税收政策支持力度;严格执行环境保护税法,落实购置环境保护专用设备企业所得税抵免优惠政策;继续落实并完善对节能、新能源车船减免车船税的政策。

8. 加强基础能力建设,严格环境执法督察

(1) 完善空气质量监控网络。优化调整扩展国控环境空气质量监测站,加强各区县空气质量自动监测网络建设,并与中国环境监测总站实现直联。国家级新区、高新区、重点工业园区及港口设置环境空气质量监测站。2018 年底前,重点区域各区县布设降尘量监测点。重点区域各城市和其他臭氧污染严重的城市,开展环境空气 VOCs 监测;重点区域建设国家大气颗粒物组分监测网、大气光化学监测网以及大气环境天地空大型立体综合观测网。研究发射

大气环境监测专用卫星。

强化重点污染源自动监控体系建设。排气口高度超过 45 m 的高架源，以及石化、化工、包装印刷、工业涂装等 VOCs 排放重点源，纳入重点排污单位名录，均需安装烟气排放自动监控设施，2019 年底前重点区域基本完成，2020 年底前全国基本完成。

加强移动源排放监管能力建设。建设完善遥感监测网络、定期排放检验机构国家-省-市三级联网，构建重型柴油车车载诊断系统远程监控系统，强化现场路检路查和停放地监督抽测。推进工程机械安装实时定位和排放监控装置，建设排放监控平台，重点区域 2020 年底前基本完成。研究成立国家机动车污染防治中心，建设区域性国家机动车排放检测实验室。

强化监测数据质量控制。环境空气质量自动监测站运维全部收入省级环境监测部门。加强对环境监测和运维机构的监管，建立质量监控考核与实验室比对、第三方质量监控、信誉评级等机制，建立“谁出数谁负责、谁签字谁负责”的责任追溯制度。依纪依法严厉惩处环境监测数据弄虚作假行为。

(2) 强化科技基础支撑。开展重点区域及其他区域大气重污染成因与天气过程双向反馈机制、重点行业与污染物排放管控技术、居民健康防护等科技攻坚。加强区域性臭氧形成机理与控制路径研究，深化 VOCs 全过程控制及监管技术研发。开展钢铁等行业超低排放改造、污染排放源头控制、货物多式联运、内燃机及锅炉清洁燃烧等技术研究。常态化开展重点区域和城市源排放清单编制、源解析等工作，形成污染动态溯源的基础能力。开展氨排放与控制技术研究。

(3) 加大环境执法力度。坚持铁腕治污，综合运用按日连续处罚、查封扣押、限产停产等手段依法从严处罚环境违法行为，强化排污者责任。创新环境监管方式，推广“双随机、一公开”等监管。开展重点区域大气污染热点网格监管，加强工业炉窑排放、工业无组织排放、VOCs 污染治理等环境执法，严厉打击“散乱污”企业。加强生态环境执法与刑事司法衔接。

严厉打击生产销售排放不合格机动车和违反信息公开要求的行为，撤销相关企业车辆产品公告、油耗公告和强制性产品认证。严厉打击机动车检验机构尾气检测弄虚作假、屏蔽和修改车辆环保监控参数等违法行为。严厉打击生产、销售、使用不合格油品和车用尿素行为，禁止以化工原料名义出售调和油组分，禁止以化工原料勾兑调和油，严禁运输企业储存使用非标油，坚决取缔黑加油站点。

(4) 深入开展环境保护督察。将大气污染防治作为中央环境保护督察及其“回头看”的重要内容，并针对重点区域统筹安排专项督察，夯实地方政府及有关部门责任。全面开展省级环境保护督察，实现对地市督察全覆盖。建立完善排查、交办、核查、约谈、专项督察“五步法”监管机制。

9. 明确落实各方责任，动员全社会广泛参与

(1) 加强组织领导。地方各级政府要把打赢蓝天保卫战放在重要位置，主要领导是本行政区域第一责任人，切实加强组织领导，制定实施方案，细化分解目标任务，科学安排指标进度，防止脱离实际层层加码，确保各项工作有力有序完成。各地建立完善“网格长”制度，压实各方责任，层层抓落实。生态环境部要加强统筹协调，定期调度，及时向国务院报告。

(2) 严格考核问责。将打赢蓝天保卫战年度和终期目标任务完成情况作为重要内容，并纳入考核。考核不合格地区，由上级生态环境部门会同有关部门公开约谈地方政府主要负责人，实行区域环评限批，取消国家授予的有关生态文明荣誉称号。制定量化问责办法，对重点攻坚任务完成不到位或环境质量改善不到位的实施量化问责；对先进典型予以表彰奖励。

（3）加强环境信息公开。扩大国家城市环境空气质量排名范围，依据重点因素每月公布环境空气质量、改善幅度最差的20个城市和最好的20个城市名单。各省（自治区、直辖市）要公布本行政区域内地级及以上城市环境空气质量排名，鼓励对区县环境空气质量进行排名。各地要公开重污染天气应急预案及应急措施清单，及时发布重污染天气预警提示信息。

重点排污单位应及时公布自行监测和污染排放数据、污染治理措施、重污染天气应对、环保违法处罚及整改等信息。机动车和非道路移动机械生产、进口企业应依法向社会公开排放检验、污染控制技术等环保信息。

（4）构建全民行动格局。环境治理，人人有责。倡导全社会"同呼吸共奋斗"，动员社会各方力量，群防群治，打赢蓝天保卫战。积极开展多种形式的宣传教育。普及大气污染防治科学知识，并纳入国民教育体系和党政领导干部培训内容。

自2018年实施《打赢蓝天保卫战三年行动计划》以来，影响环境空气质量的首要污染物占比和种类逐渐发生变化，《2019中国生态环境状况公报》显示，O_3污染在许多城市呈现快速上升趋势，成为影响AQI的首要污染物，尤其是夏季和初秋季节。

"蓝天保卫战"的实施，已经取得了不错的成绩。仅2019年间，持续实施了重点区域秋冬季大气污染治理攻坚行动，使得北方地区清洁取暖试点城市在京津冀及周边地区和汾渭平原实现了全覆盖，完成散煤治理700余万户。火电行业及钢铁行业的大气污染物的超低排放改造工程进展顺利；工业炉窑和重点行业挥发性有机物（VOCs）的治理得到进一步加强；"散乱污"企业的综合整治效果明显；2019年"公转铁"运输量进一步增加，全国铁路货运量比2018年增长了7.2%，而京津冀地区增长高达26.2%；全国31个城市开展清洁车用油品专项行动期间，1466个黑加油站点和644个柴油超标加油站被依法查处；强化重污染天气应对，对重点行业按企业环保绩效水平实施差异化管控措施；对11个省（市）开展消耗臭氧层物质专项执法检查。这些大气污染治理攻坚行动，使得337个城市累计发生严重污染452天，比2018年减少183天。

四、典型的大气污染物排放控制技术概述

（一）大气污染源

大气污染源通常是指向环境空气中排放出足以对环境产生有害影响的有毒或有害物质的生产过程、设备或场所等。从总体上看，大气污染源有自然污染源和人为污染源两类，但绝大多数是人为污染源造成的。人为污染源通常有以下两种分类方式。

1. 按人们的社会活动功能分类

这种方法是按人们的社会活动功能的不同而划分的，具体有以下三种。

（1）生活污染源。人们由于烧饭、取暖、沐浴等生活上的需要，燃烧化石燃料向空气排放煤烟等所造成的空气污染，此类污染源称为生活污染源，如炉灶、锅炉等。

（2）工业污染源。工业生产过程中向空气中所排放的煤烟、粉尘及无机或有机化合物等造成的空气污染，此类污染源称为工业污染源，如火力发电厂、钢铁厂、化工厂及水泥厂等工矿企业。

（3）交通污染源。交通运输工具在运行过程中的尾气排放所造成的空气污染，此类污染源称为交通污染源，如公共汽车、火车、船舶等交通工具。

上述三种污染源中，前两者的位置是固定的，因此又称为固定源；后者是在移动过程中产

生的污染，所以又称为移动源。

2. 按污染物排放和散发的空间形态分类

这种分类方法将人为污染源分为点源、线源和面源三种。

(1) 点源。污染物集中于一点或相对较小的范围向外排放的地方，生产中的大型燃烧和反应装置，一般都在排放口集中，有组织排放。因此可以作为点源，如工厂的烟囱、大型锅炉、窑炉、反应器等。

(2) 面源。相当大的面积范围内有许多污染物排放源，生产中的无组织排放、民用炉灶等，特点是分布面广。当污染物排放方式为低空排放或自由扩散时，可作为面源处理。

(3) 线源。沿公路或街道行驶的机动车尾气排放的污染物浓度，在一定的距离内呈连续或不连续分布。

(二) 大气污染物治理的基本方法

1. 颗粒污染物控制基本方法

解决颗粒污染物污染的基本措施是消烟除尘。消烟的关键在于改进燃烧设备和改造燃烧方法，使煤在炉中充分燃烧或改变燃料构成，减少烟尘。烟尘主要是由高温烟气带出来的不可燃烧的灰分，除了解决充分燃烧的问题外，安装除尘设备是消烟除尘的又一重要措施。因此，颗粒污染物的控制措施主要有以下几个方面。

(1) 改进燃烧设备。

目前，我国在工业方面的燃料以煤为主，煤烟的污染比较突出，如火力发电厂。烟尘中包括不完全燃烧而形成的粒径微小(0.05～1 μm)的炭料和烟气中夹带出的未燃尽的颗粒较大(5～10 μm)的煤粒和飞灰。前者由于颗粒太小，一般的除尘器不能除去，主要通过改进燃烧装置及燃烧调节来消除。目前，比较好的燃烧装置有流化床锅炉，煤粒在锅炉内停留时间较长，与空气混合较好，在不太高的炉温(950～1050 ℃)下即可完全燃烧，不冒黑烟。其优点是传热系数高，可缩小锅炉体积，节省钢材、降低成本，减少烟尘对空气的污染。

(2) 改进燃料构成。

各种燃料中灰分量差别很大，如煤中的灰分量为5%～20%，石油中为0.2%，天然气中则更少。所以要尽量选用灰分量少的燃料。因此，对燃料进行合理选择和处理，可以减少污染物中烟尘的含量。目前，我国绝大多数城镇居民家庭用燃料基本上是天然气和石油液化气。如若工业生产中也能使用这些较清洁燃料，那么空气中的粉尘污染将大大减轻。

(3) 采用除尘技术。

从废气中将颗粒物分离出来并加以捕集、回收的过程称为除尘。实现上述过程的设备装置称为除尘器。除尘器的种类很多，按其作用原理分类，可分为干式机械除尘器、湿式除尘器、过滤除尘器和电除尘器四大类。其性能和特点如下。

①干式机械除尘器。干式机械除尘器是指不利用水或其他液体作润湿剂，仅用重力、惯性力及离心力沉降机理除去气体中的粉尘粒子的装置。这类除尘器包括重力沉降室、惯性除尘器和旋风除尘器三类。优点是价廉，结构简单，操作维护简便，不需运转费，可处理高温气体，占地少；缺点是不能处理飘尘，除尘效率低，不适合有水或黏着性气体。因此，该技术对诸如PM_{10}和$PM_{2.5}$这类颗粒物的净化效果较差。

②湿式除尘器。湿式除尘器是利用水形成液网、液膜或液滴与尘粒发生惯性碰撞、扩散效应、黏附、扩散漂移与热漂移、凝聚等作用，从废气中捕集分离尘粒的装置。湿式除尘器可以有

效地将粒径为 0.1～0.2 μm 的液态或固态粒子从气流中除去，也能同时脱除某些气态污染物。净化的气体从湿式除尘器排出时，一般都带有水滴。为了去除这部分水滴，湿式除尘器后都附有脱水装置。

这类除尘器包括重力喷雾洗涤除尘器、填料洗涤除尘器、文丘里洗涤除尘器、旋转式洗涤除尘器等。主要优点是在除尘的同时可除去某些气态污染物，除尘效率较高，投资比同样效率的其他除尘设备较低、占地少，不受气体温度、湿度的影响；缺点是压力损耗大，需大量洗涤水，有污水处理问题，含尘浓度高时易堵，金属设备易被腐蚀，在寒冷地区使用时，有可能发生冻结等问题。

③过滤除尘器。过滤除尘器是用多孔过滤介质分离捕集气体中固体或液体粒子的净化装置。过滤介质亦称滤料。滤料包括玻璃纤维、不锈钢丝或合成有机纤维等。过滤式除尘器一次性投资比电除尘器少，运行费用又比高效湿式除尘器低，因而人们常使用过滤式除尘器除尘。

目前在除尘技术中应用的过滤式除尘器有内部过滤式和外部过滤式，如颗粒层除尘器和袋式除尘器。颗粒层除尘器属于内部过滤式，是以一定厚度的固体颗粒床层作为过滤介质，这种除尘器的最大特点是耐高温（可达 400 ℃）、耐腐蚀，滤料可以长期使用，除尘效率比较高，适合冲天炉和一般工业炉窑。袋式除尘器属于外部过滤式，即粉尘在滤料表面被截留。其性能不受尘源的粉尘浓度、粒度和空气流量变化的影响。对于粒径为 0.1～0.5 μm 的尘粒，在清灰后滤料的捕集效率在 90%以下；对于粒径＞1 μm 的尘粒，滤料的捕集效率可高达 98%以上。当形成颗粒层后，对所有离子的除去效率都在 95%以上。因此，对细颗粒物 $PM_{2.5}$ 的净化效果很好，是目前能够实现烟气细颗粒物 $PM_{2.5}$ 达标排放的首先工艺技术方法。

近年来，随着清灰技术和新型材料的发展，尤其是一些耐高温、耐腐蚀的新型滤料材料的出现，使得过滤式除尘器在冶金、水泥、陶瓷、化工、食品、机械制造和电力等工业和燃煤锅炉烟气净化中得到广泛应用。

④电除尘器。电除尘器是一种当含尘气体通过强电场时被电离而荷电，荷电的尘粒在电场力作用下到达集尘极，从而使尘粒从含尘气体中分离出来的除尘装置。

电除尘器的工作原理：当含尘气体通过两极间的非均匀电场时，在放电极周围强电场的作用下，气体被电离，并使带电的尘粒在电场的作用下推向集尘极，从而达到除尘目的。电除尘过程与其他除尘过程的根本区别是，使尘粒与气体分离的作用力（主要是库仑力）直接作用在尘粒上，而不是作用在整个气流上，这就决定了电除尘器具有能耗小、气流阻力也小的特点。因此，电除尘器几乎可以捕集一切细微粉尘及雾状液滴，其捕集粒径范围为 0.01～100 μm，当粉尘粒径＞0.1 μm 时，除尘效率可高达 99%以上。其优点是除尘效率高，能耗低，耐高温，气流阻力小，效率不受含尘浓度和烟气流量的影响；缺点是设备费用高，占地面积大，对细颗粒物 PM_{10} 和 $PM_{2.5}$ 的净化有限。目前，为了能够实现烟气颗粒物 PM_{10} 和 $PM_{2.5}$ 达标排放，许多企业采用电除尘器和袋式除尘器组合的方式，以实现烟气颗粒物 PM_{10} 和 $PM_{2.5}$ 达标排放。

除了上述四大类传统的除尘设备外，目前国内外还在开发一些提高除尘效率的除尘设备，如超细纤维袋式除尘器、干湿一体化的旋风除尘器、静电流化床颗粒层除尘器和宽间距或脉冲高压电除尘器等。

各种除尘器都有其优缺点，在选择除尘器时，一般应考虑以下几点：除尘器的性能；所要求的指标，包括除尘效率、耗钢性、一次性费用、除尘阻力、总效率、分效率及通过率；除尘器的经济性，包括设备费用和维护费用等。

2. 气态污染物控制的基本方法

工业生产、交通运输和人类生活活动中所排放的气态污染物质种类繁多，其物理、化学性质各不相同。因此，净化方法也多种多样，主要有吸收法、吸附法、催化法、燃烧法等，简述如下。

(1) 吸收法。

吸收法是利用气体混合物中不同组分在吸收剂中溶解度不同，或者与吸收剂发生选择性化学反应，从而将有害组分从气流中分离出来的方法。该法具有捕集效率高、设备简单、一次性投资低等特点。因此，广泛地用于气态污染物的处理。例如含 SO_2、H_2S、HF 和 NO_x 等污染物的废气，都可以采用吸收法进行净化。

吸收设备有很多种，按吸收表面的形成方式，可分为表面吸收器、鼓泡式吸收器和喷洒吸收器三大类。每一大类中又有不同类型，如喷洒吸收器中有空心喷洒吸收器、高气速并流喷洒吸收器和机械喷洒吸收器。此类方法的主要吸收设备有喷洒吸收器、喷射吸收器和文丘里吸收器等。

(2) 吸附法。

吸附法是利用多孔性固体物质具有选择性吸附废气中的一种或多种有害组分的特点，把混合物中某一组分或某些组分吸留在固体表面上，实现净化废气的一种方法。吸附剂具有高选择性和高分离效果，能脱除痕量物质。吸附法常用于用其他方法难以分离的低浓度有害物质和排放标准要求严格的废气处理，例如用吸附法回收或净化废气中有机污染物。常用的吸附剂有活性炭、分子筛、硅胶和丝光氟石等。

吸附法的优点是效率高，能回收有用组分，设备简单，操作方便，易于实现自动控制；缺点是吸附容量较小、设备体积大。

吸附剂在使用一段时间后，吸附能力会明显下降乃至丧失。因此，要不断地对失效吸附剂进行再生。通过再生，可以使吸附剂重复使用，降低吸附费用，治理中还可以回收有用物质。但再生需要有专门的设备和系统供应蒸汽、热空气等再生介质，使设备费用和操作费用大幅度增加，并且整个吸附操作繁杂。这是限制吸附法使用的一个主要原因。为了不使再生过程过于频繁，高浓度废气的净化不宜采用吸附法。

(3) 催化法。

催化法净化气态污染物是利用催化剂的催化作用，将废气中的气体有害物质转变为无害物质，或转化为易于去除的物质的一种废气治理方法。催化法有催化氧化法、催化还原法和催化燃烧法三类。

催化法可以使废气中的碳氢化合物转化为二氧化碳和水，氮氧化物转化成氮，二氧化硫转化成三氧化硫后加以回收利用，有机废气和臭气催化燃烧，以及汽车尾气的催化净化等。该法的缺点是催化剂价格较高，废气预热需要一定的能量。

工业上应用较广泛的气-固催化反应器是固定床反应器。它具有催化剂不易磨损，可长期使用，反应气体与催化剂接触紧密，转化率高等优点。但床层轴向温度不均匀。另外，还有移动床催化反应器和流动床催化反应器。

催化法治理废气的一般工艺过程如下：废气预处理去除催化剂毒物及固体颗粒物，废气预热到要求的反应温度，催化反应，废热和副产品的回收利用等。

（4）燃烧法。

燃烧法是利用某些废气中的污染物可燃烧氧化的特性，将其燃烧变成无害或易于进一步处理和回收物质的方法。如石油工业的碳氢化合物废气及其他有害气体、溶剂工业废气、城市废弃物的焚烧处理产生的VOCs有机挥发性废气，以及几乎所有恶臭物质（硫醇、硫化氢）等，都可用燃烧法处理。该法工艺简单，操作方便，可回收含烃废气的热能。在处理可燃烧物含量低的废气时，需预热耗能，注意热能回收。

燃烧法已广泛用于石油化工、有机化工、食品工业、城市废物的干燥和焚烧处理等主要含有机污染物的废气治理。根据燃烧温度与状态，燃烧法可分为直接燃烧、热力燃烧、催化燃烧三类。

另外，还有冷凝法、生物净化法、膜分离法和脉冲放电等离子体技术。

（三）SO_2的控制方法

SO_2的控制方法包括采用低硫燃料和清洁能源替代，以及燃烧前脱硫、燃烧中脱硫和燃烧后烟气脱硫。具体内容简述如下。

1. 燃烧前脱硫

（1）燃煤脱硫。

按照国内外用于发电、冶金和动力的煤质标准（炼焦煤：硫分＜1%、灰分6%～8%；动力煤：硫分0.5%～1%、灰分15%～20%），原煤必须经过分选才能使用，以除去煤中的硫分和其他物质，这就是所谓的燃烧前脱硫。主要技术有选煤、煤气化和液化等。其中，选煤技术是用物理、化学或微生物方法，除去或减少原煤中的硫分、灰分等杂质的一种物理方法。目前世界各国普遍采用的选煤工艺主要是重力分选法。通过分选可以使原煤的含硫量降低40%～60%。

煤气化技术是将经过适当处理的煤放入气化炉，在一定的温度和压力下，通过气化剂（空气、O_2或蒸汽），以一定的流动方式，使煤转化为气体的一种化学方法（如合成气及水煤气等）。

煤液化技术是把固体的煤通过化学加工转化为液态产品（如液态烃类燃料中的汽油、柴油等）的一种技术。根据不同的加工路线，煤液化又可分为直接液化和间接液化两类。前者是指煤高温高压加氢直接得到产品的技术；后者是先把煤气化转化为合成气，然后再在催化剂的作用下合成液态燃料和其他化工产品的技术。

（2）重油脱硫。

重油是原油进行常压精馏时，残留在蒸馏釜的残油。重油含硫量高于馏出油，也高于原油。重油可分为A、B、C三种，其含硫量分别为0.1%～1.3%、0.2%～2.8%、0.6%～5%。重油中的硫是有机硫。目前，重油脱硫主要是利用催化方法，在金属氧化物催化剂的催化作用下，通过高压加氢反应，使碳硫化学键断裂，以氢置换出碳，同时氢与硫反应生成硫化氢并从油中分离出来，再用吸收方法或其他方法除去。重油脱硫大致分为直接法和间接法两种。

2. 燃烧中脱硫

燃烧中脱硫是指采用型煤固硫技术和流化床燃烧脱硫技术，在燃烧中将硫固定在灰渣中的一种方法。型煤固硫技术是近年发展较快的一项控制SO_2污染的技术。

（1）型煤固硫技术是在粉煤或低品位煤中加入适量的生物质，如稻草、木屑及固硫剂CaO等制成具有一定强度和形状的煤制品，其固硫率一般为40%～75%，烟尘排放量削减50%～80%，NO_x排放减少25%～40%，同时可节能15%左右，如蜂窝煤、煤球等。

(2) 流化床燃烧脱硫技术是在床内加入石灰石、白云石等脱硫剂，即把煤和石灰石等吸收剂混合加入燃烧室的床层中，从炉底鼓风，使床层悬浮，进行流化燃烧，既可固硫，又可减少NO_x的排放。流化床燃烧脱硫技术的原理：当脱硫剂石灰石（$CaCO_3$）或白云石（$CaCO_3 \cdot MgCO_3$）进入床层灼热的环境时，其有效成分遇热时发生煅烧分解，煅烧时CO_2的析出会产生并扩大石灰石的孔隙，从而形成多孔状、富孔隙的CaO。

$$CaCO_3 \longrightarrow CaO + CO_2 \uparrow$$

随后，CaO与SO_2发生化学反应形成$CaSO_4$，达到脱硫的目的。在脱硫剂与SO_2发生反应的过程中，脱硫剂的孔隙表面逐渐被产物覆盖，部分孔隙会由于产物增多而发生堵塞。

$$2CaO + 2SO_2 + O_2 \longrightarrow 2CaSO_4$$

3. 燃烧后烟气脱硫(FGD)

燃烧后脱硫即烟气脱硫，在世界上很多国家已经得到大规模商业化应用。根据脱硫剂的干湿形态，又可分为湿式烟气脱硫、半干式烟气脱硫和干式烟气脱硫。

(1) 湿式烟气脱硫技术。

湿式烟气脱硫采用液体吸收剂洗涤烟气除去烟气中的SO_2。湿式烟气脱硫技术根据使用的吸收剂不同，分为石灰石/石灰法、氨法、钠法、镁法以及催化氧化法等。湿式烟气脱硫技术占世界安装烟气脱硫的机组容量的80%左右。湿式烟气脱硫的脱硫率高，易操作控制，但存在废水的后处理问题。由于洗涤过程中，烟气温度降低较多，不利于高烟囱排放扩散稀释，易造成污染。

石灰石/石灰法脱硫是在20世纪30年代由英国皇家化学工业公司提出。该法以石灰石或石灰浆液为吸收剂，使其与烟气中的SO_2发生化学反应，生成$CaSO_3$和$CaSO_4$而达到脱硫目的。该法是目前使用最广泛的脱硫技术，其副产品主要是石膏。在该工艺中，新鲜的石灰石或石灰浆液不断地加入脱硫液的循环系统中，浆液中的固体物质（包括燃煤灰分）连续不断地从浆液中分离出来并排往沉淀池中。反应产物石膏（$CaSO_4$）经沉淀分离后通常进行资源化回收利用。

石灰石/石灰石膏法脱硫的反应机理如下。

$$CaCO_3 + SO_2 + 1/2H_2O \longrightarrow CaSO_3 \cdot 1/2H_2O + CO_2 \uparrow$$

$$Ca(OH)_2 + SO_2 \longrightarrow CaSO_3 \cdot 1/2H_2O + 1/2H_2O$$

$$CaSO_3 \cdot 1/2H_2O + SO_2 + 1/2H_2O \longrightarrow Ca(HSO_3)_2$$

$$2CaSO_3 \cdot 1/2H_2O + O_2 + 3H_2O \longrightarrow 2CaSO_4 \cdot 2H_2O$$

(2) 干式烟气脱硫技术。

干式烟气脱硫技术主要包括干法喷钙烟气脱硫技术和循环流化床烟气脱硫技术。干式烟气脱硫技术是20世纪70年代中期发展起来的，因其初期投资低、设备少、维修量少、耗电量低、耗水量较少、无废水排放，近年来得到迅速发展。

①干法喷钙烟气脱硫技术是把干吸收剂直接喷到锅炉炉膛气流中。典型的吸收剂有石灰石粉、消石灰（$Ca(OH)_2$）和白云石。炉膛内的热量将吸收剂煅烧成具有活性的CaO粒子。这些粒子的表面与烟气中的SO_2反应生成$CaSO_3$和$CaSO_4$。这些反应产物和飞灰一起被除尘设备（如静电除尘(ESP)或布袋除尘器）所捕获。SO_2的脱除过程可以持续到除尘器的范围内，布袋除尘器尤其如此。

炉内喷钙脱硫率和石灰石利用率较低。锅炉在最佳运行工况时，将石灰石喷入炉膛，当Ca与S的物质的量的比为2∶1～3∶1时，脱硫率一般为50%左右。如果在除尘器之前向烟道内喷水，可使脱硫率提高10%。反应产物被除尘设备收集下来喷入炉膛再循环也是提高脱硫率和石灰石利用率的有效方法，脱硫率可望达到70%～90%。

②循环流化床烟气脱硫技术是20世纪80年代后期由德国鲁奇公司研究开发的。目前该技术的200MW干法循环流化床烟气脱硫系统已投入使用。整个循环流化床烟气脱硫系统由石灰制备系统、脱硫反应系统和收尘引风系统三个部分组成。该系统具有脱硫剂反应时间长，对锅炉负荷变化的适应性强，而且系统中没有喷浆系统和浆液喷嘴，只喷入水和水蒸气等特点。因此，石灰利用率高，基建投资相对较低，也不需要专职人员进行操作和维护。但副产物中的$CaSO_3$比$CaSO_4$多，因此要对$CaSO_3$进行处理，使其转变为$CaSO_4$。

（四）烟气脱硝技术

在无法通过燃烧控制技术满足NO_x达标排放要求时，必须采用脱硝技术对燃烧后排放的尾气进行处理，以降低NO_x的排放。根据脱除原理的不同，烟气脱硝技术可分为催化还原、吸收和吸附三类，按照工作介质的不同，烟气脱硝技术可分为干法和湿法两类。

1. 选择性催化还原法(SCR)脱硝

选择性催化还原法是在催化作用下，以氨作还原剂，将氮氧化物(NO_x)还原为氮气和水。之所以以氨为还原剂，是因为氨能有选择地与气体中的NO及NO_2反应，而较少与烟气中的氧反应。通常在空气预热器的上游注入含有NO_x的烟气，此处烟气温度为290～400 ℃，是催化还原反应的最佳温度。

SCR中常用催化剂的活性成分有贵金属(如Pd、Pt)和Cu、Fe、V、Mn等金属氧化物，载体有二氧化钛和沸石等。

工业实践表明，SCR系统对NO_x的转化率为60%～90%。影响SCR系统工艺操作的关键因素是催化剂失活和还原剂氨泄漏问题。

2. 选择性非催化还原法(SNCR)脱硝

SNCR是一种不使用催化剂，用还原剂氨和尿素在850～1100 ℃内，将NO_x还原成N_2的方法。还原剂氨通常注进炉膛或紧靠炉膛出口的烟道，还原剂尿素的水溶液在炉膛的上部注入，总的反应方程式如下。

$$CO(NH_2)_2+2NO+1/2O_2 \longrightarrow N_2+CO_2+2H_2O$$

工业运行的数据表明，SNCR技术的NO还原率较低，通常为30%～60%。要想得到较高的NO_x还原率，烟气中的NO和还原剂必须有很好的配合。

目前，SCR和SNCR这两种脱硝技术均已经得到商业化应用。前者脱硝效率高，但投资成本和运营成本均比较高；SNCR脱硝效率偏低，但一次性投资较低。这两种脱硝技术分别在不同的固定源脱硝中得到应用。

3. 其他烟气脱硝技术

其他烟气脱硝技术包括等离子法、液体吸收法、生物法、吸附法等，其中大多数都未得到实际应用。

（五）移动源氮氧化物的污染控制

目前，我国正处在经济高速发展时期，城市交通运输工具的社会保有量迅速增加。机动车尾气污染的影响逐渐显现，污染分担率不断上升，成为一个突出的问题。有些城市的机动车排气污染已成为城市环境空气污染的主要来源。中国城市的污染类型正由煤烟型污染向混合型或机动车污染的类型转化。因此，城市机动车尾气污染治理势在必行。

汽车尾气排放的污染物主要有NO_x、CO、碳氢化合物或其他VOCs等。其中：NO_x是在内燃机气缸内生成的，其排放量取决于燃烧温度、时间和空燃比等因素。燃烧过程中排放的NO_x 95%以上是NO，其余是NO_2；CO是烃燃料燃烧的中间产物，主要是在局部缺氧或低温条件下，由于烃不能完全燃烧而产生，混在内燃机废气中排出。当汽车负重过大、慢速行驶或空挡运转时，燃料不能充分燃烧，废气中CO含量会明显增加；碳氢化合物来自发动机、曲轴箱的泄漏和燃料系统的蒸发。因此，汽车尾气的技术控制主要从机内净化和机外净化两个方面进行。

（六）挥发性有机气体的污染控制

近年来，随着颗粒物PM_{10}和$PM_{2.5}$治理成效的显现，我国大多数区域的环境空气质量得到了明显改善，以颗粒物PM_{10}和$PM_{2.5}$为首要污染物的污染天气类型所占比例已经下降到50%左右，而以臭氧(O_3)为首要污染物的污染天气类型所占比例则大幅度提高，尤其在晚春、夏季和初秋季节，持续时间长。因此，O_3污染成为“十三五”以来大气污染防治的重点，也是《打赢蓝天保卫战三年行动计划》目标完成的关键之一。

O_3是二次污染物，即环境空气中的O_3是由其他污染物之间发生化学反应后的生成物。引起O_3污染物生成的前体物质主要是NO_x和挥发性有机物(VOCs)，这两种污染物在适当的气象条件下发生光化学反应的主要产物，常伴有烟雾出现，即光化学烟雾。光化学烟雾是在强烈阳光作用下，空气中的氮氧化物、碳氢化合物之间发生一系列光化学反应生成的一种呈淡蓝色(有的呈紫色或黄褐色)烟雾。光化学烟雾的主要成分有臭氧、过氧乙酰硝酸酯、酮类和醛类等。光化学烟雾最早发生于美国的洛杉矶，因此，又称洛杉矶型光化学烟雾。发生光化学烟雾时，大气能见度降低，具有特殊气味，刺激人的眼睛和喉黏膜，使人呼吸困难。因此，光化学烟雾的刺激性和危害比一次污染物强烈得多。光化学烟雾的污染只在白天出现，中午左右氧化性物质浓度最大。夜晚无日照，不会有光化学烟雾污染出现。

空气中的VOCs来源广泛，既有天然的，也有人为排放的，但主要是人类生产和生活过程中排放的，如机动车尾气、汽车喷涂、石油化工产品生产、医药化工产品的生产、餐饮业油烟，还有燃料燃烧不完全排放等。治理方法主要有催化氧化燃烧、冷凝、生物降解、吸附和吸收、放电等离子体技术等。

五、大气污染防治政策

随着我国城镇化进程的快速推进，越来越多的人聚集在城镇。如果城镇的环境空气质量不能满足以健康为基础的环境空气质量标准，那么城镇居民中的敏感成员甚至大部分居民的健康就有可能受到极大的危害。在这种情况下，管理者和人民政府需要建立一种能确保空气质量得到改善的体系，并最终达到和维持国家和地方所规定的空气质量标准或指标。这种体系就是城市环境空气质量管理体系，该体系可能包括采用短期和长期的污染控制(减排)政策和措施。城市环境空气质量管理体系的主要职能是监督和管理，并积极参与空气污染控制工作。

（一）管理内容

一个完整有效的城市环境空气质量管理体系，是建立在国家相关的法律法规上的体系，这样才能有法可依和正常运行。我国环境空气质量管理体系建立的法律依据是《中华人民共和国大气污染防治法》，2015年进行了修订，2012年颁布了《环境空气质量标准》(GB 3095—

2012)。国家环境保护行政主管部门生态环境部要求各级环保部门切实加强空气污染防治的监督检查,做到有法必依、执法必严、违法必究,努力提高环境行政的执法水平和效率,推动重点城市环境空气质量持续改善。这一系列的措施都是对区域环境空气质量管理体系运行的反映。

区域环境空气质量管理体系的内容大致如下。

(1) 建立环境空气质量监测网,发布城市环境空气质量信息。就城市环境空气质量管理而言,环境空气质量监测网的建立和应用的目的就是评价环境空气质量是否满足以健康为基础的标准或指标,评价短期或长期污染控制政策和措施的效果等。目前,全国主要城市都建立了环境空气质量地面自动监测系统,常规监测项目有 SO_2、NO_2、CO、PM_{10}、$PM_{2.5}$ 和 O_3 这六项,并据此发布每日或每小时的环境空气质量指数,给出相对应的空气污染等级,即优级天、优良天、轻度污染天、中度污染天气、重度污染天气和严重污染天气。同时,对未来三天、五天甚至七天的空气质量变化趋势进行预测预报。

(2) 环境空气质量应急管理。环境空气质量并不是不变的,遇到持续不利于污染物有效稀释和扩散的气象条件时,有可能达到威胁健康的水平,甚至会出现持续几小时或几天的短期雾霾或烟雾事件。由于雾霾或烟雾往往对健康产生负面影响(如冬春季易出现由颗粒物 PM_{10} 或 $PM_{2.5}$ 引起的雾霾事件,伦敦的硫酸雾事件和洛杉矶的光化学烟雾事件)。因此,很多国家和地方政府采用了针对雾霾或烟雾的警报和预报系统。中国的很多城市建立了区域大气环境质量监测与预警预报系统,日本和德国也建立了相应的监测与预警预报系统,并根据实际情况发布空气质量预报预警等级,如绿色、黄色、橙色和红色等级分别表示预报、注意报、警报和重大紧急警报,这样政府管理机构就可以把不良空气质量对健康的潜在威胁通知给公众,并建议公众采取行动,尽可能减少接触高污染的环境。在出现高浓度污染的情况下,政府管理机构可以采取鼓励自愿行动或强制性的短期措施,来减少雾霾或烟雾期间污染物的排放。这就是环境空气质量的应急管理。

(3) 修订和完善环境空气质量标准。根据新的情况和环境空气质量监测网反馈的信息,增加或减少某些监测项目,制定符合新情况下的新标准。例如 2000 年前用总悬浮颗粒物(TSP)作为空气中颗粒污染物的指标,2000 年开始全国统一规定使用 PM_{10} 代替 TSP 作为空气质量日报、预报指标。修改后的《环境空气质量标准》(GB 3095—2012)中增加了 $PM_{2.5}$ 和 O_3,给出了新的常规六项必须监测的大气污染物,即 SO_2、NO_2、CO、PM_{10}、$PM_{2.5}$ 和 O_3。

(4) 制定一系列有效的污染控制政策、措施,以及实施这些政策措施所需的资源和法律行政保障。例如:“九五”期间,国家为了迅速控制日益恶化的环境空气污染问题,对 SO_2 的排放采取了总量控制的方法。“十五”期间,国家对两控区内 SO_2 排放量采取减量控制政策,即到 2005 年两控区内 SO_2 排放量比 2000 年减少 20%。2002 年国家环保总局会同有关部门编制了《两控区酸雨和二氧化硫污染防治“十五”计划》。“十二五”期间,国家发布了《环境空气质量标准》(GB 3095—2012)、《大气污染防治行动计划》,修订了《中华人民共和国大气污染防治法》。“十三五”期间,国家发布了《打赢蓝天保卫战三年行动计划》及其他大气污染物排放控制标准等。这些法律法规、行政规章及标准,为实现我国大气环境质量的持续改善提供了法律行政保障。

(二) 管理措施

区域环境空气质量管理措施是执行环境保护法和大气污染防治法,防止空气污染的一种管理手段。其最终目的是使城市环境空气质量达到和维持国家及地方所规定的环境空气质量标准或指标。目前,区域环境空气质量管理措施的主要方面大体包括以下几点。

(1) 编制区域大气污染源排放清单。我国自 2017 年开始,在全国开展了第二次污染源普查工作,到 2019 年完成了省、自治区和直辖市的大气污染源排放清单。同时,在《大气污染防治行动计划》和《打赢蓝天保卫战三年行动计划》中明确要求,需要定期更新区域大气污染源排放清单。这些措施为大气污染源的排放控制、监管和区域环境空气质量预警预报提供了大力支持。

(2) 加快区域能源结构调整。区域能源结构的调整从 20 世纪 90 年代就已经开始,当时主要体现在城市居民用燃料结构的调整,将煤转变为石油液化气,使分布面广的民用炉灶和餐饮业等分散污染源的排放得到了有效控制,空气中 SO_2 的污染减弱;“十五”期间国家采取“西气东输、西电东送”能源调控管理措施,使得部分城市的区域环境空气质量明显改善;同时,通过划定高污染燃料禁燃区,推广电、天然气、液化气等清洁能源的使用,减少原煤消费量,推广洁净煤技术。

(3) 调整区域产业结构,采取关、停、并、转的管理措施,从源头上控制环境空气污染。空气污染大户从城市外迁就是一个例子,如首都钢铁公司从北京外迁至唐山地区。《打赢蓝天保卫战三年行动计划》中要求“加大区域产业布局调整力度,加快城市建成区重污染企业搬迁改造或关闭退出”。

(4) 鼓励企业建立环境管理体系,推广 ISO14000 环境管理体系认证。制定不同地区发电环保折价标准,为脱硫火电厂的运行创造良好的政策环境;保证脱硫火电厂优先上网;火电厂加快使用洁净煤技术等。

(5) 强化对机动车污染排放的监督管理,鼓励发展清洁燃料车和公共交通系统。按照各地机动车排放污染防治条例,重点抓住新车管理,在用车的检测、维修以及车用燃料的管理等环节,并拟确定新车型认证、机动车排放合格证申报登记、维修合格检验等制度和措施,以控制城市交通污染。

(6) 加强基本能力建设。根据《中华人民共和国大气污染防治法》《大气污染防治行动计划》和《打赢蓝天保卫战三年行动计划》等法律法规的规定,应完善环境监测空气质量监控网络,强化重点污染源自动监控体系建设,加强移动源排放监管能力建设以及强化监测数据质量控制。同时,加大环境执法力度,坚持铁腕治污,综合运用按日连续处罚、查封扣押、限产停产等手段依法从严处罚环境违法行为,强化排污者责任,加强生态环境执法与刑事司法衔接,建立完善的排查、交办、核查、约谈、专项督察“五步法”监管机制。

(7) 完善环境经济政策。增加中央大气污染防治专项资金投入,扩大中央财政支持北方地区冬季清洁取暖的试点城市范围,将京津冀及周边地区、汾渭平原全部纳入;支持依法合规开展大气污染防治领域的政府和社会资本合作(PPP)项目建设;鼓励政策性、开发性金融机构在业务范围内,对大气污染防治、清洁取暖和产业升级等领域符合条件的项目提供信贷支持,引导社会资本投入。支持符合条件的金融机构、企业发行债券,募集资金用于大气污染治理和节能改造。

建立中央大气污染防治专项资金安排与地方环境空气质量改善绩效联动机制,调动地方政府治理大气污染积极性;加大税收政策支持力度,严格执行环境保护税法,落实购置环境保护专用设备企业所得税抵免优惠政策;继续落实并完善对节能、新能源车船的减免车船税政策。

第二节　水环境质量改善行动计划

水是地球上一切生命赖以生存的基本物质，也是地球表面重要的物质组分。水环境是地球上各种水体的综合体，主要由地表水环境和地下水环境两部分组成。近年来，随着经济的快速发展，许多地区的地表水和地下水均出现了不同程度的污染，这使得自然水体经常出现水华、赤潮和黑臭水体等现象，严重影响了国民经济的可持续发展。随着《地表水环境质量标准》(GB 3838—2002)和《污水综合排放标准》(GB 8978—1996)，以及一系列的行业废水污染物排放标准的发布和执行力度的加大，水环境质量逐步得到改善，2014 年全国十大流域的水环境质量相对于 2012 年、2011 年都有所改善，Ⅲ类水质断面比例提高到 71.7%，但Ⅳ＋Ⅴ类的比例仍有 19.3%，劣Ⅴ类水体还有 9%。由于水环境质量的高低直接关系到人民的切身利益，关系到小康社会的建设。为此，2015 年 5 月，国务院发布了《水污染防治行动计划》(简称“水十条”)。

一、《水污染防治行动计划》

(一) 工作目标和主要指标

工作目标：不管是地表水体还是地下水的环境质量，到 2020 年得到阶段性改善。较大幅度地减少污染严重水体，生活饮用水安全保障水平持续提升；地下水超采得到严格控制，初步遏制地下水污染加剧的趋势；近岸海域环境质量稳中趋好，京津冀、长三角和珠三角等区域水生态环境状况有所好转。到 2030 年，力争全国水环境质量总体改善，水生态系统功能初步恢复。到 21 世纪中叶，水生态环境质量全面改善，水生态系统实现良性循环。

主要指标：到 2020 年，长江、黄河、珠江、松花江、淮河、海河、辽河等七大重点流域水质优良(达到或优于Ⅲ类)比例总体达到 70%以上；到 2030 年，这七大重点流域水质优良比例总体达到 75%以上。

到 2020 年，地级及以上城市建成区黑臭水体均控制在 10%以内，地级及以上城市集中式饮用水水源水质达到或优于Ⅲ类比例总体高于 93%，全国地下水质量极差的比例控制在 15%左右，近岸海域水质优良(一、二类)比例达到 70%左右；到 2030 年，城市建成区黑臭水体总体得到消除，城市集中式饮用水水源水质达到或优于Ⅲ类比例总体为 95%左右。

到 2020 年，京津冀区域丧失使用功能(劣于Ⅴ类)的水体断面比例下降 15%左右，长三角、珠三角区域力争消除丧失使用功能的水体。

(二) 十条内容简述

1. 全面控制污染物排放

(1) 狠抓工业污染防治。主要包括“十小”企业的取缔、十大重点行业的专项整治和工业集聚区的水污染的集中治理。所谓“十小”企业，是指小型造纸、制革、印染、染料、炼焦、炼硫、炼砷、炼油、电镀、农药十个行业。十大重点行业包括造纸、焦化、氮肥、有色金属、印染、农副食品加工、原料药制造、制革、农药、电镀等，新建、改建、扩建上述行业建设项目，要实行主要污染物排放等量或减量置换。工业集聚区水污染的集中治理，包括经济技术开发区、高新技术产业开发区和出口加工区等工业集聚区的污染治理。2017 年底前，工业集聚区应按规定建成污水集中处理设施，并安装自动在线监控装置，京津冀、长三角、珠三角等区域提前一年完成。

（2）强化城镇生活污染治理。需要因地制宜地对现有城镇污水处理设施进行提标升级改造，2020年底前达到相应排放标准或再生利用要求；敏感区域（重点湖泊、重点水库、近岸海域汇水区域）城镇污水处理设施应于2017年底前全面达到一级A排放标准；新建城镇污水处理设施要执行一级A排放标准。到2020年，全国所有县城和重点镇具备污水收集处理能力，县城、城市污水处理率分别达到85%、95%左右。京津冀、长三角、珠三角等区域提前一年完成。以县级行政区域为单元，实行农村污水处理统一规划、统一建设、统一管理。

污水处理设施产生的污泥应采取稳定化、无害化和资源化处理处置，禁止处理处置不达标的污泥进入耕地。现有污泥处理处置设施应于2017年底前基本完成达标改造，地级及以上城市污泥无害化处理处置率应于2020年底前达到90%以上。

强化城中村、老旧城区和城乡接合部污水截流、收集；现有合流制排水系统应加快实施雨污分流改造；新建污水处理设施的配套管网应同步设计、同步建设、同步投运。除干旱地区外，城镇新区建设均实行雨污分流，有条件的地区要推进初期雨水收集、处理和资源化利用。

（3）推进农业农村污染防治。现有规模化畜禽养殖场（小区）要根据污染防治需要，配套建设粪便污水储存、处理、利用设施；散养密集区要实行畜禽粪便污水分户收集、集中处理利用。依法关闭或搬迁禁养区内的畜禽养殖场（小区）和养殖专业户。推广低毒、低残留农药使用补助试点经验，开展农作物病虫害绿色防控和统防统治，控制农业面源污染；实行测土配方施肥，到2020年，该技术推广覆盖率达到90%以上，化肥利用率提高到40%以上，农作物病虫害统防统治覆盖率达到40%以上；京津冀、长三角、珠三角等区域提前一年完成。

（4）加强船舶港口污染控制和污染防治能力。依法强制报废超过使用年限的船舶，其他船舶于2020年底前完成改造，经改造仍不达标的限期予以淘汰；分类分级修订船舶及其设施、设备的相关环保标准；航行于我国水域的国际航线船舶，要实施压载水交换或安装压载水灭活处理系统。编制实施全国港口、码头、装卸站污染防治方案，其经营人应制定防治船舶及其有关活动污染水环境的应急计划，提高含油污水、化学品洗舱水等接收处置能力及污染事故应急能力。

2. 推动经济结构转型升级

（1）调整产业结构，严格环境准入。自2015年起，要求各地依据部分工业行业淘汰落后生产工艺装备和产品指导目录、产业结构调整指导目录及相关行业污染物排放标准，结合水质改善要求及产业发展情况，制定并实施分年度的落后产能淘汰方案。各地根据流域水质目标和主体功能区规划要求，明确区域环境准入条件，实施差别化环境准入政策，加快调整发展规划和产业结构。到2020年，组织完成市、县域水资源、水环境承载能力现状评价。

（2）优化空间布局。充分考虑水资源、水环境承载能力，以水定城、以水定地、以水定人、以水定产；重大项目原则上布局在优化开发区和重点开发区，并符合城乡规划和土地利用总体规划；鼓励发展节水高效现代农业、低耗水高新技术产业以及生态保护型旅游业；七大重点流域干流沿岸，要严格控制石油加工、化学原料和化学制品制造、医药制造、化学纤维制造、有色金属冶炼、纺织印染等项目环境风险，合理布局生产装置及危险化学品仓储等设施。

城市规划区范围内应保留一定比例的水域面积，实施严格的城市规划蓝线管理；新建项目一律不得违规占用水域。严格水域岸线用途管制，土地开发利用应按照有关法律法规和技术标准要求，留足河道、湖泊和滨海地带的管理和保护范围，非法挤占的应限期退出。城市建成区内现有钢铁、有色金属、造纸、印染、原料药制造、化工等污染较重的企业应有序搬迁改造或依法关闭。

(3) 推进循环发展。推进矿井水综合利用,矿区的补充用水、周边地区生产和生态用水应优先使用矿井水,加强洗煤废水的循环利用。鼓励钢铁、印染、造纸、石油化工、制革等高耗水企业废水深度处理回用;以缺水及水污染严重地区城市为重点,完善再生水利用设施,工业生产、绿化、道路清扫、建筑施工及生态景观等用水,要优先使用再生水;积极推动其他新建住房安装建筑中水设施。到2020年,缺水城市再生水利用率达到20%以上,京津冀区域达到30%以上;沿海地区电力、化工、石化等行业,推行直接利用海水作为循环冷却用水。有条件的城市,加快推进淡化海水作为生活用水补充水源。

3. 着力节约保护水资源

(1) 控制用水总量。健全取用水总量控制指标体系,建立重点监控用水单位名录。对取用水总量已达到或超过控制指标的地区,暂停审批其建设项目新增取水许可。对纳入取水许可管理的单位和其他用水大户实行计划用水管理。新建、改建、扩建项目用水要达到行业先进水平,节水设施应与主体工程同时设计、同时施工、同时投运。到2020年,全国用水总量控制在6700亿立方米以内。

严控地下水超采,以防止地面沉降、地裂缝、岩溶塌陷等地质灾害的发生;严格控制开采深层承压水,地热水、矿泉水开发应严格实行取水许可和采矿许可;开展华北地下水超采区综合治理,超采区内禁止工农业生产及服务业新增取用地下水。京津冀区域实施土地整治、农业开发、扶贫等农业基础设施项目,不得以配套打井为条件。2017年底前,完成地下水禁采区、限采区和地面沉降控制区范围划定工作,京津冀、长三角、珠三角等区域提前一年完成。

(2) 提高用水效率。建立万元国内生产总值水耗指标等用水效率评估体系,把节水目标任务完成情况纳入地方政府政绩考核。将再生水、雨水和微咸水等非常规水源纳入水资源统一配置。到2020年,全国万元国内生产总值用水量、万元工业增加值用水量比2013年分别下降35%、30%以上。

抓好工业节水。制定国家鼓励和淘汰的用水技术、工艺、产品和设备目录,完善高耗水行业取用水定额标准。到2020年,电力、钢铁、纺织、造纸、石油石化、化工、食品发酵等高耗水行业达到先进定额标准。

加强城镇节水。禁止生产、销售不符合节水标准的产品、设备。公共建筑必须采用节水器具,限期淘汰公共建筑中不符合节水标准的水嘴、便器水箱等生活用水器具。鼓励居民家庭选用节水器具。到2017年,全国公共供水管网漏损率控制在12%以内;到2020年,控制在10%以内。

发展农业节水。推广渠道防渗、管道输水、喷灌、微灌等节水灌溉技术,完善灌溉用水计量设施。在东北、西北、黄淮海等区域,推进规模化高效节水灌溉,推广农作物节水抗旱技术。到2020年,大型灌区、重点中型灌区续建配套和节水改造任务基本完成,全国节水灌溉工程面积达到7亿亩左右,农田灌溉水有效利用系数达到0.55以上。

(3) 科学保护水资源。完善水资源保护考核评价体系,加强江河湖库水量调度管理,科学确定生态流量。完善水量调度方案,合理安排闸坝下泄水量和泄流时段,采取闸坝联合调度、生态补水等措施,维持河湖基本生态用水需求,重点保障枯水期生态基流。在黄河、淮河等流域进行试点,分期分批确定生态流量(水位),作为流域水量调度的重要参考。

4. 强化科技支撑

(1) 推广示范适用技术。重点推广饮用水净化、节水、水污染治理及循环利用、城市雨水收集利用、再生水安全回用、水生态修复、畜禽养殖污染防治等适用技术。发挥企业的技术创新主体作用，推动水处理重点企业与科研院所、高等学校组建产学研技术创新战略联盟，示范推广控源减排和清洁生产先进技术。完善环保技术评价体系，推动技术成果共享与转化。

(2) 攻关研发前瞻技术。加快研发重点行业废水深度处理、生活污水低成本高标准处理、海水淡化和工业高盐废水脱盐、饮用水微量有毒污染物处理、地下水污染修复、危险化学品事故和水上溢油应急处置等技术。开展有机物和重金属等水环境基准、水污染对人体健康影响、新型污染物风险评价、水环境损害评估、高品质再生水补充饮用水水源等研究。加强水生态保护、农业面源污染防治、水环境监控预警、水处理工艺技术装备等领域的国际交流合作。

(3) 大力发展环保产业。规范环保产业市场，健全环保工程设计、建设、运营等领域招投标管理办法和技术标准。推进先进适用的节水、治污、修复技术和装备产业化发展。加快发展环保服务业，明确监管部门、排污企业和环保公司的责任和义务，完善风险分担、履约保障等机制。鼓励发展包括系统设计、设备成套、施工和调试运行、维护管理的环保服务承包模式、政府和社会资本合作模式等。

5. 充分发挥市场机制作用

(1) 理顺价格税费，完善收费政策。修订城镇污水处理费、排污费、水资源费征收管理办法，合理提高征收标准，做到应收尽收。城镇污水处理收费标准不应低于污水处理和污泥处理处置成本。地下水水资源费征收标准应高于地表水，超采地区地下水水资源费征收标准应高于非超采地区。县级及以上城市应于2015年底前全面实行居民阶梯水价制度，具备条件的建制镇也要积极推进。2020年底前，全面实行非居民用水超定额、超计划累进加价制度。

健全税收政策。依法落实环境保护、节能节水、资源综合利用等方面税收优惠政策；加快推进环境保护税立法、资源税税费改革等工作。研究将部分高耗能、高污染产品纳入消费税征收范围。

(2) 促进多元融资，增加政府投入。引导社会资本投入，推广股权、项目收益权、特许经营权、排污权等质押融资担保。采取环境绩效合同服务、授权开发经营权益等方式，鼓励社会资本加大水环境保护投入。中央财政加大支持力度，合理承担部分属于中央和地方共同事权的水环境保护项目，向欠发达地区和重点地区倾斜；地方人民政府要重点支持污水处理、污泥处理处置、河道整治、饮用水水源保护、畜禽养殖污染防治、水生态修复、应急清污等项目和工作。

(3) 建立激励机制，推行绿色信贷。鼓励节能减排先进企业、工业集聚区用水效率、排污强度等达到更高标准；积极发挥政策性银行等金融机构在水环境保护中的作用，严格限制环境违法企业贷款；加强环境信用体系建设，构建守信激励与失信惩戒机制，环保、银行、证券、保险等方面要加强协作联动，于2017年底前分级建立企业环境信用评价体系；实施跨界水环境补偿，探索采取横向资金补助、对口援助、产业转移等方式，建立跨界水环境补偿机制，开展补偿试点。

6. 严格环境执法监管

(1) 完善法律法规和标准体系。加快水污染防治、海洋环境保护、排污许可、化学品环境管理等法律法规制(修)订步伐，研究制定环境质量目标管理、环境功能区划、节水及循环利用、饮用水水源保护、污染责任保险、水功能区监督管理、地下水管理、环境监测、生态流量保障、船舶和陆源污染防治等法律法规。制(修)订地下水、地表水和海洋等环境质量标准，以及城镇污水处理、污泥处理处置、农田退水等污染物排放标准。健全重点行业水污染物的特别排放限值、污染防治技术政策和清洁生产评价指标体系。各地可结合实际，研究起草地方性水污染防治法规和地方水污染物排放标准。

(2) 加大执法力度。所有排污单位必须依法实现全面达标排放,对超标和超总量的企业一律限制生产或停产整治,整治后仍不达标且情节严重的一律停业、关闭;完善国家督查、省级巡查、地市检查的环境监督执法机制,强化环保、公安、监察等部门和单位协作,加强对地方人民政府和有关部门环保工作的监督,研究建立国家环境监察专员制度。

严厉打击环境违法行为,重点打击私设暗管或利用渗井、渗坑、溶洞排放、倾倒含有毒有害污染物废水、含病原体污水,监测数据弄虚作假,不正常使用水污染物处理设施,或未经批准拆除、闲置水污染物处理设施等环境违法行为。对造成生态损害的责任者严格落实赔偿制度,构成犯罪的要依法追究刑事责任。

(3) 提升监管水平。健全跨部门、区域、流域、海域水环境保护议事协调机制,发挥环境保护区域督查派出机构和流域水资源保护机构作用,探索建立陆海统筹的生态系统保护修复机制;流域上下游各级政府、各部门之间要加强协调配合、定期会商,实施联合监测、联合执法、应急联动、信息共享。

完善水环境监测网络。提升饮用水水源水质全指标监测、水生生物监测、地下水环境监测、化学物质监测及环境风险防控技术支撑能力。2017 年底前,京津冀、长三角、珠三角等区域、海域建成统一的水环境监测网。

提高环境监管能力。加强环境监测、环境监察、环境应急等专业技术培训。严格落实持证上岗制度,加强基层环保执法力量,具备条件的乡镇(街道)及工业园区要配备必要的环境监管力量。各市、县应自 2016 年起实行环境监管网格化管理。

7. 切实加强水环境管理

(1) 强化环境质量目标管理。明确各类水体水质保护目标,逐一排查达标状况。对水质不达标的区域实施挂牌督办,必要时采取区域限批等措施。未达到水质目标要求的地区要制定达标方案,明确防治措施及达标时限,方案报上一级人民政府备案,自 2016 年起,定期向社会公布。

(2) 深化污染物排放总量控制。完善污染物统计监测体系,将工业、城镇生活、农业、移动源等各类污染源纳入调查范围。选择对水环境质量有突出影响的总氮、总磷、重金属等污染物,研究纳入流域、区域污染物排放总量控制约束性指标体系。

(3) 严格环境风险控制。定期评估沿江河湖库工业企业、工业集聚区环境和健康风险,落实防控措施;评估现有化学物质环境和健康风险,2017 年底前公布优先控制化学品名录,对高风险化学品生产与使用严格限制,并逐步淘汰替代。

稳妥处置突发水环境污染事件。地方各级人民政府要制定和完善水污染事故处置应急预案,落实责任主体,明确预警预报与响应程序、应急处置及保障措施等内容,依法及时公布预警信息。

(4) 全面推行排污许可,加强许可证管理。将污染物排放种类、浓度、总量、排放去向等纳入许可证管理范围。2015 年底前,完成国控重点污染源及排污权有偿使用和交易试点地区污染源排污许可证的核发工作,其他污染源于 2017 年底前完成。强化海上排污监管,研究建立海上污染排放许可证制度。2017 年底前,完成全国排污许可证管理信息平台建设。

8. 全力保障水生态环境安全

(1) 保障饮用水水源安全,强化饮用水水源环境保护。从水源地到水龙头全过程监管饮用水安全,地级及以上城市自 2016 年起每季度向社会公开。自 2018 年起,所有县级及以上城市饮水安全状况信息都要向社会公开。单一水源供水的地级及以上城市应于 2020 年底前基本完成备用水源或应急水源建设，有条件的地方可适当提前。同时，需要加强农村饮用水水源保护和水质检测。

地下水也是许多地方的饮用水水源地，必须定期调查评估集中式地下水型饮用水水源补给区的水环境状况，防治地下水污染。石化生产及其相关企业和工业园区、矿山开采区、垃圾填埋场等区域应进行必要的防渗处理。报废矿井、钻井、取水井应实施封井回填。同时，在京津冀等地开展地下水污染修复试点。

(2) 深化重点流域污染防治。编制实施七大重点流域水污染防治规划，研究建立流域水生态环境功能分区管理体系。到2020年，长江、珠江总体水质达到优良，松花江、黄河、淮河、辽河在轻度污染基础上进一步改善，海河污染程度得到缓解；三峡库区水质保持良好，南水北调、引滦入津等调水工程确保水质安全；太湖、巢湖、滇池富营养化水平有所好转，白洋淀、乌梁素海、呼伦湖、艾比湖等湖泊污染程度减轻；环境容量较小、生态环境脆弱、风险高的地区，执行特别排放限值。各地可根据水环境质量改善需要，扩大特别排放限值实施范围。

加强良好水体保护。对江河源头及水质已达到或优于Ⅲ类的江河湖库开展生态环境安全评估，制定实施保护方案。东江、滦河、千岛湖、南四湖等流域于2017年底前完成。浙闽片河流、西南诸河、西北诸河及跨界水体水质保持稳定。

(3) 加强近岸海域环境保护。重点整治黄河口、长江口、闽江口、珠江口、辽东湾、渤海湾、胶州湾、杭州湾、北部湾等河口海湾污染；研究建立重点海域排污总量控制制度，沿海地级及以上城市实施总氮排放总量控制；规范入海排污口设置，2017年底前全面清理非法或设置不合理的入海排污口。到2020年，沿海省(区、市)入海河流基本消除劣于Ⅴ类的水体。

推进生态健康养殖。在重点河湖及近岸海域划定限制养殖区，鼓励有条件的渔业企业开展海洋离岸养殖和集约化标准化养殖。加强养殖投入品管理，依法规范、限制使用抗生素等化学药品。2017年底前完成水源地、农产品种植区及水产品集中养殖区风险的环境激素类化学品生产使用情况调查和评估，实施环境激素类化学品淘汰、限制、替代等措施。

(4) 整治城市黑臭水体。采取控源截污、垃圾清理、清淤疏浚、生态修复等措施，加大黑臭水体治理力度；地级及以上城市建成区应于2015年底前完成水体排查，公布黑臭水体名称、责任人及达标期限；2017年底前实现河面无大面积漂浮物，河岸无垃圾，无违法排污口；2020年底前完成黑臭水体治理目标；直辖市、省会城市、计划单列市建成区要于2017年底前基本消除黑臭水体。

(5) 保护水和湿地生态系统。科学划定河湖生态保护红线，禁止侵占自然湿地等水源涵养空间，已侵占的要限期予以恢复；强化水源涵养林建设与保护，开展湿地保护与修复，加大退耕还林、还草、还湿力度；加强滨河(湖)带生态建设，加大水生野生动植物类自然保护区和水产种质资源保护区保护力度，开展珍稀濒危水生生物和重要水产种质资源的就地和迁地保护，提高水生生物多样性；2017年底前，制定实施七大重点流域水生生物多样性保护方案。

保护海洋生态。加大红树林、珊瑚礁、海草床等滨海湿地、河口和海湾典型生态系统建设，以及产卵场、索饵场、越冬场、洄游通道等重要渔业水域的保护力度，实施增殖放流，建设人工鱼礁；开展海洋生态补偿及赔偿等研究，实施海洋生态修复；认真执行围填海管制计划，严格围填海管理和监督，重点海湾、海洋自然保护区的核心区及缓冲区、海洋特别保护区的重点保护区及预留区、重点河口区域、重要滨海湿地区域、重要砂质岸线及沙源保护海域、特殊保护海岛及重要渔业海域禁止实施围填海，生态脆弱敏感区、自净能力差的海域严格限制围填海；将自然海岸线保护纳入沿海地方政府政绩考核；到2020年，全国自然岸线保有率不低于35%(不包括海岛岸线）。

9. 明确和落实各方责任

（1）强化地方政府水环境保护责任。各级地方政府要于2015年底前制定并公布水污染防治工作方案，不断完善政策措施，加大资金投入，统筹城乡水污染治理，强化监管，确保任务全面完成。省、自治区和直辖市的方案报国务院备案。

（2）加强部门协调联动。建立全国水污染防治工作协作机制，定期研究解决重大问题。生态环境部要加强统一指导、协调和监督，工作进展及时向国务院报告。

（3）落实排污单位主体责任。各类排污单位要严格执行环保法律法规和制度，加强污染治理设施建设和运行管理，承担监测、治污减排和环境风险防范等责任。央企和国企应带头落实，工业集聚区内的企业要探索建立环保自律机制。

（4）严格目标任务考核。国务院与各省（区、市）人民政府签订水污染防治目标责任书，分解落实目标任务，切实落实"一岗双责"。每年分流域、分区域、分海域对行动计划实施情况考核，考核结果向社会公布，并作为对领导班子和干部综合考核评价的重要依据，还可作为水污染防治相关资金分配的参考依据。

未通过年度考核的，要约谈相关负责人，提出整改意见，予以督促；对有关地区和企业实施建设项目环评限批；对工作不力、履职缺位，干预、伪造数据等行为导致没有实现目标的，要依法依纪追究有关单位和人员责任，视情节轻重，给予组织处理或党纪政纪处分，已经离任的也要终身追究责任。

10. 强化公众参与和社会监督

（1）依法公开环境信息。国家每年公布最差、最好的10个城市名单和各省、自治区、直辖市水环境状况。对水环境状况差整改后仍达不到要求的城市，取消其环境保护模范城市、生态文明建设示范区和卫生城市等荣誉称号，并向社会公告。

地方人民政府也要定期公布本行政区域内各地级市（州、盟）水环境质量状况。国家确定的重点排污单位应依法向社会公开其产生的主要污染物名称、排放方式、排放浓度和总量、超标排放情况，以及污染防治设施的建设和运行情况，主动接受监督。同时，研究发布工业集聚区环境友好指数、重点行业污染物排放强度、城市环境友好指数等信息。

（2）加强社会监督。为公众、社会组织提供水污染防治法规培训和咨询，邀请其全程参与重要环保执法行动和重大水污染事件调查；积极推行环境公益诉讼，公开曝光环境违法典型案件；充分发挥"12369"环保举报热线和网络平台作用，限期办理举报投诉的环境问题，一经查实，可给予举报人奖励。通过公开听证、网络征集等形式，充分听取公众对重大决策和建设项目的意见。

（3）构建全民行动格局。加强宣传教育，把水资源、水环境保护和水情知识纳入国民教育体系，提高公众对经济社会发展和环境保护客观规律的认识，形成"节水洁水，人人有责"的行为准则。倡导绿色消费新风尚，开展环保社区、学校、家庭等群众性创建活动，推动节约用水，鼓励购买使用节水产品和环境标志产品。

自《水污染防治行动计划》发布以来，各省、自治区、直辖市按照国家的要求，相继发布了地方的水污染防治行动计划，并按照行动计划要求实施。

（三）实施效果评估

经过几年的水污染防治工作实施，全国各地的水体水质得到了明显改善。淡水环境方面，

2019 年，长江、黄河、珠江、松花江、淮河、海河、辽河七大流域和浙闽片河流、西北诸河、西南诸河监测的 1610 个水质断面中，Ⅰ～Ⅲ类水质断面占 79.1%，比 2018 年上升了 4.8%；劣Ⅴ类占 3.0%，比 2018 年下降了 3.9%。而在《水污染防治行动计划》实施前的 2014 年，十大流域好于Ⅲ类水质断面比例只有 71.7%，劣Ⅴ类水质断面比例达到 9%。

海洋环境方面，海水质量状况持续改善，典型海洋生态系统健康状况基本稳定，入海河流水质状况有所提升，海洋功能区环境满足使用要求。2019 年Ⅰ类水质海域面积占管辖海域面积的 97.0%，比 2018 年上升了 0.7%；劣Ⅳ类水质海域面积比 2018 年减少了 4930 km^2。

二、地表水环境空气质量现状评价

（一）地表水环境质量标准

根据《地表水环境质量标准》(GB 3838—2002)，水环境功能区分为五类：Ⅰ类主要适用于源头水、国家自然保护区；Ⅱ类主要适用于集中式生活饮用水水源地一级保护区、珍贵鱼类保护区、鱼虾产卵场等；Ⅲ类主要适用于集中式生活饮用水水源地二级保护区、一般鱼类保护及游泳区；Ⅳ类主要适用于一般工业用水区及人体非直接接触的娱乐用水区；Ⅴ类主要适用于农业用水区及一般景观要求水域。

对应地表水环境功能区，地表水环境质量标准值也分为五类，不同功能类别分别执行相应类别的标准值，即一类区执行Ⅰ级标准；二类区执行Ⅱ级标准；三类区执行Ⅲ级标准；Ⅳ类区执行Ⅳ级标准；Ⅴ类区执行Ⅴ级标准。不同类别的水环境质量对应的标准限值如表 4-3 所示。

表 4-3　地表水环境质量标准基本项目标准限值　单位：mg/L

项　目	分类标准值				
	Ⅰ类	Ⅱ类	Ⅲ类	Ⅳ类	Ⅴ类
水温/℃	人为造成的环境水温变化应限制在周平均最大温升≤1，周平均最大温降≤2				
pH 值（无量纲）	6～9				
溶解氧 ≥	饱和率 90%（或 7.5）	6	5	3	2
高锰酸盐指数 ≤	2	4	6	10	15
化学需氧量(COD)≤	15	15	20	30	40
五日生化需氧量(BOD_5)≤	3	3	4	6	10
氨氮(NH_3-N)≤	0.15	0.5	1.0	1.5	2.0
总磷（以 P 计）≤	0.02（湖、库 0.01）	0.1（湖、库 0.025）	0.2（湖、库 0.05）	0.3（湖、库 0.1）	0.4（湖、库 0.2）
总氮（湖、库，以 N 计）≤	0.2	0.5	1.0	1.5	2.0
铜 ≤	0.01	1.0	1.0	1.0	1.0
锌 ≤	0.05	1.0	1.0	2.0	2.0
氟化物（以 F^- 计）≤	1.0	1.0	1.0	1.5	1.5
硒≤	0.01	0.01	0.01	0.02	0.02
砷 ≤	0.05	0.05	0.05	0.1	0.1

续表

项　目	分类标准值				
	Ⅰ类	Ⅱ类	Ⅲ类	Ⅳ类	Ⅴ类
汞 ≤	0.00005	0.00005	0.0001	0.001	0.001
镉 ≤	0.001	0.005	0.005	0.005	0.01
铬(六价)≤	0.01	0.05	0.05	0.05	0.1
铅 ≤	0.01	0.01	0.05	0.05	0.1
氰化物 ≤	0.005	0.05	0.2	0.2	0.2
挥发酚 ≤	0.002	0.002	0.005	0.01	0.1
石油类 ≤	0.05	0.05	0.05	0.5	1.0
阴离子表面活性剂≤	0.2	0.2	0.2	0.3	0.3
硫化物≤	0.05	0.1	0.2	0.5	1.0
粪大肠菌群(个/L)≤	200	2000	10000	20000	40000

地表水环境质量标准基本项目中的常规项目包括水温、pH 值、溶解氧、高锰酸钾指数、化学需氧量、五日生化需氧量、氨氮、总氮和总磷等。在此基础上，可利用监测数据和表 4-3 中对应的标准限值及评价方法，开展地表水体水质现状评价。

（二）评价方法

为使全国众多的地表水体水质状况评价结果有可比性，国家于 2011 年发布了《地表水环境质量评价办法(试行)》(2011)，以规范评价方法。该评价办法依据断面监测结果，基于断面水质评价的单因子评价方法，开展断面水质评价、河流和湖库等的水质评价。其中，河流断面水质评价的具体方法如下。

1. 断面水质的定性评价

断面水质类别评价采用单因子评价法，即根据评价时段内该断面参评的指标中类别最高的一项来确定。描述断面的水质类别时，使用“符合”或“劣于”等词语。断面水质类别与水质定性评价分级的对应关系如表 4-4 所示。

表 4-4　断面水质定性评价分级表

水质类别	水质状况	表征颜色	水质功能类别
Ⅰ～Ⅱ类水质	优	蓝色	饮用水源地一级保护区、珍稀水生生物栖息地、鱼虾类产卵场、仔稚幼鱼的索饵场等
Ⅲ类水质	良好	绿色	饮用水源地二级保护区、鱼虾类越冬场、洄游通道、水产养殖区、游泳区
Ⅳ类水质	轻度污染	黄色	一般工业用水和人体非直接接触的娱乐用水
Ⅴ类水质	中度污染	橙色	农业用水及一般景观用水
劣Ⅴ类水质	重度污染	红色	除调节局部气候外，使用功能较差

从表 4-4 可知，断面水质评价的结果采用优、良好、轻度污染、中度污染和重度污染这五种水质状况。其对应的表征颜色分别为蓝色、绿色、黄色、橙色和红色。该评价方法虽然采用了

定量的单因子指数方法，但评价结果的陈述则是定性或半定量方法。因此，这种评价结果带有一定的主观性特征。

2. 河流水质的定性评价

在断面评价结果的基础上，进行整个河流的水质评价。①当河流监测断面总数<5 时，采取先计算河流所有断面各评价指标浓度的算术平均值，然后再按照断面水质评价方法开展评价，并按表 4-4 指出每个断面的水质类别和水质状况。②当河流断面总数≥5 时，采用表 4-5 所示的断面水质类别比例法，即根据评价河流中各水质类别的断面数占河流所有评价断面总数的百分比来评价河流的水质状况。当河流断面总数≥5 时，不做平均水质类别的评价，即仅开展断面水质类别评价。河流水质类别比例与水质定性评价分级的对应关系如表 4-5 所示。

表 4-5　河流水质定性评价分级表

水质类别比例	水质状况	表征颜色
Ⅰ～Ⅲ类水质比例≥90%	优	蓝色
75%≤Ⅰ～Ⅲ类水质比例<90%	良好	绿色
Ⅰ～Ⅲ类水质比例<75%，且劣Ⅴ类比例<20%	轻度污染	黄色
Ⅰ～Ⅲ类水质比例<75%，且 20%≤劣Ⅴ类比例<40%	中度污染	橙色
Ⅰ～Ⅲ类水质比例<60%，且劣Ⅴ类比例≥40%	重度污染	红色

从表 4-5 可知，河流的水质评价结果与断面评价结果的表示方法一样，有利于从一个断面推及整个水体的水质状况评价。该评价方法所得评价结果的陈述也具有定性或半定量特点。因此，这种评价结果带有一定的主观性特征。

3. 主要污染指标的确定

(1) 断面主要污染指标的确定方法。

评价时段内，断面水质为“优”或“良好”时，不评价主要污染指标。

断面水质超过Ⅲ类标准时，先按照不同指标对应水质类别的优劣，选择水质类别最差的前三项指标作为主要污染指标。当不同指标对应的水质类别相同时计算超标倍数，将超标指标按其超标倍数大小排列，取超标倍数最大的前三项为主要污染指标。当氰化物或铅、铬等重金属超标时，优先作为主要污染指标。

确定了主要污染指标的同时，应在指标后标注该指标浓度超过Ⅲ类水质标准的倍数，即超标倍数，如高锰酸盐指数。水温、pH 值和溶解氧等项目不计算超标倍数，计算公式如下。

$$\text{超标倍数}=\frac{\text{某指标的浓度值}-\text{该指标的Ⅲ类水质标准}}{\text{该指标的Ⅲ类水质标准}} \tag{4-6}$$

(2) 河流主要污染指标的确定方法。

将水质超过Ⅲ类标准的指标按其断面超标率大小排列，一般取断面超标率最大的前三项为主要污染指标。对于断面数少于 5 个的河流，采用断面主要污染指标的确定方法，确定每个断面的主要污染指标，计算公式如下。

$$\text{断面超标率}=\frac{\text{某评价指标超过Ⅲ类标准的断面(点位)个数}}{\text{断面(点位)总数}}\times 100\% \tag{4-7}$$

(三) 水环境质量评价

基于《地表水环境质量标准》(GB 3838—2002)的常规污染物均值浓度标准限值，从国家到地方均在每年 6 月 5 日世界环境日前开展区域水环境质量现状评价，并发布区域环境空气质量状况公报，给出过去一年区域水环境质量现状结果和主要水污染物等。

生态环境部在 2020 年 6 月 5 日前发布了《2019 中国生态环境状况公报》，结果显示全国地表水监测的 1931 个水质断面（点位）中，Ⅰ～Ⅲ类水质断面（点位）占 74.9%，比 2018 年上升了 3.9%；劣Ⅴ类占 3.4%，比 2018 年下降了 3.3%。主要污染指标为化学需氧量、总磷和高锰酸盐指数。其中，西北诸河、浙闽片河流、西南诸河和长江流域水质为优，珠江流域水质良好，黄河流域、松花江流域、淮河流域、辽河流域和海河流域为轻度污染。

2019 年，开展水质监测的 110 个重要湖泊（水库）中，Ⅰ～Ⅲ类湖泊（水库）占 69.1%，比 2018 年上升了 2.4%；劣Ⅴ类占 7.3%，比 2018 年下降了 0.8%。主要污染指标为总磷、化学需氧量和高锰酸盐指数。

2019 年，监测的 336 个地级及以上城市的 902 个在用集中式生活饮用水水源断面（点位）中，830 个全年均达标，占 92.0%。其中地表水水源监测断面（点位）590 个，565 个全年均达标，占 95.8%，主要超标指标为总磷、硫酸盐和高锰酸盐指数；地下水水源监测点位 312 个，265 个全年均达标，占 84.9%，主要超标指标为锰、铁和硫酸盐，主要是天然背景值较高所致。

武汉市 2019 年开展监测的 30 个河流断面中，11 个断面为Ⅱ类水质，13 个断面为Ⅲ类水质，5 个断面为Ⅳ类水质，1 个断面为Ⅴ类水质。27 个河流断面水质达标，达标率为 90%。与 2018 年相比，水质优良（Ⅲ类及以上）的断面比例上升了 4.1%，无劣Ⅴ类水质断面。不达标断面水质主要超标污染物为化学需氧量、五日生化需氧量和氨氮等。湖泊富营养状况评价结果显示，与 2018 年相比，武汉市 39 个湖泊水质好转，18 个湖泊水质变差，102 个湖泊水质保持稳定。其中，轻度富营养状态的湖泊占比最大，为 48.5%，重度富营养状态的湖泊占比为 4.3%。监测的 49 个集中式饮用水源地水质全部达到《地表水环境质量标准》（GB 3838—2002）中集中式饮用水源地水质标准。

其他省、自治区、直辖市发布的生态环境公报均显示，自 2015 年《水污染防治行动计划》实施以来，全国各地的水环境空气质量得到了持续改善。

三、关于推进海绵城市建设的指导意见

海绵城市建设是指通过加强城市规划建设管理，充分发挥建筑、道路和绿地、水系等生态系统对雨水的吸纳、蓄渗和缓释作用，有效控制雨水径流，实现自然积存、自然渗透、自然净化的城市发展方式。

许多研究和实践表明，海绵城市建设在有效防治城市内涝、保障城市生态安全等方面取得了积极成效。为加快推进海绵城市建设，修复城市水生态、涵养水资源，增强城市防涝能力，扩大公共产品有效投资，提高新型城镇化质量，促进人与自然和谐发展，国务院办公厅于 2015 年 10 月发布了《关于推进海绵城市建设的指导意见》。

事实上，海绵城市建设不仅在防治城市内涝、保障城市生态安全等方面有积极作用，在降低城市大气降水地表径流引起的面源污染方面也具有积极作用。《关于推进海绵城市建设的指导意见》主要内容如下。

（一）总体要求

1. 工作目标

通过海绵城市建设，综合采取渗、滞、蓄、净、用、排等措施，最大限度地减少城市开发建设

对生态环境的影响，将70%的降雨就地消纳和利用。到2020年，城市建成区20%以上的面积达到目标要求；到2030年，城市建成区80%以上的面积达到目标要求。

2. 基本原则

坚持生态为本、自然循环。充分发挥山水林田湖等原始地形地貌对降雨的积存作用，充分发挥植被、土壤等自然下垫面对雨水的渗透作用，充分发挥湿地、水体等对水质的自然净化作用，努力实现城市水体的自然循环。

坚持规划引领、统筹推进。因地制宜确定海绵城市建设目标和具体指标，科学编制和严格实施相关规划，完善技术标准规范。统筹发挥自然生态功能和人工干预功能，实施源头减排、过程控制、系统治理，切实提高城市排水、防涝、防洪和防灾减灾能力。

坚持政府引导、社会参与。发挥市场配置资源的决定性作用和政府的调控引导作用，加大政策支持力度，营造良好发展环境。积极推广政府和社会资本合作（PPP）、特许经营等模式，吸引社会资本广泛参与海绵城市建设。

（二）加强规划引领

1. 科学编制规划

编制城市总体规划、控制性详细规划以及道路、绿地、水等相关专项规划时，要将雨水年径流总量控制率作为其刚性控制指标。划定城市蓝线时，要充分考虑自然生态空间格局。建立区域雨水排放管理制度，明确区域排放总量，不得违规超排。

2. 严格实施规划

将建筑与小区雨水收集利用、可渗透面积、蓝线划定与保护等海绵城市建设要求作为城市规划许可和项目建设的前置条件，保持雨水径流特征在城市开发建设前后大体一致。在建设工程施工图审查、施工许可等环节，要将海绵城市相关工程措施作为重点审查内容；工程竣工验收报告中，应当写明海绵城市相关工程措施的落实情况，提交备案机关。

3. 完善标准规范

抓紧修订完善与海绵城市建设相关的标准规范，突出海绵城市建设的关键性内容和技术性要求。要结合海绵城市建设的目标和要求编制相关工程建设标准图集和技术导则，指导海绵城市建设。

（三）统筹有序建设

1. 统筹推进新老城区海绵城市建设

从2015年起，全国各城市新区、各类园区、成片开发区要全面落实海绵城市建设要求。老城区要结合城镇棚户区和城乡危房改造、老旧小区有机更新等，以解决城市内涝、雨水收集利用、黑臭水体治理为突破口，推进区域整体治理，逐步实现小雨不积水、大雨不内涝、水体不黑臭、热岛有缓解。各地要建立海绵城市建设工程项目储备制度，编制项目滚动规划和年度建设计划，避免大拆大建。

2. 推进海绵型建筑和相关基础设施建设

推广海绵型建筑与小区，因地制宜采取屋顶绿化、雨水调蓄与收集利用、微地形等措施，提高建筑与小区的雨水积存和蓄滞能力；推进海绵型道路与广场建设，改变雨水快排、直排的传统做法，增强道路绿化带对雨水的消纳功能，在非机动车道、人行道、停车场、广场等扩大使用透水铺装，推行道路与广场雨水的收集、净化和利用，减轻对市政排水系统的压力。实施雨污分流，控制初期雨水污染，排入自然水体的雨水须经过岸线净化；加快建设和改造沿岸截流干管，控制渗漏和合流制污水溢流污染。结合雨水利用、排水防涝等要求，科学布局建设雨水调蓄设施。

3. 推进公园绿地建设和自然生态修复

推广海绵型公园和绿地，通过建设雨水花园、下凹式绿地、人工湿地等措施，增强公园和绿地系统的城市海绵体功能，消纳自身雨水，并为蓄滞周边区域雨水提供空间。加强对城市坑塘、河湖、湿地等水体自然形态的保护和恢复，禁止填湖造地、截弯取直、河道硬化等破坏水生态环境的建设行为；恢复和保持河湖水系的自然连通，构建城市良性水循环系统，逐步改善水环境质量。加强河道系统整治，因势利导改造渠化河道，重塑健康自然的弯曲河岸线，恢复自然深潭浅滩和泛洪漫滩，实施生态修复，营造多样性生物生存环境。

（四）完善支持政策

1. 创新建设运营机制

区别海绵城市建设项目的经营性与非经营性属性，建立政府与社会资本风险分担、收益共享的合作机制，鼓励社会资本参与海绵城市投资建设和运营管理。鼓励有实力的科研设计单位、施工企业、制造企业与金融资本相结合，组建具备综合业务能力的企业集团或联合体，采用总承包等方式统筹组织实施海绵城市建设相关项目，发挥整体效益。

2. 加大政府投入

中央财政要通过现有渠道统筹安排资金，积极引导海绵城市建设。地方各级人民政府要加大海绵城市建设资金投入，在中期财政规划和年度建设计划中优先安排海绵城市建设项目，并纳入地方政府采购范围。

3. 完善融资支持

鼓励相关金融机构积极加大对海绵城市建设的信贷支持力度，鼓励银行业金融机构在风险可控、商业可持续的前提下，对海绵城市建设提供中长期信贷支持，加大对海绵城市建设项目的资金支持力度。支持符合条件的企业通过发行企业债券、公司债券、资产支持证券和项目收益票据等募集资金，用于海绵城市建设项目。

（五）抓好组织落实

人民政府是海绵城市建设的责任主体，要把海绵城市建设提上重要日程，抓紧启动实施，增强海绵城市建设的整体性和系统性，做到“规划一张图、建设一盘棋、管理一张网”。住房城乡建设部要会同有关部门督促指导各地做好海绵城市建设工作；发展改革委要加大专项建设基金对海绵城市建设的支持力度；财政部要积极推进 PPP 模式，并对海绵城市建设给予必要的资金支持；水利部要加强对海绵城市建设中水利工作的指导和监督。各有关部门要按照职责分工，各司其职，密切配合，共同做好海绵城市建设相关工作。

海绵城市建设及其在防治城市内涝、保障城市生态安全、降低城市大气降水地表径流引起的面源污染方面的作用，与 20 世纪 90 年代末美国发展起的暴雨管理和面源污染处理的 LID(low impact development)技术在许多方面有类似的功能，其中 LID 的基本理念是通过分散的、小规模的源头控制来达到对暴雨产生的径流和污染的控制，使开发地区尽量接近于自然的水文循环，其目的之一与海绵城市一样，都是减轻城市内涝问题。

四、典型的水污染物排放控制技术概述

(一) 水体污染源

水体污染源是指造成水体污染的污染物的发生源,通常是指向水体排入污染物或对水体产生有害影响的场所、设备和装置。按污染物的来源,水体污染源可分为天然污染源和人为污染源两大类。按污染物分布的形态,水体污染源分为点源和面源。点源是指工业生产和生活中向地表水体排放污染物的场所,包括工业污染源和生活污染源,点源也称为人为污染源;面源是指由降水引起的地表径流对水体的污染,既包括城市地表雨水径流引起的水体污染,也包括广大农村地区等地表雨水径流引起的水体污染,面源也可以称为城市水体的天然污染源。

1. 天然污染源

天然污染源是指自然界自行向水体释放有害物质或造成有害影响的场所。岩石和矿物的风化和水解、火山喷发、水流冲蚀地表,大气降尘的降水淋洗、生物(主要指绿色植物)在地球化学循环中释放物质等,都属于天然污染源。例如:在含有萤石(CaF_2)、氟磷灰石[$Ca_5(PO_4)_3F$]等矿区,可能引起地下水或地表水中氟的含量增高,造成水体的氟污染。长期饮用此种水,可能出现氟中毒(地方性氟中毒)。

城市水污染的天然污染源主要是降水,即降水产生的地表雨水径流。

地表雨水径流是指到达地面的大气降水扣除蒸发、土壤入渗、植物截留及洼地滞蓄等水量后,经地表、地下汇入河流、湖泊或海洋的水流总称。城市地表雨水径流中的污染物来源于降水对城市地表的冲刷和降水对空气中污染物的淋洗沉降。虽然降水对空气的净化十分有利,但在降水时,空气中的各种污染物质,如尘埃、CO_2、SO_2、NO_x、各种盐类和车辆排放物等将不断被溶解或携带,使雨水的化学成分及含量发生变化,形成对人类有害的液体(如某些酸、盐类),并沉降到地面,随地表雨水径流进入城市地表水体和渗入地下水体。而且,在降雨或冰雪融化过程中,地表的污染物质,如固体废物碎屑(车辆部件的磨损、城市垃圾、动物粪便、城市建筑施工场地的堆积物等)、化学药品(城市人工植被施用的化肥和农药等)、空气沉积物和汽车排放物等,也会随地表雨水径流进入城市的江河湖泊,污染城市的地表水体、地下水体和土壤。因此,城市地表雨水径流中的污染物种类繁多。由于城市区域的降雨是由下水道排出,污染物质还会在下水管道中淤积,造成长期污染。

2. 人为污染源

水体的污染主要是人为因素引起的。人为污染源是指由人类活动产生的污染源,是水污染防治的主要对象,其主要来源是工业废水与生活污水,统称为城市污水。城市污水是纳入和尚未纳入城市污水收集系统的生活污水和工业废水的混合污水。有时也将初期雨水作为城市污水的一部分。根据人类活动方式,人为污染源可分为工业污染源、生活污染源、农业污染源等,其特点如下。

(1) 工业污染源。

工业废水是目前造成我国城市水体污染的主要来源。在工业生产过程中排出的废水、污水、废液等统称为工业废水。其中,废水主要是指工业用冷却水;污水是指与产品直接接触的水,如电镀厂的废水;废液是指在生产工艺中流出的废水,如造纸厂的废水。

工业生产过程产生的废水因工业部门、生产工艺、设备条件与管理水平等不同,在水质、水量与排放规律等方面差异很大;即使生产同一产品的同类工厂所排放的废水,其水质、水量与

排放规律也有所不同。因此，各类废水都有其独特的特点，各类废水处理的方法也就不一样。例如：湿法除尘、选煤洗涤废水含有大量的悬浮物质，处理时多采用自然沉淀、过滤等方法；电镀废水、有色冶金废水等，以含重金属离子酸、碱为主的废水，毒害大，处理方法复杂，这类含无机溶解物的工业废水一般采用物理化学方法处理；焦化废水、印染废水和石油化工废水等，是含有机物的工业废水，耗氧且有害，多采用物理化学与生物相结合的方法净化。

废水中除含有不能被利用的废弃物外，常含有流失的原材料、中间产品、最终产品和副产品等，这些均构成危害环境的污染物。这些污染物大量排入江、河、湖、水库、河口、海湾和近海海域，造成了水环境的严重污染。工业废水对水环境的污染主要表现为水质恶化、水体功能改变（如灌溉、水产养殖等）、污染饮用水源，危及人体健康。

（2）生活污染源。

生活污水是指由人类生活活动中产生的污水，也称为生活杂排水或城市下水。城市人口密集的居民区、学校及工厂设置的卫生设备、洗涤设备与食堂等是生活污水的主要污染源。一般家庭生活污水相当混浊，其中有机物约占 60%，pH 大于 7，BOD_5 为 100～700mg/L。生活污水水质与城市污水区别不大，可直接排入城市污水管道，或与厂内有机工业废水合并处理。

（3）农业污染源。

农业污染源是指农业生产中产生的水体污染源。如降水所形成的径流和渗流把土壤中的 N、P 和农药带入水体；牧场、养殖场、农副产品加工厂的有机废物排入水体，都可使水体水质恶化，造成河流、水库、湖泊等水体污染，甚至富营养化。

点源和面源是地表水体污染的两大来源。发达国家在点源污染治理取得成功后，把城市水环境治理重点由点源向面源转移。例如，美国 1972 年通过了《联邦水污染控制法》，规定 1985 年废水达到零排放，期望从此能达到完全控制水体污染，但在花费大量资金建设了许多污水处理厂后，却没有达到目标。而在俄亥俄河及五大湖中，当把所有工业废水和城市生活污水全部处理后，水体污染问题并未得到解决。究其原因，发现是地表暴雨径流把地面上的各种污染物都带入水体。于是，美国国家环境保护局在 1977—1981 年的科研计划中，正式提出了面源污染控制的研究课题，开始对面源污染进行研究。因此，一些发达国家（如美国、英国、荷兰等）开展了对城市地表雨水径流中污染物的测试和研究工作，这些研究工作是从 20 世纪 70 年代开始的。目前，面源污染已经成为发达国家主要的水环境污染问题。

（二）水体自净作用

自然环境包括水环境对污染物质都具有一定的承受能力，即水环境容量。水体能够在其环境容量的范围内，经过水体的物理化学和生物作用，使排入的污染物在向下游流动的过程中，其浓度和毒性随着时间的推移自然降低，称为水体自净作用。简单来说，水体受到废水污染后，逐渐从不洁变清的过程，称为水体自净。

水体自净的过程很复杂，按其机理可分为以下几种。

（1）物理过程：进入水体中的污染物，在流动中扩散或稀释，固体沉淀析出，达到净化。

（2）化学及物理化学过程：水中的污染物通过氧化、还原、吸附等，浓度降低，这时水体达到化学净化。

（3）生物化学过程：水中的有机物，通过微生物的作用分解，浓度降低，达到生物净化。

通过各种自净作用，可以使水体恢复原来的良好状况，但污染物浓度或含量超过了自净能力时，就出现了水体污染。

（三）污水处理的基本方法

由于天然水体的自净作用包括物理过程、化学及物理化学过程和生物化学过程三个大的方面，因此，目前人类对水环境污染的治理也从这三个方面入手。

1. 污水的物理处理法

污水的物理处理法，就是利用物理作用，分离和回收污水中主要呈悬浮状态的不溶解性污染物质，在处理过程中不改变其化学性质。物理处理法常作为污水处理的预处理。其目的在于去除那些在性质上或大小上不利于后续处理过程的物质。常用的污水物理处理法有筛滤、截留、重力分离（包括自然沉淀、自然上浮和气浮等）和离心分离等。相应使用的处理设备有格栅、筛网、滤池、微滤机、沉砂池、沉淀池、除油池、气浮装置以及离心机及旋流分离等。

2. 污水的化学处理法

污水的化学处理法，就是向污水中投加一种或几种化学物质，利用化学反应来分离和回收污水中的污染物，或使其转化为无害的物质。常用的污水化学处理法有混凝法、中和法、氧化还原法、化学沉淀法等。

（1）混凝法。

污水中粒度为 1～100 μm 的部分悬浮液和胶体溶液，可以采用混凝处理。由于水中呈胶体状态的污染物，通常带负电荷，胶体颗粒之间互相排斥形成稳定的混合液。因此，混凝就是向污水中预先投入化学药剂来破坏胶体的稳定性，使污水中的胶体和细小的悬浮物聚集成具有可分离性的絮凝体，再加以分离除去的过程。通常是向水中投入带有相反电荷的电解质（混凝剂），使污水中的胶体颗粒改变，呈电中性，失去稳定性，并在分子引力作用下，凝聚成大颗粒而下沉。这种方法适用于处理含油废水、印染废水、洗毛废水等。常用的混凝剂有硫酸铝、明矾、三氯化铁和聚丙烯酰胺等。

（2）中和法。

用于处理酸性废水（$pH<6$，主要是 H_2SO_4，其次是 HCl 和 HNO_3 废水）和碱性废水。向酸性废水中投加碱性物质，如石灰石、NaOH 等，使废水变为中性。对碱性废水可吹入含有 CO_2 的烟道气进行中和，也可用其他酸性物质进行中和。中和处理方法因废水的酸碱性不同而不同，主要有酸碱互相中和及药剂中和。常用的药剂中和处理流程工艺如图 4-1 所示。

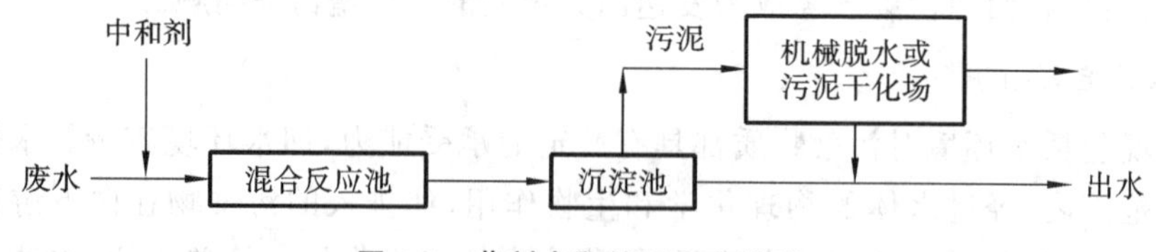

图 4-1　药剂中和处理工艺流程

（3）氧化还原法。

废水中呈溶解状态的有机或无机污染物，在投入氧化剂或还原剂物质后，由于电子的迁移而发生氧化或还原作用，使其转变为无害的物质。常用的氧化剂有空气、漂白粉、臭氧等，氧化法多用于处理含酚、氰的废水。常用的还原剂有铁屑、硫酸亚铁等，还原法多用于处理含 Cr、Hg 元素的废水。

$$Cr_2O_7^{2-} + 14H^+ + 6e \longrightarrow 2Cr^{3+} + 7H_2O$$

$$Cr_2O_4^{2-} + 8H^+ + 3e \longrightarrow Cr^{3+} + 4H_2O$$

$$Cr^{3+} + 3OH^- \longrightarrow Cr(OH)_3 \downarrow$$

$$Cu^{2+} + Fe \longrightarrow Cu\downarrow + Fe^{2+}$$

(4) 化学沉淀法。

向水中投加某种化学药剂，使其与水中的溶解物质发生化学反应生成难溶物沉淀下来，这种方法称为化学沉淀法。该法多用于给水处理中去除钙、镁硬度，以及废水处理中去除重金属离子以及多种放射性核素。

3. 污水的生物处理法

污水的生物处理法，是利用微生物的新陈代谢功能，使污水中呈溶解和胶体状态的有机污染物被降解，并转化为无害的物质，使污水得以净化。根据参与作用的微生物种类和供氧情况的不同，可以分为两大类，即好氧生物处理及厌氧生物处理。生物法中微生物的载体是污泥，其近似的分子式为 $C_5H_7NO_2$，氧化时发生的化学反应如下。

$$C_5H_7NO_2 + 5O_2 \longrightarrow 5CO_2 + 2H_2O + NH_3$$

其中，好氧生物处理是指在有氧的条件下，借助好氧微生物(主要是好氧菌)的作用来进行。依据好氧微生物在处理系统中所呈现的状态不同，好氧生物处理又可分为活性污泥法和生物膜法两大类。

(1) 活性污泥法。

自 1914 年在英国建成活性污泥污水处理试验厂以来，活性污泥法已超过百年历史，因此，它是使用极其广泛的一种生物处理方法。活性污泥是指由细菌、原生动物等与悬浮物质、胶体物质混杂在一起形成的一种絮状体颗粒物。这种絮状体颗粒物的主要特性表现如下。①具有很强的吸附能力。如在 10～30 min 内，生活污水中 BOD_5 的 85%～90%可因活性污泥的作用而除去，废水中的 Fe、Cu、Pb、Ni、Zn 等金属离子 30%～90%可被活性污泥吸附而除去。②具有很强的氧化、分解有机物的能力。在有机物被分解的过程中，一部分活性污泥失效，一部分新的微生物生成，产生新的活性污泥。③具有良好的沉降性能。这是活性污泥具有絮状结构的原因，正是由于活性污泥具有这一性质，才使处理水较容易与污泥分开，最终达到废水净化的目的。

产生活性污泥的具体方法是将空气连续注入曝气池的污水中，经过一段时间，水中即形成繁殖有大量好氧微生物的活性污泥。这些活性污泥能够吸附和分解水中的有机物，并以有机物为养料，使微生物获得能量并不断增殖。曝气池是指由于大气的天然复氧不能满足微生物氧化分解有机物的耗氧需要，因此，在池中需设置鼓风曝气或机械翼轮曝气的人工供氧系统池。离开曝气池的废水与活性污泥的混合液，在沉淀池中沉淀，活性污泥分离后的水，即为得到净化的水。活性污泥工艺主要由曝气池、曝气系统、二次沉淀池、污泥回流系统和剩余污泥排放系统组成。传统活性污泥工艺基本流程如图 4-2 所示。

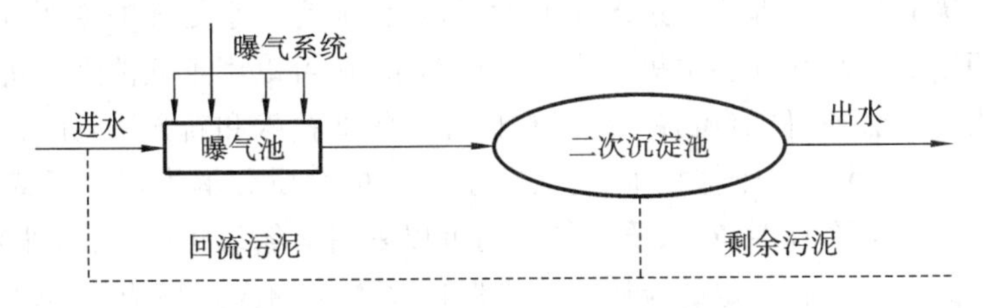

图 4-2　传统活性污泥工艺基本流程

活性污泥处理系统在当前污水处理领域中应用极其广泛。但是该系统也存在着某些有待解决的问题，如曝气池的池体比较庞大，占地面积大、能耗高、管理复杂等。为此，近年来一直在改进，特别是在构造和工艺方面有较大的发展。

(2) 生物膜法。

生物膜法是根据土壤自净的原理发展起来的。最早人们利用污水灌溉农田时，发现土壤渗滤作用对污水中的有机物有净化作用。因此，使用人工方法建造了间歇砂滤池及接触滤池，继而采用较大颗粒的滤料，建成了生物滤池。具体方法是将废水连续通过固体填料（如焦炭、碎石、炉渣、陶粒等），在填料上繁殖的大量微生物形成生物膜。生物膜其实就是附着在填料上呈薄膜状的活性污泥。生物膜能吸附和分解废水中的有机物。从填料上脱落下来的衰老生物膜随污水进入沉淀池，经沉淀分离，污水得以净化。生物膜法具有以下特点。

①固着在固体表面的生物膜对污水水质、水量的变化有较强的适应性，操作稳定性好。②不会发生污泥膨胀，运转管理较方便。③由于微生物固着在固体表面，即使增殖速度慢的微生物也能生长繁殖。④由于有高营养的微生物存在，有机物代谢时较多地转移为能量，合成新细胞，即剩余污泥量少。⑤采用自然通风供氧。⑥活性生物难以人为控制，因此，在运行方面灵活性较差。⑦由于载体材料的比表面积小，所以设备容积负荷有限，空间效率较低。

生物膜法与活性污泥法的主要区别在于：生物膜或固定生长，或附着生长于固体填料（或称载体）的表面，而活性污泥则以絮体方式悬浮生长于处理构筑物中。生物膜法采用的处理构筑物有生物滤池、生物转盘、生物接触氧化池及生物流化床等。

(3) 生物塘。

生物塘又称氧化塘或稳定塘，是一种利用天然池塘或进行一定人工修整的池塘处理废水的构筑物。污水在塘内停留时间较长，有机物通过水中微生物的代谢活动而被降解。具体方法如下：使废水在自然或经人工改造或人工修建的池塘内缓缓流动、储存，通过微生物（细菌、真菌、藻类、原生动物）的代谢活动，降解废水中的有机污染物，从而使废水得以净化，其过程和自然水体的自净过程很接近。生物塘构造简单，易于维护管理，污水净化效果良好，节省能源，能够实现污水资源化的污水处理。生物塘按功能和效能的不同，可分为厌氧塘、好氧塘、生物塘（如养鱼塘、养鸭塘）和曝气塘等。

(4) 厌氧生物处理法。

厌氧生物处理法是指在无氧的条件下，利用厌氧微生物的作用分解污水中的有机物，达到净化水的目的的一种方法。过去厌氧法常用于处理污泥及高浓度有机废水方面。近年来，污水处理向节能和实现能源化方向的发展，促进了厌氧生物处理法的发展，一大批高效新型厌氧生物反应器相继出现，包括厌氧生物滤池、升流式厌氧污泥床、厌氧流化床等。它们的共同特点是反应器中生物固体浓度很高、污泥龄很长，因此，处理能力大大提高。厌氧生物处理法的特点体现在能耗小并可回收能源，剩余污泥量少，生成的污泥稳定、易处理，对高浓度有机污水处理效率高等。厌氧生物处理法经过多年的发展，现已成为污水处理的主要方法之一。目前，该方法不但可用于处理高浓度和中等浓度的有机污水，还可以用于低浓度有机污水的处理。

除上述常用的方法外，目前还有一些正在研究中的新技术和新方法，如对难降解的有机物质的去除，可以采用脉冲等离子体技术，将大分子的有机物质分解为低分子或小分子物质，以提高有机污水的生物可降解性；对水质要求高的可以采用臭氧氧化技术；活性炭吸附和光催化法在城市污水的处理中也有一定的应用前景。但这些方法的大规模应用，还需进一步研究和完善。

五、水环境污染防治政策

（一）水环境管理体系

我国是一个水资源缺乏的国家，尤其是在城市生产用水和居民生活用水方面。面对城市水环境日益恶化的现实，必须加强城市水环境管理，引入新的管理机制，建立一整套有效的管理制度，实现水环境的可持续利用。为加强全国水环境管理工作，进一步强化国家对重点流域、跨省区域水污染防治工作的监督管理，全面落实国家确定的水环境保护目标和任务，2002年国家环境保护总局设立了水环境管理办公室。

1. 水环境的管理内容

水环境管理体制是政府公共管理体制的组成部分。目前，我国水环境污染控制管理体制是依据国务院领导下的部门分工和《中华人民共和国水法》《中华人民共和国环境保护法》《中华人民共和国水污染防治法》的规定，采取分级和分部门管理体制。中央、省（自治区、直辖市）和县镇三级政府分设行政主管部门；城市的独立工矿企业单位的水污染处理设施由各自行政部门管理，但业务、技术上受同级城市环保、建设部门的指导。

为了保护水资源，控制水污染，我国于 1984 年制定了《中华人民共和国水污染防治法》，2017 年 6 月 27 日第十二届全国人民代表大会常务委员会第二十八次会议通过了修改的决定，自 2018 年 1 月 1 日起施行。2015 年国家发布了《水污染防治行动计划》。同时，也发布了一系列废水排放控制标准，如《污水综合排放标准》（GB 8978—1996）、《农田灌溉水质标准》（GB 5084—2005）、《生活饮用水卫生标准》（GB 5749—2006）等。另外，国家还发布了工业废水排放的系列行业标准，如《船舶水污染物排放控制标准》（GB 3552—2018）、《石油炼制工业污染物排放标准》（GB 31570—2015）、《合成氨工业水污染物排放标准》（GB 13458—2013）和《污水排入城镇下水道水质标准》（GB/T 31962—2015）等。这一系列法律法规和标准的制定，标志着我国水环境管理的不断深入和规范化，也使城市污水的排放得到了有效控制。新的法律法规和行政规章，以及新的标准实施，将更加有效地保护好我国的水环境质量。

水环境的管理内容大致包括以下几个方面。

（1）水环境的计划管理。拟定水环境区域规划、水环境保护计划、水污染排放控制计划、水环境防治技术发展计划等。

（2）水环境的质量管理。制定水环境质量标准和废水污染物排放标准，监测评价水环境质量状况，预测水环境质量变化趋势等。

（3）水环境的技术管理。制定水污染防治技术政策，开展水污染防治技术交流与合作，组织技术咨询，提供情报服务等。

（4）对水环境的管理还体现在对人的管理。即对从事开发、利用和保护水环境活动的人进行教育、监督指导和协调。

2. 水环境的管理措施

生产和生活用水是水环境管理中的一个重要环节，应当遵循保护水源和节约用水的原则，综合整治区域水源和水系，对区域水资源进行功能区划，并确定相应的水质控制目标和水污染物削减计划，发展污水处理和污水资源化事业，提高工艺用水的重复利用率，真正做到对区域水资源的统一开发、统一利用、统一规划和统一管理。水环境管理的具体措施包括以下几种。

（1）合理开发、利用和保护水资源。包括制定水资源综合开发规划方案，保护水源、涵养水源，做到合理开发、节约使用和防治污染三者兼顾，并结合城市生态环境建设统一规划；加强饮用水水源地的环境保护，完善各生态取水口水质监测，划定饮用水水源地保护等级区；一水多用，寻求新的水资源开发途径，例如将地表水和地下水联合使用，综合开发，采用从其他流域调水、海水淡化、雨水蓄用、人工降雨等手段，实行废水资源化等。

(2) 以节约用水和污水回用资源化为重点，兼顾污染防治。包括推行清洁生产工艺，发展节水型工艺技术，提高工业用水的重复利用率和循环使用系统，实现工业生产节水。

(3) 对水资源实行经济科学补偿和限量使用。实行取水许可制度，保证许可的取水量不超过总的有效径流量；通过限量用水和超过限水量后水价将大幅度上涨的办法，迫使一些企业节约用水；通过执行排污征税制度保持区域或城市水体水质状况。改变分块管理模式，建立专门水环境管理机构，统一管理城市内地表水和地下水的开发利用；从水生态环境系统整体出发，在宏观上进行统筹规划，制定正确的管理方针政策。另外，建立水环境管理信息系统，为高效管理提供方便的查询、更新和调节手段。坚持依法管水、用水和治水。

(4) 加快城市污水处理厂和污水收集系统等基础设施和配套设施的建设。按照城市总体规划和发展趋势，全面做好污水的处理和资源化工作；加快实施城市下水管网改、扩建工程，以保证绝大多数城市污水全部进入市政管网，彻底解决污水下渗对地下水的污染问题。另外，城市污水处理厂对城市的生活污水和工业废水进行集中合并处理，也是城市水污染防治、保护水资源的关键措施之一。

除了加强对工业废水和城市污水这些点源的排放控制管理外，还需要加强对大气降水引起的城市地表雨水径流的面源污染的管控。

(二) 地表雨水径流的管理措施

地表雨水径流的污染特征，决定了对地表雨水径流的管理和措施必须采用与工业废水和生活污水不同的方法进行。

迄今为止，国外学者已经对城市地表雨水径流的管理措施进行了大量研究，近年来一直在开展将污染控制的重点由点源向面源转变的改革。美国已经制定出暴雨径流排放法规，要求具有一定规模的开发活动都要采取地表雨水径流污染控制措施，使受纳水体的水质在暴雨径流排入后仍能满足原有的水质功能要求。目前的地表径流管理措施包括暴雨径流最佳控制措施(BMP)、最低影响开发(LID)技术和海绵城市技术，还有雨污分流技术等，简要分述如下。

1. 暴雨径流最佳控制措施

暴雨径流最佳控制措施于20世纪90年代由美国和欧洲等国家提出并逐步得到发展，目标是为了减少地表雨水径流流量和降低各种污染物的浓度，以达到保护受纳水体水质的目的。实践证明，暴雨径流最佳控制措施是一套较为有效的雨水径流控制措施，包括工程措施和非工程措施。其中，工程措施是指植被控制措施、湿式滞留池措施、渗滤系统措施和湿地系统措施等；非工程措施主要是通过管理的方法，使地表雨水径流中的污染物浓度降低，从而来达到控制污染的目的，如清扫路面、限制除冰盐的应用等。

(1) 城市环境管理。

城市环境管理的内容包括城市建设项目施工过程的环境管理、城市垃圾的管理、城市运输车辆的管理以及动物粪便的管理等。很显然，加强城市环境卫生的管理，可以从根本上降低城市地表雨水径流中的污染物浓度。

(2) 城市路面清扫。

长期以来，城市路面清扫一直被认为是一种控制地表雨水径流污染的有效措施。但近几年国外的研究表明，路面清扫在减缓路面雨水径流对受纳水体的影响方面的作用是有限的。因此，要想提高路面清扫控制污染的效果，在某些大气降尘严重、交通繁忙的地段可以加大清扫的力度和频率。此外，路面清扫还必须与其他方法结合使用，才能在地表雨水径流污染控制中收到良好的效果。尤其是干旱半干旱地区加强路面清扫并结合其他工程(如渗滤系统)，可以有效减少排入水体中的SS、石油类、重金属类等的含量，从而有效减轻地表雨水径流对受纳水体的污染。

2. LID技术

海绵城市的建设及其在防治城市内涝、保障城市生态安全，以及降低城市大气降水地表径流引起的面源污染方面的作用，与20世纪90年代末美国的暴雨管理和面源污染处理的LID技术在许多方面有类似的功能，其中LID技术的基本理念是通过分散的、小规模的源头控制来达到对暴雨产生的径流和污染的控制，使开发地区尽量接近自然的水文循环，其目的是既希望减轻或解决城市内涝问题，又能减轻城市地表径流面源污染问题。

LID技术综合性极强，包括都市自然排水系统、雨水花园、生态滞留草沟、绿色街道、可渗透路面、生态屋顶及雨水再生系统等。

3. 海绵城市技术

海绵城市是指城市能够像海绵一样，在适应环境变化和应对自然灾害等方面具有良好的"弹性"，下雨时吸收水、储蓄水、渗透水、过滤净水，需要时将蓄存的水释放并加以利用。因此，海绵城市是指通过加强城市规划建设管理，充分发挥建筑、道路和绿地、水系等生态系统对雨水的吸纳、蓄渗和缓释作用，有效控制雨水径流，实现自然积存、自然渗透、自然净化的城市发展方式。

按照海绵城市建设指南或技术规范要求，海绵城市建设应该遵循生态优先原则，将自然途径与人工措施相结合，在确保城市排水防涝安全的前提下，最大限度地实现雨水在城市区域地表下层储存、渗透和净化，促进雨水资源的利用和生态环境保护。2015年4月2日，国家正式公布了海绵城市建设试点城市名单，包括迁安、白城、镇江、嘉兴、池州、厦门、萍乡、济南、鹤壁、武汉、常德、南宁、重庆、遂宁、贵安新区和西咸新区等区域。

4. 雨污分流技术

目前，许多发达国家和发展中国家，基于城市污水处理厂的功能及不同阶段雨水的基本特性，采用分流排水体制，使生活污水、工业污水和城市地表雨水径流分别进入不同的排水系统进行分开处理。因此，雨污分流技术是将雨水和污水分开，各用一条管道输送，进行排放或后续处理的排污方式，尤其是初期雨水的收集和处理。

雨水通过雨水管网直接排到河道，污水则通过污水管网收集后，送到污水处理厂进行处理，避免污水直接进入河道造成污染，这样即有利于雨水的收集利用和集中管理排放，也可降低水量对污水处理厂的冲击，保证污水处理厂正常运行和污水的净化效率。另外，由于初期雨水污染物浓度高，一些有条件的地区会设置收集初期雨水排入污水管网进行处理。

由于雨水污染轻，经过分流后，可直接排入城市内河，经过自然沉淀，即可作为天然的景观用水，也可作为供给喷洒道路的城市市政用水，因此雨水经过净化、缓冲流入河流，可以提高地表水的使用效益。同时，让污水排入污水管网，并通过污水处理厂处理，实现污水再生回用。雨污分流后能加快污水收集率，提高污水处理率，避免污水对河道、地下水造成污染，明显改善城市水环境，还能降低污水处理成本，这也是雨污分流的一大益处。随着城市化的快速发展，城市地表雨水径流中的污染物对水体的危害将超过工业废水和生活污水的分担率。因此，在进行城市水环境保护时要充分重视面源的污染问题。

（三）城市中水回用

随着经济的不断发展，工业用水和生活用水量激增，很多地方都感到水资源紧张。所以，开辟新水源是一个很重要的问题。城镇污水可以成为解决这一问题的稳定再生水源，因为经过处理达到一定标准的处理水，可以回用于很多方面，比较现实易行。这样既解决了污水污染环境的问题，又可以适当缓解水资源紧张的状况。

城镇污水经过一定工艺处理达到某种排放标准后，就可以实现在某些行业的重新使用，这种水常称为中水。中水是相对于上水（市政给水）、下水（市政排水）而言的，中水回用技术是指城镇污水处理厂将收集的城镇污水按照某些工艺和指标要求处理，达到一定的使用标准后回用于工业、农业和市政建设方面。它与污水处理厂达标排放到受纳水体的水质之间，存在某种差异。

污水或中水再利用优点很多，首先可节约新鲜水，缓和工农业用水的矛盾，又可以减轻水体受污染的程度。污水的最终出路（污水资源化）表现在以下几个方面。

1. 污水回用于工业

每个城市，从用水量和排水量来看，工业生产是用水大户。随着城市供水紧张问题的出现和水价大幅度的提高，缺水和水价上涨是企业必须面对的一个现实问题。企业除了使用节水设备外，还需将本厂的废水循环再利用。事实上，工业用的冷却水、锅炉用水、生产工艺供水都可利用城市污水，甚至像油井注水、矿石加工用水和洗涤水等，也都可以使用城市污水。工业用水根据用途的不同，对水质的要求差异很大，因此，应对城市污水进行不同程度的处理。例如：间接冷却用水对碱度、硬度和氯化物等的含量有一定要求，城市污水二级处理后就可以满足要求；洗涤、冲刷、除尘、制冷和锅炉给水等工艺用水，对水质要求较低，城市污水经过简单的处理后就可回用。因此，将城市污水处理水作为冷却用水的水源，往往比天然水源更经济。

2. 污水回用于农业

无毒的城市污水可用来灌溉农田，起到提供肥源、改良土壤等作用。柏林、巴黎等大城市很早就将城市污水回用于农业灌溉。1974 年美国用于灌溉农田的经处理城市污水，占其总用水量的 59%。我国北方干旱、半干旱城市郊区农田也普遍进行无毒的城市污水灌溉，虽还存在一定问题，但已取得了一定的综合效益。

国外严禁用不经处理的污水进行灌溉，特别要求经过二级生化处理后的废水，才能用于灌溉农田，并制定了相应的水质标准，例如以色列农业灌溉回用水水质标准如表 4-6 所示。另外，城市污水确认无毒无害后可用于养鱼。

表 4-6　以色列农业灌溉回用水水质标准

灌溉项目	BOD_5 /(mg/L)	SS /(mg/L)	溶解氧 /(mg/L)	大肠杆菌 /(个/mL)	余氯 /(mg/L)	其他要求
干饲料、纤维、甜菜、谷物、森林	60	50	0.5			限制灌溉
青饲料、干果	45	40	0.5			
果园、熟食蔬菜、高尔夫球场	35	30	0.5	100	0.15	

续表

灌溉项目	BOD_5 /(mg/L)	SS /(mg/L)	溶解氧 /(mg/L)	大肠杆菌 /(个/mL)	余氯 /(mg/L)	其他要求
其他农作物、公园、草地	15	15	0.5	12	0.5	需过滤处理
直接使用作物	即使是再生水也不能用于灌溉					

3. 污水回用于城市建设

再生污水可以回用于城市建设。例如，城市污水经处理后，可用于景观、绿化、建筑施工以及作为公共建筑和居民住宅的冲厕所用水等，也可以与水库水混合后作为城市公共用水水源，但严禁回灌补充地下水，以避免污染地下水质。美国和日本等国还制定了市政杂用水和景观游览用水水质标准，日本市政杂用水和景观游览用水水质标准如表 4-7 所示。

表 4-7　日本市政杂用水和景观游览用水水质标准

水质标准	日本下水道循环利用、市政杂用水标准			建设省警官回用水标准	
	卫生间	景观	游览	景观	游览
大肠杆菌/(个/mL)	10	不检出	不检出	10	50/100 mL
BOD_5/(mg/L)			10	10	3/100 mL
pH 值	5.8～8.6	5.8～8.6	5.8～8.6	5.8～8.6	5.8～8.6
浊度/(°)			10	10	5
臭	无不快感	无不快感	无不快感	无不快感	无不快感
余氯/(mg/L)	2	0.4			
外观	无不快感	无不快感	无不快感	无不快感	无不快感

与人体接触的水、娱乐用水，要求必须无色、无臭、无毒、无害、无病原菌，对皮肤、对眼无刺激性，对咽喉无害，对肠道系统无害。

南非和以色列等国极度缺水，因此将某些行业的废水经深度处理，成功地将处理过的中水转化为饮用水。出于对卫生状况的担忧以及转化成本的考量，该方法虽在国际上存在很大争议，但也不失为城市水资源利用的一项选择。

第三节　土壤污染防治行动计划

土壤是地球环境重要的物质组分，是岩石经过漫长的物理风化、化学风化和生物风化作用形成的一种松散物质。土壤与岩石一起构成的土壤-岩石圈是地球四大圈层之一，也有学者称之为土壤圈，泛指覆盖于地球陆地表面和浅水域底部的土壤所构成的一种连续体或覆盖层，与其他圈层之间进行物质能量交换。因此，土壤是一种宝贵的自然资源，是陆生植物生活的基质和陆生动物生活的基底，不仅为植物提供必需的营养和水分，而且也是土壤动物赖以生存的栖息场所，是人类赖以生存发展的生产资料。

人类生存和发展所需要的粮食、蔬菜和水果等产品均依赖于土壤。然而，2014 年国家发布的首次全国土壤污染状况调查公报显示，全国土壤总的点位超标率达到 16.1%，其中轻微、轻度、中度和重度污染点位的比例分别为11.2%、2.3%、1.5%和1.1%。这表明我国许多地区的土壤均出现了不同程度的污染，这使得我国的粮食产量和食品安全受到了空前挑战，严重影响了国民经济的可持续发展。为了切实加强土壤污染防治，逐步改善土壤环境质量，2016年5月，国务院发布了《土壤污染防治行动计划》(简称"土十条")。

一、《土壤污染防治行动计划》

(一) 工作目标和主要指标

工作目标：到2020年，全国土壤污染加重趋势得到初步遏制，土壤环境质量总体保持稳定，农用地和建设用地土壤环境安全得到基本保障，土壤环境风险得到基本管控。到2030年，全国土壤环境质量稳中向好，农用地和建设用地土壤环境安全得到有效保障，土壤环境风险得到全面管控。到21世纪中叶，土壤环境质量全面改善，生态系统实现良性循环。

主要指标：到2020年，受污染耕地安全利用率达到90%左右，污染地块安全利用率达到90%以上。到2030年，受污染耕地安全利用率达到95%以上，污染地块安全利用率达到95%以上。

(二) 十条内容简述

1. 开展土壤污染调查，掌握土壤环境质量状况

(1) 深入开展土壤环境质量调查。在第一次全国土壤污染调查的基础上，以农用地和重点行业企业用地为重点，开展土壤污染状况详查，2018年底前查明农用地土壤污染的面积、分布及其对农产品质量的影响；2020年底前掌握重点行业企业用地中的污染地块分布及其环境风险情况。建立土壤环境质量状况定期调查制度，每10年开展1次。

(2) 建设土壤环境质量监测网络。统一规划、整合优化土壤环境质量监测点位，2017年底前，完成土壤环境质量国控监测点位设置，建成国家土壤环境质量监测网络，基本形成土壤环境监测能力。2020年底前，实现土壤环境质量监测点位所有县(市、区)全覆盖。各省、自治区和直辖市每年至少开展1次土壤环境监测技术人员培训。

(3) 提升土壤环境信息化管理水平。建立土壤环境基础数据库，构建全国土壤环境信息化管理平台，力争2018年底前完成；借助移动互联网、物联网等技术，拓宽数据获取渠道，实现数据动态更新，发挥土壤环境大数据在污染防治、城乡规划、土地利用、农业生产中的作用。

2. 推进土壤污染防治立法，建立健全法规标准体系

(1) 加快推进立法进程。完成土壤污染防治法起草工作，适时修订污染防治、城乡规划、土地管理、农产品质量安全相关法律法规。2016年底前，完成农药管理条例修订工作，发布污染地块土壤环境管理办法、农用地土壤环境管理办法。2017年底前，出台农药包装废弃物回收处理、工矿用地土壤环境管理、废弃农膜回收利用等部门规章。到2020年，土壤污染防治法律法规体系基本建立。各地可结合实际，研究制定土壤污染防治地方性法规。

(2) 系统构建标准体系。2017年底前，发布农用地、建设用地土壤环境质量标准；修订肥料、饲料、灌溉用水中有毒有害物质限量和农用污泥中污染物控制等标准；修订农膜标准，提高厚度要求，研究制定可降解农膜标准；修订农药包装标准。适时修订污染物排放标准，进一步明确污染物特别排放限值要求。完善土壤中污染物分析测试方法，研制土壤环境标准样品。完成土壤环境监测、调查评估、风险管控、治理与修复等技术规范以及环境影响评价技术导则制修订工作；各地可制定严于国家标准的地方土壤环境质量标准。

(3) 全面强化监管执法。重点监测土壤中镉、汞、砷、铅、铬等重金属和多环芳烃、石油烃等有机污染物,重点监管有色金属矿采选、有色金属冶炼、石油开采、石油加工、化工、焦化、电镀、制革等行业,以及产粮(油)大县、地级以上城市建成区等区域。

将土壤污染防治作为环境执法的重要内容,充分利用环境监管网格,加强土壤环境日常监管执法。严厉打击非法排放有毒有害污染物、违法违规存放危险化学品、非法处置危险废物、不正常使用污染治理设施、监测数据弄虚作假等环境违法行为。改善基层环境执法条件,配备必要的土壤污染快速检测等执法装备。对环境执法人员每 3 年开展 1 轮土壤污染防治专业技术培训。加强环境应急管理、技术支撑、处置救援能力建设,提高突发环境事件应急能力。

3. 实施农用地分类管理,保障农业生产环境安全

(1) 划定农用地土壤环境质量类别。按污染程度将农用地划为三个类别,未污染和轻微污染的划为优先保护类,轻度和中度污染的划为安全利用类,重度污染的划为严格管控类,以耕地为重点,分别采取相应管理措施,保障农产品质量安全。2017 年底前,发布农用地土壤环境质量类别划分技术指南;2020 年底前,完成耕地土壤和农产品协同监测与评价,在试点基础上有序推进耕地土壤环境质量类别划定,逐步建立分类清单,数据审定后上传至全国土壤环境信息化管理平台。定期对各类别耕地面积、分布等信息进行更新。有条件的地区要逐步开展林地、草地、园地等其他农用地土壤环境质量类别划定等工作。

(2) 切实加大保护力度。各地要将符合条件的优先保护类耕地划为永久基本农田,实行严格保护,确保其面积不减少、土壤环境质量不下降,除法律规定的重点建设项目选址确实无法避让外,其他任何建设不得占用;产粮(油)大县要制定土壤环境保护方案。高标准农田建设项目向优先保护类耕地集中的地区倾斜;推行秸秆还田、增施有机肥、少耕免耕、粮豆轮作、农膜减量与回收利用等措施。继续开展黑土地保护利用试点;各省级人民政府要对本行政区域内优先保护类耕地面积减少或土壤环境质量下降的县(市、区),进行预警提醒并依法采取环评限批等限制性措施。

防控企业污染。严格控制在优先保护类耕地集中区域新建有色金属冶炼、石油加工、化工、焦化、电镀、制革等行业企业,现有相关行业企业要采用新技术、新工艺,加快提标升级改造步伐。

(3) 着力推进安全利用。根据土壤污染状况和农产品超标情况,县(市、区)要制定实施受污染耕地安全利用方案;加强对农民、农民合作社的技术指导和培训,采取农艺调控、替代种植等措施,降低农产品超标风险;2017 年底前,出台受污染耕地安全利用技术指南;到 2020 年,轻度和中度污染耕地实现安全利用的面积达到 4000 万亩。

(4) 全面落实严格管控。依法划定特定农产品禁止生产区域,严禁种植食用农产品;对威胁地下水、饮用水水源安全的,有关县(市、区)要制定环境风险管控方案,并落实有关措施。研究将严格管控类耕地纳入国家新一轮退耕还林还草实施范围,制定实施重度污染耕地种植结构调整或退耕还林还草计划,实行耕地轮作休耕制度试点;继续在湖南长株潭地区开展重金属污染耕地修复及农作物种植结构调整试点。到 2020 年,重度污染耕地种植结构调整或退耕还林还草面积力争达到 2000 万亩。

(5) 加强林地草地园地土壤环境管理。严格控制林地、草地、园地的农药使用量,禁止使用高毒、高残留农药;完善生物农药、引诱剂管理制度,加大使用推广力度;优先将重度污染的牧草地集中区域纳入禁牧休牧实施范围;加强对重度污染林地、园地产出的食用农(林)产品质量检测,发现超标的,要采取种植结构调整等措施。

4. 实施建设用地准入管理，防范人居环境风险

（1）明确管理要求。建立调查评估制度，分用途明确管理措施。2016年底前，发布建设用地土壤环境调查评估技术规定。自2017年起，对已经收回和拟收回土地使用权的有色金属冶炼、石油加工、化工、焦化、电镀、制革等行业企业用地，以及用途拟变更为居住和商业、学校、医疗、养老机构等公共设施的上述企业用地，由土地使用权人负责开展土壤环境状况调查评估；自2018年起，重度污染农用地转为城镇建设用地的，由所在地市、县级人民政府负责组织开展调查评估，并向当地环境保护、城乡规划、国土资源部门备案。

自2017年起，各地要结合土壤污染状况详查情况，根据建设用地土壤环境评估结果，逐步建立污染地块名录及其开发利用的负面清单，合理确定土地用途。符合相应规划用地土壤环境质量要求的地块可进入用地程序；暂不开发利用或现阶段不具备治理修复条件的污染地块，由所在地县级人民政府划定管控区域，设立标识，发布公告，开展土壤、地表水、地下水、空气环境监测；发现污染扩散的，要及时采取污染物隔离、阻断等环境风险管控措施。

（2）落实监管责任。地方各级城乡规划部门要结合土壤环境质量状况，加强规划论证和审批管理。地方各级国土资源部门要依据规划和地块土壤环境质量状况，加强土地征收、收回、收购及转让、改变用途等环节的监管。地方各级环保部门要加强对建设用地土壤环境状况调查、风险评估和污染地块治理与修复活动的监管。建立城乡规划、国土资源、环保等部门间的沟通机制，实行联动监管。

（3）严格用地准入。土地开发利用必须符合土壤环境质量要求。地方各级国土资源、城乡规划等部门在编制土地利用总体规划、城市总体规划、控制性详细规划等相关规划时，应充分考虑污染地块的环境风险，合理确定土地用途。

5. 强化未污染土壤保护，严控新增土壤污染

（1）加强未利用土地的环境管理。拟开发为农用地的，有关县（市、区）人民政府要组织开展土壤环境质量状况评估。不符合相应标准的，不得种植食用农产品；加强纳入耕地后备资源的未利用地保护，定期巡查；加强对矿山、油田等矿产资源开采活动影响区域内未利用地的环境监管，发现土壤污染问题要及时督促有关企业采取防治措施；依法严查向沙漠、滩涂、盐碱地、沼泽地等非法排污、倾倒有毒有害物质的环境违法行为；推动盐碱地土壤改良，自2017年起，在新疆生产建设兵团等地开展利用燃煤电厂脱硫石膏改良盐碱地试点。

（2）防范建设用地新增污染。开展建设项目的环境影响评价时，要增加对土壤环境影响的评价内容，并提出防范土壤污染的具体措施，环境保护部门要做好有关措施落实情况的监督管理工作。自2017年起，有关地方人民政府要与重点行业企业签订土壤污染防治责任书，明确措施和责任，责任书向社会公开。

（3）强化空间布局管控。根据土壤的环境承载能力，合理确定区域功能定位、空间布局。鼓励工业企业集聚发展，提高土地节约集约利用水平，减少土壤污染。结合推进新型城镇化、产业结构调整和化解过剩产能等，有序搬迁或依法关闭对土壤造成严重污染的现有企业。结合区域功能定位和土壤污染防治需要，科学布局生活垃圾处理、危险废物处置、废旧资源再生利用等设施和场所，合理确定畜禽养殖布局和规模。

6. 加强污染源监管，做好土壤污染预防工作

（1）严控工矿污染。各地要根据企业分布和污染排放情况，确定土壤环境重点监管企业名单，实行动态更新，并向社会公布。列入名单的企业每年需对其用地进行土壤环境监测，并向社会公开；环保部门要定期对重点监管企业和工业园区周边开展监测，数据及时上传至全国

土壤环境信息化管理平台；可能对土壤产生污染的企业在拆除生产设施设备、构筑物和污染治理设施时，要事先制定残留污染物清理和安全处置方案，防范拆除活动污染土壤，并报所在地县级环保、工业和信息化部门备案；2017年底前，发布企业拆除活动污染防治技术规定。

严防矿产资源开发污染土壤。自2017年起，内蒙古、江西、河南、湖北、湖南、广东、广西、四川、贵州、云南、陕西、甘肃、新疆等省（区）矿产资源开发活动集中的区域，执行重点污染物特别排放限值；重点监管尾矿库的企业要开展环境风险评估，完善污染治理设施，储备应急物资；加强对矿产资源开发利用活动的辐射安全监管，有关企业每年要对本矿区土壤进行辐射环境监测。

加强涉重金属行业污染防控。严格执行重金属污染物排放标准并落实相关总量控制指标，整改后仍不达标的，依法责令其停业、关闭，并向社会公开；继续淘汰涉重金属重点行业落后产能，禁止新建落后产能或产能严重过剩行业的建设项目。制定涉重金属重点行业清洁生产技术推行方案，鼓励采用先进适用的生产工艺和技术；2020年重点行业的重点重金属排放量要比2013年下降10%。

加强工业废物处理处置。全面整治尾矿、煤矸石、工业副产石膏、粉煤灰、赤泥、冶炼渣、电石渣、铬渣、砷渣，以及脱硫、脱硝、除尘产生固体废物的堆场，完善防扬散、防流失、防渗漏等设施，加强其综合利用。对电子废物、废轮胎、废塑料等再生利用活动进行清理整顿，引导有关企业采用先进适用加工技术集中发展，防止污染土壤和地下水。2017年起，在京津冀、长三角、珠三角等地区的部分城市开展污水与污泥、废气与废渣协同治理试点。

(2) 控制农业污染。鼓励农民增施有机肥，减少化肥使用量；推广高效低毒低残留农药和现代植保机械；自2017年起，江苏、山东、河南、海南等省选择部分产粮（油）大县和蔬菜产业重点县开展农药包装废弃物回收处理试点；到2020年，推广到全国30%的产粮（油）大县和所有蔬菜产业重点县。推行农业清洁生产，开展农业面源污染防治技术试点工作；严禁将城镇生活垃圾、污泥、工业废物直接作为肥料。到2020年，全国主要农作物化肥、农药使用量实现零增长，利用率提高到40%以上，测土配方施肥技术推广覆盖率提高到90%以上。

加强废弃农膜回收利用。建立健全废弃农膜回收储运和综合利用网络，开展废弃农膜回收利用试点，严厉打击违法生产和销售不合格农膜的行为；到2020年，河北、辽宁、山东、河南、甘肃、新疆等农膜使用量较高地区力争实现废弃农膜全面回收利用。

强化畜禽养殖污染防治。严格规范兽药、饲料添加剂的生产和使用，促进源头减量。鼓励支持畜禽粪便处理利用设施建设，加强畜禽粪便综合利用，到2020年，规模化养殖场、养殖小区配套建设废弃物处理设施比例达到75%以上。

加强灌溉水水质管理。开展灌溉水水质监测，灌溉用水应符合农田灌溉水水质标准。对因长期使用污水灌溉导致土壤污染严重、威胁农产品质量安全的，要及时调整种植结构。

(3) 减少生活污染。建立政府、社区、企业和居民协调机制，通过垃圾分类收集、综合循环利用，促进垃圾减量化、资源化、无害化。建立村庄保洁制度，实施农村生活污水治理工程。强化各类型废电池和含汞荧光灯管、温度计等含重金属废物的安全处置。减少过度包装，鼓励使用环境标志产品。

7. 开展污染治理与修复，改善区域土壤环境质量

(1) 明确治理与修复主体。按照"谁污染，谁治理"原则，造成土壤污染的单位或个人要承担治理与修复的主体责任。责任主体变更的由继承其债权、债务的单位或个人承担相关责任；土地使用权依法转让的，由土地使用权受让人或双方约定的责任人承担相关责任。责任主体

灭失或责任主体不明确的，由所在地县级人民政府依法承担相关责任。

(2) 制定治理与修复规划。各省、自治区和直辖市，以影响农产品质量和人居环境安全的突出土壤污染问题为重点，制定治理与修复规划，建立项目库，报生态环境部备案，2017 年底前完成。京津冀、长三角、珠三角地区要率先完成。

(3) 有序开展治理与修复。各地要结合城市环境质量提升和发展布局调整，以拟开发建设项目的污染地块为重点，开展治理与修复。江西、湖北、湖南、广东、广西、四川、贵州、云南等污染耕地集中区域优先开展；其他省要根据耕地土壤污染程度、环境风险及影响范围，确定治理与修复的重点区域。到 2020 年，污染耕地治理与修复达到 1000 万亩。

强化治理与修复工程监管。治理与修复工程原则上原址进行，并采取必要措施防止污染土壤挖掘、堆存等造成二次污染；确需运转污染土壤的，有关责任单位要将运输时间、方式、线路和污染土壤数量、去向、最终处置措施等，提前向所在地和接收地环保部门报告；工程施工期间设立公告牌，公开工程基本情况、环境影响及其防范措施；所在地环保部门要对各项环保措施落实情况进行检查。工程完工后，责任单位要委托第三方机构对治理与修复效果进行评估，并向社会公开。2017 年底前，出台有关实行治理与修复终身责任制的办法。

(4) 监督目标任务落实。2017 年底前，各省、自治区和直辖市环保部门要出台土壤污染治理与修复成效评估办法，委托第三方机构对本行政区域土壤污染治理与修复成效进行综合评估，结果向社会公开；定期向生态环境部报告土壤污染治理与修复工作进展，生态环境部要会同有关部门进行督导检查。

8. 加大科技研发力度，推动环境保护产业发展

(1) 加强土壤污染防治研究。整合多方科研资源，开展土壤环境基准、土壤环境容量与承载能力、污染物迁移转化规律、污染生态效应、重金属低积累作物和修复植物筛选，以及土壤污染与农产品质量、人体健康关系等方面基础研究。推进土壤污染诊断、风险管控、治理与修复等共性关键技术研究，研发先进适用装备和高效低成本功能材料(药剂)，强化卫星遥感技术应用，建设一批土壤污染防治实验室、科研基地。优化整合科技计划，支持土壤污染防治研究。

(2) 加大适用技术推广力度。综合土壤污染类型、程度和区域代表性，针对典型受污染农用地、污染地块，分批实施 200 个治理与修复技术应用试点项目，通过比选得到易推广、成本低、效果好的适用技术，2020 年底前建立健全技术体系。

加快成果转化应用。完善土壤污染防治成果转化机制，建成以环保为主导产业的高新技术成果转化平台。2017 年底前，发布鼓励发展的土壤污染防治重大技术装备目录。开展国际合作研究与技术交流，引进消化土壤污染风险识别、污染物快速检测、土壤及地下水污染阻隔等风险管控先进技术和管理经验。

(3) 推动治理与修复产业发展。规范土壤污染治理与修复从业单位和人员管理，建立健全监督机制；放开服务性监测市场，加快完善覆盖土壤环境调查、分析测试、风险评估、治理与修复工程设计和施工等环节的成熟产业链，推动有条件的地区建设产业化示范基地；发挥“互联网＋”在土壤污染治理与修复全产业链中的作用，推进大众创业、万众创新。

9. 发挥政府主导作用，构建土壤环境治理体系

(1) 强化政府主导。按照“国家统筹、省负总责、市县落实”原则，完善土壤环境管理体制，全面落实土壤污染防治属地责任。探索建立跨行政区域土壤污染防治联动协作机制。

加大财政投入。中央财政整合重金属污染防治专项资金，设立土壤污染防治专项资金，用于土壤调查与监测评估、监督管理、治理与修复等工作；各地应统筹相关财政资金，将农业综合

开发、高标准农田建设、农田水利建设、耕地保护与质量提升、测土配方施肥等涉农资金，更多用于优先保护类耕地集中的县（市、区）；统筹安排专项基金，支持企业对涉重金属落后工艺和设备的技术改造。

完善激励政策。各地要采取有效措施，激励相关企业参与土壤污染治理与修复。包括制定扶持有机肥生产、废弃农膜综合利用、农药包装废弃物回收处理等方面的激励政策。在农药、化肥等行业，开展环保领跑者制度试点。

建设综合防治先行区。2016 年底前，在浙江省台州市、湖北省黄石市、湖南省常德市、广东省韶关市、广西壮族自治区河池市和贵州省铜仁市启动土壤污染综合防治先行区建设，重点在土壤污染源头预防、风险管控、治理与修复、监管能力建设等方面进行探索，力争到 2020 年先行区土壤环境质量得到明显改善。有关地方人民政府要编制先行区建设方案，按程序报环境保护部、财政部备案。京津冀、长三角、珠三角等地区可因地制宜开展先行区建设。

（2）发挥市场作用。通过政府和社会资本合作（PPP）模式，发挥财政资金撬动功能，带动更多社会资本参与土壤污染防治，推动受污染耕地和以政府为责任主体的污染地块治理与修复；积极发展绿色金融，发挥政策性和开发性金融机构引导作用，为重大土壤污染防治项目提供支持。鼓励符合条件的企业发行股票，探索通过发行债券推进土壤污染治理与修复，在土壤污染综合防治先行区开展试点；有序开展重点行业企业环境污染强制责任保险试点。

（3）加强社会监督。根据土壤环境质量监测和调查结果，适时发布全国土壤环境状况。各省、自治区和直辖市人民政府定期公布本行政区域各地级市（州、盟）土壤环境状况；重点行业企业要依据有关规定，向社会公开其产生的污染物名称、排放方式、排放浓度、排放总量，以及污染防治设施建设和运行情况。

引导公众参与。鼓励公众通过“12369”环保举报热线、信函、电子邮件、政府网站、微信平台等途径，对污染土壤的环境违法行为进行监督。鼓励公众参与现场环境执法、土壤污染事件调查处理等。鼓励种粮大户、家庭农场、农民合作社以及民间环境保护机构参与土壤污染防治工作。

推动公益诉讼。鼓励依法对污染土壤等环境违法行为提起公益诉讼，检察机关可以以公益诉讼人的身份，对污染土壤等损害社会公共利益的行为提起民事公益诉讼；也可以对负有土壤污染防治职责的行政机关，因违法行使职权或者不作为造成国家和社会公共利益受到侵害的行为，提起行政公益诉讼。地方各级人民政府和有关部门应当积极配合此方面的工作。

（4）开展宣传教育。制作挂图、视频，出版科普读物，利用互联网、数字化放映平台，结合地球日、环境日、土壤日、粮食日和全国土地日等主题宣传活动，普及土壤污染防治相关知识和法律法规政策宣传解读，营造保护土壤环境的良好社会氛围；鼓励支持有条件的高等学校开设土壤环境专门课程。

10. 加强目标考核，严格责任追究

（1）明确地方政府主体责任。各级人民政府是实施本行动计划的主体，要于 2016 年底前分别制定并公布土壤污染防治工作方案，确定重点任务和工作目标。

（2）加强部门协调联动。建立全国土壤污染防治工作协调机制，定期研究解决重大问题。各有关部门按职责分工，协同做好土壤污染防治工作。生态环境部要抓好统筹协调，加强督促检查，每年 2 月底前将上年度工作进展向国务院报告。

（3）落实企业责任。有关企业要将土壤污染防治纳入环境风险防控体系，严格依法依规建设和运营污染治理设施，确保重点污染物稳定达标排放。造成污染的应承担损害评估、治理与修复的法律责任；逐步建立土壤污染治理与修复企业行业自律机制，国有企业特别是中央企业要带头落实。

(4) 严格评估考核。2016 年底前，国务院与各省、自治区和直辖市人民政府签订土壤污染防治目标责任书，分解落实目标任务。分年度对各自的重点工作进展进行评估；2020 年对本行动计划实施情况进行考核，评估和考核结果作为对领导班子和领导干部综合考核评价、自然资源资产离任审计的重要依据，也作为土壤污染防治专项资金分配的重要参考依据。

对年度评估结果较差或未通过考核的要提出限期整改意见，整改完成前，对有关地区实施建设项目环评限批；整改不到位的，要约谈有关省级人民政府及其相关部门负责人。对土壤环境问题突出、区域土壤环境质量明显下降、防治工作不力、群众反映强烈的地区，要约谈有关地市级人民政府和省级人民政府相关部门主要负责人。对失职渎职、弄虚作假的，区分情节轻重，予以诫勉、责令公开道歉、组织处理或党纪政纪处分；对构成犯罪的，要依法追究刑事责任，已经调离、提拔或者退休的，也要终身追究责任。

(三) 实施效果评估

全国各地按照《土壤污染防治行动计划》的要求，经过几年的土壤污染防治工作实施，已经按时完成了该行动计划中规定的任务清单。2019 年我国完成农用地土壤污染状况详查，结果显示全国农用地土壤环境状况总体稳定；2018 年水土流失动态监测结果显示，与第一次全国水利普查(2011 年)相比，全国水土流失面积减少 21.23 万平方千米。

截至 2019 年底，全国耕地质量等级中，一至三等耕地面积为 6.32 亿亩，占耕地总面积的 31.24%；四至六等耕地面积为 9.47 亿亩，占耕地总面积的 46.81%；七至十等耕地面积为 4.44亿亩，占耕地总面积的 21.95%。而 2017 年，一至三等耕地面积为 5.55 亿亩，占耕地总面积的 27.4%；四至六等耕地面积为 9.12 亿亩，占耕地总面积的 45.0%；七至十等耕地面积为 5.59 亿亩，占耕地总面积的 27.6%。这表明通过《土壤污染防治行动计划》的实施，我国的耕地土壤环境质量正逐渐好转。

湖北省按照该行动计划要求，2019 年完成了全省农用地土壤污染状况调查，有序推进农用地安全利用，有序开展重点行业企业用地调查，推进涉镉等重金属行业企业排查整治，重金属污染物减排比例达 8.9%。

二、土壤环境质量现状评价

(一) 土壤环境质量现状评价标准

2018 年，生态环境部发布了新的土壤环境质量标准，该标准分为两类。一类是关于农用地方面的标准，即《土壤环境质量 农用地土壤污染风险管控标准(试行)》(GB 15618—2018)。该标准是为了保护农用地土壤环境，管控农用地土壤污染风险，保障农产品质量安全、农作物正常生长和土壤生态环境，其中规定了农用地土壤污染风险筛选值和管制值，以及监测、实施与监督要求。另一类是关于建设用地方面的标准，即《土壤环境质量 建设用地土壤污染风险管控标准(试行)》(GB 36600—2018)，该标准是为了保障人体健康，规定了建设用地土壤污染风险筛选值和管制值，这对于国家防控和治理土壤污染、早日达成“土十条”既定目标起到非常关键的作用。这两类标准于 2018 年 8 月 1 日起实施，同日《土壤环境质量标准》(GB 15618—1995)废止。这两类土壤环境质量标准既用于风险筛查，也用于土地分类及管理。

根据《土壤环境质量 农用地土壤污染风险管控标准(试行)》(GB 15618—2018)，对农用地画出了筛选值和管制值两条线。据此将农用地分为以下三类。

第一类:品质好于筛选值标准的土地,就是安全农用地。

第二类:污染高于管制值的土地,原则上禁止种植食用农产品。

第三类:在筛选值和管制值之间的土地,则采取农艺调控、替代种植等安全利用措施。

《土壤环境质量 建设用地土壤污染风险管控标准(试行)》(GB 36600—2018)将建设用地分为两类。

第一类用地:包括中小学用地、医疗卫生用地和社会福利设施用地,公园绿地中的社区公园或儿童公园用地。

第二类用地:主要是工业用地、物流仓储用地等。

(二) 评价方法

1. 单因子污染指数法

若某一点位只对某项污染物的浓度值进行评价,则采用单因子污染指数法进行评价。计算公式如下。

$$P_i = \frac{C_i}{S_i} \tag{4-8}$$

式中:P_i表示土壤中污染物 i 的单因子污染指数。

C_i表示土壤中污染物 i 的含量,单位与 S_i保持一致。农用地采用表层土壤污染物含量数据,建设用地应分层分别计算各层 P_i。

S_i表示土壤污染物 i 的评价标准。

2. 多因子污染指数法

对某一点位,若存在多项污染物,分别采用单因子污染指数法计算后,取单因子污染指数中最大值,即

$$P = \mathrm{MAX}(P_i) \tag{4-9}$$

式中:P 表示土壤中多项污染物的污染指数。

P_i表示土壤中污染物 i 的单因子污染指数。

3. 评价结果

(1) 农用地土壤污染物超标评价。

根据 P_i值的大小,将农用地土壤单项污染物超标程度分为 5 级(表 4-8),并按污染物项目统计不同超标程度的点位数和比例,如果点位能代表确切的面积,则可同时统计污染土壤面积比例。

表 4-8 统计单元内土壤单项污染物超标评价结果(农用地)

超标等级	P_i值	超标程度	点位数/个	点位比例/(%)
Ⅰ	$P_i \leqslant 1.0$	未超标		
Ⅱ	$1.0 < P_i \leqslant 2.0$	轻微超标		
Ⅲ	$2.0 < P_i \leqslant 3.0$	轻度超标		
Ⅳ	$3.0 < P_i \leqslant 5.0$	中度超标		
Ⅴ	$P_i > 5.0$	重度超标		

若存在多项污染物,根据 P_i值的大小,将农用地土壤多项污染物超标程度分为 5 级(表

4-9)，并统计不同超标程度的点位数和比例，如果点位能代表确切的面积，则可以统计污染土壤面积比例。

表 4-9　统计单元内土壤多项污染物超标评价结果(农用地)

超标等级	P_i值	超标程度	点位数/个	点位比例/(%)
Ⅰ	$P_i \leqslant 1.0$	未超标		
Ⅱ	$1.0 < P_i \leqslant 2.0$	轻微超标		
Ⅲ	$2.0 < P_i \leqslant 3.0$	轻度超标		
Ⅳ	$3.0 < P_i \leqslant 5.0$	中度超标		
Ⅴ	$P_i > 5.0$	重度超标		

(2) 建设用地土壤污染物超标评价。

根据 P_i 值的大小，将建设用地土壤单项污染物超标情况分为超标和未超标(表 4-10)，并按污染物项目统计不同超标情况的点位数和比例，如果点位能代表确切的面积，则可同时统计污染土壤面积比例。

表 4-10　统计单元内土壤单项污染物超标评价结果(建设用地)

评价项目	P_i值	超标情况	点位数/个	点位比例/(%)
评价项目 1	$P_i \leqslant 1.0$	未超标		
	$P_i > 1.0$	超标		
评价项目 2	$P_i \leqslant 1.0$	未超标		
	$P_i > 1.0$	超标		
⋮	$P_i \leqslant 1.0$	未超标		
	$P_i > 1.0$	超标		

若存在多项污染物，根据 P 值的大小，将建设用地土壤多项污染物超标情况分为超标和未超标(表 4-11)，并按点位统计不同超标情况的点位数和比例，如果点位能代表确切的面积，则可以统计污染土壤面积比例。

表 4-11　统计单元内土壤多项污染物超标评价结果(建设用地)

P值	超标情况	点位数/个	点位比例/(%)
$P \leqslant 1.0$	未超标		
$P > 1.0$	超标		

(三) 耕地质量等级标准

根据国家发布的《耕地质量等级》(GB/T 33469—2016)标准，可以将耕地质量划分为十个等级，一等地耕地质量最好，十等地耕地质量最差。一等至三等、四等至六等、七等至十等分别划分为高等地、中等地、低等地。

在《耕地质量等级》(GB/T 33469—2016)中，建议采用累加求和方法，计算耕地质量综合指数，在此基础上，根据《耕地质量等级》(GB/T 33469—2016)中给出的包括东北地区和长江中下游地区等不同区域的耕地质量等级划分指标，确定某区域的耕地质量等级。具体划分方法可以参阅《耕地质量等级》(GB/T 33469—2016)中的相关规定。

三、土壤污染治理/修复技术概述

(一) 土壤污染物

土壤污染是指当大气沉降、废水排放和固体废物堆场淋溶等方式进入土壤中的有毒、有害污染物数量或浓度超过了土地自我净化能力,使得土壤的物理、化学和生物性质、组成和性状发生变化,导致土壤自然功能失调、土壤质量下降,影响农作物的正常生长和发育,使得农产品质量和产量不断下降的一种现象。总体上看,土壤污染源有自然污染源和人为污染源两类。但绝大多数地区的土壤污染基本上是人为污染源的排放引起。从土壤污染物的化学性质看,土壤污染物分为无机污染物和有机污染物两类。目前,我国的土壤污染类型以无机型污染为主,有机型污染次之,复合型污染较小。

1. 无机污染物

无机污染物主要包括酸、碱、重金属,盐类,放射性元素铯、锶的化合物,含砷、硒、氟的化合物等,主要来源于工业、市政和农业等方面。未经处理或未达到排放标准的工业污水灌溉农田;工业生产排放的无机污染物废气进入大气后,通过大气重力沉降或大气降水方式进入土壤;含有重金属的工业污泥和市政污泥用于农业施肥进入土壤;含有无机污染物的工业固体废物露天堆放,在风力的影响下引起的扬尘沉降,以及经大气降水的淋溶而进入土壤;农业生产中长期大量使用化肥(如硫酸铵),造成土壤板结等。这些无机污染物的来源,都是人为污染源排放造成的。

2. 有机污染物

有机污染物主要包括有机农药、除草剂、石油类、合成洗涤剂、市政污水或污泥等。因此,有机污染物主要来源于工业、农业和市政服务业等方面。石油开采产生的大量含油污泥和废水;农业领域用于杀害虫的有机农药,以及用于除杂草的除草剂;用于灌溉农田的含有大量有机物的城市污水等。这些有机污染物的来源,都是人为污染源排放造成的。

(二) 土壤污染治理/修复的基本方法

《土壤污染防治行动计划》实施以来,相继提出了针对不同污染物污染土壤的治理与修复技术方法,但从治理与修复机制看,总体上主要包括三大类,即物理修复技术、化学修复技术与生物修复技术。

1. 物理修复技术

物理修复技术是指利用污染物或污染介质的物理性质,通过各种物理方法,降低土壤中污染物的浓度,或将污染物从土壤中去除或分离的修复技术。其主要方法有挖掘与翻耕等客土法、气相抽提法和热脱附法等。物理修复技术的应用范围广,操作方式便捷,同时土壤的修复时间短,但是成本高,而且存在修复不彻底的情况。物理修复技术主要有以下几种。

(1) 客土法。

客土法是指通过挖掘、翻耕或移土等方法,即将污染土壤深翻到底层,或在污染土壤上覆上清洁土壤层,或将污染土壤挖走并换上清洁土壤等方法处理污染土壤的方法。客土法虽然有效,但是工程量大,且不能将污染物从土壤中去除,是一种不彻底的污染土壤修复方法。

(2) 气相抽提法。

气相抽提法也称"土壤通风"或"真空抽提",通过注气孔注空气至土壤中或通过抽气井抽真空，形成压力梯度，使土壤中挥发性较好的污染物进入气相并通过抽气井抽出，达到将污染物从土壤中去除的目的。同时，将抽出的气态污染物收集处理。该法主要适用于挥发性有机污染物（VOCs）污染的土壤修复。

（3）热脱附法。

热脱附法是利用加热的方式，将土壤加热至污染物沸点以上，使吸附于土壤中的有机物挥发进入气相，再通过气相抽提法使土壤与气体分离。相比于单独的气相抽提法，可更快速有效地去除土壤中 VOCs，同时还可通过加热调节温度去除半挥发性有机污染物。

一般情况下，物理修复技术只是将土壤中的污染物从土壤中转移到其他介质中，不能从根本上消除土壤中的有机污染物，是不能彻底去除污染物的土壤修复方法。

2. 化学修复技术

化学修复技术是向土壤加入化学药剂，使其与污染物发生沉淀、还原、溶解和吸附等化学反应，以降低污染物浓度或去除污染物，实现污染土壤修复的方法，主要包括化学淋洗法、化学还原法、化学氧化法等修复技术。

（1）化学淋洗法。

化学淋洗法主要指向污染土壤中加入适宜的淋洗剂、沉淀剂、络合剂或萃取剂等，将污染物从土壤中解吸出来，从而实现污染土壤的净化。该方法适用于小面积污染严重的场地土壤修复，优点是操作简单、可控性好、修复速度快、修复条件温和，缺点是耗水量大、淋洗废水和污泥均需要进一步处理。

该技术的关键在于选择合适的淋洗剂或萃取剂，以增强污染物的解吸效率，目前对于有机污染土壤的淋洗，最常用的淋洗剂为表面活性剂。对于重金属，先进行淋洗使其转移到溶液中，然后用硫化钠或碳酸盐使其沉淀，从而达到重金属从土壤中分离出来的目的。

（2）化学还原法。

有些重金属物质以高价态形式赋存时对生态环境有害，但低价态时对生物没有害，如三价和六价的铬、三价和五价的砷等。因此，可以采用化学还原的方法，将有害的价态物质转化为无害的价态赋存形式。还原剂常用的有零价铁及低价态的其他金属或非金属物质。对于有机物质，如有机氯污染土壤，可以通过加入还原剂产生强还原性物种，如原子氢、二价铁等，使污染物发生还原脱氯。零价铁廉价易得，且环境友好，具有良好的还原性能，是目前有机氯污染土壤还原修复中具有代表性的还原剂，但处理周期较长，处理效率较低。

（3）化学氧化法。

化学氧化法是通过向污染土壤加入化学氧化剂，使其与有机物发生氧化降解反应，常见的化学氧化剂为高锰酸钾、臭氧与芬顿（Fenton）及类 Fenton 试剂。这些氧化剂均能够产生具有强氧化性的羟基自由基等活性自由基，并与土壤中污染物进行氧化反应，例如羟基自由基由于具有强氧化性与无选择性，对大多数的有机物均有较好的降解效果，是目前应用广泛的一种氧化修复技术。

3. 生物修复技术

生物修复技术包括植物修复技术和微生物修复技术。

（1）植物修复技术。

该技术是利用植物自身对污染物的吸收、转化、固定与富集等功能，或利用微生物的代谢过程等，将土壤中的污染物转移至生物体内或转化为二氧化碳、水与小分子有机酸等无毒物质，从而实现对污染土壤的修复。如芹菜对重金属铅具有吸附富集作用，棉花对土壤中的硫酸根具有较好的吸附富集作用。因此，植物修复技术不仅成本低、绿色环保，而且能够实现生态效益与经济效益的统一，但时间周期长。植物修复技术又分为植物提取、植物挥发和植物固定技术。

(2) 微生物修复技术。

该技术是利用土著菌、外来菌、基因工程菌等功能微生物群，在适宜环境条件下，促进微生物代谢功能，从而达到降低有毒污染物活性或者降解成无毒物质的生物修复技术。例如枯草芽孢杆菌、光合细菌、乳酸菌可有效降低菠菜植株对土壤中的镉的吸收，但吸收效果各不相同。随着菌数的增加，植物对镉吸收的缓解作用得到增强。因此，可通过改变土壤微生物种类和数量，增强植物对镉的吸收去除作用。研究发现蚯蚓占据了土壤生物量的60%，蚯蚓可通过自身的作用富集铜，蚯蚓粪还能促进铜向地上部分迁移，促进植物形成更好的富集效果。目前，该技术更多地应用在被农药或者石油污染后的土壤中。

生物修复技术具有处理费用较低、环境友好且可达到较高的清洁水平等优点，一般用于轻度污染土壤的修复。

污染土壤的修复治理是一个综合的复杂过程，涉及众多因素，单一的修复技术往往达不到目的，尤其是污染重的土壤。目前，土壤污染修复技术正向着绿色与环境友好的生物修复技术方向发展，并从单一向联合技术发展，从异位向原位修复技术发展。同时，在进行污染土壤修复时一定要考虑土壤自身的价值和稀缺性，不能简单地采取玻璃化或固化方式进行修复，应该通过多途径、多方式的修复手段，将多种方法融合起来构成一个复合污染修复技术体系，发挥各自优势，达到彻底修复污染土壤的目的。

四、土壤污染防治政策

防治土壤污染和充分利用土地资源均是政府公共管理内容的一部分，在利用土地资源的过程中需要防治土壤污染。目前，我国的土地资源管理和土壤污染防治由专门的行政机构负责，如自然资源部、农业农村部、生态环境部等多个国务院领导下的部门分工。依据《中华人民共和国宪法》《中华人民共和国环境保护法》《中华人民共和国土壤污染防治法》的规定，采取分级和分部门管理体制，即中央、省(自治区、直辖市)和县镇三级政府分设行政主管部门。

为了保护土地资源和防治土壤污染，1986年全国人大常委会颁布了《中华人民共和国土地管理法》。国家实行土地用途管理制度，实行基本农田保护制度，并对征地和建设用地等做了相应规定。此期间国家发布了《土壤环境质量标准》(GB 15618—1995)，用于评价和土壤环境质量监管。2015年我国起草了《中华人民共和国土壤污染防治法》，据此2016年发布了《土壤污染防治行动计划》；各省、自治区和直辖市也相继发布了有关土壤污染防治的行动计划。2016年国家发布了《耕地质量等级》(GB/T 33469—2016)标准，以进一步加大对农用耕地的质量管控。

2018年8月31日第十三届全国人大常委会第五次会议通过了《中华人民共和国土壤污染防治法》，并于2019年1月1日起实施。《中华人民共和国土壤污染防治法》的实施，标志着我国土壤污染防治管理的不断深入和规范化，也使企业生产污染物的排放进一步得到了有效控制。2018年，生态环境部发布了新的土壤环境质量评价标准：《土壤环境质量 农用地土壤污染风险管控标准(试行)》(GB 15618—2018)，以及《土壤环境质量 建设用地土壤污染风险管控标准(试行)》(GB 36600—2018)。新的法律法规、行政规章及新标准的实施，将更加有效地保护和改善我国的农用耕地，管控农用地土壤及建设用地土壤污染风险，也有利于进一步促进污染土壤的修复与防治。

第五章　从清洁生产到循环经济

2013 年国家发布《大气污染防治行动计划》以后，又于 2015 年和 2016 年分别发布了《水污染防治行动计划》和《土壤污染防治行动计划》。这三大污染防治行动计划发布的目的是要改善大气环境质量、水环境质量和土壤环境质量，最终实现生态环境质量的改善。从这三大污染防治行动计划的内容可知，要实现大气环境质量、水环境质量和土壤环境质量的改善，必须要充分考虑环境准入负面清单，即不符合国家产业政策规定的项目均不允许实施，不符合清洁生产水平要求的产业，需要进行清洁生产审核，使其达到规定的清洁生产水平。因此，清洁生产在生态环境保护方面具有重要意义。

第一节　清 洁 生 产

2002 年为了促进清洁生产，提高资源利用效率，减少和避免污染物的产生，保护和改善环境，保障人体健康，促进经济与社会可持续发展，国家发布了《中华人民共和国清洁生产促进法》，并于 2012 年进行了修订。由此可见，清洁生产在促进我国的经济发展和环境保护方面具有举足轻重的作用。

一、清洁生产的概念及相关内容

（一）清洁生产的产生

清洁生产源于 1960 年的美国化学行业的污染预防审计。“清洁生产”概念的出现，最早可追溯到 1976 年，当年欧共体在巴黎举行了无废工艺和无废生产国际研讨会，会上提出“消除造成污染的根源”的思想；1979 年 4 月欧共体理事会宣布推行清洁生产政策；1984 年、1985 年、1987 年欧共体环境事务委员会三次拨款支持建立清洁生产示范工程。1989 年 5 月联合国环境规划署工业与环境规划中心（UNEP IE/PAC）根据 UNEP 理事会会议的决议，制定了《清洁生产计划》。该计划的主要内容之一为组建两类工作组：一类为制革、造纸、纺织、金属表面加工等行业清洁生产工作组；另一类则是组建清洁生产政策及战略、数据网络、教育等业务工作组。该计划建议在全球范围内推进清洁生产。《清洁生产计划》首先提出了“清洁生产”的概念：清洁生产是将综合预防的环境战略，持续应用于生产过程和产品中，以便减少对人类和环境的风险。1992 年 6 月在巴西里约热内卢召开的联合国环境与发展大会上，通过了《21 世纪议程》，号召工业提高能效，开展清洁生产技术，更新替代对环境有害的产品和原料，推动实现工业可持续发展。中国政府随后在《中国 21 世纪议程》中提出：清洁生产是指既可满足人们的需要，又可合理使用自然资源和能源并保护环境的实用生产方法和措施，其实质是一种物料和能源消费最少的人类活动的规划和管理，将废物减量化、资源化和无害化，或将废物消灭于生产过程中。同时对人体和环境无害的绿色产品的生产，亦可随着可持续发展进程的深入而日益成为今后产品生产的主导方向。

随着经济的快速发展，我国于 2002 年颁布了《中华人民共和国清洁生产促进法》，并于 2012 年进行了第一次修订。在《中华人民共和国清洁生产促进法》中，清洁生产是指通过不断采取改进设计、使用清洁的能源和原料、采用先进的工艺技术与设备、改善管理、综合利用等措施，从源头削减污染，提高资源利用效率，减少或者避免生产、服务和产品使用过程中污染物的产生和排放，以减轻或者消除对人类健康和环境的危害。

不管是联合国的《清洁生产计划》，还是我国的《中国 21 世纪议程》和《中华人民共和国清洁生产促进法》，均在清洁生产的概念中体现了清洁生产不但含有技术上的可行性还包括经济上的可盈利性，体现了经济效益、环境效益和社会效益的统一。因此，清洁生产是一种新的创造性思想，该思想将整体预防的环境战略持续应用于生产过程、产品和服务中，以增加生态效率和降低对人类及环境的风险。近几年提出的环境准入负面清单，正是《中华人民共和国清洁生产促进法》的一种必然体现。

（二）清洁生产的理念

根据上述清洁生产的定义，清洁生产的理念重点强调以下四个方面。

1. 清洁的能源

常规能源的合理利用；尽量利用可再生能源；新能源的开发；各种节能技术的开发等。

2. 清洁的生产过程

尽量少用、不用有毒有害原料/中间产品；减少生产过程中的高风险性因素的加入，如高温、高压、易燃、易爆、噪声等；采用高效率设备，改进操作步骤；回收再利用原物料/中间产品；改善工厂管理等。

3. 清洁的产品

节约原料和能源；少用贵重/稀有原料，产品制造过程中以及使用后，以不危害人体健康和生态环境为主要考虑因素；易于回收再利用；减少不必要功能；强调使用寿命等。

4. 清洁的服务

要求将环境因素纳入设计和所提供的服务中。

清洁生产的概念具有相对性，是与现行的技术和产品相比较而言的。对产业的发展而言，随着经济发展与技术更新，推行清洁生产，其本身即是一个不断完善的过程。

（三）清洁生产的总体要求

不管是清洁生产的概念、理念，还是《中华人民共和国清洁生产促进法》，均对企业的清洁生产提出了明确要求，总体上体现在以下三个方面。

（1）自然资源和能源利用的最合理化。

（2）经济效益最大化。

（3）对人类和环境的危害最小化。

因此，企业通过开展清洁生产，达到节能、降耗、减污和增效的目的。

（四）企业实施清洁生产的原因

实施清洁生产对企业发展具有重要意义，主要体现在以下几点。

（1）实行清洁生产是可持续发展战略的要求。

（2）实行清洁生产是控制环境污染的有效手段。

（3）实行清洁生产可增大企业的经济效益。

（4）实行清洁生产可提高企业的市场竞争力。

（5）实施清洁生产可以体现企业的社会责任感。

（五）企业开展清洁生产的过程

企业开展清洁生产，需要做以下几个方面的主要工作。

(1) 进行清洁生产审核。

(2) 确定长期的清洁生产战略计划。

(3) 对职工进行清洁生产的教育和培训。

(4) 进行产品全生命周期分析。

(5) 进行产品生态设计。

(6) 研究清洁生产的替代技术。

上面六个方面的内容中，清洁生产审核是推行清洁生产的关键和核心。

通过清洁生产审核，提高企业对由削减废物获得效益的认识和知识；判定企业效率低的“瓶颈”部位和管理不善的地方，提高企业经济效益和产品质量。

（六）清洁生产审核的主要对象

根据《中国21世纪议程》和《中华人民共和国清洁生产促进法》，目前，我国已经确定了实施清洁生产审核的重点行业对象，主要体现在以下几个方面。

(1) 五个重金属污染防治重点防控行业：重有色金属矿（含伴生矿）采选业、重有色金属冶炼业、含铅蓄电池业、皮革及其制品业、化学原料及化学制品制造业。这一点在国家发布的《大气污染防治行动计划》《水污染防治行动计划》和《土壤污染防治行动计划》这三大污染防治行动计划均有明确规定。

(2) 七个产能过剩主要行业：钢铁、水泥、平板玻璃、煤化工、多晶硅、电解铝、造船。这一点在许多工业集聚区或产业区规划均有明确规定，也被列入许多省市的环境准入负面清单中。

(3)《重点企业清洁生产行业分类管理名录》中的21个行业类别，2010年环境保护部印发了《环境保护部关于深入推进重点企业清洁生产的通知》（环发〔2010〕54号文件）。这21个行业类别必须开展清洁生产审核。

清洁生产是一个相对的概念，在某段时期内是清洁生产，但经过几年后其生产工艺技术未必满足清洁生产的要求，因此，清洁生产是一个动态的过程。一方面，不能期望通过一次或几次清洁生产活动就能完成污染预防的目标；另一方面，随着科学技术的进步，生产水平的提高，将会出现更清洁的生产。因此，这意味着清洁生产是个持续改进、永不间断的过程。

二、清洁生产审核

（一）清洁生产审核概述

清洁生产审核是对企业现在的和计划进行的生产实行预防污染的分析和评估，是企业实行清洁生产的重要前提。其目的有两个：一是判定生产过程中不符合清洁生产的地方和做法，即对企业生产全过程的重点（或优先）环节、工序产生的污染进行分析和定量监测；二是提出方案解决这些问题，从而实现清洁生产，包括核对有关单元、原材料、操作、产品、用水、能源和废物的资料，确定废物的来源、数量以及类型，找出高物耗、高能耗、高污染的原因，从而确定废物削减的目标，制定经济有效的削减废物产生的对策。

（二）清洁生产审核内容

企业清洁生产审核主要包括以下内容。

(1) 审查企业产品是否有毒、有害、有污染。如果有，应要求企业尽可能选择可替代产品。

(2) 审查企业使用的原材料、燃料等生产资料是否有毒、有害，是否难以转化为产品，反应剩余物是否难以回收利用等。如果有这方面的问题，企业应设法调整原材料和能源结构，选择无毒、无害、无污染或少污染的原材料和能源。

(3) 审查企业的管理情况，通过对工艺设备、原材料消耗、生产组织调度、环境保护的管理情况调查，找出因管理不善造成的污染问题，提出解决措施。

图 5-1 是某企业生产过程中废物的产生过程，为了阐述方便，可以把一个生产和服务过程抽象分解为八个方面：原辅材料和能源、技术工艺、设备、过程控制、管理、员工六个方面的输入，得出产品和废物的输出。这八个方面构成了生产过程，同时也是分析废物的产生原因和产生清洁生产方案的八个方面。因此，清洁生产审核可以从这八个方面进行。

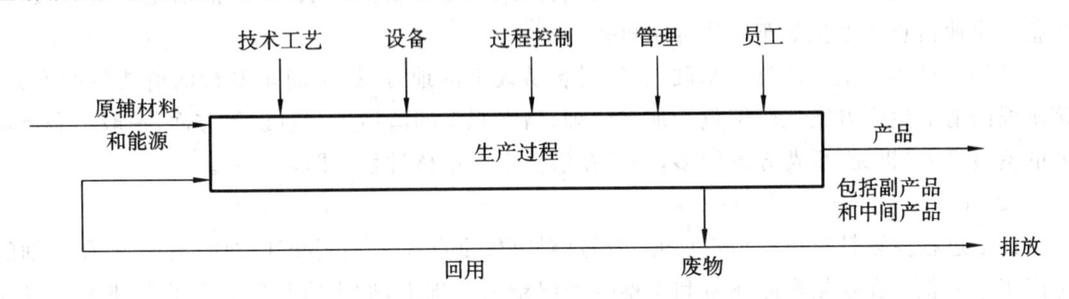

图 5-1　企业生产过程中废物的产生过程

(三) 清洁生产审核程序

基于图 5-1 所示的企业生产和服务过程的八个方面，开展企业清洁生产审核，一般步骤如下。

1. 确定审核对象和目标

企业开展清洁生产可以先从一个车间、一个工段或一条生产线开始，然后再逐步在其他车间、工段或生产线有计划地推广，因此，恰当选定审核对象，合理确定清洁生产目标，对保证企业取得清洁生产成效起决定性作用。这一步骤中主要有四部分内容，即企业现状分析、确定审核对象、设置清洁生产目标、提出和实施简单易行的清洁生产方案。

2. 筹划与组织

为了使企业的清洁生产审核工作能够顺利进行，在确定审核对象和目标之后，需要成立一个专门的组织，协同配合清洁生产审核。

目前对于清洁生产的研究主要集中在管理部门和科研单位，企业对清洁生产的了解较少，在实际中的应用更加有限。因此，在清洁生产审核前，一般通过培训的形式，邀请企业各个部门的负责人员和部分高层领导参加，主要宣传清洁生产的思想、国家关于清洁生产的法律法规、与行业相关的清洁生产技术方法等，使大家了解清洁生产的概念、意义和实现的途径。企业试点的结果表明，清洁生产培训均收到了较明显的效果。

清洁生产综合性较强，涉及企业的仓库管理、生产车间管理、品管、财务、维修、人力资源管理等部门和几乎公司的所有人员。由于清洁生产的实施需要和实践相结合，仅仅依靠外部的力量无法使其深入，在筹划与组织阶段，应邀请企业主要部门的负责人组建清洁生产审核小组。组长一般由企业的高层领导担任，协调各个部门的活动，对内外结合起到重要作用。

3. 实施清洁生产审核

实施清洁生产审核就是对已确定的审计对象，从生产的全过程分析生产原料投入到产品的产出中的原料、能量、废物的变化，进而找出审核对象在原材料、产品、生产工艺、生产设备及其维护管理等方面存在的不足和问题，分析产生这些问题的原因，具体包括以下主要内容。

(1) 预评估。

预评估过程针对整个企业展开，主要通过对各个生产车间的实地调查，同时查阅企业近两年的生产纪录，获得企业整体清洁生产情况的信息。通过清洁生产指标对企业详细的清洁生产水平进行计算和评价。

由于清洁生产审核的时间有限，深入的工作不可能针对每一个生产车间展开，通常选择1～2个生产车间开展详细的清洁生产审核，起到“以点带面”的作用。预评估阶段通过对整个车间的调查，掌握整个车间的情况，采用调查打分、权重分析的方法，选择清洁生产潜力较大、在整个企业占重要地位的车间作为审核重点。

预评估过程在全厂调查的基础上，针对容易改进的地方，提出简单易行的清洁生产方案。该阶段的清洁生产方案比较偏重于加强管理、增强职工的清洁生产意识等方面，一般不需要较大的资金投入，以无/低费方案居多，一般在清洁生产审核过程中即可实施。

(2) 评估。

评估过程主要针对审核重点展开。通过对审核重点3～5个生产周期的调查，绘制详细的生产工艺流程。在现场实际测量和考察生产纪录的基础上，做出审核重点的物料平衡。寻找废物及其发生部位，阐述物料平衡的结果，对审核重点的生产过程做出评估。评估分析可以从图5-1所示的八个方面进行。

不管是预评估阶段还是评估阶段，均需要从事以下几个方面的工作。

①收集或编制审核对象工艺流程图。工艺流程图是以图解的形式描述从原料投入到产品的产出，以及废物的产生的生产全过程，是审核对象生产状况的形象说明。

②对审核对象进行物料和能量的平衡计算。根据物质和能量守恒定律，对审核对象的工艺过程中各操作单元的原辅料、水和能量投入和产出进行测量及平衡计算，估计物料、能量的损失量和污染物的产生量，推断审核对象的废物流，定量确定废物数量、成分和去向，编制物料和能量平衡图，可以发现生产工艺、设备运行和维护管理等方面存在的问题，为实施清洁生产方案提供第一手的资料。

③分析物料和能量过大的原因。全面、系统地分析物料、能量过大和污染物产生的原因，是发现清洁生产机会的重要手段。通常应从原料、生产工艺等几方面找原因。

4. 提出和筛选方案

根据清洁生产审核结果，提出几套具有针对性的提高企业清洁生产水平的解决方案，如无/低费方案外，会较多地涉及设备技术改进、废物回收利用等中/高费方案。由于受资金和技术的限制，企业不可能将所有的方案纳入实施计划。因此，需要结合企业的实际情况和行业的国内外清洁生产水平，从技术可行性、环境效益和经济效益等方面考虑后，从几套方案中筛选具有可操作性的合适方案。

技术评估主要调查该技术在同行业的使用情况、在试点企业中的可行性。

环境评估主要考察方案在资源利用、废物排放量的削减、污染物组分的毒性及降解、污染物的二次污染、操作环境对人员健康的影响和废物的循环利用等方面的改进。

经济评估是从企业的角度，按照国内现行市场价格，计算出方案实施后在财务上的获利能力和清偿能力。经济评估主要采用现金流量分析和财务动态获利性分析方法。

5. 方案实施与审核验收

方案实施的目的是通过可行方案的实施，使企业实现技术进步，获得显著的经济和环境效益；总结已经实施的清洁生产方案成果，激励企业进行清洁生产。方案一旦确定，就可以将方案付诸行动，并在规定的时间内完成。

当方案实施完成后，企业可以向相关的清洁生产审核管理部门提出申请，对企业的清洁生产进行审核验收，并给出验收结论。

6. 持续清洁生产

清洁生产是一个动态的、相对的概念，是一个连续的过程，随着科学技术的进步，清洁生产的要求也会有所提高。因此，需要开展持续清洁生产。清洁生产审核时间一般为3～6个月，审核重点的清洁生产分析比较深入，但非重点生产车间的清洁生产工作还有待进一步实施。

通过清洁生产审核建立的清洁生产小组，可以作为企业内部一个稳定的机构，继续进行这方面工作，以巩固已经取得的清洁生产成果，并使清洁生产工作持续地开展下去。清洁生产的持续进行还需要引入有效的监督机制，需要当地环保部门定期对已经实施清洁生产审核的企业回访。

经过以上清洁生产审核步骤，本轮的清洁生产审核工作就完成了。基于上述分析，清洁生产审核的基本程序如图5-2所示。

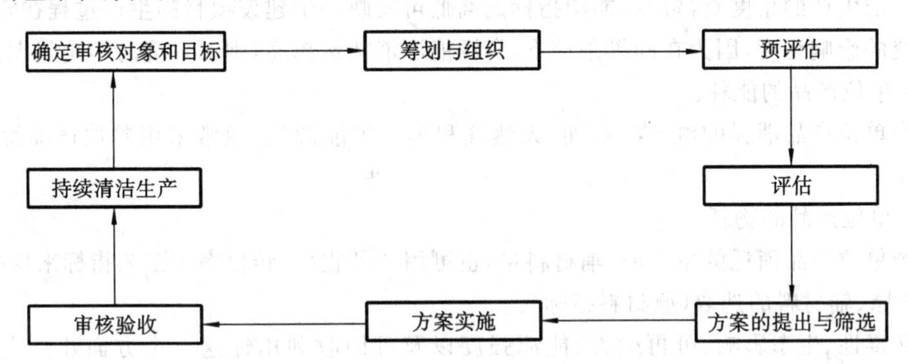

图5-2　清洁生产审核的基本程序示意图

（四）清洁生产审核方式

清洁生产审核方式包括以下三种。

1. 企业自我审核

企业自我审核是自愿执行的，并不是强制性的要求。各级环境管理部门可以针对企业的环境质量现状，给企业提出开展清洁生产审核的要求，其目的是使企业生产过程中产生的污染物最少，资源能源利用效率最大化，实现企业节能、降耗、减污和增效的目的。

清洁生产是一个动态的过程，随着科学技术的进步、生产水平的提高，将会出现更清洁的生产技术或工艺。因此，企业开展清洁生产审核应该是一个自觉的行为，通过自我审核，维持企业的可持续发展。

2. 专家指导审核

企业可能由于经验不足、人员不足等各种原因，无法完成企业自我审核，及时可以聘请在清洁生产审核方面具有较丰富的理论和实践经验的专家，指导企业的清洁生产审核工作。

3. 清洁生产审核咨询机构审核

目前专门开展清洁生产审核工作的第三方技术服务机构有许多，企业也可以委托第三方技术服务机构，开展企业的清洁生产审核工作。

不管是何种审核方式，企业最终需要根据审核结果，改进或完善其生产技术或工艺，实现节能、降耗、减污和增效的效果。

三、清洁生产水平分析

（一）清洁生产水平分析指标

清洁生产水平评价指标可分为六大类：生产工艺与装备要求、资源能源利用指标、产品和包装指标、污染物产生指标、废物回收利用指标、环境管理要求。

1. 生产工艺与装备要求

选用清洁工艺，淘汰落后、有毒、有害原辅材料和落后的设备，是推行清洁生产的前提，因此，在清洁生产分析专题中，首先要对工艺技术来源和技术特点进行分析，说明其在同类技术中所占地位以及选用设备的先进性。对于一般性建设项目的环评工作，生产工艺与装备选取直接影响该项目投入生产后，资源能源利用效率和废物产生情况。可从装置规模、工艺技术、设备等方面，分析其在节能、减污、降耗等方面达到的清洁生产水平。

2. 资源能源利用指标

从清洁生产的角度看，资源、能源指标的高低可反映一个建设项目的生产过程在宏观上对生态系统的影响程度，因为在同等条件下，资源能源消耗量越高，则对环境的影响越大。

（1）单位产品的能耗。

生产单位产品消耗的电、煤、石油、天然气和蒸汽等能源量，通常采用单位产品综合能耗指标。

（2）单位产品的物耗。

生产单位产品消耗的主要原、辅材料量，也可用产品收率、转化率等工艺指标来反映。

（3）原、辅材料的选取（原材料指标）。

可从毒性、生态影响、可再生性、能源强度以及可回收利用性这五个方面建立定性分析指标。

（4）新水用量指标。

①单位产品新水用量＝年新水总用量/产品产量。

②单位产品循环用水量＝年循环水量/产品产量。

③工业用水重复利用率；间接冷却水循环率；工艺水回用率；万元产值取水量。

3. 产品和包装指标

对产品的要求是清洁生产的一项重要内容，因为产品的销售、使用过程以及报废后的处理处置均会对环境产生影响，有些影响是长期的，甚至是难以恢复的。首先，产品应是我国产业政策鼓励发展的产品；其次，从清洁生产要求方面还要考虑产品的包装和使用，如避免过分包装，选择无害的包装材料，运输和销售过程不对环境产生影响，产品使用安全，报废后不对环境产生影响等。

4. 污染物产生指标

除资源（消耗）指标外，另一类能反映生产过程状况的指标便是污染物产生指标，污染物产生指标较高，说明工艺相应地比较落后或管理水平较低。通常情况下，污染物产生指标分以下三类。

(1) 废水产生指标:单位产品废水产生量指标和单位产品主要水污染物产生量指标。

单位产品废水排放量=年排入环境废水总量/产品产量。

单位产品化学需氧量排放量=全年化学需氧量排放总量/产品产量。

污水回用率$=C_{污}/(C_{污}+C_{直污})$。

式中,$C_{污}$表示污水回用量;$C_{直污}$表示直接排入环境的污水量。

(2) 废气产生指标:单位产品废气产生量指标和单位产品主要大气污染物产生量指标。

单位产品废气产生量=全年废气产生总量/产品产量。

单位产品 SO_2 排放量=全年 SO_2 排放量/产品产量。

(3) 固体废物产生指标:单位产品主要固体废物产生量和单位固体废物综合利用量。

5. 废物回收利用指标

废物回收利用是清洁生产的重要组成部分,在现阶段,生产过程不可能完全避免产生废水、废料、废渣、废气(废汽)、废热。然而,这些废物只是相对概念,在某一条件下是环境污染物,在另一条件下就可能转化为宝贵的资源。生产企业应尽可能地回收和利用废物,而且,应该是高等级利用,逐步降级使用,然后再考虑末端治理。

6. 环境管理要求

环境管理要求包括五个方面:环境法律法规标准、环境审核、废物处理处置、生产过程环境管理和相关方环境管理。

(1) 环境法律法规标准:要求企业符合有关法律法规标准的要求。

(2) 环境审核:按照行业清洁生产审核指南要求进行审核、按 ISO14001 建立并运行环境管理体系、环境管理手册、程序文件及作业文件齐备。

(3) 废物处理处置:要求一般废物妥善处理、危险废物无害化处理。

(4) 生产过程环境管理:对生产过程中可能产生废物的环节提出要求,如要求原材料质检、制定消耗定额、对产品合格率有考核及防止跑、冒、滴、漏等。

(5) 相关方环境管理:对原料、服务、供应方等的行为提出环境要求。

(二) 清洁生产水平分析方法

1. 指标对比法

根据我国已颁布的清洁生产标准,或参照国内外同类装置的清洁生产指标,对比分析某个企业已建成或正在建设项目的清洁生产水平。

2. 分值评定法

将各项清洁生产指标逐项制定分值标准,再由专家按百分制打分,然后乘以各自权重值得到总分,按清洁生产等级分值对比分析项目清洁生产水平。

(三) 清洁生产水平分级

根据生态环境部及其他部门的清洁生产标准,采用指标对比法或分值评定法,通过清洁生产审核,最后均会给企业的清洁生产水平确定一个等级。目前,清洁生产水平有以下三级。

一级:国际先进清洁生产水平。

二级:国内先进清洁生产水平。

三级:国内基本清洁生产水平。

企业的清洁生产水平最低等级为三级,当低于三级时,企业必须进行全面的整顿和改造。

四、企业实施清洁生产的方法

（一）清洁生产的全过程控制

从清洁生产的概念可知，清洁生产主要包括使用清洁的能源、清洁的生产工艺，生产清洁的产品。实施清洁生产战略，进行清洁生产技术的开发是一个综合的、复杂的过程，是对生产全过程以及产品整个生命周期全过程采取预防污染的综合措施。它的实施在于实现以下两个全过程控制。

1. 产品的生命周期全过程控制

产品的生命周期如图 5-3 所示，是产品从自然中来，到自然中去的全部过程，也有的称生命循环或寿命周期，是产品整个生命周期各阶段的总和。产品的生命周期全过程包括了从自然中获取最初资源、能源，经过开采、冶炼、加工、再加工等生产过程形成最终产品，经过产品储存、批发、使用，直至产品报废或处置，从而构成一个物质转化的生命周期。

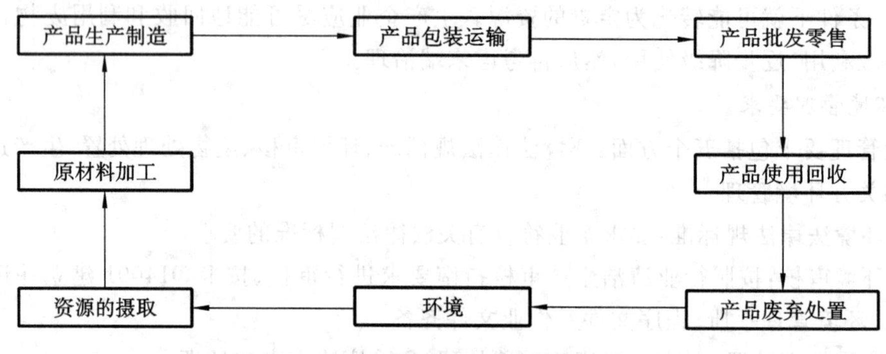

图 5-3　产品的生命周期示意图

作为一种有效的环境管理和清洁生产工具，生命周期评价在清洁生产审核、产品生态设计、废物管理、生态工业等方面发挥着重要作用。从原料加工、提炼到产品产出、产品使用直到报废处置的各个环节采取必要的措施，实现产品整个生命周期资源和能源消耗的最小化。

2. 生产全过程控制

从图 5-1 可知，从原材料的购买，到最终成为一个产品，其中的八个环节至关重要。为此，清洁生产要求在产品的开发、规划、设计、建设、生产到运营管理的全过程中，采取措施，提高效率，防止生态破坏和污染的发生。

（二）实施清洁生产的主要途径

企业要实施清洁生产，可以基于清洁生产的六大指标内容和清洁生产理念，从产业结构、产品的生产工艺与设备、原辅材料选择、资源能源利用、产品设计与升级换代、环境管理和实施生命周期评价等方面开展工作。

1. 产业结构

目前先进国家和先进企业非常注重工业产品的生态设计理念，传统的产业结构已经不适合现代化产业要求，尤其是智能化和信息化时代的要求。因此，应调整和优化产业产品结构，实行产业的升级换代，以解决影响环境质量的“结构型”污染和资源能源的浪费。同时，进行合理规划、科学配置，形成合理的工业生态链，实行产业结构的升级换代。

2. 原辅材料选择与资源能源利用水平的提高

通过合理的原辅材料选择，以及在生产过程中合理地利用原辅材料，使原辅材料尽可能地向产品转化，消除废物的产生。尽可能地提高资源能源利用水平，使得单位产品资源能源消耗最少，单位产品的废物产生量最低。

物料再循环是企业生产过程中常见的原则，其基本特征是不改变主体流程，仅将主体流程中的废物进行收集、处理并利用。主要有废物和废热回收，将流失的原料、产品回收，返回主体流程之中使用，将废物处理成原料或者原料的组分，复用于生产流程之中。从清洁生产的优先顺序看，首先应将废物尽可能地消灭在自身生产的过程中，使投入的资源能源充分利用，使废物资源化、减量化、无害化，减少污染物的排放。这样有利于实现企业的资源、能源和物料的闭合循环，这样既降低了生产成本、提高了企业的经济效益，同时也减少了废物的产生和排放。

3. 改进生产工艺，采用先进的生产设备

选用清洁工艺，淘汰落后、有毒、有害原辅材料和落后的设备，是企业开展清洁生产的前提，是推进清洁生产的重要环节。改进生产工艺和设备，能够在简化工艺流程、减少工序和所用设备、使工艺过程易于连续、减少开车停车次数、保持生产过程的稳定性等方面具有重要作用。因此，企业要实施清洁生产，改进生产工艺和采用先进的生产设备是最佳的选择方案。因为先进的生产工艺与生产设备直接影响企业生产过程中的资源能源利用效率和废物产生。

4. 产品的升级换代

人们的消费观念已经发生了巨大变化，企业生产的产品应该与时俱进。因此，企业通过产品的升级换代，选择新的、更清洁的原辅材料，不但提高了产品的市场竞争力，同时可以提高原辅材料的利用效率，降低污染物的产生和排放程度。

5. 强化科学管理，提升操作水平

除了技术设备等物化因素外，生产过程离不开人的因素，这主要体现在运行操作和管理上。有些污染是生产过程中管理不善造成的。因此，企业在推行清洁生产时，应该把提升操作水平作为一项优先考虑的措施。主要方法如下：通过培训提高人员的操作技能和设备及工艺管理水平，进一步落实岗位和目标责任制，防止生产事故，使人为的资源浪费和污染排放减至最小；加强设备管理，提高设备完好率和运行率，开展物料、能量流程审核；科学安排生产进度，改进操作程序，组织安全文明生产，把绿色文明渗透到企业文化之中。清洁生产的过程也是加强生产管理的过程，它在很大程度上丰富和完善了工业生产管理的内涵。

综上所述，企业推行清洁生产不但要体现在产品生产的全过程之中，还要落实在产品的整个生命周期之中，要把产品的生产过程和消费过程看作物质转化的整体，力求把“原料→工业生产→产品→消费→废品→弃入环境”这一传统模式，转变为“原料→工业生产→产品→消费→废品→二次原料资源”这样的闭环系统，实现产品在生产和消费过程中多次循环使用，尽可能减少产品在生产、销售、消费和报废过程中对环境造成的危害。

6. 末端处理

在产品的生命周期评价范畴内，末端处理是产品全过程控制中最后的把关措施。末端处理应按照相关排放标准执行。

上述清洁生产的实施途径既可以单独实施，也可以互相结合起来综合实施。总的原则是资源利用率最大化、污染物产生量最小化，以实现节能、降耗、减污和增效的目的。

（三）实施清洁生产的主要方法

从国内外清洁生产的实践过程和实际经验可知，各个国家为了有效地推行清洁生产，首先要建立完善的政策体系，将清洁生产纳入法治轨道，这是推行清洁生产的有力保障。其次要深入推行清洁生产，还要加大清洁生产的宣传教育，培养公民的环境意识，推行清洁生产技术。我国为了推行清洁生产工艺，已经开发和建立了一系列实施方法，包括清洁生产审核、环境标志、产品生命周期评价、生态设计以及环境管理体系（ISO14000）等。

1. 清洁生产审核

清洁生产审核，是目前极为成熟也适用极广的一种实施清洁生产的方法。它是对企业现在的和计划进行的工业生产，运用以文件支持的一套系统化的程序方法，进行生产全过程评价、污染与预防因子识别、清洁生产方案筛选的综合分析活动过程。其目的有两个：一是通过对企业生产全过程的重点（或优先）环节、工序产生的污染进行综合分析和定量监测等手段，识别出生产过程中不符合清洁生产的部分和做法；二是提出方案解决这些问题，从而实现清洁生产，包括核对有关单元、原材料、操作、产品、用水、能源和废物的资料；确定废物的来源、数量及类型，找出高物耗、高能耗、高污染的原因，从而确定废物削减的目标，制定经济有效和削减废物产生的对策。因此，清洁生产审核是企业实施清洁生产的基础，是支持和帮助企业有效开展节能、降耗、减污和增效的有效手段。

2. 环境标志

产品的生产过程不但消耗资源，而且影响环境。为了保护和促进公众爱护环境的积极性，引导消费市场向有益于环境的方向发展，一些国家政府相继推出了环境标志计划。20 世纪 80 年代出现的环境标志，又称为绿色标志，目前已经涉及众多产品，如机动车尾气排放合格的环境标志。

环境标志主要是由国家依据环境标准要求，规定产品从生产到使用的全过程必须符合环境保护的要求，对符合或达到一定环境要求的产品颁发证书或者是标志。如果商品带有环境标志，就表明该类商品在生产和使用过程中对环境的危害极小或者是无害。实行环境标志的主要目的是增强全社会的环境意识，引导公众的消费取向，减少对环境有害的产品的生产和消费。环境标志对于转变不可持续的消费模式产生了积极的推动作用，同时也促进企业在生产过程中节约资源，降低污染，开发对环境有益的产品。

3. 产品生命周期评价

产品生命周期是由原料的收集处理、加工制作、运销、重复使用、再循环，直到最终处理处置和废弃等一系列环节组成的全过程。它体现了产品从自然中来又回到自然中去的物质转化过程。按国际标准化组织的定义，生命周期评价是对一个产品系统的生命周期中的输入、输出及潜在影响进行综合评价。

生命周期评价的思想原则既包括考察产品的某种环境性能，也包括考虑产品整个生命周期的各个阶段，这样才能得出科学全面的结论。产品生命周期评价是继产品功能分析、技术分析、经济分析后的另一种分析方法。该方法为环境标志、生态设计等提供依据。通过生命周期评价，可以了解产品在整个生命周期中各个阶段对环境影响的大小，从而发现和确定预防污染的机会。

4. 生态设计

生态设计又称为绿色设计、生命周期设计或环境设计，它是随着绿色消费和绿色市场的兴起而出现的。基于生命周期评价的产品设计，已经成为研究和实践清洁生产的热点。其基本思想是预防环境污染应该从产品的设计开始，把减少产品对环境的影响理念融入产品的设计之中，从而帮助其确定设计方向。而传统的产品设计，主要以人为中心，满足人的各种需求，忽视了产品在生产和消费过程中的资源和能源消耗，及其对环境的影响。从产品的整个生命周期看，产品的生态设计实现了从以人为中心，转向既考虑人的需求又考虑生态系统的安全的设计理念的转变。因此，产品的生态设计不仅能够支持清洁生产的发展，而且能够引导一个更具可持续性的生产体系和消费系统。

5．环境管理体系

环境管理体系是一个组织实施环境管理与开展污染防治活动的组织基础和保证。随着清洁生产的推行，从前以末端治理为基础的环境管理模式，转变为以产品生命周期与生产过程为基础的全方位环境管理模式。这种全过程的环境管理需要采取综合的、系统的，而不是孤立的、分割的管理方式，需要从各个组成环节的相互影响和有机联系上去实施清洁生产的活动。

为了实施建立这种有效的环境管理体系，国际标准化组织建立了 ISO14000 环境管理体系系列标准。其中 ISO14001 是关于环境管理体系的标准，依据 P(规划)、D(实施)、C(检查)、A(改进)的循环过程机制，为组织建立实施这样一个环境管理体系提供了指导。ISO14001 环境管理体系中的循环过程机制，从表面上看与清洁生产审核机制有许多相似之处，但两者之间存在本质差别。两者间的主要区别如表 5-1 所示。

表 5-1　清洁生产与 ISO14001 环境管理体系间的区别

项目	清 洁 生 产	ISO14001(环境管理体系)
思想	以节约能源、降低原辅材料消耗、减少污染物的排放为目标，以科学管理、技术进步为手段，目的是提高污染防治效果，降低污染防治费用，消除或减少工业生产对人类健康和环境的影响	旨在指导并规范组织建立先进的体系，引导组织建立自我约束机制和科学管理的行为标准，帮助组织实现环境目标与经济目标
侧重点	侧重于技术，着眼于生产本身，以改进生产、减少污染产出为直接目标	侧重于管理，集国内外环境管理经验于一体的、标准化的、先进的环境管理体系模式
实施手段	直接采用技术改造，辅以加强管理	以国家法律法规为依据，采用优良的管理，促进技术改造
审核方法	以工艺流程分析、物料和能量平衡等方法为主，确定最大污染源和最佳改进方法	侧重于检查组织自我管理状况，审核对象有组织文件、现场状况及记录等具体内容
作用	向技术人员和管理人员提供了一种新的环保思想，使组织环保工作重点转移到生产中来	为管理层提供了一种先进的管理模式，将环境管理纳入其管理中，让所有的职工意识到环境问题并明确自己的职责

从表 5-1 中的具体内容可知，清洁生产是环境管理体系 ISO14001 为了实现环境目标与经济目标所采取的一种管理方式，良好的环境管理体系 ISO14001 反过来促进企业更好地实施清洁生产，为促进企业环境绩效的持续改进提供了一个系统结构化的运行机制。因此，清洁生产和环境管理体系两者间既相互联系，又存在明显的区别。

第二节　循环经济

2002年国家发布了《中华人民共和国清洁生产促进法》。2008年，为了促进循环经济发展，提高资源利用效率，保护和改善环境，实现可持续发展，国家颁布了《中华人民共和国循环经济促进法》，并于2018年10月进行了第一次修正。从这两部法律制定的目的看，它们之间有许多内在的联系，都是为了提高资源利用效率，保护和改善环境，都是为了促进经济与社会可持续发展。

一、循环经济的概念及相关内容

（一）循环经济的概念

《中华人民共和国循环经济促进法》中给出了循环经济的定义：循环经济是指在生产、流通和消费等过程中进行的减量化、再利用、资源化活动的总称。其中：减量化是指在生产、流通和消费等过程中减少资源消耗和废物产生；再利用是指将废物直接作为产品或者经修复、翻新、再制造后继续作为产品使用，或者将废物的全部或者部分作为其他产品的部件予以使用；资源化是指将废物直接作为原料进行利用或者对废物进行再生利用。因此，循环经济的核心是减量化、再利用和资源化。

从可持续发展角度，解振华认为循环经济是在生态环境成为经济增长制约要素、良好的生态环境成为公共财富阶段的一种新的技术经济范式，是建立在人类生存条件和福利平等基础上的以全体社会成员生活福利最大化为目标的一种新的经济形态，其本质是对人类生产关系进行调整。

（二）循环经济的产生与发展阶段

循环经济的产生经历了一个漫长的过程，它与人类文明的发展阶段密切相关。经济学家通常把人类文明发展阶段中的经济发展分为以下四个阶段。

1. 原始经济阶段

人类智力水平和认识自然与人类自身及相互关系的水平相对低下，生产力水平低下，属于社会学所述的原始社会状态。因此，人类生存完全依赖自然，没有能力支配、改造、征服自然。这一时期人与自然融为一体，和谐相处，人类的活动被纳入生态系统食物链的良性循环中，处于人地合一的生存发展状态。

2. 农业经济阶段

此阶段的人类已经能够利用自身的力量去影响和改变局部的自然生态环境，通过农耕生产获得了更多的物质生产资料，使其生活水平得到了明显改善。农耕生产在创造物质文明的同时，其生产和生活活动开始影响到自然生态系统的良性循环，但没有打破生态与系统的良性循环，对自然环境的影响完全在自然生态承载能力范围，人类仍然能够与自然和谐相处。

3. 工业化经济阶段

产业革命后，包括纺织、轻工、钢铁、化工、建筑等主要产业迅速发展，人类凭借自己的智慧和知识，在开展生产活动中为获得巨大的物质资料，消耗了大量的自然资源，经济得到了快速发展，人类的生活水平进一步提高。

这一时期人类与环境的关系发生了根本性变化，为了获取更大的经济效益，开始对自然进行开发、掠夺和破坏，使生态系统的平衡受到了严重破坏，造成了生态退化和失调，环境日益污染和恶化，并已经威胁到人类自身的生存和发展，20 世纪全球公认的八大环境公害事件就是典型的例子。《被掠夺的星球》《寂静的春天》《增长的极限》和《没有极限的增长》等书籍的出版发行，使得环境问题逐步引起了人们广泛和高度重视。

4. 后工业经济阶段

基于对一系列恶性环境公害事件的思考，不管是发达国家还是发展中国家，均认识到工业化时代大量消耗自然资源的经济发展模式不适合现代社会文明的需要。人类需要采用一种能够保护和改善自然生态环境的全新经济发展模式，即可持续发展模式去发展经济。该模式以可持续发展为指导思想，以生态经济理论作为理论基础，开始了循环经济的探索和实践。通过节约资源、提高科技含量来减少自然资源的消耗，通过实施清洁生产，使产品和服务全过程实现无污染化，实现资源循环利用。因此，后工业经济阶段也可以称为生态工业和循环经济阶段，目前，生态工业和循环经济阶段还处于初步的探讨阶段。

生态工业和循环经济理论试图将以满足人类自身需要而形成的追求物质和经济利益的传统生产模式和经济模式，逐步转变为与自然生态系统需求相适应、生产和经济活动在环境承载力范围内、生产和发展模式与生态环境的结构和功能相结合的生态型、循环型的工业系统和经济发展模式。

（三）循环经济的原则

循环经济应该遵从以下三个原则。

1. 减量化(reduce)原则

减量化指在生产、流通和消费等过程中减少资源消耗和废物产生。因此，循环经济的减量化要求用尽可能少的原辅材料和能源来完成既定的生产目标和消费目的，使资源能源利用效率尽可能地提高。这样可以实现从源头上减少资源和能源的消耗，减少污染物的排放，使环境得到大大改善，也符合清洁生产标准要求。

2. 再利用(reuse)原则

由再利用的定义可知，再利用原则要求将废物直接作为产品或者经修复、翻新、再制造后继续作为产品使用，或者将废物的全部或者部分作为其他产品的部件予以使用。因此，产品设计者和生产者在生产中，尽可能使产品经久耐用和反复使用，使产品和包装指标满足清洁生产的要求。

3. 再循环(recycle)原则

再循环原则要求产品在完成使用功能后能重新变成可以利用的资源，同时也要求生产过程中所产生的边角料、中间物料和其他一些物料也能返回到生产过程中，或是另外加以利用，即将前一个产品的废料作为另一个产品的资源加以利用。

减量化、再利用和再循环三原则在循环经济中的重要性并不是并列的，有人简单地认为，循环经济最主要的是把废物资源化再投入到生产中。实际上，循环经济的根本目的是要求在经济流程中系统地避免和减少废物，而废物再生利用只是减少废物最终处理的方式之一。减量化、再利用、再循环的主体都是针对生产过程的废物，减少废物的产生，同步减少再利用和资源化的成本。

（四）循环经济的基本特征

传统的农业经济，尤其是工业化经济发展阶段，是一种基于“资源→产品→废物”的单向直线过程，创造的财富越多，消耗的资源和产生的废物就越多，对环境资源的负面影响也就越大。循环经济创造财富的理念发生了本质的变化，其基本特征是以尽可能小的资源消耗和环境成本，获得尽可能大的经济和社会效益，从而使经济系统与自然生态系统的物质循环过程相互和谐，促进资源永续利用。这种基本特征与产品的生命周期或实施清洁生产产生的结果有许多相似之处，主要体现在以下几个方面。

1. 在资源开采环节，要大力提高资源综合开发和回收利用率

这是生产产品所需的初始原辅材料，循环经济要求在起始环节就考虑资源综合开发和回收利用效率问题。

2. 在资源和能源消耗环节，要大力提高资源能源利用效率

循环经济要求单位产品的资源和能源消耗最小化，尽可能地提高资源和能源利用效率。

3. 在废物产生环节，要大力开展资源综合利用

循环经济要求单位产品的生产过程中废物产生量最小化，尽可能地提高资源综合利用效率。

4. 在再生资源产生环节，要大力回收和循环利用各种废旧资源

循环经济要求在产品失去某方面的利用价值后，尽可能地回收和循环利用，如再生纸的生产、再生铅的回收和再利用等。

5. 在社会消费环节，要大力提倡绿色消费

循环经济要求消费者在购买产品时，尽可能选择具有绿色标志等对环境影响最小的产品，尽可能地延长产品的使用周期。

二、循环经济的主要观念

循环经济与农业经济和工业经济等发展模式相比，其理念和内涵之间存在本质区别，作为一种全新的经济发展模式，是对“大量生产、大量消费、大量废弃”的传统经济模式的根本变革。因此，循环经济具有许多基本特征，这些基本特征主要体现在其理念方面，这种理念与产品的生命周期理念或清洁生产理念有许多相似之处，因此，循环经济的主要观念如下。

（一）新的系统观念

循环经济系统是由人、自然资源和科学技术等要素构成的人地一体化复杂系统。循环经济观要求人在考虑生产和消费的同时，将自己置身于这一人地一体化复杂系统之内，并将自己作为该复杂系统的一部分。“山水林田湖草是生命共同体”是一个人地一体化的复杂系统。“退田还湖”“退耕还林”和“退牧还草”等生态系统的修复和重建，既符合自然发展规律，也符合经济发展规律，“绿水青山就是金山银山”。

（二）新的经济观念

循环经济理念是指用生态学和生态经济学的规律来指导生产和生活活动，而不是仅仅沿用 19 世纪以来机械工程学的规律来指导经济活动。循环经济理念不仅要考虑工程承载能力，还要考虑资源环境承载力或生态承载能力。因此，循环经济理念所强调的主要经济活动必须在资源环境承载力或生态承载能力范围内开展，因为超过资源环境承载能力的循环是恶性循环，会造成局部甚至整个生态系统的退化，只有在资源承载能力之内的良性循环才能使生态系统平衡发展。

循环经济是采用先进生产技术、替代技术、减量技术和共生链接技术以及废旧资源利用技

术、“低排放”技术，甚至“零排放”技术等支撑的经济，不是传统的低水平物质循环利用方式下的经济。所以，我们应在建立循环经济的支撑技术体系上下功夫。从这一点上看，循环经济是我国推进产业结构升级改造、转变经济发展方式的重要力量，同时也是我国实现节能减排目标的重要手段之一。

（三）新的价值观念

在循环经济价值观念下，考虑大自然时，不再像传统工业经济那样将其作为“取料场”“弃料场”或“堆场”，也不仅仅视其为可利用的资源，而是将大自然的“山水林田湖草”视为一个生命共同体，是人类赖以生存的基础，是需要维持良性循环的生态系统；考虑科学技术时，不仅考虑其对自然的开发能力，而且要充分考虑适当的科学技术对生态系统的修复能力，使之成为有益于环境的技术；考虑人自身的发展时，不仅考虑人对大自然的征服能力，而且更重视人与自然和谐相处的能力，促进人地复杂系统的平衡。

（四）新的生产观念

循环经济要求基于产品的生命周期和清洁生产理念，以及满足环境标准要求，从物质和能量循环意义上开展生产和生活活动，推动经济发展。因此，其产品的生产观念是要充分考虑自然生态系统的承载能力，尽可能地节约自然资源，不断地提高自然资源的利用效率；要求从生产源头和全过程充分利用资源，使每个企业在生产过程中少投入、少排放、高利用，达到废物最小化、资源化、无害化。充分有效地利用上游企业的废物，使其成为下游企业的原辅材料，实现区域或企业群的资源最有效利用；以生态链条作为主线，将工业与农业、生产与消费、城区与郊区、行业与行业有机结合并联系起来，实现可持续生产和消费，逐步建成循环型社会。

（五）新的消费观念

提倡绿色消费是循环经济的一个基本特征，这也是对人类传统消费观念的一种转变。绿色消费是一种与自然生态相平衡的、节约型的低消耗物质资料、产品、劳务和注重保健、环保的消费模式。在日常生活中，鼓励多次性、耐用性消费，减少一次性消费，摒弃传统工业经济的“拼命生产、拼命消费”的误区。在消费的同时，充分考虑废物的资源化，构建循环生产和绿色消费的观念。

三、循环经济的实施途径

（一）循环经济的支撑体系

循环经济的顺利实施，需要在政策、技术和管理等多方面给予支持。2008 年国家颁布了《中华人民共和国循环经济促进法》，从法律层面给予了强有力的支持。在政府的大力支持下，我国开展了循环经济实践，先后建立了一批国家级和地方级的循环经济示范区。因此，归纳起来我国循环经济实施的支撑体系包括五个方面。

1. 国家政策和法律法规的支撑

2008 年国家颁布了《中华人民共和国循环经济促进法》，2018 年发布了修正后的《中华人民共和国循环经济促进法》。各省、自治区和直辖市也相继发布了一系列相关性文件。

法律支撑和经济政策是循环经济社会化的基础，管理和监督的制度化建设，对循环经济的实践提供了强有力的支持。循环经济的发展从“怎样处理废物”到“怎样避免废物的产生”。政府在制定政策法规时应加强和社会团体、科研机构的联系，使政策法规更具科学性。另外，注意发挥社区组织的作用，使循环经济得到更好的执行。循环经济实施的畅通程度取决于各种制度之间的和谐程度。人与环境相融和谐的意识是可持续发展观的灵魂，是循环经济的精神支柱。

2. 技术的支撑

循环经济的生态效益最终将在经济系统的物质变化上得到明显体现，因为循环经济系统将会使资源输入流大幅度减少，同时废物的输出流也将大幅度减少。要实现这一目的，必须为循环经济提供足够的技术支持。循环经济的技术载体总体上是环境无害化技术和环境友好型技术，包括清洁生产技术体系、环境监测技术体系、污染物排放与控制技术体系、绿色生产技术体系和技术创新体系等。

循环经济对于污染的控制不再是单纯地针对某一环节或者某种物质，而是注重整个生产过程中污染防治的系统性，即从开采、加工、运输、使用、再生循环、最终处置等环节对系统的资源消耗和污染物排放进行分析，得到全系统的物质流动情况和环境影响状况，从而对系统的生态和经济效益进行评估。这些也需要强有力的技术支持。

循环经济的发展是一个渐进过程，技术需要不断创新，这种创新提倡技术回归，对先前的技术体系进行改进，先确定需要达到的技术目标，然后指导技术进行定向创新。只有这样，才能使循环经济持续向前发展。这与污染治理技术中运用最多的增量改进创新技术不同。因为污染治理技术倾向于加强现有技术，这在一定程度上能够促进技术创新，但这不是一种彻底的创新。

3. 资金的支撑

为了促进循环经济的发展，自从《中华人民共和国循环经济促进法》颁布之后，国家科技部、财政部和各省、自治区和直辖市的相关部门，在循环经济示范区建设方面，均给予了大力支持。

4. 管理和监督的支撑

循环经济作为一种全新的经济发展模式，是对“大量生产、大量消费、大量废弃”的传统经济模式的根本变革。这一转变过程需要经历很长一段时间，才能实现经济发展理念的根本变化，并付诸行动。在此过程中，需要不同层面的管理者对实践者进行引导，在政策、资金和技术等方面实行系统管理和监督。循环经济示范区不是简单地将某些企业集中到某个工业集聚区中，而是在进入该区的企业之间建立了一种密不可分的有机联系，使各企业生产的产品之间形成一个闭环的产业链。因此，管理者应该在国家政策和法律法规的支持下，从环境管理体系、环境质量标准、污染物排放控制标准、清洁生产审核和绿色标志等方面，开展循环经济实践的管理和监督。

5. 经济效益的支撑

循环经济链条中的企业必须盈利，必须不断地增值、扩大，才能保证循环经济持久广泛地开展下去。在盈利的同时，实现经济效益、社会效益和环境效益之间的平衡。只有这样，循环经济链条才能持续性地维持下去。

（二）循环经济示范区建设

1. 循环经济示范区的内涵

循环经济示范区是一种以污染预防为出发点，以物质循环流动为特征，以社会、经济、环境可持续发展为最终目标的示范区域。它运用生态学规律把区域内的社会经济活动组织成若干个“资源→产品→再生资源”的反馈流程,通过对物质、能源的高效利用和污染物的低排放,最终实现整个区域经济社会全面、健康、持续发展。循环经济示范区充分利用“3R”原则,在生产和消费的源头努力控制废物的产生,对可利用的产品和废物循环利用,对最终不能利用的产品进行合理处理处置,实现物质生产、消费的“低开采、高利用、低排放”,最大限度地高效利用资源和能源,减少污染物排放,促进资源环境与经济社会的和谐发展。

2. 循环经济示范区建设的目标

循环经济示范区建设的目标是通过改变传统的工业发展模式,不断加快区域的经济发展速度,改善区域的环境质量,提高人民的生活水平,实现区域层次经济社会的可持续发展,为循环经济在更大领域和更高层次的发展树立典范。依据循环经济示范区规划指南,示范区建设的指标体系可以分为以下四大类。一是经济发展指标:如经济发展水平指标(GDP 年平均增长率、人均 GDP、万元 GDP 综合能耗、万元 GDP 新鲜水消耗等);经济发展潜力指标(科技投入占 GDP 的比例、科技进步对 GDP 的贡献率等)。二是循环经济特征指标:①资源生产率,综合表示产业和人民生活中有效利用资源情况(资源生产率=GDP/天然资源投入量(也称直接物质投入量));②循环利用率,表示投入经济社会的物质总量中循环利用量所占的比率,包括水资源重复利用率、原材料重复利用率、能源重复利用率、城市中水回用率、废电器回收利用率、废纸回收利用率、废塑料回收利用率、废金属包装物回收利用率、城市垃圾的分类回收率等;③最终处理量,表示城市废物和工业废物最终处置量。三类指标中,前两类应尽量高,后一类应尽量低。三是生态环境保护指标:如环境保护指标(环境质量、污染物排放达标情况、污染物处理处置等);环境绩效指标(万元 GDP 工业废水产生量、万元 GDP 工业固体废物产生量、万元 GDP 工业废气产生量、万元 GDP 有毒有害废物产生总量);生态建设指标(可再生能源所占比例、人均公共绿地面积、园区绿地覆盖率等);生态环境改善潜力(环保投资占 GDP 的比重等)。四是绿色管理指标:如政策法规制度指标(促进循环经济建设的地方政策法规和文件的制定、促进循环经济建设的地方政策法规和文件的实施等);管理与意识指标(开展清洁生产的企业所占比例、园区企业 ISO14001 认证率、循环经济知识培训、循环经济的社会认知率、信息系统建设等)。循环经济特征指标是循环经济示范区和国内其他示范区的重要区别,也是循环经济示范区建设的重点。

3. 循环经济示范区建设的原则

(1)“3R”原则。“3R”原则是循环经济的基本原则,对于循环经济的成功实施是必不可少的。利用“3R”原则减少进入生产和消费过程中的物质和能源,促进物质的循环利用,进一步减少废物的产生量。只有在示范区有效地实施“3R”原则,才能使循环经济理念在循环经济示范区建设中得到充分观测,从而彻底转变传统落后的经济发展模式。

(2) 生态效益、经济效益和社会效益协调统一原则。在循环经济示范区建设过程中,针对突出的环境污染和生态问题,在加大建设力度的同时,坚持预防为主、保护优先,坚持环境保护与资源开发、经济建设并重,把生态建设与区域经济、绿色产业开发、提高人民生活水平、社会文明进步紧密结合,积极促进经济、社会与生态环境之间的良性循环。

(3) 统筹规划、整体协调原则。科学规划是建设循环经济示范区的前提,依据循环经济的发展理念,确定发展目标和建设重点,科学制定循环经济发展总体规划并与国民经济和社会发展规划相衔接。不同产业部门之间以及行业之间应该相互协调,以实现整体效益最大为原则。

(4) 因地制宜、突出特色的原则。要结合地区的自然资源、生态环境以及社会经济条件,发挥各自的区域优势,处理好人口、资源与环境的关系,以实现资源的最大化利用和污染零排放为目标，选择不同的发展模式和配套技术，科学合理地调整示范区内的产业结构和布局。

4. 循环经济示范区建设的重点

示范区硬件的建设的重点主要集中在企业、区域和社会三个层面。企业层面的循环经济要求所选择的企业实现清洁生产，提高生态效率，用清洁生产技术改造落后的生产工艺，最大限度地降低单位产品物耗、能耗、水耗和污染物排放。区域层面的循环经济要求企业之间建立工业生态系统和生态园区，实现企业之间废物相互交换。运用工业生态学和循环经济理论，对现有工业园区分类指导，建设生态工业园区，提升现有经济技术开发区和高新技术开发区档次和竞争力，引导老工业区的改造。社会层面的循环经济要求废物得到再利用和再循环，产品消费过程中和消费后进行物质循环。建立城市生活垃圾以及其他废旧物分类、回收、再造系统，城市及区域中水回用系统，生态型产业系统，信息系统等初步建设起循环型社会。

示范园区首先要建立发展循环经济的法律法规体系，如制定地方的循环经济发展条例和相关的实施细则。其次要制定推动发展循环经济的优惠政策，如制定优惠的财政、税收、投资、土地、排污费返还政策和其他经济激励政策；基建和技改项目审批中鼓励循环经济示范区内的建设项目；进一步提高污水处理费，征收垃圾处理费，使污水处理厂和垃圾处理场运行达到保本微利水平。制定废物资源化、再利用的激励性经济政策。制定政策明确生产者和消费者的责任和义务。再次制定鼓励绿色消费和绿色采购的政策，如建立政府绿色采购制度，优先采购再生利用产品和经过清洁生产审核、通过 ISO14001 认证的企业的产品以及通过认证的环境标志产品。

循环经济的技术支撑体系包括环境工程技术、废弃物资源化利用技术和清洁生产技术，应重点开发和运用生态工业的关键连接技术。

5. 循环经济示范区建设实例

(1) 天津子牙循环经济产业区。

天津子牙循环经济产业区位于天津市西南部静海县，距天津市区 19 km，距天津滨海新区核心区 65 km，距天津机场 43 km，距天津港 75 km，距北京 120 km，距石家庄 240 km，地处京津冀腹地，辐射西北，连接东北，覆盖范围广，地理位置优越，区位优势明显。天津子牙循环经济产业区 2012 年晋升为国家经济技术开发区，是目前中国北方最大的循环经济园区，是经国务院批准的首家以循环经济为主导产业的国家级经济技术开发区，也是中日循环型城市合作项目。

天津子牙循环经济产业区总体规划面积 135 km^2，采取“三区联动”的模式进行发展，其中生产加工区 21 km^2、林下经济带 20 km^2、科研居住服务区 9 km^2，形成静脉串联、动脉衔接、产业间动态循环的“循环子牙模式”。目前重点发展的五大产业包括废弃电器电子产品产业加工、报废汽车拆解、废弃机电产品精深加工与再制造、废旧橡塑再生利用、节能环保新能源。

园区产业基础雄厚，有企业 160 家，年吞吐能力为 100 万～150 万吨。每年可向市场提供原材料铜 40 万吨、铝 15 万吨、铁 20 万吨、橡塑材料 20 万吨，其他材料 15 万吨，形成了覆盖全国各地的较大的有色金属原材料市场，实现了国际国内合作，一二三产交融，产业产品对接，资源优势互补的经济社会大循环。

天津子牙循环经济产业区的规划特色：以产业经济充分循环为目标，打造同行业内以零耗损和自消化为特征的“循环子牙模式”。在生产加工区合理规划包含报废汽车拆解加工、废旧轮胎及橡胶再生利用、废旧机电产品拆解加工以及废旧电子信息产品拆解加工产业功能的拆解加工组团，精深加工与再制造组团、新能源与环保产业组团以及仓储物流组团。根据产业链关联程度，合理安排各产业功能的空间关系。以生态环保为建设目标，在绿地系统、清洁能源、水资源循环、固废处理、绿色建筑等方面打造“生态子牙”。在工业组团与居住科研组团之间按照环保要求建设林下经济带，发展兼具景观、环保、经济等多方面复合功能的林下经济示范区。推进新能源产业，提高可再生能源的利用比例，推广太阳能技术，因地制宜，采用地源热泵、水源热泵以及工业污水源热泵技术，充分利用地热与工业余热资源。建设统一的雨水收集回用系统和污水处理再生回用系统，使雨水、污水再次循环使用。对产业内的工业、居住及公共建筑，从建筑布局、空间形式、材料使用、能源结构等方面进行生态化设计，通过综合的绿色建筑设计策略，使整个产业区建筑能源消耗降低。构建以公路运输为主体、其他运输方式为补充的对外交通综合体系，打造“便捷子牙”。科研居住服务区规划尊重自然机理，利用环境资源优势，形成黑龙湾河带状公园绿地，并通过绿色廊道将滨水景观延伸到各个组团内部，塑造具有田园风光特色的滨水生活团组，建设“宜居子牙”。

(2) 谷城县循环经济产业园。

谷城县循环经济产业园位于湖北省襄阳市谷城县，地处城关镇与石花镇之间，总规划用地约 45 km^2，在湖北省汉江经济流域和湖北省汽车产业发展轴线上，交通便捷，区位优势明显。由于谷城县独特的地理位置和特有的区域经济环境，在资源需求的带动下，谷城县开始了再生资源回收利用行业的发展。2006 年，谷城县被批准为湖北省循环经济试点，2007 年，《湖北谷城循环经济工业园发展规划》和《湖北省谷城循环经济工业园产业发展规划》发布，2011 年谷城县再生资源园区被国家发改委、财政部批准为第二批“城市矿产”示范基地。

园区入驻了废旧金属加工利用企业，包括再生铅、再生铝、再生钢铁产业链，培养并拓展出金洋、三环、骆驼、美亚达、金耐特等品牌。

谷城县循环经济产业园是创建“以城市矿山为基础、以循环经济为内涵、以汽车产业为主体、以新型材料为补充”的综合性生态产业城，主要围绕“双重资源、四大集群、四大基地”进行综合产业发展，全力做好物流回收网络，减少综合能耗和环境污染。“双重资源”是指城市矿山再生资源和工业发展引进资源，前者为园区提供铅、铝、钢铁、塑料以及部分贵重金属材料，后者为园区整体工业发展提供相应缺乏的一些材料。“四大集群”指再生资源回收提炼加工产业集群、汽车/汽车零配件制造主导产业集群、新材料橡塑与纺织延展产业集群、低碳环保废物处置产业集群。“四大基地”指城市矿山示范基地、汽车零部件制造基地、新型材料纺织品基地、循环经济科研培训服务基地。

第六章　新时代生态文明建设

第一节　人类文明的回顾与反思

近年来，世界经济飞速发展，人类物质生活水平需要得到极大满足的同时，也造成了生态环境的严重破坏。人类作为改造自然界的特殊存在，在人与自然关系的调节中起到重要作用，正确理解人类文明发展史以及人与自然关系演进的轨迹，对于实现人与自然和谐相处的绿色发展模式具有重要的现实指导意义。

一、人类文明的演进历程

正如本书第一章所论述的那样，自人类社会发端以来，人类文明发展经历了漫长的历史进程。人类在经历了原始文明、农业文明、工业文明之后，目前正处于工业文明向生态文明的转型时期。

（一）人类服从/依赖自然的原始（渔猎）文明

原始文明，也被称为渔猎文明，是人类文明的第一个阶段。这个时候的人类刚刚从猿进化过来，以区别于其他动物的身份开始了与自然界相互影响的文明史历程。由于这个时候人类尚处于蒙昧阶段，人与自然呈现出一种和谐的状态，人被动地从大自然中获取物质资料，人类为了生存所进行的实践活动没有对自然造成不可逆的破坏。这一时期，人对自然的作用力极小，大自然保持着原始的生态平衡，按照自身的规律进行演化。人类对于环境的改造作用微不足道，即使人类的活动使部分环境出现问题，但相对于巨大的地球来说，是不会产生什么根本性影响的，地球的自我恢复能力使人类意识不到它的作用。在人与自然并不对等的关系下，大自然的主导地位使人类甘愿服从自然、顺应自然。因此，在原始文明时期，人与自然的关系是服从或依赖。

（二）人类顺从/顺应自然的农业文明

农业文明是继原始文明后人类文明的新阶段，是人类文明发展史上的第一个飞跃。这时候的人类经过原始文明对大自然的探索，已经累积了许多对大自然的认识，在长时间的实践活动中慢慢摆脱对大自然的直接依赖，开始制造更先进的工具耕种土地、饲养动物，将原始文明下人类从大自然直接获取食物的途径转变为有规律、可持续的收获方式。由此，人类社会从采集-狩猎社会进入农业社会。这一时期人类社会的生产方式主要是“生物型”生产，人类还较多地直接依赖生物圈的初级生产力，依赖所生存的自然环境。人与自然趋于“一体”“共生”和“亲和”的关系，这是人类各族的共同特征。中国古代的“天人合一”是人类早期自然理性的深刻体现。但“天人合一”总体上仍是“天”（自然）迫使人顺从，在“天”与人的混沌一体中，“天”是主，人是客。总体上看，在农业文明时期，人与自然的关系是顺从或顺应。

（三）人类征服/掠夺自然的工业文明

18 世纪发生在英国的工业革命将人类带到了工业文明时代。工业文明时期科学技术水平显著提高，生产力发展突飞猛进，经济的空前增长把人与自然的关系推向了一个新的阶段。工业文明下，人类一味追求经济的发展，单向地向大自然索取资源，无节制地破坏生态环境以达到经济增长的目的。愈加频繁的自然灾害宣示着大自然的愤怒，严重伤害人类自身及其生存的自然环境。恩格斯曾警醒人类：我们不要过分陶醉于我们人类对自然界的胜利。对于每一次这样的胜利，自然界都对我们进行报复。人类对大自然无度的开发造成了人与自然的对立与分裂，人与自然的矛盾日益尖锐。这一时期，人们对自然不再采取尊重与敬畏的态度，由顺从者变为改造者和征服者，形成了主宰自然、奴役自然、支配自然的行为哲学，认为人类对自然界具有支配的地位，人是"万物的尺度"，进而出现"人类中心主义"。因此，在工业文明时期，人与自然的关系是征服或掠夺。

（四）人与自然和谐相处的生态文明

生态文明是人类文明发展的一个新的阶段，即工业文明之后的文明形态。这个新的文明时代是人类在审视工业文明时期人与自然的紧张关系后进行协调与整合的结果，是人与自然、人与人、人与社会关系和谐共生的社会形态。生态文明是人类文明的一种高级形式，同农业文明、工业文明具有相同点，那就是它们都主张在改造自然的过程中发展物质生产力，不断提高人的物质生活水平。但它们之间也有着明显的不同点，即生态文明突出生态的重要性，强调尊重和保护生态环境，强调人类在改造自然的同时必须尊重和爱护自然，不能随心所欲、盲目蛮干、为所欲为，因为人与自然都是生物圈或复合生态系统的重要组成部分。人与自然不存在统治与被统治、征服与被征服的关系，而是存在相互依存、和谐共处、共同促进的关系。人类的发展应该是人与社会、人与环境、当代人与后代人的协调发展。人类的发展不仅要讲究代内公平，而且要讲究代际公平。因此，在生态文明时期，人与自然的关系是和谐共处。

二、工业文明引起的生态危机及其反思

在人与自然的关系中，生态问题是其中最重要、最根本、最受关注的焦点所在。工业革命以来，人类中心主义和功利主义不断强化，人与自然的关系被异化，出现了生态危机。随着生态危机的日益加深，不仅影响到了人们正常的日常生活秩序，更威胁到了人类自身生存的根基。因此，生态危机已经成为人类面临的共同挑战，分析和探讨生态问题，防止生态危机，走向生态文明成为人类的迫切需求。

（一）生态危机产生的根源

当代全球生态危机的主要根源有以下四个方面。

1. 人口问题引发生态危机

自从人类出现之后，随着时间的推移，随着生存环境的安定、和平与富足化趋势发展，人口数量呈现爆炸式增长态势，这便要求有更多的资源与之相配套，因而人类对矿产的开采力度逐年加大，严重缩短了生态系统的再生与修复时间，使得为人类提供资源的生态系统不堪重负。另外，过多的人口给地球造成了更多的污染与破坏。随着人口的快速、大量增长，以及过多的废物排放和过多的破坏性行为，加剧了生态危机的严重程度。

2. 人类对环境资源过度开发引发生态危机

随着社会发展，传统的工农业手段日渐力不从心，迫切需要一种更加快速高效的手段来取而代之。因而，资源发展型现代工业应运而生。目前，我国仍处于资源型发展阶段，经济社会的发展在相当大的程度上都依赖于大自然赋予的资源优势。在这样一种发展模式下，人类活

动本身就具有明显的破坏性特点。而具有大规模、快速、高效特点的现代化工业的产生与发展，使得人类能够在更短时间内获取更多的自然资源，进而导致人类活动的破坏性呈现明显增大趋势。这样一来，人类极易陷入“经济发展越快，生态危机就越严重”这一怪圈。人类的索取与自然供给之间的矛盾有增无减，引发并加剧了生态危机。

3. 人类将废物向环境过度排放引发生态危机

西方发达国家的经济发展模式是建立在对自然资源掠夺性开发的基础上的。资本主义制度具有反生态本性，资本家的最终目的是追逐利润、扩大生产和积累财富，资本的无限扩张和资源的有限存在构成了无法调节的矛盾，生产的扩张超越了自然能够承受的极限。尤其是人类将大量的废物向环境过度排放，给环境造成严重的污染与破坏，加重了生态危机。

4. 科学技术的负面效应引发生态危机

为了更好地满足社会发展的需求，人类发明了各种各样的科学技术。科学技术是价值中立的，本身无正义与非正义之分。科学技术是一把双刃剑，运用得当可以成为造福人类的法宝，反之，可以成为毁灭人类的利器。造成现代生态危机的一个重要原因是科学技术的不合理应用，这种不合理应用使之成为大量生产和利润至上的工具，放大了其负面效应，进而成为造成环境破坏、生态危机的帮凶。

（二）全球性生态危机的主要表现和特征

1. 生态危机的主要表现

当代全球性生态危机主要表现在以下几个方面。

(1) 人口问题。

当代全球生态危机，不仅有环境方面的问题和资源方面的问题，还有人口方面的问题，而且人口问题又大大激化了环境问题和资源问题。人口问题或人口爆炸既是生态危机产生的根由，又是生态危机的主要表现形式之一。地球上的资源是有限的，生态圈的负载能力也是有限的，所以地球能够正常容纳的人口数，即环境人口容量也是有限的。所谓环境人口容量是指在不损害生物圈或不耗尽可合理利用的不可更新资源的条件下，世界资源在长期稳定状态基础上能供养的人口大小。这一概念是指适宜的人口负载量，不是指最大的人口负载量。多数学者认为，未来全球环境人口容量为100亿左右。

20世纪初至今，全球人口增加了两倍，其中，1960年至今，全球人口增加了一倍，人口增长的速度越来越快。人口的快速增长或人口爆炸会带来一系列环境后果，严重威胁着人类社会的发展。人口的增加必将激化资源危机，如导致人均占有耕地面积减少，森林资源遭到严重破坏、覆盖率下降，水资源更加紧张，水荒加剧。由于陆地人满为患，海洋将成为21世纪争夺的主战场。海洋势必遭到严重的污染和掠夺，海洋资源也将衰退；人口的过速增长还会大大增加生态的压力，环境问题也必然进一步恶化。人口对环境造成的影响可以用英国学家保罗·厄尔利克和约翰·霍尔登提出的公式来进行计算：$I=P\times A\times T$。其中：I是环境影响(impact)；P是人口(population)；A是人均富裕程度(affluence)；T是技术(technology)或者制度能力，代表维持这种富裕程度的技术导致的损害或者新能源和新技术带来的好处。该方程以简单明了的方式凸显环境变化影响因子，根据该方程，人类对环境的影响不仅与人口数量有关，还与生活方式有关，如使用什么资源，消耗多少能源，产生多少污染等。

(2) 粮食问题。

2019年4月2日在布鲁塞尔的“危机时期的粮食和农业”高级别会议上，欧洲联盟、联合国粮农组织(FAO)和世界粮食计划署共同发布了《2019年全球粮食危机报告》，报告显示，2018年全球面临粮食危机的人数为1.13亿，其中2900万人因气候变化和自然灾害而陷入重度粮食不安全境地。此外，还有另外42个国家的1.43亿人距离陷入重度饥饿仅一步之遥。尽管国际社会为解决粮食安全问题做出大量努力，世界各地处于严重粮食不安全状态的人数还是出现大幅攀升。粮食危机将持续成为一项全球挑战，需要我们共同应对。未来，人口会继续增加，人均收入会继续增加，城市化和工业化会继续发展，所有这些都意味着对粮食的需求，包括口粮和饲料粮的需求，会不断增加；与此同时，耕地、农用水资源和农业劳动力将不断减少。

粮食问题主要体现在两个方面，一是耕地不足，二是食品短缺。为了满足人类不断增长的需求，世界粮食产量到2030年必须从目前的19亿吨再增加10亿吨，几乎相当于从20世纪60年代中期以来的增长数量。然而，世界粮食种植面积增幅将十分有限。自从1961年以来，全球耕地总面积年均增长0.34%，发展中国家耕地面积年均增长0.68%。世界现有耕地总面积约为15亿公顷，约占世界地表总面积(134亿公顷)的11%，约占世界可耕土地总面积(42亿公顷)的36%。绝大多数发展中国家扩大耕地面积的潜力不大。而且，世界性耕地退化问题日趋严重。过去数十年中，农业生产率的增长速度逐步放慢，原因之一就是土地退化。而人口与土地的比例严重失衡，无法满足粮食供应，导致很多国家和地区常年粮食短缺，比如撒哈拉以南的非洲地区。此外，反常的炎热和干旱的等自然灾害天气使全球很多粮食生产国都有不同程度的减产，如印度和巴基斯坦2020年史无前例的洪水造成了上百万人居无定所，食不果腹；而尼泊尔约有4.5万人受干旱和水灾影响，急需外部粮食援助。反常的天气也对苏丹及东非一些地区造成了严重影响，使当地农民本就贫困不堪的生活雪上加霜。

(3) 环境污染问题。

随着工业的高速发展和人口的急剧增长，环境污染问题日趋严重，构成全球性的生态危机。目前，全球性环境污染问题主要有大气污染(温室效应、臭氧层破坏、酸雨)、水污染、固体废物污染、噪声污染等。

全球性大气污染造成的首要问题是全球气候变暖。由于大量排放温室气体(每年已超过500亿吨)，导致了全球气候变暖，其征兆是：南极冰川减少，大洋海水升温，寒带植被增多，全球春天变长等。全球气候变暖会引发各种自然灾害，并威胁着人类居住的环境。据日本气象白皮书预测，如果人类不采取有效措施来减少温室气体的排放量，21世纪全球气温每10年将平均升高0.3摄氏度；到21世纪末，地球的平均气温将增加5摄氏度，南北极的冰川逐渐融化，整个海平面将升高，有些地处低洼地带的国家如马尔代夫、汤加、图瓦卢等国，将从地球上消失；此外，全球性大气污染物的排放还会导致臭氧层的破坏，由于人类活动排入大气的N_2O，CCl_4，CH_4以及CFC等化学物质与臭氧发生作用，导致了臭氧的损耗，以至于南极上空已经出现了一个巨大的臭氧空洞。臭氧含量减少，紫外线就长驱直入，使人体皮肤癌发病率增加，农作物减产，并使海洋生态平衡受到影响。

水污染也是一个全球性问题，国际社会正面临着水污染的严重后果。全世界每年有4200多亿立方米的污水排入江河湖海，污染了5.5万亿立方米的淡水，这相当于全球径流总量的14%以上。水危机会成为21世纪城市里“最容易引起争端的问题”。根据联合国教科文组织的统计，在发展中国家，多达70%的工业废料未经处理就被倾倒入河流和湖泊中。据绿色和平组织的调查，目前中国约70%的湖泊和河流受到了工业废料的污染，3亿人被迫依赖受到污染的水供应。水源也受到雨水径流的污染，泄漏的化粪池、杀虫剂和化肥是可能污染地下水的其他来源。据统计，目前超过一半的人（包括大多数生活在农村地区的人）仍依赖地下水作为饮用水。

（4）生态恶化、物种加速灭绝问题。

随着工业革命的高速发展，人类对于大自然的统治和掠夺达到了一定的程度。人类生产力的空前发展，伴生了一系列的生态恶化问题，尤其是物种加速灭绝问题。随着地球人口的不断增加，需要的生活资料越来越多，人类的活动范围越来越大，对自然的干扰也越来越多，导致全球物种正在以人类历史上前所未有的速度衰退，物种加速灭绝对世界各地的人们造成严重影响。栖息地日益缩小、自然资源过度开采、气候变化以及污染，是地球物种损失的主因，这些因素正在威胁全世界40%以上的两栖类动物、33%的珊瑚礁和1/3以上的海洋哺乳动物，它们都面临灭绝风险。据统计，1600—1900年间，有75个物种灭绝，平均每4年灭绝一种；20世纪以来，平均每天有1个物种灭绝；1990年以来，平均每天有140个物种灭绝；20世纪末，已有100万种动植物灭绝。

现有的物种不断走向衰亡，新的物种却很难产生。根据化石记录，每次物种大灭绝之后，取而代之的是一些全新的高级类群。恐龙灭绝之后哺乳动物迅速繁衍就是一个典型例子。生物总是在不断地进化之中，我们周围的这些生物都是经过漫长年代进化而来的。所以，新物种的产生需要很长时间和大量空间。随着人口剧增，自然环境越来越差，生物失去了自然进化的环境和条件，物种在不断地自然消亡，却很难有新的物种产生。大量生物在第六次物种大灭绝中消失，却很难像前五次那样产生新的物种，这会导致生物多样性严重丧失和广泛的生态系统功能退化的危险。地球生态系统远比想象的脆弱，当损害到一定程度时，所承受压力正在逼近若干“临界点”时，就会导致人类赖以生存的体系崩溃。

（5）资源短缺问题。

自然资源是人类生活和生产资料的来源，是人类社会和经济发展的物质基础，也是构成人类生存环境的基本要素，通常将其分为可再生资源和非可再生资源两类。资源危机主要表现在以下方面：非可再生资源的枯竭、短缺、污染，如能源、水、矿物等资源日益匮乏；可再生资源的锐减、退化、濒危。其中，土壤资源、森林资源、生物资源、矿物资源等问题尤为突出。

以非可再生资源中的能源为例，能源是世界经济发展和增长的最基本动力，是工业社会人类赖以生存的基础。据有关方面最新的勘探统计，地球上石油、天然气和煤炭的总储量分别约为1.8万亿桶、186万亿平方米和4.84万亿吨。按照世界各地化石燃料消耗的速度和趋势，据美国石油业协会最乐观的估计如果没有新的重大发现，所有的化石燃料也只能使用数百年，能源短缺将极大限制人类社会的可持续发展。

2. 生态危机的特征

自工业革命以来，人们一直采取“吃老本”的线性发展模式，毫无顾忌地挥霍大自然的资源，肆无忌惮地污染人类赖以生存的环境。人类对大自然的强大干预超过自然界的自我调节能力，生态平衡被破坏，自然界已经不堪忍受人类的蹂躏，人类面临着生态危机。生态危机具有人为性、全球性、整体性、不可逆性等主要特征。

（1）生态危机具有人为性。

工业文明的野蛮掠夺方式，践踏了美丽自然，严重破坏了生态平衡。人类对大自然的贪欲和无情，最终使人类自食其果。生态危机的引发是人为因素，而非自然因素。具体地说，生态危机是人类活动的压力和冲击超过了生态系统自动调节能力的限度，造成生态系统失调的必然结果。生态系统的平衡是由其自身的自动调节能力和环境因素共同决定的，任何一个生态系统的自动调节能力都是有一定限度的，一旦超出这个限度，生态平衡就会遭到破坏而引发生态危机，而生态失调的原因恰恰就是人类的活动，而非生态系统自身的原因。

（2）生态危机具有全球性。

生态危机不是某一时间、某一地点的事情，而是全球面临的困境。全球气候变暖、极端天气频发、资源能源短缺、生物多样性减少、臭氧层破坏、海平面上升、酸雨等生态恶化现象，严重威胁全人类的生存和发展。在《全球问题与中国》一书中，尹希成等指出，以往的生态危机是局部的，我们的祖先可以用迁移的办法摆脱；现代生态危机是全球性的，我们已无处可逃。随着对生态危机认识的逐步加深，国际社会采取有效的应对行动，通过合作和对话共同应对挑战。应对生态危机已经成为一场“国际运动”。

（3）生态危机具有整体性。

生态危机问题具有的整体性并不是单纯地从地理空间而言，而是从更为广阔的生态系统的整体性而言。在最近的一百年里，人类干预下的物种灭绝比自然速度快10000倍，以前的物种灭绝大多数属于自然灾害，但近代社会的物种显然要悲惨得多，因为它们不仅受到频繁出现的自然灾害的侵袭，而且更主要的是人为的捕获和猎杀致使它们无从选择，难以幸免。由于过度开发和环境污染，动植物的种类和数量以惊人的速度减少。目前，中国有近200个特有物种消失，约有10％的高等植物处于濒危状态，约20％的野生动植物的生存受到严重威胁。《濒危野生动植物种国际贸易公约》列出的640个世界性濒危物种中，中国约占其总数的24％。而在全球，每一小时就有一个物种被贴上死亡标签。

（4）生态危机具有不可逆性。

生态系统具有自我调节和修复功能，即在生态系统所能承载的范围下，生态系统能够通过自身的机能对其受损的部位进行自动化解，直至恢复到正常状态下的功能，这也称为生态系统的环境自净能力。但是这种能力是有条件、有限制性的。一旦该系统遭受到的损失和破坏到达一定程度使其修复功能无法发挥作用时，整个生态系统就完全失去原有的平衡，环境自净能力也无法使环境得到完全的恢复，长此以往便出现了现代社会愈演愈烈的生态危机问题。生态危机的出现会危害人类的发展，其发生和发展具有不可逆性，一旦发生就没有自行修复的余地。就此而言，人类只能对生态造成的危害做弥补性的工作，而完全无法使其恢复到原有的状态，所以针对这一项特征，人类必须竭尽所能地遏制生态危机的蔓延。

三、生态文明的兴起

人口、资源、环境的不平衡是现代工业文明危机的症结所在，对工业文明弊端的反思，促进了生态文明的产生。

（一）反思人与自然关系的必然结果

当前，人类社会面临生态危机的严重威胁。但生态危机从本质上来看是人与自然关系的危机，是人类思维方式的危机和价值观的危机。要解决生态危机，必先树立正确的自然观，重新反思人与自然的关系。进入后工业文明时代，随着生态环境问题的日益严重，自然的生态价值、审美价值凸显，迫使人类开始思考：人类能否真正地超脱自然，统治自然，做自然的主人。人类反思的最大成果就是：逐渐认识到以往对待大自然态度的错误性；认识到人与自然对抗的危害性；认识到人类生活在自然和人工两个世界里，但“只有一个地球”，地球是一个整体，地球不是我们从父辈那里继承来的，而是我们从自己的后代那里借来的；认识到人与自然和谐相处的重要性。

在工业文明社会，因自然生态遭到破坏，人与自然的关系是割裂的，人与自然关系的对立导致人类社会的发展具有不可持续性。面对生态恶化的现状，人类必须积极寻找与自然和谐相处的新的生产方式和发展模式，我国提出的生态文明建设正是生态观念向自为、自觉的一种理性回归。中国传统的“天人合一”，体现了人与人、人与社会、人与自然之间辩证而和谐的关系。“顺生态规律者昌，逆生态规律者亡”是古今中外人类文明发展的客观规律。人类只有自觉地担负起维护生态平衡、改善生态环境的责任，寻求与大自然的和谐发展之路，才能解决生态危机、生存危机和发展危机，实现真正的可持续发展。

（二）改变生态危机带来社会异化的必然结论

工业革命以来，人类中心主义和功利主义不断强化，人与自然的关系被异化，出现了生态危机。当代全球性“生态危机”问题，如前文提及的环境污染问题，既涉及发达国家，也涉及众多的发展中国家，其主要原因就在于某些发达国家置全人类的长远利益和国际公法于不顾，肆意向发展中国家倾倒垃圾、化学废料，把公害型重污染企业转移到发展中国家，而发展中国家被日益边缘化，贫穷和债务也加剧了对自然资源的开发和破坏。以上两方面相结合，使得生态危机成为越来越严峻的全球性问题，严重威胁人类的生存和发展。要从根本上解决生态危机带来的社会异化问题，就必须使人类与自然重新恢复到友好和谐的状态，而建设生态文明就是人类对生态危机的积极回应，是继工业文明之后，人类应对生态危机的唯一正确选择。

（三）反思传统工业生产方式的必然取向

工业文明特别是 18 世纪发生在英国的工业革命开启了人类发展的新纪元。后来经历了几次影响全人类科技革命的浪潮，如蒸汽机和电的发明，钢铁和煤炭的大规模开采，汽车、火车、飞机的广泛应用，核能、计算机和互联网的空前开发等，在这一进程中人类开始充当“极不安分”的角色。工业文明时期创造的社会生产力远远超过了之前所有人类文明所创造的社会生产力的总和，一部分人类开始以自然的“征服者”和“主人”自居，在极大地提高和改善人类自身生活和命运的同时，向自然界的拼命索取越来越普遍。大量的煤田和油田被开采，大量的森林被砍伐，大量的土地被掠夺和占用，多数的江河被污染。人口的迅速增长，资源的过度开发，环境的严重破坏和污染，加剧了全球生态的恶化和气候变暖，也加剧了南北贫富差距，人类陷入了自身的贪婪行为带来的生态危机之中。

综上所述，传统工业是建立在大量消耗自然资源和排放废弃物的粗放式生产经营方式之上的，它寻求最大限度地满足人的物质需求，无限度地向自然界索取，忽视了对自然的保护，严重地破坏了人类赖以生存和发展的生态系统。工业革命以来，经济的高速发展以牺牲环境为代价，给人类带来了惨痛的教训。大气污染、水域污染、垃圾问题、水土流失和生物多样性破坏等这些环境污染和环境破坏问题，给人类的生存和发展构成了严重的威胁。因此通过对工业革命以来牺牲环境的高成本代价的深刻反思，人类必须摒弃高碳高熵高代价的“黑色工业文明”，建立与大自然和谐共处的“绿色生态文明”。

（四）传统发展观走向科学发展观的必然要求

传统发展观把发展等同于经济增长，并把经济增长率作为衡量经济发展的唯一指标，认为只要提高经济增长率，社会财富就会自然增长，经济会自然发展起来。古典经济学家认为没有人类劳动参与的东西没有价值，不能进行市场交易的东西没有价值，因此自然资源是无价的或低价的，可以随意无偿地利用，各种自然资源是无限的，“取之不尽，用之不竭”。在这种发展观念的引导下，为了追求高增长，人们对自然资源进行了掠夺式开发，加重了环境破坏的广度与深度。于是，工业革命以来的巨大增长即以毫无节制地消耗地球上大量非可再生资源为代价。

上述发展观把发展理解为国内生产总值(GDP)增长，将GDP作为衡量国家生产力水平、国民生活水平和综合国力的首要指标。但在这一指标中，既没有反映自然资源的消耗，也没有反映环境质量这一重要价值的丧失程度。由于没有把资源成本和环境成本计算在内，GDP本身只能反映一个地区、一个国家经济增长与否，而不能说明一个地区或国家资源消耗的状况和环境质量的变化。按照这种经济发展模式发展下去，资源与经济增长的矛盾会迅速激化，在人们积累了丰富的物质财富的同时，也为此付出了巨大的代价。资源浪费、环境污染和生态破坏的现象屡见不鲜，人们的生活水平和质量往往不能随经济增长而相应提高，甚至出现严重的两极分化和社会动荡。传统发展观是不可持续发展观，这种发展观指导下的经济发展模式以工业化为核心，在整个工业化进程中都基本上把经济增长建立在无限索取自然资源以及对生态环境进行破坏的基础上，最终使人类经济发展的行为和发展的方式越来越脱离人类、社会与自然协调发展和全面进步的轨道。

科学发展观则是可持续发展观，它把经济发展的长期利益和短期利益结合起来，认为发展既不能简单地与增长画等号，也不能简单地理解为向自然索取。落实科学发展观，实行可持续发展，必须对单纯追求GDP这一有误的经济活动导向进行调整和修正，将环境资源核算纳入其中，实行绿色GDP核算，在GDP的基础上，扣除经济发展所引起的资源耗减成本和环境损失的代价，即绿色GDP＝GDP总量－(环境资源成本＋环境资源保护服务费用)。科学发展观的第一要义是发展，核心是以人为本，基本要求是全面协调可持续。生态文明也讲求天人调谐，不是要求人类全面放弃自己的科学文化技术，放弃自己的生产力，回到以前的社会经济状态，而是要按照自然的本来面目，按照各种生态规律来认识自然、探究自然、保护自然、利用自然，坚持积极的天人调谐，坚持发展的天人调谐，坚持在天人调谐的基础上发展。因此，生态文明与科学发展观在本质上是一致的，都是以尊重和维护生态环境为出发点，强调人与自然、人与人以及经济与社会的协调发展，建设生态文明成为由传统发展观走向科学发展观的必然要求。

第二节　生态文明的定义、特征及原则

一、生态文明的定义

生态是包括人在内的生物与环境(包括自然和社会环境)、生命个体与整体间的相互关系和存在状态。文明反映物质生产成果和精神生产成果总和，标志人类社会开化状态与进步状态的范畴。生态文明则是人类在实践生活的过程中协调人与自然生态环境、社会生态环境所获得的成果的总和，是以人与自然、人与人、人与社会和谐共生、良性循环、全面发展、持续繁荣为基本宗旨的文化伦理形态，反映了一个社会的文明进步状态。

从词源学意义上看：文明与野蛮相对，指的是在工业文明已经取得成果的基础上用更文明的态度对待自然，不野蛮开发，不粗暴对待大自然，努力改善和优化人与自然的关系，认真保护和积极建设良好的生态环境。

从社会形态建构意义上看：在文化价值观上，生态文明是对自然的价值有明确的认识，普及生态意识，建立生态伦理；在生产方式上，生态文明是要转变高生产、高消费、高污染的工业化生产方式，以生态技术为基础实现社会物质生产的生态化，使生态产业在产业结构中居主导

地位，成为经济增长的主要源泉；在生活方式上，把黑色消费转变为绿色消费；在社会结构上，生态文明表现为将生态化渗入社会结构中。

二、生态文明的主要特征

（一）自然性与自律性

生态文明具有自然性。与以往的农业文明、工业文明一样，生态文明也主张在改造自然的过程中发展物质生产力，不断提高人们的物质生活水平。区别在于，生态文明突出自然生态的重要性，强调尊重和保护自然环境，强调人类在改造自然的同时必须尊重和爱护自然，而不能随心所欲，盲目蛮干，为所欲为。

生态文明也强调人的自律性。在人与自然的关系中，具有主观能动性的人是矛盾的主要方面，建设生态文明的关键在于人类真正做到用文明的方式对待生态。追求生态文明的过程是人类不断认识自然、适应自然的过程，也是人类不断修正自己的错误、改善与自然的关系、完善自然的过程。人类应该认真设定自己在自然界中的位置，强调人与自然环境的相互依存、相互促进、共处共融。生态问题的根源在于人类自身，在于人类的活动与发展。解决生态安全问题归根到底必须检讨人类自身的行为方式、节制人类自身的欲望。要认识到，人类既不是自然界的主宰，也不是自然界的奴隶，而是不能脱离自然界而独立存在的自然界的一部分，只有尊重自然、爱护生态环境、遵循自然发展规律才能实现人与自然的协调发展。

（二）和谐性与公平性

生态文明是社会和谐和自然和谐相统一的文明，是人与自然、人与人、人与社会和谐共生的文化伦理形态，是人类遵循人、自然、社会和谐发展这一客观规律而取得的物质与精神成果，生态的稳定与和谐是自然环境的福祉，更是人类自己的福祉。

生态文明是充分体现公平与效率统一、代内公平与代际公平统一、社会公平与生态公平统一的文明。与工业文明相比，生态文明所体现的是一种更广泛更具有深远意义的公平，它包括人与自然的公平、当代人之间的公平、当代人与后代人的公平。当代人不能肆意挥霍资源、践踏环境，必须留给子孙后代一个生态良好、可持续发展的地球。把生态文明纳入全面建设小康社会的总体目标之中，显示出当代中国人对历史负责的态度，反映了为中华民族子孙后代着想的意愿。

（三）基础性与可持续性

生态文明关系到人类的繁衍生息，是人类赖以生存和发展的基础。它同社会主义物质文明、政治文明、精神文明一起，关系到人民的根本利益，关系到巩固社会基础和实现历史任务，关系到全面建设小康社会的全局，关系到事业的兴旺发达和国家的长治久安。作为对工业文明的超越，生态文明代表了一种更为高级的人类文明形态，代表了一种更为美好的社会和谐理想。生态文明应该成为社会主义文明体系的基础，人民享受幸福的基本条件。

作为人类社会进步的必然要求，建设生态文明功在当代、利在千秋。只有追求生态文明，才能使人口环境与社会生产力发展相适应，使经济建设与资源、环境相协调，实现良性循环，保证一代接一代永续发展。生态文明是保障发展可持续性的关键，没有可持续的生态环境就没有可持续发展，保护生态就是保护可持续发展能力，改善生态就是提高可持续发展能力。只有坚持搞好生态文明建设，才能有效应对全球化带来的新挑战，实现经济社会的可持续发展。

（四）整体性与多样性

生态文明具有系统性、整体性，要从整体上去把握生态文明，把自然界看成是一个有机联系的整体，把人类看作是自然界的有机组成部分。自然界蕴有万物，万物各有自己的运演规律，万物之间相互影响、相互作用。地球生态是一个有机系统，其中的有机物、无机物、气候、生产者、消费者之间时时刻刻都存在着物质、能量、信息的交换。每种成分、过程的变化都会影响其他成分和过程的变化。一般来说，生态问题是全球性的，生态文明要求我们具有全球眼光，从整体的角度来考虑问题。例如，保护大气层、保护海洋、保护生物多样性、稳定气候、防止毁灭性战争和环境污染等，必须依靠全球协作。另外，生态文明对现有其他文明具有整合与重塑作用，社会的物质文明、政治文明和精神文明等都与生态文明密不可分，是一个统一的整体。

生态文明的价值观强调尊重和保护地球上的生物，强调人、自然、社会的多样性存在，强调人与自然的公平、物种间的公平，承认地球上每个物种都有其存在的价值。多样性是自然生态系统内在丰富性的外在表现，在人与自然的关系中，一定要承认并尊重、保护生态的多样性。建设生态文明，要始终以一种宽阔的胸怀和眼光关怀自然界中的万事万物，切忌为了眼前的、局部的利益而牺牲自然界本身的丰富性和多样性。

（五）开放性与循环性

自然界既是一个开放的系统，又是一个充满活力的循环系统。开放性意味着此事物与众多彼事物的联系性，具有一损俱损、一荣俱荣的关系。开放性、循环性是自然生态系统客观的存在方式，这就要求人们在思考人与自然的关系时，把自然界作为一个开放的生态系统，努力认识和把握能量的进出、交换和循环规律。人在从自然界中摄取能量时，一定要考虑其承受力，保证自然生态循环的顺利进行。

建设生态文明，需要大规模开发和使用清洁的可再生能源，实现对自然资源的高效、循环利用；需要逐步形成以自然资源的合理利用和再利用为特点的循环经济发展模式。要按照自然生态系统物质循环和能量流动规律重构经济系统，使经济系统和谐地纳入自然生态系统的物质循环过程中，建立起一种符合生态文明要求的经济发展方式，使所有的物质和能源能够在一个不断进行的经济循环中得到合理和持久的利用，把经济活动对自然环境的影响降到尽可能小的程度。

（六）伦理性与文化性

生态文明是生态危机催生的人类文明发展史上更进步、更高级的文化伦理形态。要化解人与自然的危机，协调人与自然的关系，首先应该实现伦理价值观的转变，以生态文明的伦理观代替工业文明的伦理观。传统哲学认为，只有人是主体，自然界是人的对象，因而只有人有价值，其他生命和自然没有价值，只能对人讲道德，无须对其他生命和自然讲道德。这是工业文明人统治自然的基础。生态文明认为，人不是万物的尺度，人类和地球上的其他生物种类一样，都是组成自然生态系统的一个要素。不仅人是主体，自然也是主体；不仅人有价值，自然也有价值；不仅人有主动性，自然也有主动性；不仅人依靠自然，所有生命都依靠自然。因而人类要尊重生命和自然，承认自然的权利，对生命和自然给予道德关注，承认对自然负有道德义务。只有当人类把道德义务扩展到整个自然共同体中的时候，人类的道德才是完整的。

生态文明的文化性，是指一切文化活动包括指导人类进行生态环境创造的一切思想、方法、组织、规划等意识和行为都必须符合生态文明建设的要求。培育和发展生态文化是生态文明建设的重要内容。应该围绕发展先进文化，加强生态文化理论研究，大力推进生态文化建设，大力弘扬人与自然和谐相处的价值观，形成尊重自然、热爱自然、善待自然的良好文化氛围，建立有利于环境保护、生态发展的文化体系，充分发挥文化对人们潜移默化的影响作用。

三、生态文明的原则

从本质上说，生态文明的核心是“人与自然和谐发展”。它以人与自然协调发展作为行为准则，建立健康有序的生态机制，实现经济、社会、自然环境的可持续发展。生态文明意味着一次重大的伦理转折，在转折过程中要完成的一个重要任务就是：站在“社会-人-自然”三者相互连接的基点上来制定相应的原则和规范，以协调人与自然的关系。

1. 生态公平原则

公平、正义作为核心要素、内在要求和基本原则，蕴含于生态文明之中。生态公平指的是生态利益和负担的正当分配，无论是当代人还是后代人都应拥有同等的生态权。生态权是公民享有的在不被污染和破坏的环境中长期生存及利用环境资源的权利。公民生态权不是一般的生存权，它侧重于人类的持续发展和人与自然的和谐发展。确立保护生态权是社会正义的需要。良好生态环境是最公平的公共产品，是最普惠的民生福祉。然而，现实生活中生态权利、生态责任、环境风险分配等生态不公平问题日益凸显，成为生态环境遭遇破坏屡禁不止的主要原因。为此，在着力解决环境问题、大力推进生态文明建设的过程中，需要着重关注生态公平问题，积极构建公平的生态文明理念，实现既强调人与自然之间的种际公平，也要强调人与人之间的代际公平、代内公平。

(1) 实现种际公平。种际公平是指人类与自然之间应该建立起一种平等公正的关系，在维持自然健康稳定的基础上，追求人类社会的持久发展。实现种际公平首先要以公平的视角看待自然，摒弃征服自然的思想认识，打消以地球主人自居的自恋情结。人类离不开自然，与自然共生、共存、共融是必然选择。其次要明确人类既有使用自然资源的自主权利，也有保护生态环境的责任义务，权利与义务相统一。最后是要承认自然本身的存在价值、尊重自然界其他存在物的基本需求，人与万物在生态系统中地位平等，只是扮演角色各不相同，自然生命链中每个存在物都公平地享有生存和繁衍的权利。坚持公平的价值取向，构建人与自然关系层面的种际公平，是推动生态文明建设、实现人与自然和谐共生的根基所在。

(2) 实现代际公平。公平正义是构建合理社会的理论基础，处于不同历史时期和不同社会形态的人们对公平正义的理解也不同。代际公平就是指不同时代的人(尤其是当代人与后代人)能够公平地占有和使用资源与环境、承担相对应的责任和义务。实现代际公平实则是期望当代人在开发自然的过程中，既能使当代人过上幸福生活，也能兼顾后代人的生态需求。这就意味着当代人在获得和利用前人留下的自然遗产之时，理应为子孙后代留下同等或者更加丰富的遗产，享有前人的获得是权利，保持后代的获得则是义务；也意味着要保证后代如当代人一样能够拥有选择使用自然资源的权利，这是每一代人公平享有的基本权利；还意味着当代人不能剥夺后代人享有同等美好生存环境的权利，我们有义务为后代人保持生态环境的良好质量。建设生态文明，关系人民福祉，关乎民族未来，为了中华民族的永续发展，我们要为保护生态环境做出我们这代人的努力。

(3) 实现代内公平。生态公平是生态文明的重要理论支点和实现方式。生态公平涉及人与自然和人与社会关系的协调解决。要保证后代人能够享有自然资源的选择、获得以及良好生态质量的公平，首先需要关注和解决的是代内公平问题，尽可能地节约和保护自然资源。所谓代内公平，就是指同代人之间应该公平地占有和使用资源与环境，分配保护环境的责任与义务。一方面要做到自然资源使用的公平。人人都有使用自然资源的权利，也有节约资源和保护环境的义务。任何人不能因为自己的利益需求剥夺他人同等的权利，或者逃避自身应该承担的责任和义务，这是代内公平的核心所在。另一方面要做到生态环境风险承担的公平。在实际生活中，地区、财富等多种因素导致了环境风险分配上存在着不公平的问题，老少边穷地区或人群往往承担着更大的生态风险。为此，要把党的十八届三中全会确定的"谁污染环境、谁破坏生态谁付费"原则落到实处，建立生态环境恢复治理的责任机制，让相关责任主体承担生态风险，履行生态治理的义务。

2. 生态效率原则

长期以来，中国经济增长与工业化发展主要依靠资源型增长路线，以高投资、高能耗、高排放、低质量、低效益及低产出为特征的工业增长模式占据主导地位。在目前经济增长相对平缓的"经济新常态"阶段，中国的工业绿色转型，面临的环境污染与生态破坏的双重压力持续增大。在加快推进生态文明建设以及实现绿色发展的背景之下，如何争取在最少的资源消耗和最轻微的环境损害前提下，取得最优的经济产出和最高的生态效率，是现阶段中国推进生态文明建设迫切而关键的问题。生态效率概念在经济合作与发展组织（OECD）国家用得较多，是当前 OECD 国家使用的一种全新的环境管理方式。生态效率（eco-efficiency，缩写为 EEI）是指生态资源满足人类需要的效率，它是产出与投入的比值。产出是指企业生产或经济体提供的产品和服务的价值；投入是指企业生产或经济体消耗的资源和能源及它们所造成的环境负荷。生态效率原则旨在环境保护和经济发展之间寻找一个平衡点，力求在经济发展的同时，使其环境影响最小，充分体现了科学发展、和谐发展的思想内涵。中共中央、国务院发布的《关于加快推进生态文明建设的意见》提出，必须构建科技含量高、资源消耗低、环境污染少的产业结构，加快推动生产方式绿色化，大幅提高经济绿色化程度，有效降低发展的资源环境代价。生态文明建设更加重视生态环境、能源效率和持续发展能力，以最大限度地提高生态效率、实现可持续发展为出发点和最终目标，推动生态文明建设的关键在于提高生态效率。因此，生态效率也成为生态文明的内在要求和基本原则之一。

3. 互动和谐原则

生态文明环境伦理既不是人类中心主义，也不是非人类中心主义，而是以人与自然和谐统一的整体为中心，生态文明是相对于工业文明导致的种种弊端而提出的新的文明观，当今世界面临的严重的生态危机需要生态文明的化解，它要求我们要处理好人与自然的关系问题，人与自然的关系是可持续发展的。因此，互动和谐成为生态文明的重要原则，具体体现为经济和谐、生态和谐和社会和谐相贯通。这一原则要求在人地和谐统一的系统价值观的基础上，人对自然的开发利用保持在自然生态系统限制之中，实现人类的可持续发展和自然环境有序进化，实现人地良性互动、共同繁荣，既"人地双赢"。生态文明的互动和谐原则倡导生态整体性思维，以全面的视角观照人的生存状态以及人与自然界其他物种之间的关系问题，将人与自然作为一个整体去对待，维持人的需要与自然界资源供给能力的均衡，实现人与自然的和谐共生，即"人与自然是共生共荣的生命共同体"。在人与自然和谐相待、共同发展的历史进程中，努力实现人与自然和谐共生、良性互动和持续发展。这一原则要求我们转变自身观念，主动协调人与自然之间的平衡关系，将生态效益作为衡量自身需要的标准，尊重自然规律，以自身实际行动保护自然。在生态文明建设中，应注重构建"自然-人类-社会"互动发展的关系构架，以整体性思维审视自然与人们生产生活的互动关系，链接人与自然之间生命的共感，尊重自然、顺应自然、保护自然，创造更多的物质财富和精神财富满足人民日益增长的美好生活需要，提供更多生态优质产品满足人民日益增长的生态环境需要，建设人与自然和谐共生的现代化。

第三节　国内外生态文明建设发展现状

一、国外的生态文明建设

生态文明建设是指在认识和尊重大自然规律的基础上，在当代人和后代人都能够实现可持续发展的同时，在现代文明已取得一定成果的基础上，用更加理性的方式对待大自然，不野蛮粗暴地对待大自然，不肆意开发，努力修复和建设生态文明系统，着力优化和改善人与自然之间的关系，积极建设和认真保护生态环境，实现国家和民族的永续发展的生态性建设。

第一次工业革命之后，欧美国家开始进入工业文明阶段，随着工业的发展，大量的社会环境问题开始产生，人们开始反思社会的发展是否可持续、如何实现社会可持续发展等问题。特别是20世纪60年代以来，由于工业化掠夺式的发展最终导致了全球生态危机，例如全球气候变暖、森林退化、土地沙漠化严重、资源濒临枯竭。人们意识到这种经济发展模式对自然的巨大破坏力，便开始有意识地探寻新的社会经济发展模式。许多国家的政府、学者以及社会团体开始研究如何解决环境问题，如何实现资源环境与人类社会的可持续发展。当前，世界许多国家生态文明建设已经走过了较长的历程。本节选取具有代表性的新加坡、丹麦、瑞士、美国、日本、德国、澳大利亚，分析其发展历程，总结其建设理论与经验，有利于全面审视我国生态环境的现状，分析政策的利弊，系统全面地对生态文明建设进行理论探讨和实践研究。

（一）新加坡的生态文明建设

新加坡是全球第三大炼油国以及世界电子工业中心之一，工业是其经济发展的主导力量。然而，这也不妨碍新加坡取得全球花园城市的称号。早在50年前，新加坡就提出了建设花园城市的战略，并在不同时期制定了相应的规划、行动目标和法律，比如城市绿化不得少于30%，建房必须先留出绿地，将约3000公顷的树林和沼泽地规划为自然保护区等，以奖励或全额资助的形式倡导企业、团体和个人参与到花园城市的建设中等。如今，新加坡人口已经超过了530万，是20世纪60年代人口数量的3倍，城市环境却比那时更洁净、绿色、可持续。新加坡的生态文明建设主要有以下几点经验值得我们借鉴。

1. 环境优先，采用合理规划保障城市发展

新加坡将环境优先的理念在各项规划中得到坚决的贯彻，并将从规划源头控制环境风险作为基本和首要措施，严格按照城市发展或城市更新规划进行产业布局和土地开发，积极引导产业实行聚集发展，确保工业发展不致对环境造成不良影响。同时着手城市规划和环境保护，新加坡得以在工业快速发展和人口增长的情况下，依旧维持着优良的生存环境质量。

2. 以人为本，加强生态环境法治建设

新加坡的优美环境与其环境法治体系的建立是密不可分的。新加坡政府在制定环境政策法规或标准时，不仅注重吸收和运用国际领先标准，还根据市民身心健康的需求来预防和解决本国环境问题。在实际执法管理中，新加坡以严厉的执法确保行政管理的高效运行，根据“有法必依、执法必严、严刑峻法”的原则，政府及相关部门严格按照有关法律法规要求开展环境执法工作，对损坏资源环境的做法进行严厉惩罚，如开出巨额罚款或者强制停产整顿。

3. 突出生态建设，提升人居生态环境质量

新加坡在建国初期就把城市建设目标定位为花园城市，并始终按照花园城市的定位开展

生态建设。先后实施了公园连接计划、建设自然保护区、绿色计划等措施，将全国建成一个完整的生态系统，给市民提供一个优美舒适的居住生态环境。在生态技术应用层面，重点关注节能减排、供水排水、污水处理与再生利用、垃圾处理与资源化利用、信息网络技术、交通系统与车辆技术，并集成应用到城市生态建设过程。

4. 重视环境教育，营造生态文明建设氛围

"环境保护最大受益者是公众，最终动力也来自公众"成为新加坡人的共同理念。新加坡政府特别重视环保教育，将新生水厂、垃圾无害化填埋人工岛等环境工程作为环保教育基地，要求各机构组织员工、学校组织学生进行参观，现场接受环保教育，并鼓励人人参与环境保护活动。新加坡在国家治理和环境管理中积极推行"3P"模式，即市民(people)、企业(private)、政府(public)，倡导政府、企业、民众之间的对话和互动，鼓励社会各界积极参与，共创和谐优美家园。如在垃圾再循环方面，政府意识到自己不太可能单靠执法来应对日益严重的随意抛弃垃圾问题。如果公众能养成正确抛弃垃圾的习惯，效果将会更好。政府将垃圾减量化和资源化置于垃圾管理的最高层次，通过源头控制，最大程度地减少垃圾产生量，在家庭、学校、商场等地方推行垃圾循环再生计划，激励普通市民、企业广泛地参与环境建设的各个环节，建成了"零垃圾填埋和零废物增长"的循环型社会。

(二) 丹麦的生态文明建设

丹麦是一个在节能减排和生态文明建设方面比较突出的国家。20 世纪 70 年代以前，丹麦 93%的能源消费依赖进口。但在受到两次能源危机重创，国民经济面临几乎是灭顶之灾的大背景下，丹麦政府痛定思痛，开始采取一系列措施尝试彻底改变过去依赖于传统能源的模式，在能源消费结构上努力实现从"依赖型"向"自力型"转变。丹麦根据资源优势，开发以风能和生物能源为主的可再生能源。如今，"零碳"为目标的丹麦绿色发展模式，已经率先实现了经济增长与碳排放和能耗的脱钩，丹麦的绿色发展理念已深入人心，融入国家经济发展和人民生活中。丹麦的生态文明建设模式有以下几点经验值得我们借鉴。

1. 政府主导，政策扶持

丹麦政府采取了一系列政策措施，鼓励可再生能源的发展，并通过税收体制，调控经济发展的能源模式，对化石能源课以重税，对清洁能源和可再生能源实行税收优惠减免政策。政府对风能、太阳能和生物质能等"绿电"采取了财政补贴和价格激励机制。比如为发展风电，丹麦政府提出了诸多优惠政策：建设风机可以得到碳税补贴，风机发电所得收入的税率也很低，在用新型风机更换老旧风机时，政府还会提供 20%～40%的补贴。丹麦采用了固定风电价格，从而保障了风能投资者的收益，风能发电并网能够得到定价优惠的价格，在销售给消费者前，国家对所有电能增加一个溢价，统一消费者的购电价格。丹麦如今已成为风能开发的世界楷模，拥有 5000 台海上和陆地风电机，总装机容量 320 万千瓦，人均风电装机容量是世界平均水平的 70 倍，居全球第一。风能发电不仅满足了丹麦自身用电需求，还能出口到挪威、瑞典等国家。在过去的 30 多年中，丹麦传统能源的消耗总量基本没有变化，却实现了经济的快速增长。

2. 公私合作，优势互补

丹麦绿色发展战略的基础是建立了良好的合作机制，在社会各界之间形成了有效的合作机制(public-private-partnership，简称 PPP)。在大型的绿色项目中，国家和地区在商业融资中采取从上到下和从下到上的解决方案，让企业、投资人和公共组织在绿色投资中取长补短，发挥各自的优势。比如丹麦南部森讷堡地区的"零碳项目"，便是公私合作的一个典型案例。

3. 技术创新，节流开源

丹麦政府一直把发展创新节能技术和可再生能源技术作为发展的根本动力。通过制定《能源科技研发和示范规划》，确保对能源的研发投入快速增长，以最终将成本较高的可再生能源技术推向市场。此外，丹麦绿色发展模式调动了全社会的力量，投入大量资金和人力进行技术创新。通过多年努力，丹麦已经掌握许多与减排温室气体相关的节能和可再生能源技术，成为欧盟国家中绿色技术的最大输出国。归纳起来，绿色技术创新尝试主要集中在“节流”和“开源”两大方面。①“节流”：提高能效，在社会上尽所有可能减少不必要的浪费，生产和生活各环节厉行节约已经成为丹麦朝野的共识和行为准绳；国际能源署称之为“第一能源”的“能效”，已经成为丹麦工业创新的最大驱动力和实实在在的利润增长点。②“开源”：在丹麦人看来，绿色能源是紧跟“能效”之后的“第二能源”。积极开发可再生能源，独领风电世界潮流，正是丹麦绿色发展的又一个亮点。自1980年开始，丹麦根据资源优势，大力发展以风能和生物质能源（包括垃圾焚烧）为主的可再生能源。近年来，丹麦能源结构不断优化，欧盟设定到2020年可再生能源占比达到20%，而丹麦已经在2011年就提前实现了这个目标。

4. 生态教育，全民参与

丹麦今天的“零碳转型”的基础，与其一百多年前从农业立国到工业化现代化的转型的基础一样，均是依靠丹麦特有的全民终生草根启蒙式的“平民教育”，通过创造全民精神“正能量”而达到物质“正能源”，从而完成向着更以人为本、更尊重自然的良性循环的发展模式的“绿色升级”。20世纪70—80年代两次世界性能源危机以来，丹麦人不断反思，从最初对国家能源安全的焦虑，进而深入到可持续发展及人类未来生存环境的层级，综合考量自然环境、经济增长、财政分配和生活富裕等各方面因素，据此勾勒丹麦的绿色发展战略，绘制实现美好愿景的路线图，并贯彻到国民教育中，使之成为丹麦人生活方式和思维方式的一部分。

（三）瑞典的生态文明建设

瑞典是欧洲最先倡导对生态与环境进行保护的国家，一直注重协调经济发展与生态保护的关系，其生态文明程度比较高，在生态文明建设中形成了独特的瑞典模式。瑞典模式主要从生态环境、生态产业和生态生活方面形成了一整套科学且行之有效的可持续发展体系。

1. 生态环境

瑞典河湖众多，素有千湖之国之称。瑞典非常注重从源头上保持河流的洁净，几乎所有的城市都建立了被称为生态环境型的雨水管理系统。瑞典要求工厂停止排放有害物质和重金属等物质，需要排放的，必须得到环境法庭许可，从而从源头保证生态环境健康和谐发展。

2. 生态产业

政府大力支持瑞典环保产业的发展，目前环保产业已占瑞典产业收入可观的市场份额。在许多西方发达国家还未对环境污染治理予以重视的时候，瑞典已经开始大力发展环保产业。瑞典生态农业的发展也居世界领先水平，其面积已位居世界第八，占瑞典农田总面积7%以上。

3. 生态生活

在瑞典，环保意识无处不在，人们在生活消费的过程中学会了如何节能减排。在整个住宅小区的建造过程中，瑞典人不追求特别先进的技术和产品，而是把重点放在对成熟、实用的住宅技术与产品的集成上。如房屋建筑材料的选择主要采用天然材料，积极利用太阳能等可再生能源提高居民生活的舒适度等。

瑞典生态文明建设的主要经验如下。第一,从政策上支持环保行动与可持续发展。瑞典政府积极制定优惠政策,鼓励各行业开展保护自然资源的行动。通过《瑞典转向可持续发展》提案的实施,实现对资源的节约化管理及废物循环使用。同时从税收上控制各种有害物质的无序排放。利用经济手段推进环境可持续发展。第二,从法律上保护生态文明建设的健康发展。瑞典较早就拥有了比较完备的自然资源管理法律框架。于1964年和1969年先后制定了《自然保护法》和《环境保护法》,明确了环境治理的目标。1974年颁布的宪法进一步规定了保护自然和环境在内的规章制度。第三,从教育入手培养全民节约资源保护环境的意识。加强生态文明教育,提高全民遵守环境保护法律法规的自觉性。将学校作为教育实践基地,培养学生创造性解决现实环境问题的思维和能力。通过各种生态宣传教育活动,激发全民的生态意识和保护环境的自觉性。

(四)美国的生态文明建设

美国自从20世纪以来就是世界上的发达国家之一,"可持续发展"是美国生态文明建设的主导理念,在寻求环境保护和生态文明建设的科学之路上,美国已经走在了世界的前列。

美国的生态文明建设大体可分为三个阶段。

第一阶段:萌芽时期。"二战"结束后至20世纪60年代,美国跨入了工业大发展时期,但随之而来出现了很多环境问题。这一阶段,民间和政府的互动、博弈和合作对美国的环境保护发挥了重要作用。它以一些学者的资源保护主义和自然保护主义等理论为先导,依托环境保护组织和民间力量,以国家法律法规为保障,走出一条自下而上的环境保护路线。虽然并没有解决美国生态环境恶化的现实,但对生态环境保护的认识却从空想落到实际。

第二阶段:快速发展时期。20世纪60年代到90年代末,美国已成为世界最大的污染源之一,国内中产阶级数量壮大,整体素质提高,对生态环境保护的呼声越来越大,环保主义思潮的发展对生态环境保护产生了极为深远的影响。这一时期美国的生态文明建设取得了快速发展。政府积极推动对生态环境保护教育事业的发展,把关注点集中放在污染和健康问题上。同时,非政府生态环保组织的成立种类多样,关注点也有所不同,生态环保运动表现出多样化和包容性的特点。这一阶段,虽然出现反生态环保运动,但总体上仍是继续发展。但这一时期民间和政府出现了行为的矛盾性。民间生态环保组织已经成为保护生态环境的一支重要队伍,发挥着政府和企业难以发挥的作用。美国政府也采取了许多积极手段来进行生态文明建设,如1970年美国《环境教育法》出台,该法在科技方面包括建设大量的科研院所及大学、吸引大量高素质的人才、提高全体美国人的素质,在经济方面包括排污权交易、排污收费、环境税等。

第三阶段:摇摆不定时进时退期。进入21世纪,可持续发展成为美国生态环境保护的主导理念。为了进一步推动生态环境保护的建设,美国推行的政策及措施工具更加灵活和多样化,综合利用政治、法律法规、经济和社会等手段解决生态环境问题。联邦政府还扩大了有关生态环境保护的范围,如环境教育、环境技术开发和应用、弱势群体的生态环境利益等。随着全球生态环境危机的不断加深,以奥巴马为首的联邦政府采用"绿色新政"、推动循环经济、大力发展低碳经济等,美国国会通过了奥巴马签署的《巴黎协定》,美国国内生态环境保护又重新呈现出蓬勃发展的态势。但是在特朗普任期内,美国退出《巴黎协定》。从深层次来看,美国生态文明的发展面临着诸多困难。例如,环境保护组织内部对待环境保护的观点不同,因而削弱了环境保护的力量。另外,近年来反环境运动势力壮大,给环境政策造成的不良影响是不可忽视的。利益集团与环境保护之间的博弈更加激烈,联邦政府在出台政策时,考虑更多的是工商业界的经济利益，必要的时候不得不牺牲环境。由此看来，美国的生态文明建设依然是任重而道远。

（五）日本的生态文明建设

日本是一个岛国，山地多平原少，自然资源匮乏，能源方面十分短缺。为了摆脱困境，多年之前，日本就开始积极探索新的经济发展模式，大力建设生态文明，逐步建成了"循环型社会"。近几十年来，其环境质量已大为改善，森林覆盖率高达67%，在世界上处于领先地位。日本生态文明建设主要有如下特点。

1. 科学制定环保政策法规

1993年，日本颁布和实施了《环境基本法》，明确了日本环境保护的基本方针，并将污染控制、生态环境保护和自然资源保护统一纳入其中。为了推动环境负荷低和资源利用率高的循环型社会的构建，日本从20世纪90年代起，开始建设循环型社会法律法规体系，采取了基本法统率综合法、专项法的模式，分为三个层面：第一层面为基本法，即《推进循环型社会形成基本法》，该基本法旨在建立一个"最佳生产、最佳消费、最少废弃"的循环型社会形态，实现由大量生产、大量消费、大量废弃的经济体制转为循环经济体制。第二层面为综合法，即《资源有效利用促进法》《废弃物处理法》。第三层面为专项法，包括《家电资源再生利用法》《容器包装再生利用法》《食品再生利用法》《建筑材料再生利用法》《汽车资源再生利用法》《绿色采购法》等。三个层面的法律构筑了日本循环型社会的法律体系。日本还建立了循环型社会战略评价机制，每年对循环型社会发展成效进行评定，并公布循环型社会白皮书。健全完善的政策体系，保障了日本环保产业的健康快速发展，有效地推进了日本循环型社会建设。

2. 大力发展循环经济

在产业层面，日本确立了从生产和消费源头防治污染的"管端预防"战略，建立了"自然资源—产品—再生资源"的循环经济环路，推动低碳产业的发展。在区域层面，从1997年开始，日本采取政府主导、学术支持、民众参与、企业化运作的模式，将技术研发和生产紧密结合起来，先后建设了26个生态工业园区，使资源利用效率大大提高，并形成了完整的静脉产业链，循环经济得到了快速发展。除了循环利用废物，日本企业十分注重生产链条上下游环节的减量化和再循环，从根本上减少废物的产生，将"产业垃圾零排放"作为重要发展目标。

3. 开展多领域环境教育宣传

环境教育宣传是日本生态文明建设的重要基石，日本环境教育起源于20世纪60年代，日本政府、企业、民间团体共同推进不同年龄层的民众在学校、社区、家庭、单位等多个地方进行环境教育和学习，实现了学校、企业、社会的环境教育高度有机统一。其中，学校环境教育是日本环境教育的核心，《环境教育指导资料》确立了中小学环境教育的基本理念，要求学生要理解自然界事物的关系和规律，树立可持续发展理念，具备一定的环境调查和检测能力；企业环境教育则要求企业肩负推广环保产品、树立环保模范形象等环境经营、环境教育的责任；社会环境教育主要是政府、民间团体组织的环境教育活动，如环境保护周活动、社区环保示范餐厅活动等。通过运用教育手段与宣传手段相结合的方式大力倡导并积极发动广大公众积极参与到生态文明建设中来，提高国民的环保意识。近年来，日本不断丰富其环境保护宣传方式，如利用各种媒体进行环保宣传活动，包括制作和分发宣传环保知识的宣传单，开设绿色购物网（GPN）提供商品的环保信息等。

（六）德国的生态文明建设

德国是欧洲工业强国。20世纪五六十年代，德国急于改变战后落后面貌，主要依靠重工业和制造业的发展来恢复经济，因此给地表水源和河流、空气带来严重污染。从 20 世纪 70 年代起，德国开始大力治理生态环境问题，80 年代后开始从强制性的控制慢慢向预防和合作的方向转变。经过几十年的不懈努力，现在的德国空气清新，景色迷人，处处体现出生态文明所带来的祥和与恬静。从生态文明建设发展历程看，德国有许多措施值得我国学习和借鉴。

1. 建立生态账户制度

德国的生态账户制度始于 20 世纪末，至 2005 年就已有超过 1000 个生态账户遍布各地。目前，生态账户制度已成为德国生态环境管理和保护的主要工具之一。2002 年，德国出台《联邦自然保护和景观规划法》，要求对土壤、生物多样性等损失进行补偿。为此，德国建立生态账户制度，根据国家自然保护法案，需要补偿措施的土地开发应承担生态积分。官方授权机构向开发商出售可交易的生态积分，根据开发商对环境影响的大小，从生态账户中扣除相应积分。开发商必须证明相等（生态）价值的补偿措施在某个地域得到执行，如果补偿项目提高了生态价值，增值部分可转换为积分存入生态账户。

2. 发展循环经济

在德国，循环是一种社会责任。垃圾处理和再利用是德国循环经济的核心内容。1996 年提出的《循环经济与废弃物管理法》是德国建设循环经济的总纲领，它将资源闭环循环的循环经济思想推广到所有生产部门，其重点侧重于强调生产者的责任，生产者对产品的整个生命周期负责，规定对废物问题的优先顺序是“避免产生—循环使用—最终处置”。目前，废物处理已成为德国经济支柱产业之一，德国的垃圾处理公司也得到蓬勃发展。例如，德国 BIOJerm 公司通过实行利用垃圾厌氧发酵产生的沼气进行发电以及剩余底物生产有机肥等举措，实现了经济、生态和社会效益统一。

3. 推动环保技术进步

生态文明建设能否有效推进，技术水平是其重要支撑。德国十分注重推动环保技术进步。如德国创新性地利用回收垃圾进行发电来补充传统形式的发电，从有机垃圾分选，到垃圾发酵产生沼气，利用垃圾产生的沼气发电，回收利用垃圾发电的能源整个过程都建立在拥有先进环保技术的基础上。又如冶金生产中剩余的废料和矿渣通过循环利用作为建筑材料、无机化肥和水泥生产原料，都需要经济可行的环保技术作为支撑。

（七）澳大利亚的生态文明建设

近年来经济合作与发展组织在 30 多个发达国家中评选最幸福的国家，澳大利亚连续三年蝉联榜首。今天的澳大利亚蓝天碧水，绿树成荫。生态文明意识深入人心，澳大利亚的生态文明建设是全世界生态文明建设的典范。这种良好的生态环境，既得益于人口少、资源承载压力小等条件，更得益于环境保护的理念和措施。澳大利亚在建设生态文明的进程中，着力形成生态文明的生产方式和消费模式，建立完善可持续发展的体制机制，各项环保措施得力有效，生态环境保护取得了令世界瞩目的成就。

1. 全民动员，牢固树立生态保护共识

在澳大利亚，到处都可感受到浓浓的环保氛围，可持续发展的生态文明价值观深入人心。政府组织广泛深入的宣传教育和动员与普通民众和社会团体的自发活动形成良性互动、彼此促进的良好格局。政府积极引导企业重视和实施可持续发展战略。为了促进企业实践生态环保理念，政府大力推广企业“三要素报告”体系，即每家企业年度报告中均要披露财务、环保、社会责任三方面的情况，其中环保报告的内容涉及产品原料、加工工艺、耗能、产品、废气废物排放、后续利用等是否符合可持续发展的要求。生态保护的共识还体现在政府、企业以及广大市民积极参与环保活动上。南澳大利亚州是第一个宣布全面禁止使用塑料袋的州,从2008年起实施。商店里也大力推荐和销售环保商品和节能电器,如无磷、可降解洗衣粉、洗洁精和用后可回收再利用的未经漂白的纸品。西澳大利亚五分之一的家庭使用太阳能热水器。今天的澳大利亚,符合生态文明要求的生活方式和消费模式已被人们广为接受。

2. 政府主导,强力推进生态文明建设

澳大利亚联邦政府和各州政府发挥着生态文明建设中的主导作用。政府主导作用体现在政府职能范围内通过订立政策法规、制订规划目标、开展监管督查、落实利益导向等方式来推进和引导环保工作的实施。

(1) 订立政策法规。从20世纪70年代开始,澳大利亚就制订了环境保护的有关法律,发展至今,已形成了综合立法与单项立法相结合、联邦立法和地方立法相结合的较完善的法律法规体系。

(2) 制订规划目标。澳大利亚全国性的生态环境保护规划于20世纪70年代制定,指导着三十多年来的环保工作。这些规划起点高、标准高、目标任务科学精准,具有很强的可操作性和指导性。如悉尼城市发展规划的主题就是“永续性悉尼”,城市定位是“绿色、全球化、网络化城市”。

(3) 开展监管督查。联邦政府要求各州政府和各企业及时报告环保目标任务实施完成情况,并对报告进行核查,强化各种监管手段。各州的“环保警察”执法威严,查处各类有违环保规定的事件毫不手软。

(4) 落实利益导向。澳大利亚各级政府通过经济利益激励约束机制促进企业、家庭、个人自觉地节能环保。澳大利亚“垃圾税”已征收多年,每户都必须向市政府交纳垃圾处理管理税,按人收费,标准一致,逐年提高。制定措施对主动参与环保的企业及市民则给予补贴,如维多利亚州企业购置新的节能机器设备可得到政府50%的补贴。

3. 项目带动,切实谋求生态文明成效

为了切实有效地促进可持续发展战略取得成果,扭转环境危机,澳大利亚各级政府调整产业结构,走低碳经济发展之路,并对能源、交通等重大基础设施项目实行转型改造,从而使国家走上了生态文明的康庄大道。

(1) 大力发展新型能源。澳大利亚积极开发包括太阳能、风能、水能、地热能、生物质能等新能源,大力发展替代能源,优先发展可持续能源,建设了一批新能源重点项目。同时,调整能源结构,提高非化石能源尤其是可再生能源的消费比重。

(2) 科学处理“三废”污染。澳大利亚每个城市都建设了处理废物、废水、废气的基础设施。如墨尔本市污水处理厂日处理污水360万吨,规模大,技术工艺先进,可以完全满足处理全市污水的需要;垃圾分类转运和收集填埋一整套系统运转科学合理。

(3) 改善交通设施,建设生态城市。澳大利亚公路里程达81.16万公里,大多依地形地貌而建,尽量避免破坏生态。悉尼、墨尔本等大城市还保留着轻轨交通,电力驱动。公交系统四通八达,减少了汽车尾气污染。许多城市道路都建设有自行车道,步行道更是宽敞通畅,鼓励人们少开车,减少污染。

(4) 实行产业转型,开展生态保护。维多利亚州的巴德瑞特金矿和新南威尔士州的蓝山金矿曾经都是日产万金的金矿,但为了保护森林和珍稀植物,政府关停了采金业,巴德瑞特金矿转型为黄金博物馆旅游区,蓝山则被列入了世界自然遗产。目前,澳大利亚已有17处世界自然与文化遗产，其中有著名的大堡礁、昆士兰湿润热带地区、西塔斯马尼亚国家公园、澳大利亚东部雨林保护区等。

4. 依托科技，着力提升生态文明品质

澳大利亚在生态文明建设中注重科研攻关，提高环保设备和产品的技术含量，研发应用了一批先进适用的节能减排技术、新兴能源技术、绿色建筑技术，使可持续发展战略建立在科学技术的坚实基础上，生态文明建设呈现出高、精、新的时代气象。

（1）节能减排技术。澳大利亚淡水资源十分缺乏，是个“水比奶贵”的国度。为了节水，澳大利亚人民发明了节水龙头、莲蓬头、抽水马桶，还发明了一种真空免水冲式厕具。为应对工厂废气排放中的大量二氧化碳，澳大利亚人民发明了碳捕获与封存技术，即将碳从排放源中分离出来，并输送到封存地点，使之长期与大气隔绝。

（2）新兴能源技术。澳大利亚全国建设了一大批巨型太阳能光伏发电厂，解决了输电难题。澳大利亚还积极开发地热能，从地下抽取热水、蒸汽用于发电，技术先进成熟。生物质能技术运用也很普遍，如墨尔本污水处理厂利用污水中的沼气发电，作为整个污水处理厂的动力，其技术、工艺都达到一流水平。

（3）绿色建筑技术。澳大利亚大力推行节能环保的绿色建筑，并从选址、建材、屋顶墙壁绿化、房屋结构设计、太阳能安装等五方面确定了绿色建筑技术规范，得到了住宅开发商和民众的积极响应。这套绿色建筑技术规范科学而适用，使生态文明建设进入了寻常百姓家。

二、我国的生态文明建设

我国高度重视生态文明建设，尤其是党的十八大以后，在资源约束趋紧、环境污染严重、生态系统退化的严峻形势下，把生态文明建设放在突出地位，融入经济建设、政治建设、文化建设、社会建设各方面和全过程，努力建设美丽中国，实现中华民族永续发展。我国在“五位一体”的建设中坚持节约资源和保护环境的基本国策，坚持节约优先、保护优先、自然恢复为主的方针，着力推进绿色发展、循环发展、低碳发展，形成节约资源和保护环境的空间格局、产业结构、生产方式及生活方式。

我国的生态文明建设事业主要是以党和政府为中心进行建设的，大致可分为三个阶段。

（1）第一阶段为改革开放前的生态文明建设初步探索阶段（1949—1978 年）。在这个阶段，我国的生态环境整体上是较好的。我国生态文明建设的探索主要以社会主义建设为导向，提出了一些保护生态环境的理论和主张，并通过参加国际会议了解国外发展状况，结合我国自身发展状况实施具有中国特色社会主义的生态文明建设。1972 年中国参加了斯德哥尔摩人类环境会议，包括中国代表团的各个国家达成了关于人与自然环境密不可分的共识；1973 年联合国环境规划署（UNEP）正式成立，中国成为理事会成员国，进一步加强了与各国开展环保合作的进程。1973 年 8 月在北京召开了第一次全国环境保护会议，并过了《关于保护和改善环境的若干规定（试行草案）》。这一阶段我国逐渐开始重视环保立法和生态建设，致力于努力探索区别于西方发达工业国家“先污染后治理”模式的中国特色环境保护与可持续发展之路。党和政府领导人民群众开展了以兴修水利、植树造林、保持水土、治理“三废”等为基本内容的生态环境建设事业，并强调以加强林业建设为重点，以植树造林为抓手，提出和实施了“植树造林，绿化祖国”的任务和目标。

（2）第二阶段为改革开放初期的生态文明建设进一步发展阶段（1979—1999 年）。在这个阶段我国生态环境问题已经显现，国家高度重视生态环境问题的解决。改革开放以后，我国对生态文明建设的探索是在世界各国共同应对全球生态环境危机的背景中展开的，我国的生态文明建设已经成为全球性生态文明进程的重要组成部分。1979 年我国第一部关于环境保护的《中华人民共和国环境保护法（试行）》颁布，正式从法律层面上确立环境保护的重要性。1984 年国务院专门成立了环境保护委员会，以加强生态环境保护。1994 年 4 月颁布的《中国 21 世纪议程》是从我国的具体国情出发，推出了促进社会、经济、生态以及人口、教育等相互协调、可持续发展的宏观性的战略和政策措施。1996 年，为进一步落实环境保护基本国策，实施可持续发展战略，国务院做出了《关于环境保护若干问题的决定》。这一阶段，我国开始强调在现代化建设中，将实现可持续发展作为一个重大战略，努力实现经济发展与环境保护的有机耦合。这一时期的生态文明建设实践立足于我国工业化和城市化迅速推进、生态环境形势日益严峻的实际，制定并实施了一系列关于生态文明建设实践的方针政策。如政府特别重视依法造林、依法护林，带动全民共同参与植树造林，大力发展绿色事业，从而保护生态平衡；计划生育被确定为我国的一项基本国策，并写入宪法，从而为缩小人口规模、推进生态文明建设做出了突出贡献；重视科技，重视法制，强调利用科学技术保护生态环境，不断解决新出现的资源、人口、环境与生态矛盾。

（3）第三阶段为进入新世纪新阶段的生态文明建设丰富完善阶段（21 世纪至今）。在这个阶段，长期粗放式经济发展的影响已开始显现，我国的生态环境急剧恶化，尤其 2008 年之后我国的 $PM_{2.5}$ 指数迅速上升。党和政府深刻认识到绝不能以牺牲生态环境为代价实现一时的经济发展，进行了一系列关于生态文明建设的设计。2003 年，党的十六届三中全会正式提出科学发展观的重要思想，以人为本、人与自然和谐发展成为科学发展观的重要内容。2005 年党和政府提出了遏制生态退化和加强环境保护的基本目标。2007 年，党的十七大报告首次提出建设生态文明，把“建设生态文明”列入全面建设小康社会的奋斗目标。2012 年，党的十八大首次将生态文明建设作为主要的任务，并且同社会建设、经济建设、政治建设、文化建设一起确定为“五位一体”总体布局，只有坚持“五位一体”总体布局，全面推进、协调发展，才能形成经济富裕、政治民主、文化繁荣、社会公平、生态良好的发展格局，把我国建设成为富强、民主、文明、和谐的社会主义现代化国家。2017 年，党的十九大报告不仅对生态文明建设提出了一系列新思想、新目标、新要求和新部署，为建设美丽中国提供了根本遵循和行动指南，更是首次把美丽中国作为建设社会主义现代化强国的重要目标。美丽中国目标的提出，不仅寄予了人民对未来美好生活的期盼，也反映了中国共产党对人类文明规律的深刻认识、对现代化建设目标的丰富理解。

这一阶段中国生态环境保护战略地位在逐步提升，经济发展不能仅仅追求 GDP 的增长，更要考虑到生态平衡问题与代际公平的可持续发展问题。新时代更要注重全面发展，更强调绿水青山就是金山银山，进一步规范了保护环境与发展经济的关系。进入新时代，党和政府开展了一系列根本性、长远性、开创性的工作：建立并实施中央环境保护督察制度；深入实施大气、水、土壤污染防治三大行动计划；率先发布《中国落实 2030 年可持续发展议程国别方案》，实施《国家应对气候变化规划（2014—2020 年）》；提出并推进美丽乡村建设、社会主义新农村建设、生态城市建设等，极大调动了地方和社会公众进行生态文明建设的积极性，改善了我国生态建设落后的面貌，取得了良好的效果。

三、国外生态文明建设给我国的启示

通过对比我国与世界各国的生态文明建设，可以得出以下结论。

（1）我国的生态文明建设以政府主导为主，公民参与不够。我国生态文明建设虽然起步比较晚，但政府高度重视，发展较迅速。国外的生态文明建设开始得比较早，最先开始于社会公众中，公众已经广泛地参与到生态文明建设中，并发挥了巨大的作用。我国以党和政府为中心建设生态文明，努力避免走国外“先污染后治理”的老路，但公众参与不够，将来需进一步发挥公众的作用。

（2）我国有关生态环境保护的措施以及法律不够完善和具体，缺少针对性的配套政策。国外由于进行生态文明建设比较早，基本形成了完善的法律法规体系以及政策和经济措施，我国还需进一步加强和完善生态文明法律法规和制度体系的建设。

（3）我国生态文明建设理论研究相对滞后。国外的学者多经历了严重的生态危害事件，撰写了具有较强影响力的作品，国外民众对于公共环境也比较关注。我国生态文明建设相关配套理论研究不足，较少能在社会公众中引起广泛的关注，需要尽快完善生态文明建设的理论体系。

（4）我国的生态问责机制不够完善。当前我国环境行政公益诉讼在国内成功的案例极少，生态问责制实际运行中存在着问责对象比较单一、公众参与生态问责力度不强、过度强调事后追责等问题，上述情况需要我国政府尽快推动解决。

（5）我国生态文明建设资金投入渠道较单一。国外绿色金融制度体系构建比较完善，生态文明建设资金市场化方式运作机制较成熟。生态文明建设是一项需要长期持续投资的系统工程，而一个地区的所有经济建设所取得的成果又不能全部投入到单独的生态文明建设上。因此，构建一套组织合理、投资畅通、调控有效的绿色金融体系和运行机制，实现政府、民间、市场的良性互动，这将有助于解决生态文明建设资金需求巨大与财政能力不足之间的矛盾。

第四节　新时代生态文明建设理论体系

中国新时代的生态文明建设理论体系不同于其他时期的生态环境保护思想，它是在充分实践的基础上，根据当前中国的生态环境质量和中华民族复兴梦想而逐渐形成的。因而既有坚实的理论基础，也有丰富的实践经验。这些生态文明建设的理论体系包括实施可持续发展战略、五大发展理念、“五位一体”建设新理念、新时代推进生态文明建设的六项基本原则、生态文明建设五大体系等。

一、实施可持续发展战略，推动生态文明建设

1994年，国务院常务会议审议通过《中国21世纪议程》，确定实施可持续发展战略，这是世界上第一个国家级的可持续发展议程。可持续发展是基于社会、经济、人口、资源、环境相互协调和共同发展的理论和战略，主要包括生态可持续发展、经济可持续发展和社会可持续发展。它是中国特色社会主义生态文明理论体系的理论基础，从发展战略的角度为社会的发展构筑了未来的发展蓝图，成为建设生态文明的重要战略。党的十五大进一步明确将可持续发展战略作为我国经济发展的战略之一。中国共产党坚持统筹人与自然的和谐发展，坚持走生产发展、生活富裕、生态良好的文明发展道路。其中，经济社会生态的协调发展是可持续发展观的核心，是生态文明理论的基本要求。

党的十八大以来，党中央围绕全面建成小康社会提出了一系列新理念、新思想、新战略，党的十九大报告更是将可持续发展战略确定为决胜全面建成小康社会需要坚定实施的七大战略

之一。在新时代坚持和发展中国特色社会主义，必须将坚持以经济建设为中心和加强生态文明建设统一起来。针对我国人口众多、资源短缺、环境污染严重，以及经济、社会发展不平衡的严峻形势，在我国实施具有中国特色的可持续发展战略，坚持科学发展观，正确处理人口、资源、环境之间的关系，走文明发展道路。同时，实施可持续发展战略，还要从人口、经济、社会、资源和环境相互协调中推动经济发展，并在发展过程中促进社会的全面进步和人的全面发展。

二、牢固树立五大发展理念，统筹推进“五位一体”建设

五大发展理念是中国共产党第十八届五中全会提出的中国未来社会发展新理念，包括创新、协调、绿色、开放、共享。其中，创新发展理念是引领发展的第一动力，协调发展理念是理顺发展中各种重要关系的根本遵循，绿色发展理念是处理经济社会发展和自然环境保护关系的价值标准，开放发展理念是引领我国全方位高层次对外开放的行动指南，共享发展理念是社会公平正义的保证。在这五大发展理念中，将绿色发展理念作为经济建设中的重要指导思想。

“五位一体”是2012年第十八次全国人民代表大会提出的新思想，要求将经济建设、政治建设、文化建设、社会建设、生态文明建设这五项内容作为一个整体看待，将生态文明建设作为我国全面建成小康社会、实现社会主义现代化和中华民族伟大复兴的一个重要组成部分。

在全面建成小康社会的进程中，习近平主席始终强调：小康全不全面，生态环境质量是关键。在2018年4月中央财经委员会第一次会议上习近平总书记又指出：环境问题是全社会关注的焦点，也是全面建成小康社会能否得到人民认可的一个关键，要坚决打好打胜这场攻坚战。

基于“五位一体”的新理念，党中央和国务院做出了一系列重大决策部署，出台了《生态文明体制改革总体方案》，先后发布和实施了《大气污染防治行动计划》《水污染防治行动计划》和《土壤污染防治行动计划》，把发展观、执政观、自然观内在统一起来，融入执政理念、发展理念中，生态文明建设的认识高度、实践深度、推进力度前所未有。随着《大气污染防治行动计划》《水污染防治行动计划》和《土壤污染防治行动计划》的实施推进，我国的环境空气质量和水环境质量持续得到改善，与2012年之前相比，天更蓝了，水更绿了。

“共抓大保护，不搞大开发”是习近平主席生态文明建设理念在国家“五位一体”战略思想中的体现。2016年1月，习近平主席在重庆召开的推动长江经济带发展座谈会上指出，当前和今后相当长一个时期，要把修复长江生态环境摆在压倒性位置，共抓大保护，不搞大开发。不搞大开发不是不要开发，而是不搞破坏性开发，要走生态优先、绿色发展之路。2016年9月印发的《长江经济带发展规划纲要》成为我国首个把生态文明、绿色发展作为首要原则的区域发展战略。

三、坚持六项基本原则，构建生态文明的五大体系

（一）新时代推进生态文明建设必须坚持六项基本原则

生态文明建设是关系中华民族永续发展的根本大计，新时代推进生态文明建设必须坚持六项基本原则。

坚持人与自然和谐共生。人与自然的关系是人类社会最基本的关系，自然界是人类社会产生、存在和发展的基础和前提。人类对大自然的伤害最终会伤及人类自身，这是无法抗拒的规律。坚持人与自然和谐共生的基本方针，就是要求人类必须尊重自然、顺应自然、保护自然，才能避免和遏制对自然资源毫无节制的攫取和掠夺行为，减少经济发展对生态环境造成的负

面影响，使生态环境系统能够在支撑经济发展的同时不断实现自我调节、自我恢复，维护自然生态系统的平衡，使社会经济在良性的循环下实现可持续发展，为子孙后代留下天蓝、地绿、水清的美好家园。

坚持绿水青山就是金山银山。2005 年时任浙江省委书记的习近平在浙江湖州市安吉县余村考察时，首次提出"绿水青山就是金山银山"的重要理念。我们既要绿水青山，也要金山银山。宁要绿水青山，不要金山银山，而且绿水青山就是金山银山。绿水青山作为生态资源、生态环境，本身就具有经济价值，或能够直接转化为经济效益。自然生态环境直接就是人类生产活动的"财富之母"。人类大多数的生产活动过程，本质上都是在从事将生态环境资源转化为经济发展资源的过程。我们把生态环境优势转化为生态农业、生态工业、生态旅游等生态经济优势，这样，绿水青山也就直接可以转变成金山银山。此外，金山银山不只是金钱意义上的财富，还包括诸如审美、文艺创作等精神文化财富。因此，保护生态环境就是保护生产力，改善生态环境就是发展生产力，生态环境优势就是经济社会发展优势。坚持绿水青山就是金山银山的发展理念，要求我们必须正确处理经济发展和生态环境保护的关系，像保护眼睛一样保护生态环境，像对待生命一样对待生态环境，坚决摒弃损害甚至破坏生态环境的发展模式，坚决摒弃以牺牲生态环境换取一时一地经济增长的做法，让良好生态环境成为人民生活的增长点、成为经济社会持续健康发展的支撑点、成为展现我国良好形象的发力点。

坚持良好生态环境是最普惠的民生福祉。坚持人与自然和谐共生，从生态文明建设的角度生动诠释了以人民为中心的发展思想。我们要建设的现代化是人与自然和谐共生的现代化，既要创造更多物质财富和精神财富以满足人民日益增长的美好生活需要，也要提供更多优质生态产品以满足人民日益增长的优美生态环境的需要。生态文明建设与人民群众美好生活息息相关，保护自然环境、建设生态文明是保障和改善民生的一项核心内容。坚持良好生态环境是最普惠的民生福祉，要坚持绿色发展，在美丽中国建设中实现绿色富国、绿色惠民。这是新时代增加民生福祉的重要举措，彰显了我们党为中国人民谋幸福、为中华民族谋复兴的初心和使命。

坚持山水林田湖草是生命共同体。2018 年 3 月 5 日习近平主席在参加十三届全国人大一次会议内蒙古代表团的审议时，强调山水林田湖草是一个生命共同体，即人与自然是一个生命共同体的理念。生命共同体把人与山水林田湖草连在一起，生动形象地阐述了人与自然唇齿相依的一体性关系，揭示了山水林田湖草之间的合理配置和统筹优化对人类健康生存与永续发展的意义。绿色是生命的本色，是山水林田湖草充满生机活力和健康安全的体现，也是人类追求美好生活和提升幸福度的象征。人与自然是生命共同体的思想，从哲学的高度理解人与自然界以及自然界之间的关系，强调了人与自然之间不仅存在着能量的相互交换，而且也是生命共同体。坚持山水林田湖草是生命共同体的系统思想，关键是要有大格局，让各相关方形成你中有我、我中有你的共生局面，真正实现山水相连、花鸟相依、人与自然和谐相处。要在崇拜自然、敬畏自然的过程中通过调整自己的行为，协调人与自然的关系，达到人类生存发展与生态的平衡，强化和完善人类生存与发展的良好环境。

坚持用最严格的制度、最严密的法治保护生态环境。生态文明建设是涉及生产方式、生活方式、思维方式和价值观念的革命性变革。要实现这样的变革，必须坚持用最严格的制度、最严密的法治保护生态环境。坚持用最严格的制度、最严密的法治保护生态环境的坚定决心，就是要针对一些领域存在制度空白、无法可依的情况，针对部分领域存在现有制度落后于环保实践的情况，解决好制度不健全的问题。真正构建起覆盖生态环境保护全方位、全地域、全过程的生态文明制度体系，让生态共识在生产生活各个领域落地生根，转化为全国人民的积极行动和巨大合力，绘就青山绿水、诗意栖居的中国图景，推动中华民族实现永续发展。

坚持共谋全球生态文明建设。人类同住一个地球，共同生活在一个自然生态系统之中，保护生态环境、维护能源资源安全是共同面临的挑战。经济全球化时代，各国的发展同世界的发展连为一体，一国的生态环境，直接间接地具有了全球价值和人类价值。当前，人类共同面临生态环境恶化和全球环境治理的重大课题，走绿色发展、低碳循环、可持续发展之路，是人类共同的发展大势。生态文明建设关乎人类未来。国际社会应该携手同行，共谋全球生态文明建设之路。中国作为发展中大国、负责任大国，推进绿色发展，保护绿水青山，既是自身发展的内在需要，也是为解决全球性环境危机而承担的应有责任。

（二）构建生态文明的五大体系

1. 生态文化体系

生态文化体系是生态文明建设的灵魂。良好的生态文化体系包括人与自然和谐发展，共存共荣的生态意识、价值取向和社会适应。树立尊重自然、顺应自然、保护自然的生态价值观，把生态文明建设放在突出地位，才能从根本上减少人对自然环境的破坏。我们在处理人与自然的关系时，要坚守生态价值观，坚持“以人为本”的原则，并把这一原则贯穿到生态文化体系建设的全过程。尊重自然，保护自然，最终目的也是实现人类自身的生存与发展。对于普通老百姓来说，每天喝上干净的水，呼吸新鲜的空气，吃上安全放心的食品，生活质量越来越高，过得既幸福又健康，这就是百姓心中的梦。建立健全以生态价值观念为准则的生态文化体系要大力倡导生态伦理和生态道德，提倡先进的生态价值观和生态审美观，注重对广大人民群众的舆论引导，在全社会大力倡导绿色消费模式，引导人们树立绿色、环保、节约的文明消费模式和生活方式。只有当低碳环保的理念深入人心，绿色生活方式成为习惯，生态文化才能真正发挥出它的作用，生态文明建设就有了内核。

2. 生态经济体系

生态经济体系是生态文明建设的物质基础。只有坚持正确的发展理念和发展方式，才可以实现百姓富、生态美的有机统一。要构建以产业生态化和生态产业化为主体的生态经济体系，深化供给侧结构性改革，坚持传统制造业改造提升与新兴产业培育并重、扩大总量与提质增效并重、扶大扶优扶强与选商引资引智并重，抓好生态工业、生态农业，抓好全域旅游，促进第一、第二和第三产业融合发展，让生态优势变成经济优势，形成一种浑然一体、和谐统一的关系。

3. 目标责任体系

目标责任体系是指以生态文明建设为目标，明确政府部门相关主体权责配置并实施问责的体制机制，是生态文明体制的组成部分。生态环保目标落实得好不好，领导干部是关键，要树立新发展理念，转变政绩观，就要建立健全考核评价机制，压实责任、强化担当。要建立责任追究制度，特别是对领导干部的责任追究制度。对那些不顾生态环境盲目决策造成严重后果的人，必须追究其责任，而且应该终身追究。真抓就要这样抓，否则就会流于形式。

4. 生态文明制度体系

保护生态环境必须依靠制度、依靠法治。只有实行最严格的制度、最严密的法治，才能为生态文明建设提供可靠保障。这就要求从治理手段入手，提高治理能力，并要把资源消耗、环境损害、生态效益等体现生态文明建设状况的指标纳入经济社会发展评价体系，建立体现生态文明要求的目标体系、考核办法、奖惩机制,使之成为推进生态文明建设的重要导向和约束。

5. 生态安全体系

生态安全关系人民群众福祉、经济社会可持续发展和社会长久稳定,是国家安全体系的重要基石。建设生态文明必须要加快建立健全以生态系统良性循环和环境风险有效防控为重点的生态安全体系。首先就是要维护生态系统的完整性、稳定性和功能性,确保生态系统的良性循环;其次要处理好涉及生态环境的重大问题,包括妥善处理好国内发展面临的资源环境瓶颈、生态承载力不足的问题,以及突发环境事件问题,这是维护生态安全的重要着力点,是最具有现实性和紧迫性的问题。

六项基本原则和五大体系是我国生态文明建设的基本指导原则,为今后一段时期坚定不移走生产发展、生活富裕、生态良好的文明发展道路指明了方向,画出了"路线图"。

第五节　新时代生态文明建设途径

一、强化法律法规和政策保障

《中华人民共和国宪法》《中华人民共和国环境保护法》《中华人民共和国清洁生产促进法》和《中华人民共和国循环经济促进法》,以及相关的法律法规中,均有要求保护生态环境的条款。2015 年 3 月和 9 月,国家还专门就生态文明建设发布了《中共中央、国务院关于加快推进生态文明建设的意见》,以及《生态文明体制改革总体方案》。其中发布《生态文明体制改革总体方案》的目的就是加快建立系统、完整的生态文明制度体系,加快推进生态文明建设,增强生态文明体制改革的系统性、整体性、协同性。因此,该方案为我国生态文明领域改革做出的顶层设计,关系人民福祉、关乎民族未来的长远大计。

面对资源约束趋紧、环境污染严重、生态系统退化的严峻形势,国家发布的《大气污染防治行动计划》《水污染防治行动计划》和《土壤污染防治行动计划》也是开展生态文明建设的政策依据。按照《生态文明体制改革总体方案》要求,必须坚持节约资源和保护环境基本国策,坚持节约优先、保护优先、自然恢复为主的方针,以建设美丽中国为目标,以正确处理人与自然关系为核心,以解决生态环境领域突出问题为导向,保障国家生态安全,改善环境质量,提高资源利用效率,推动形成人与自然和谐发展的现代化建设新格局。为此必须把生态文明建设放在突出地位,融入经济建设、政治建设、文化建设、社会建设各方面和全过程,努力建设美丽中国,实现中华民族永续发展。

2016 年 9 月,国家印发了《长江经济带发展规划纲要》,成为我国首个把生态文明、绿色发展作为首要原则的区域发展战略,这为我国开展生态文明建设提供了法律依据。

二、合理规划布局

在尊重自然、顺应自然、保护自然的基础上,开展国家、省(自治区、直辖市)和各区县的生态功能区划,根据不同地区的环境功能区划与资源环境承载能力,按照优化开发、重点开发、限制开发和禁止开发的要求确定不同地区的发展模式,引导各地合理选择发展方向,形成各具特色的发展格局。

1. 编制空间规划

整合目前各部门分头编制的各类空间性规划,编制统一的空间规划,实现规划全覆盖。

2. 推进市县“多规合一”

支持市县推进“多规合一”,统一编制市县空间规划,逐步形成一个市县一个规划、一张蓝图。市县空间规划要统一土地分类标准,根据主体功能定位和省级空间规划要求,划定生产空间、生活空间、生态空间,明确城镇建设区、工业区、农村居民点等的开发边界,以及耕地、林地、草原、河流、湖泊、湿地等的保护边界,加强对城市地下空间的统筹规划。加强对市县“多规合一”试点的指导,研究制定市县空间规划编制指引和技术规范,形成可复制、能推广的经验。

三、推进生态文明制度建设

新时代生态文明建设是一个巨大的工程,政府要加快职能转变与完善行政制度、完善生态文明建设法律法规体系和加强执法监管力度。要把资源消耗、环境损害、生态效益纳入经济社会发展评价体系,建立体现生态文明要求的目标体系、考核办法、奖惩机制。推进政府机构改革,建立环境责任追究制度,建设完善的法律制度,制定严格的环境标准,培养专业的执法队伍,采取行之有效的执法手段等。建立健全与现阶段经济社会发展特点和环境保护管理决策相一致的环境法规、政策、标准和技术体系,以及更加完善的环境准入负面清单,任何对环境造成危害的个人和单位都要补偿破坏环境带来的损失。具体包括:严守资源环境生态红线管控制度、健全自然资源资产产权制度、建立国土空间开发保护制度、完善最严格的耕地保护制度、水资源管理制度、环境保护制度、完善资源总量管理和全面节约制度、健全资源有偿使用和生态补偿制度、建立健全环境治理体系、健全环境治理和生态保护市场体系、建立健全环境执法机制、完善生态文明绩效评价考核和责任追究制度,以及生态文明体制改革的实施保障。

四、提高公民生态文明意识

生态文明意识既是生态文明建设中的重要内容,也是生态文明建设的根本保证。树立生态价值观,培养良好的生态意识,是以生态文明为显著特征的和谐社会对其公民的基本要求。在生态文明建设中,必须大力培养公众的生态意识,包括生态忧患意识、生态责任意识和生态参与意识等,使生态意识不断上升为一种自觉的民族意识。加强生态文明教育,关键是要充分发挥学校教育的基础性作用。要重视学校教育的系统性优势,优化学校生态课程的内容和教学方法。中小学阶段,应以渗透生态环境保护意识和行为习惯训练为主;在高等院校的课程教育中,应把生态文明意识教育纳入必修课程之中。加强生态文明教育,还需要构建政府主导、全社会参与的宣教格局。要在全社会加大生态环境保护宣传力度,利用互联网和自媒体时代便利高效且生动鲜活的方式在政府机关、企事业单位、学校以及社区等社会公共区域进行宣传和教育活动,努力使生态环保理念在全社会形成普遍的道德风尚;通过宣传教育,在全社会提升生态意识、普及生态知识、弘扬生态道德、倡导生态行为,形成保护生态、节约资源、合理消费、低碳生活的社会新风尚。公民树立了正确的生态文明意识,自然也就对生态文明的建设更有信心和动力。通过每个人的自觉行动,把中国建设成为我们更美丽的家园。

五、加强国际合作与交流

目前,全球经济一体化的趋势越来越显著,发达国家在工业文明阶段后期,为生态文明建设积累了许多有益的成功经验。它们在可持续发展、清洁生产、产品生命周期和循环经济方面走在世界前面，因此，中国需要进一步加强国际合作与交流，理性借鉴国际环境保护的成功经验，积极参与全球性、区域性环境保护活动。同时，中国已经为世界提供了生态文明建设的中国方案，"丝绸之路"和"一带一路"也为生态文明建设注入中国力量。相信在不远的将来，中国的生态文明建设必将走在世界前列。

第七章　生态城市的理论与实践

第一节　生态城市的基本理论

一、生态城市的提出

工业革命后，西方国家城市日益出现拥挤、污染、疫病流行等问题。拥挤的交通、无处不在的环境污染、大规模疫病频发使得城市越来越不适宜居住。19 世纪以来，针对日益严峻的城市化、工业化带来的城市生态问题，西方国家一些学者相继提出"生态城市"的观点和相关研究。生态城市的提出是人类对环境污染和生态破坏而造成的城市不可持续发展的深刻反思，是人类对自我生存生活方式、城市建设发展模式的一次重新选择。

现代生态城市思想最早起源于英国建筑师霍华德在 1898 年提出的"田园城市"的概念，霍华德在《明日的田园城市》中阐述了田园城市的构想，强调要在城市周围永久保留一定绿地的原则，通过城市周边的农田和园地控制城市用地的无限扩张。英格兰列契沃斯(Letchworth)是由霍华德设计并于 1903 年建成的田园城市，经历了一个多世纪之后，仍然保持着较为宜人的居住环境。在霍华德自然、低密度思想的影响下，西方国家出现了一批早期的田园城市。

20 世纪 60 年代以后，在以蕾切尔·卡逊的《寂静的春天》(1962)、罗马俱乐部的《增长的极限》(1972)、芭芭拉·沃德等的《只有一个地球》(1972)为代表的著作中，较为系统、形象地阐述了社会学家和生态学家们对世界城市化、工业化与全球环境恶化的担忧，更加激起了学者研究城市生态系统及生态城市的兴趣。之后，国际上生态城市研究蓬勃发展，一些生态学家的论著，如麦克哈格的《设计结合自然》、保罗·索勒瑞的《建筑生态学：人类想象中的城市》等相继出版以及世界各国建设生态城市的实践活动，都使生态城市的理论研究得到不断的丰富和完善。

从生态学的观点来看，城市是以人为主体的生态系统，是一个由社会、经济和自然三个子系统构成的复合生态系统。一个符合生态规律的生态城市应该是结构合理、功能高效、关系协调的城市生态系统。这里所谓结构合理是指适度的人口密度、合理的土地利用、良好的环境质量、充足的绿地系统、完善的基础设施、有效的自然保护；功能高效是指资源的优化配置、物力的经济投入、人力的充分发挥、物流的畅通有序、信息流的快速便捷；关系协调是指人和自然协调、社会关系协调、城乡协调、资源利用和资源更新协调、环境胁迫和环境承载力协调。概言之，生态城市应该是环境清洁优美，生活健康舒适，人尽其才，物尽其用，地尽其利，人和自然协调发展，生态良性循环的城市。

生态城市与普通意义上的现代城市相比，有着本质的不同。生态城市中的"生态"，已不再是单纯生物学的含义，而是综合的、整体的概念，蕴涵社会、经济、自然的复合内容，已经远远超出了过去所讲的纯自然生态，成为自然、经济、文化、政治的载体。生态城市中"生态"两个字实际上包含生态产业、生态环境和生态文化三方面的内容。生态城市建设不再仅仅是单纯的环境保护和生态建设，生态城市建设内容涵盖了环境污染防治、生态保护与建设、生态产业(包括生态工业、生态农业、生态旅游)的发展,人居环境建设、生态文化等方面,符合可持续发展战略的要求。

二、生态城市的定义及内涵

(一) 生态城市的定义

"生态城市"的概念起源于柏林,在1971年联合国教科文组织发起的"人与生物圈(MAB)"计划研究过程中首次提出,"生态城市"是从自然生态和社会心理两方面去创造一种能充分融合技术和自然的人类活动的最优环境,诱发人的创造性和生产力,提供高水平的物质和生活方式。这一崭新的城市概念和发展模式一经提出,就得到了全球的广泛关注和响应,也标志着人类社会由工业文明向生态文明转型的开始。

生态学家扬尼斯基认为,生态城市是一种理想的城市模式,是按生态学原理建造起来的人类聚居地,其中自然、技术、人文充分融合,人的创造力和生产力得到最大限度的发挥,而居民的身心健康和环境质量得到最大限度的保护,物质、能量、信息高效利用,生态良性循环。雷吉斯特也曾提出了一个十分概括的定义:生态城市追求人类和自然的健康与活力。并认为这就是生态城市的全部内容,因为这足以指导我们的行动。中国学者黄光宇则认为,生态城市是根据生态学原理综合研究城市生态系统中人与"住所"的关系,并应用科学与技术手段协调现代城市经济系统与生物的关系,保护与合理利用一切自然资源与能源,提高人类对城市生态系统的自我调节、修复、维持和发展的能力,使人、自然、环境融为一体,互惠共生。但是,目前世界上还没有真正意义上的生态城市,生态城市的理论也一直在不断发展之中,生态城市的定义同样不是孤立的、一成不变的,它是随着社会和科技的发展而不断完善更新的。

这里通过对已有的生态城市理论总结,结合最新的生态经济理论,给出一个目前国内相对较为完善且权威的生态城市定义:生态城市是全球或区域生态系统中分享公平承载系统份额的可持续子系统,它是基于生态学原则建立的自然和谐、社会公平和经济高效的复合系统,更是具有自身人文特色的自然与人工协调、人与人之间和谐的理想人居环境。

(二) 生态城市的内涵

生态城市是一个经济高度发达、社会繁荣昌盛、人民安居乐业、生态良性循环四者保持高度和谐,城市环境及人居环境清洁、优美、舒适、安全,失业率低、社会保障体系完善,高新技术占主导地位,技术与自然达到充分融合,最大限度地发挥人的创造力和生产力,有利于提高城市文明程度的稳定、协调、持续发展的人工复合生态系统。所谓人工复合生态系统,简单地说就是社会-经济-自然人工复合生态系统,蕴涵社会、经济、自然协调发展和整体生态化的人工复合生态系统。

因此,生态城市的基本内涵体现在三个方面:社会生态化、经济生态化、自然生态化。社会生态化,即社会和谐,表现为人们拥有自觉的生态意识和环境价值观,人口素质、生活质量、健康水平与社会进步与经济发展相适应,有一个保障人人平等、自由、接受教育、人权和免受暴力的社会环境。经济生态化,即经济高效,表现为采用可持续发展的生产、消费、交通和住居发展模式,实现清洁生产和文明消费,推广生态产业和生态工程技术。对于经济增长,不仅重视数量的增长,更追求质量的提高,提高资源的再生和综合利用水平,节约能源、提高热能利用率,降低矿物燃料使用率,研究开发替代能源,提倡大力使用自然能源。自然生态化,即"自然融入城市—城市归于自然",表现为发展以保护自然为基础,与环境的承载能力相协调。自然环境及其演进过程得到最大限度的保护，合理利用一切自然资源和保护生命支持系统，开发建设活动始终保持在环境的承载能力之内。

此外，生态城市的内涵还体现在哲学、功能、经济、社会和空间等多方面。其哲学内涵是采用综合手段实现人与自然的和谐共生；其功能内涵是城市与自然环境形成共生系统；其经济内涵是以循环经济为核心，强调经济过程中各要素的循环利用；其社会内涵是以生态理念指导人及城市的社会生活，协调人类社会活动与自然生态系统的关系；其空间内涵是强调空间的多样性、紧凑性和共生性。

三、生态城市的特征

传统城市是工业文明时代的产物，是以人为中心，片面地追求经济的发展和规模的扩大，发展方式是不可持续的，而生态城市则是生态文明时代的产物，它的发展注重促进人与自然的和谐，最终要实现城市建设的系统化、自然化、经济化和人性化。与传统城市相比，生态城市具有以下特征。

（一）和谐性

和谐性是生态城市最本质和核心的特征。生态城市的和谐性特征是城市发展在更高价值观上的体现，既包含一定的共生性特征，又体现在共生的基础上所达到的和谐发展的状态。生态城市的和谐性一方面体现在人与自然的关系上，人贴近自然，自然融于城市，城市结合自然发展，生态城市是实现人、城市与自然协调发展的关键纽带和有效载体之一；生态环境的和谐性另一方面体现在人与人的关系上，生态城市不是只关注人的居住环境，而是关心人、陶冶人，构建一个人与人关系和谐的社会。生态城市的和谐性还体现在自然、经济、社会可持续发展上，生态城市寻求建立一种良性循环的发展新秩序，经济社会发展与自然保护相协调。

（二）高效性

城市作为一种高度聚集性的人类聚居地，天然地具有较高的效率。怀特指出，构成城市显著特点的人口和活动的集聚为高效率地使用资源提供了机会。生态城市是多层次、多要素、开放的生态系统，追求系统整体功能的高效和活力，因此生态城市的基本特征之一也是高效性。生态城市摒弃了传统城市高消耗、高污染、低利用的非循环运行机制，科学、高效地利用各种资源，不断创造新生产力，物尽其用，地尽其利，人尽其才，物质、能量得到多层次分级利用，废弃物循环再生，各行业、各部门之间的共生关系协调，城市生态系统的可持续性极大提高。

（三）整体性

生态城市不是单单追求环境的优美、经济的发展，或社会的进步和文化的繁荣，而是要兼顾社会、政治、经济、文化和环境五者的整体效益。不仅要重视经济发展和生态环境的协调，更要注重文化的繁荣和社会的进步，在整体协调的新秩序下寻求发展，实现人类生活品质的根本提高，在整体协调的新秩序下寻求发展。生态城市是以人为主体，并兼顾社会、政治、经济、文化和环境五者的整体效益的复合生态系统，是不可分割的整体。

（四）区域性

生态城市是建立在趋于平衡基础之上的人类活动和自然生态利用结合的产物，作为城乡融合、互为一体的开放系统，其本身即为一个区域概念，是建立在区域平衡上的。城市之间是互相联系、相互制约的，只有平衡协调的区域，才有平衡协调的生态城市。生态城市的区域性包含两方面：一方面生态城市与传统城市不同，城市的功能实现还要顾及城市周边的乡镇，使城市和乡镇的功能系统地联系在一起，实现整体价值的最大化，城市和乡镇之间相辅相成，具有城乡一体化的地域性特征；另一方面生态城市无法孤立地存在，必须与周边的地区相互连接，相互融合。城市与周边地区的区域化是城市生态系统良性运行的基础，通过与区域的相互协调、相互补充，才能实现真正意义上的协调、可持续发展。

（五）全球性

将区域性的视野放大就是全球性，全球性是区域性的扩展。生态城市是以人与人、人与自然和谐为价值取向的，就广义而言，要实现这一目标，全球必须加强合作，共享技术与资源，形成互惠的网络系统，建立全球生态平衡系统。因为地球只有一个，是我们赖以生存的家园，为了在这个星球上更好地生存，全球必须加强区域合作，当然全球性并非指按一个模式建设生态城市，而是按生态学原理去发展符合当地特点、民族特色的个性化城市，在保持多样性的前提下实现可持续发展的人类目标。

（六）可持续性

生态城市的基本目标是可持续发展，在制定城市规划和发展城市经济的时候要考虑资源、环境和人类社会的可持续性，不能为了眼前的经济利益和短暂的繁荣而以牺牲环境和资源为代价。可持续性是一个生态系统具有强大生命力的内在原因之一，也是自然生态系统的内在运行机制之一。传统城市的缺陷之一就是物质利用方面循环不彻底，整体运行无法做到可持续。生态城市的可持续性则体现在城市各个系统和各个层面。生态城市的建设以可持续发展思想为指导，着眼未来，兼顾时间和空间，充分体现自然资源和人力资源的合理配置和可持续的开发、利用，公平地满足当代人和后代对发展和环境的需求，始终坚持健康、持续、协调发展。

四、生态城市的系统构成与功能

（一）生态城市的系统构成

从生态学的观点来看，生态城市是以人为主体的生态系统，是由自然生态系统、经济生态系统、社会生态系统、基础设施系统四个子系统构成的复合生态系统（图 7-1）。这四个子系统通过结构和功能生态整合，相互交织、相互联系，共同构成按一定规律组合的有机整体。

（1）自然子系统是由水、土、气、生、矿及其相互关系构成的人类赖以生存、繁衍的生存环境，也可以说是另一类城市基础设施——生态基础设施。它是城市及其居民持续获得自然生态服务的保障，涉及生物和环境各要素，包括动物、植物、微生物、太阳、空气、水体、土壤、矿藏、气候、自然景观等。

（2）经济子系统是指人类主动地为自身生存和发展组织有目的的生产、流通、消费、还原和调控活动。经济生态系统是生态城市主要知识信息、物质生产和服务系统，涉及生产、分配、流通和消费各环节，具体包括知识产业、工业、农业、建筑业、商业、金融业、贸易业、交通、通信、科技等。生态城市的经济生态系统，不仅要求在经济增长方面有更多的产出，实现经济的发展，同时还要面对资源的枯竭及不可再生，研究资源的代际配置问题。

（3）社会子系统是生态城市中人类及其自身活动所形成的非物质生产的组合，主要由人的观念、体制及文化构成，涉及人及其相互关系、意识形态和上层建筑等领域，包括人口、文化、艺术、道德、宗教、法律、政治及人的精神状况等。

（4）基础设施子系统是指为城市物质生产和城市人民生活提供一般条件的公共设施，是城市赖以生存和发展的基础。随着城市化进程的加快，城市基础设施对城市系统运行的促进

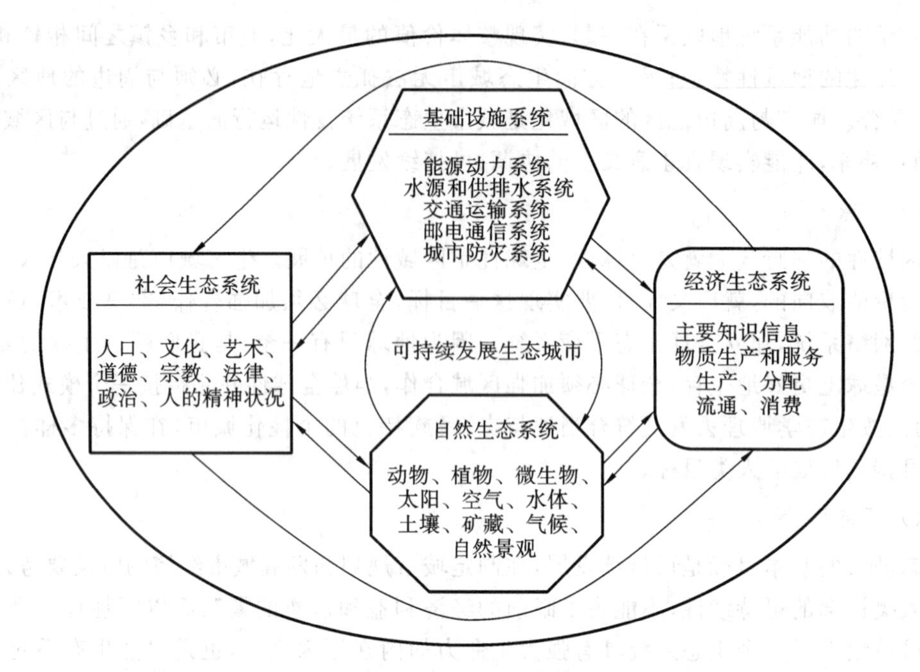

图 7-1　可持续发展生态城市的系统构成

和保证作用日益突出，已成为可持续发展生态城市一个重要组成部分。城市基础设施一般包括五个子系统，即能源动力系统、水源和供排水系统、交通运输系统、邮电通信系统和城市防灾系统。

上述四个子系统相生相克，相辅相成。四个子系统在时间、空间、数量、结构、秩序方面存在生态耦合关系。其中时间关系包括地质演化、地理变迁、生物进化、文化传承、城市建设和经济发展等；空间关系包括大的区域、流域、政域直至小街区；数量关系包括规模、速度、密度、容量、足迹、承载力等；结构关系包括人口结构、产业结构、景观结构、资源结构、社会结构等；秩序关系包括每个子系统的竞争序、共生序、自生序、再生序和进化序。

（二）生态城市的功能

生态系统的功能是指系统内生物与环境相互作用过程中，所发挥的创造物质、自身消耗和维护生态环境质量的功效。生态城市作为社会-经济-自然的复合系统，具有生产、消费和还原三个基本功能。

1. 生产功能

生产是生态城市系统内生物利用营养物质、原材料物质和能量产生新物质与精神并固定能量的功能，即所谓的“同化过程”。该功能为社会提供丰富的物质和信息产品，有生物性生产和社会性生产两种形式。生物性生产环节按食物链展开，生产的结果是发育自身、繁衍后代。社会性生产则只有城市人群才能进行，包括物质生产和精神生产，前者以创造社会物质财富、满足人的物质消费为目的，后者以创造社会精神财富、完善和丰富人的精神世界为目的。城市生产活动的特点是空间利用率高，能流、物流高强度密集，系统输入、输出量大，主要消耗不可再生性能源，且利用率低，系统对外界的依赖性较大。

2. 消费功能

消费是生态城市系统内生物消耗营养物质、产品物质和能量以满足生理代谢与精神生活需要并释放能量的功能，即所谓的“异化过程”。该功能为居民提供生活条件和栖息环境，即一方面满足居民基本的物质、能量和空间需求，保证人体新陈代谢的正常进行和人口的持续繁衍；另一方面满足居民丰富的精神需求，让人们从繁重的体力和脑力劳动中解放出来。该功能也分为生物性消费和社会性消费两种形式。城市内所有生物都需要生物性消费，绿色植物通过呼吸作用，其他生物通过呼吸、运动和排泄等，消耗营养物质和氧气，完成自身的新陈代谢。社会性消费需求同样只有城市人群才有。此种消费也包括物质消费与精神消费，前者如穿着、居住、行走、使用消费以及对宽敞、优美的生活环境空间的需求等，后者如文学戏曲、广播影视、音乐美术、参观游览消费以及对信息和时间的需求等。城市人群的社会性消费是社会性生产的动因和归宿，消费需求越高，生产越发展，生产力水平提高了，消费水平也相应提高。人的生产、生活活动交替上升，促使城市系统不断地向前发展。

3. 还原功能

还原是生态城市系统内各组成要素发挥自身机理协调生命与环境之间相互关系，增强生态系统稳定性与良性循环能力，保证城乡自然资源的永续利用和社会、经济、环境的平衡发展。一方面必须具备消除和缓冲自身发展给自然造成不良影响的能力；另一方面在自然界发生不良变化时，能尽快使其恢复到良好状态，包括自然净化和人工调节两类还原功能。自然还原由生物的分解作用和自然要素的净化作用完成。人工还原由合理开发利用资源、防治污染、防抗环境突变等人为作用完成。与自然还原相比，人工还原是生态系统还原功能的主导。人在发挥还原功能的同时，应注意不断调整生态系统的各种结构关系，尤其要不断完善生命-环境相互作用结构和要素空间组合结构，这样，人工还原功能才能以适当的途径、合理的方式和较高的效率进行。生态城市系统的功能是靠其中连续的物流、能流、信息流、货币流及人口流来维持的。它们将城市的生产与生活、资源与环境、时间与空间、结构与功能以人为中心串联起来。阐明了其动力学机制和调控方法，就能基本掌握城市这个复合体复杂的生态关系。

除此之外，生态城市系统还有服务功能，这一功能以自然生态系统提供资源、能源及生物多样性为基础，城市生态系统对其进一步加工，给人们提供高附加值产品。其中，文化服务功能对和谐健康的城市生态系统的支撑，显得尤为重要。

第二节　生态城市建设的关键问题

生态城市建设是自然、城市和人有机融为一体，形成一个互惠共生结构的复合体的过程。生态城市建设是以生态经济学、系统工程学等为理论基础，通过改变思维方式、生产方式、消费方式等，实现经济、政治、社会、文化和环境的优化整合的过程，其最终目标是实现人与自然的和谐相处。

一、生态城市建设的目标

（一）可持续发展是生态城市建设的总目标

可持续发展是我国的基本国策之一。其内涵包括了经济的持续增长、资源的永续利用、体制的公平合理、社会的和谐共生、传统文化的延续及自然活力的维系等，生态文明建设是实施可持续发展的重要手段。

生态文明建设是功在当代、利在千秋的伟大事业，党和政府历来高度重视生态文明建设。生态城市建设是生态文明建设的重要组成部分，以可持续发展战略为基础，社会、经济、自然三个系统及多种成分、技术和措施相互联系、相互作用、相生相克、互为因果，以人为本，天(自然)人协调，人与自然双双受益，挖掘市域内外一切可以利用的资源潜力，建设经济发达、生态高效的产业，建立体制合理、社会和谐的文化以及生态健康、景观适宜的环境，实现社会主义市场经济条件下的经济腾飞与环境保育、物质文明与精神文明、自然生态与人类生态的高度统一和可持续发展。

（二）人类社会和自然双双受益，经济与环境协调发展

生态城市建设既要立足于保护生存环境，又要着眼于经济的可持续发展。要求经济与环境协调发展，寓环境保护于生产和消费中，寓废物(含污染物)处理于利用中，人类社会和自然双双受益。生态环境是经济、社会发展的基础，保护生态环境就是保护生产力，改善生态环境就是发展生产力，生态环境是人类生存和经济发展的生命线。调节及疏通受阻或失谐的物流、能流和再生循环路线，使生态平衡，不仅可解决环境问题，而且可增加生产，提高经济效益。

（三）天(自然)人调谐

天人合一本是中国传统哲学思想的自然观。简朴和谐的消费方式和整体协调、循环、自生的生态控制论手段是一种宝贵的生态财富。《礼记·月令》倡导天人合一，“毋变天之道，毋绝地之理，毋乱人之纪”。其关键在于人类生态关系的诱导，核心是如何影响人的价值导向、行为方式，融合天人合一思想的生态境界，诱导一种健康、文明的生产方式。人类发展只有合理地利用自然界，人与自然的关系才能向协同进化、协调发展、天人协调的方向转化。以求人同自然协调、共生共荣，才能维持和促进经济、社会和人类所创造的文明可持续发展。因此走向与自然协调发展阶段，也是生态城市建设的重要目标之一。

（四）富裕、健康、文明三位一体，经济、社会、环境效益三赢

通过生态环境、生态产业和生态文化建设，技术创新、体制改革、观念转换和能力建设，物质、能量、信息的高效利用，技术和自然的充分融合，使人的创造力和生产力得到最大限度的发挥，生命支持系统功能、居民的身心健康和环境质量得到最大限度的保护，促进了城市经济、生态环境和文化得以协调、持续、健康的发展，生态得以良性循环。因此，从单纯追求环境与自然保护或单纯的经济增长，走向富裕(经济和生态资产的增长与积累)、健康(人的身心健康及生态系统服务功能与代谢过程的健康)、文明(物质、精神、政治、社会和生态文明)三位一体的复合生态繁荣。同步实现经济、社会、环境效益三赢，成为中国特色社会主义新时代生态城市建设的目标。

二、规范指标体系

生态城市建设的主要目标是实现可持续发展。生态城市指标体系的构建与应用是生态城市理论与实践中十分重要的一个方面，也是实现城市生态系统科学管理的重要环节，因此制定科学、实用、因地制宜的指标体系是生态城市建设和发展的关键。

目前，我国的生态城市还处于研究和建设的初步阶段，没有形成一套完整的体系。众多城市在实施可持续发展战略的过程中纷纷提出了创建生态城市的构想，也大都针对不同城市特点提出了具有地方特色的指标体系，呈现出百花齐放的喜人局面。但现阶段对生态城市建设

的研究主要侧重于规划、设计、施工等方面，对于生态城市评价指标体系的研究较为欠缺，缺乏规范性。同时随着生态城市建设理论研究的深入与实践的加速，生态城市建设的涉及面越来越广，内容越来越细，我国目前的生态城市指标体系已经不能很好地满足生态城市的建设与发展要求。因此，规范生态城市指标体系是当前生态城市建设中亟待加强的基础性工作。

（一）指标体系建立的原则

生态城市是一个由多个方面、多个层次和多个具体要素以不同的关系和形式有机组织起来的复杂巨系统，为推动生态城市建设更快、更健康地发展，必须根据其内涵、特征、主要构成和功能，构建一个层次分明、结构完整、科学合理的指标体系。

1. 科学性与适应性

生态城市建设是一项长期的工作，生态环境的改善更是一项复杂的工程，任何不切实际的指标都会影响生态建设的步伐。因此指标的确定必须以科学为根本，各指标体系的设计及评价指标的选择必须突出科学性原则，能客观真实地反映城市自然环境、经济、社会、发展的特点和状况，客观全面地反映各指标之间的真实关系。具体指标的选取，既要反映子系统的典型特征，又要注意其发展趋势。数据的选取来源要真实，采用标准的统计分析计算，指标权重系数的确定以及数据的计算与合成等要以公认的科学理论为依托，这样才能保证评价的科学性准确性。可结合区域及城市特点，对评价指标的要求进行适应性调整，使指标体系本地化，并制定具体的实施规范和细则。

2. 系统性与层次性

生态城市是一个复杂的自然-社会-经济复合系统，建设生态城市所构建的评价指标体系应是一个整体，必须要全面反映城市的自然、社会、经济属性及其内部相互影响相互制约的关系，能够从各个不同的角度反映生态城市的主要特征和状况，能够综合地反映生态城市发展的各个方面，同时还要反映其局部的、简单的特征。各指标之间要有一定的逻辑关系，每一个子系统由一组指标构成，各指标之间相互独立，又彼此联系，共同构成一个有机统一体。同时建设生态城市作为一个复杂的系统工程，指标体系的构建要具有层次性，自上而下，从宏观到微观，层层深入，形成一个不可分割的评价体系。高层次的指标是低层次指标的综合，低层次的指标是高层次指标的分解，也是高层次指标建立的基础。

3. 主成分性和独立性

生态城市建设中涉及的变量因素众多，且各因素间具有关联性，不易操作。根据一般的复杂巨系统理论，对复杂系统进行评价，应根据变量的重要性及其对系统整体行为贡献率的大小顺序，从众多变量中筛选出数量足够小且能表征系统本质行为的主要成分变量，而且所选指标变量要适宜，既能表征系统的特征，又易于综合分析。设置指标时，应尽量选择那些有代表性的综合指标，此为主成分性原则。度量生态城市建设特征的指标时往往会存在信息上的重叠，彼此间存在因果关系。为避免指标内涵趋同，各项指标意义上应互相独立，避免指标重叠。因此应选择具有相对独立性的变量作为度量指标，此为独立性原则。

4. 共性与个性

生态城市建设并没有一个完全统一的标准。每个城市都会有其自身不同于其他城市的特色。对于不同城市，指标体系的设计必须在承认存在共性的同时不能否定其个性。生态城市的共性体现在前文提及的和谐性、高效性、整体性、区域性、全球性、可持续性。生态城市的个性依据各个具体的城市实际而定,原则是充分展现城市的个性特征。因此在构建各个具体生态城市建设的指标体系时,就必须在考虑全国多数城市构建的指标体系基础上,充分考虑拟建设城市的具体特点和特色,如自然环境特征、经济区位特点、社会文化特色等,这样确定的指标体系才能够保证全面且独特。

5. 定性与定量

衡量生态城市的指标要尽可能地量化,将指标现象数据定量化可以提高分析结果的精确度,但生态城市建设中涉及众多因素且许多无法精确量化,单凭定性指标或者定量指标往往不能较全面地对其进行评价,应将二者有机结合起来。对于一些难以用定量数据描述的指标(如文化指标),如果定性描述则可以包含更多的信息,此外还可以通过对一系列定性数据定量化,进一步提高分析评价的精度。

6. 动态性与稳定性

一切事物都是发展变化的,生态城市的建设是一个长期和动态的过程。设立的指标体系应能充分反映生态城市建设动态变化的特点,体现城市生态系统的发展趋势。指标体系一方面需要反映出生态城市建设的发展状态,另一方面需要在时间和空间尺度上刻画出生态城市建设能力的强弱。通过指标体系的监测、比较、预警、评估、预测等功能,通过对生态城市结构、功能的调控和完善,实现城市的生态化和可持续发展;随着时间的推移,也要求生态城市建设评价指标体系随着生态城市的不同阶段不断地改进和完善,也就是说指标体系还要具备一定的可更新性。同时,因为生态城市建设和规划是一个长期过程,指标体系应该具有一定的时效稳定性,应避免在短时间内有大量的指标变化而对整个系统的评价产生影响,评价指标在相当长一段时期内应具有引导和存在意义,短期问题不予考虑。

7. 简洁与聚合

简洁与聚合常常被作为指标选取的主要原则,简洁使指标容易使用,聚合则有助于全面反映问题。但它们往往又是相悖的。其中难度最大、争议最多的是指标的聚合或合成问题。指标的合成是生态城市建设指标体系研究的关键技术,尤其是部分综合指标的价值如何以货币来衡量更需要精确、科学的方法。为便于管理人员和公众了解和运用,各指标变量经系统处理后,需进行科学处理以形成数量不多的高聚合度指标。

8. 可度量与可比性

指标体系的设计要求单项指标的名称、概念、计算公式、统计口径规范化、标准化、统一化,以便于度量和比较。因此,指标体系的建立必须基于现有可公开得到或可测量得到的统计资料和有关规范标准,并在较长时期和较大范围内都能适用,只有这样才有利于数据的收集与加工处理,从而具有实际操作的意义,并充分考虑城市发展的阶段性以及环境问题的不断变化,使得确定的指标具有社会发展的阶段性。生态城市建设指标体系的建立,应努力追求标准统一,尽可能采用国际通用的名称、概念、计算方法,以克服由于指标体系混乱所带来的无法在同一基础上进行对比分析的混乱局面,从而兼有纵向和横向的可比性。所建立的指标体系要能用于不同城市之间的生态建设水平差距和同一城市不同时段的纵向比较,以便找出不同城市之间的生态建设水平差距和同一城市的建设进展。

9. 可操作性与导向性

生态城市建设评价指标体系最终供决策者使用,通过对当前我国主要城市的生态城市发展水平进行评价测量，从而找出影响发展的因素，发现建设过程中的难点和重点，为政府部门提供决策和参考依据。从数据来源与数据处理的角度来看，构建的指标体系必须简单、明确、被国内外所公认、易被接受，符合相应的规范要求。指标体系的选取要尽可能利用现有统计资料，选择具有代表性的综合指标和重点指标，并强调指标的可获得性、可比性、可测性、可控性、量化性等特点，具有可操作性。此外，生态城市建设是一项全局性、导向性很强的系统工程，它既是目标又是过程。因此，对于指标体系的设计要有开拓精神，勇于创新，还应充分考虑系统的动态变化，应能综合地反映建设的现状及发展趋势，便于进行预测与管理，起到导向作用。如有关计划生育的指标目标值应确定为“零增长”甚至是“负增长”。

10. 国际相容性与前瞻性

生态城市建设的指标体系选取应充分对标国际，体现互动性与先进性。在保证指标可达性与可操作性的前提下，对标纽约市、新加坡市和东京市都等先进地区的指标体系，在指标名称的确定与指标内涵的界定方面，优先选取国际通用指标。如城市的绿化覆盖率、人均绿地面积、城市的大气污染、水污染、噪声污染等环境质量指标均应达到国际水平。生态文明建设指标的选取还应具有前瞻性和长远性，通过改变生产模式、生活方式从而保护资源环境。规划、建设、管理生态城市时，不仅兼顾社会、经济、环境三者的整体利益，协调发展，而且还要满足不同地区、社会、后代的发展需求。不仅重视经济发展与生态环境协调，更注重人类生活质量的提高，不会因眼前利益而用“掠夺”其他地区的方式换取自身暂时的“繁荣”，或用牺牲后代的利益来保持目前的发展。

（二）指标体系的构建

生态城市指标体系既是生态城市理论内涵的具体化，也是指引生态城市发展建设的量化依据。现有生态城市建设指标体系的设定可以分为两大类。一类是将生态城市这一复杂巨系统视为自然、社会、经济三个子系统，建立相应的指标体系，这类指标体系的应用较广泛，如中新天津生态城指标体系、唐山曹妃甸国际生态城指标体系等；另一类是从城市生态系统的结构、功能、协调度等方面考虑建立的指标体系，将城市生态系统的结构、功能和协调度作为评价生态城市的一级指标，下设若干二级指标和三级指标。生态系统功能的缺失、结构的不合理、协调度的不完善都能够得到很好的体现，以便采取适当的策略予以改善。生态城市的结构、功能和协调度所对应的指标，也可以从社会、经济与自然三个角度进行解释，因此这两种指标体系制定的本质是一致的，都是为了实现以人为主体的生态城市中经济、社会、自然的协调发展。2007 年 12 月，国家环保总局发布了《生态县、生态市、生态省建设指标（修订稿）》，生态市建设指标包括经济发展、生态环境保护、社会进步三大类共 19 项指标。在随后生态城市的具体建设实践过程中，不同城市根据自身实际情况提出了具有地方特色的指标体系。

1. 经济发展指标

经济发展指标主要包括国内生产总值（GDP）、人均消费数量、人均 GDP 增长率、人均财政收入、人均财政收入变化率、居民人均可支配收入、第三产业增加值占 GDP 的比重、单位 GDP 综合能耗、单位 GDP 水耗、高新技术产业产值占 GDP 的比重、固定资产投资占 GDP 的比重、地方科技事业费、科技三费占财政支出的比重、社会经济相关工作岗位数量、失业率、贫困人口数量、破产公司数量、参与环境改善企业数量、环境友好产品在总消费数量中所占比重、公共财产投入等。

2. 生态环境保护指标

生态环境保护指标主要包括森林覆盖率、人均水资源量、人均 CO_2 排放量、饮用水安全系数、风景名胜区面积、人均公共绿地面积、空气质量优良的天数、CO 浓度、NO_2 浓度、臭氧浓度、可吸入颗粒物浓度、噪声等级、河流水质、被污染土地比例、废弃物总排放量、保护区数量、野生鸟类种群数量、水资源运输过程消耗率、可循环废物排放量(或利用率)、电力消耗量、水资源需求量、家庭使用循环利用设施比例、市政机构 CO_2 平均排放量、温室气体排放量、市政机构能源消耗总量等。

3. 社会进步指标

社会进步指标主要包括男女失业比例、城乡收入差距比率、城镇登记失业率、千人拥有病床数、社会保障覆盖率、犯罪率、城市生活污水集中处理率、人均拥有城市维护建设资金、人口城乡比例、人口自然增长率、人均耕地面积、人均水域面积、人口出生率、死亡率、迁入迁出率、人口密度、自行车道数量、步行区数量、道路交通事故发生频率、公共交通覆盖面积、公交满员频率、乘客人均出行里程数、邻里拼车发生频次、交通流量、车辆拥有量、残疾人交通服务设施配置情况、捐款数量、宜居住房数量、不宜居住房数量、运动和娱乐设施建设、公共公园和花园数量、每年参加 3 次以上大型活动人数、贫困和排外情况、贫瘠土地住房建设情况、学生成绩达标情况、绿地和服务设施配置情况、无固定住所人口数量、邻里关系不和谐人口比例、住院人数、患者平均住院时间、医生人均接诊患者数、老年人口比例、本地产健康产品消费量等。

为进一步规范各地的生态县(市、省)创建工作,深化生态县(市、省)建设,2007 年国家环境保护总局出台了《生态县、生态市、生态省建设指标(修订稿)》,其中生态市(含地级行政区)建设指标如表 7-1 所示。

表 7-1　生态市(含地级行政区)建设指标

<table>
<tr><th></th><th>序号</th><th colspan="2">名　　称</th><th>单　　位</th><th>指　　标</th><th>说　　明</th></tr>
<tr><td rowspan="6">经济发展</td><td rowspan="2">1</td><td rowspan="2">农民年人均纯收入</td><td>经济发达地区</td><td rowspan="2">元/人</td><td>≥8000</td><td rowspan="2">约束性指标</td></tr>
<tr><td>经济欠发达地区</td><td>≥6000</td></tr>
<tr><td>2</td><td colspan="2">第三产业占 GDP 比例</td><td>%</td><td>≥40</td><td>参考性指标</td></tr>
<tr><td>3</td><td colspan="2">单位 GDP 能耗</td><td>吨标煤/万元</td><td>≤0.9</td><td>约束性指标</td></tr>
<tr><td>4</td><td colspan="2">单位工业增加值新鲜水耗
农业灌溉水有效利用系数</td><td>m³/万元</td><td>≤20
≥0.55</td><td>约束性指标</td></tr>
<tr><td>5</td><td colspan="2">应当实施强制性清洁生产企业通过验收的比例</td><td>%</td><td>100</td><td>约束性指标</td></tr>
</table>

续表

	序号	名称		单位	指标	说明
生态环境保护	6	森林覆盖率	山区	%	≥70	约束性指标
			丘陵区		≥40	
			平原地区		≥15	
			高寒区或草原区林草覆盖率		≥85	
	7	受保护地区占国土面积比例		%	≥17	约束性指标
	8	空气环境质量		—	达到功能区标准	约束性指标
	9	水环境质量 近岸海域水环境质量		—	达到功能区标准， 且城市无劣Ⅴ类水体	约束性指标
	10	主要污染物排放强度	化学需氧量(COD)	千克/万元(GDP)	<4.0	约束性指标
			二氧化硫(SO_2)		<5.0 不超过国家总量控制指标	
	11	集中式饮用水源水质达标率		%	100	约束性指标
	12	城市污水集中处理率		%	≥85	约束性指标
		工业用水重复率			≥80	
	13	噪声环境质量		—	达到功能区标准	约束性指标
	14	城镇生活垃圾无害化处理率 工业固体废物处置利用率		%	≥90 ≥90 且无危险废物排放	约束性指标
	15	城镇人均公共绿地面积		m^2/人	≥11	约束性指标
	16	环境保护投资占 GDP 的比重		%	≥3.5	约束性指标
社会进步	17	城市化水平		%	≥55	参考性指标
	18	采暖地区集中供热普及率		%	≥65	参考性指标
	19	公众对环境的满意率		%	>90	参考性指标

（三）指标体系的优化升级与动态更新

生态城市建设始终处于动态发展过程中，目前国内外生态城市制订的指标体系基本为静态系统，只有建立一套动态、开放的指标体系，根据外在发展条件的变化与内在因素的改变及时更新，有效指引生态城市“规划-建设-管理”全过程，才能充分发挥指标体系对生态城市发展的支撑和引领作用，持续体现指标体系的先进性与科学性。

1. 指标体系动态考核评估

一套完善的指标体系应由指标体系、运行体系、评估考核三部分进行支撑，对应政府职能部门的决策、执行、监督三个板块，通过周期循环，实现动态更新。指标体系的考核评估将贯穿于生态城市规划、设计、施工建设和运营管理等不同阶段。指标体系实施评估中需要获取的具体数据，由各主管部门以在线监测、定期填报和系统记录相结合的方式提供。

2. 指标体系动态修正与更新

指标体系的修正与更新包括两方面内容，一是对已有指标值的修订，二是对指标项的修正。在指标体系运行过程中，会不断有新的发展要求与标准出台，需要对原始指标体系进行补充和完善。另外，具体指标在指引城市发展建设实践中也会出现一些问题，如指标值选取标准偏高，导致指标可达性低，或指标值选取标准偏低，导致指标滞后，无法准确指引生态城市的发展建设。因此，在保证发展目标不变的前提下，应根据外部要求的变化和实际建设情况，及时对指标体系进行调整、更新与优化，形成开放的指标体系，以弹性的形式对接新的城市建设和管理需求，保证指标体系的时效性、先进性与可达性。

3. 指标体系与规划的衔接统筹

生态城市指标体系在编制之初就必须充分对接上位规划，并将重要的指标纳入生态城总体规划、三区统筹规划等上位规划中，以确保指标体系的法定约束力，增强管控效果。相关规范条例、技术导则、实施办法以及控制性详细规划和专项规划在编制过程中要纳入指标体系中所涉及的指标，部分指标可以在分解后纳入，以保证指标项的落地与实施。

三、生态城市建设内容

生态城市旨在采用整体论的系统方法，促进综合性的行政管理，建设一类高效的生态产业，使人们的需求和愿望得到满足，建立和谐的生态文化和功能整合的生态景观，实现自然、农业和人居环境的有机结合。生态城市建设的主要内容包括以下层面。

（一）生态安全

生态安全包括向所有居民提供洁净的空气，安全可靠的水、食物、住房和就业机会，以及市政服务设施和减灾防灾措施的保障。

1. 城市生命支持系统

城市生态系统的生存与发展取决于其生命支持系统的活力，包括区域生态基础设施（如光、热、水、气候、土壤、生物等）的承载力、生态服务功能的强弱、物质代谢链的闭合与滞竭程度，以及景观生态的时、空、量等的整合性。

（1）水资源利用。

市区：开发各种节水技术节约用水；雨水、污水分流，建设储蓄雨水的设施；下水道口采取隔油措施等。

郊区：保护农田灌溉水；控制农业面源污染、禽畜牧场污染，饮用水源地退耕还林；集中居民用地以更有效地建设、利用水处理设施。

（2）能源。

节约能源，充分利用阳光，开发密封性能好的材料，使用节能电器等；开发永续能源和再生能源，充分利用太阳能、风能、水能、生物制气。能源利用的最终方式是电和氢气，使污染达到最小。

（3）交通。

发展电动车和氢气能源车，使用电力或清洁燃料；市中心和居民区限制燃油汽车通行；保留特种车辆的紧急通道。通过集中城市化、提高货运费用、发展耐用物品来减少交通需求；提高交通用地的利用效率；发展水路运输和铁路运输等。

（4）绿地系统。

打破城郊界限，扩大城市生态系统的范围，努力增加绿化量，提高城市绿地率、覆盖率和人均绿地面积，调控好公共绿地均匀度，充分考虑绿地系统规划对城市生态环境和绿地游憩的影响；合理布局绿地以减少汽车尾气、烟尘等环境污染；考虑生物多样性的保护，为生物栖境和迁移通道预留空间。

2. 人居环境

城市的表现形式是社区的格局、形态，人作为复合生态系统的主体，其日常活动对城市生态系统的好坏起着重要作用。因此生态城市规划中应强调社区建设，创造和谐优美的人居环境。

开发各种节水、节能生态建筑技术，建筑设计中开发利用太阳能，采用自然通风的方式，使用无污染材料，增加居住环境的健康性和舒适性；减少建筑对自然环境的不利影响，广泛利用屋顶、墙面、广场等立体植被，增加城市氧气产生量；区内广场、道路采用生态化的“绿色道路”，如用带孔隙的地砖铺地，孔隙内种植绿草，增加地面透水性，降低地表径流。强调历史文化的延续，突出多样性的人文景观。充分发掘利用当地的自然、文化潜力（生物的和非生物的因素），以满足居民的生活需要；建设健康和多样化的人类生活环境。

（二）生态卫生

生态卫生指人居活动中产生的粪便、垃圾、污水等废物的排放、收集、处理和循环利用的生态技术、设施、方式，以及生态规划、管理的办法和能力建设手段。生态卫生旨在保障人体健康、居室健康、农田健康、环境健康和区域生态系统的健康。在现代生态城市建设中，倡导通过高效率、低成本的生态工程手段，对粪便、污水和垃圾进行处理和再生利用。

1. 推广生态卫生厕所

生态卫生厕所是指能充分利用资源、污染物自净和资源循环利用，不对环境造成污染的一类厕所。生物自净、物理净化、水循环利用、粪污打包等类型的生态卫生厕所已经出现，应该结合城市需求，在城乡接合部、新建住宅、郊区、乡村，特别是旅游景点、临时会馆等场所，选择合适的生态卫生厕所进行推广应用。

2. 建立社区生态循环站

城市的生活垃圾处理是改善城市生态卫生的关键。根据实际情况，城市各个区域应因地制宜，建立社区生态循环站，鼓励居民对垃圾进行分装，加强垃圾品种分类知识的普及，对家庭产生的处理不了的生活废物进行集中处理。

3. 推进城乡污水处理设施及配套管网建设

大力开展生活污水治理，对已建成的城乡污水处理设施应加快管网配套建设，提高污水收集率，完善污水处理设施运行管理机制，保障污水处理设施正常运行；对未建成污水处理设施的乡镇，继续按照因地制宜、分类建设的原则建立投运污水处理设施。进一步提升污水治理设施运维管理水平，确保污水处理设施正常有效运行。

（三）生态产业

促进产业的生态转型，强化资源的再利用、产品的生命周期设计、可更新能源的开发、生态高效的运输，在保护资源和环境的同时满足居民的生活需求。生态产业分为生态工业、生态农业、生态服务业三个方面。

1. 生态工业

生态工业是按生态经济原理，以生态学理论为指导，基于生态系统承载能力，在社会生产活动中，应用生态工程的方法，优化从原料到产品、副产品、废物直到最终归宿的全部物质的循环，突出整体预防、生态效率、环境战略、全生命周期、多层分级利用等重要概念，模拟自然生态系统，具有完整的生命周期、高效的代谢过程及和谐的生态功能的网络型、进化型、复合型产业。通过实施循环经济的减量化、再利用、资源化三大原则，将传统产业的“资源-产品-废物排放”或控制污染产业的“资源-产品-废物排放-末端治理”单向流动的线性经济模式，改变为“资源-产品-再生资源与回归利用”的反馈式流动的经济模式。其产出包括产品（物质产品、信息产品和人才产品）、服务（售前、售后和生态还原服务）和文化（企业文化、消费文化和认知文化）。

加快产业转型，改造和创立生态工业园。生态工业园是模拟食物链的原理，将产业之间进行连接，实现产业之间的联动。针对不同城市发展概况、地理位置、自然地理条件、主要资源条件等内容，建立科学的产业体系，发展行业类、综合类、静脉产业类生态工业园区，将资源优势转化成对能源资源的合理开发与利用，采用现代化生物技术、生态技术、节能技术、节水技术、再循环技术和信息技术，重点发展以高新技术产业为主体的现代工业。

2. 生态农业

生态城市追求“亦城亦乡的空间结构”。因此，在生态城市中发展农业不仅是可能的，而且是必要的。农业对城市而言，不仅仅是一种产业，还是一种愉悦市民身心、调剂市民生活的景观；一种维护城市生态平衡、实现城市生态化的重要工具和手段。生态城市要将自然融入城市，让市民充分地贴近自然，其最好的形式就是将农业融入城市。农业的存在并合理发展，对于健全城市功能，改善城市生态环境，建设生态城市，具有不可或缺、不可低估的作用。

生态城市中所追求的生态农业必须首先强调其生态效益和社会效益，经济效益只是一个次要的目标，必要时甚至为了生态效益和社会效益而不考虑经济上的得失。这样一种都市型生态农业的特点体现在以下几个方面：位置上属于城市中农业及一部分环城市的农业，在空间形态上表现为“田园中城市，城市中有田园”；功能上强调经济、社会和生态的协调，集休闲、旅游、科普、生态、经济等多功能于一体，体现出人与自然的和谐；类型上可分为家庭及建筑物点缀型、市区镶嵌型、城区穿插型、近郊型、远郊型等。根据其功能生态城市可分为休闲娱乐型、绿化隔离型、农业观光型、文化教育型、生产型等。

3. 生态服务业

生态服务业是指第三产业的生态化。城市是第三产业最发达的地域，第三产业往往反映了一个城市经济与社会的活力，也反映了整个城市生态系统的运行状况，因此，也成为城市发展水平的重要标志。第三产业主要是直接向居民提供服务的，也往往因此接近或穿插在城市的居民区，与市民的生活具有直接的关系并构成直接的影响。生态服务业是生态循环经济的有机组成部分，包括绿色商业服务、生态旅游、现代物流、绿色公共管理服务等部门。

(1) 大力发展生态旅游。坚持科学发展观，制订科学发展规划，合理开发旅游资源，加强游客管理，进行生态旅游的市场教育并且对生态旅游地进行环境监测，加强部门协调，强化综合管理。充分利用旅游资源等基础条件，进行生态旅游规划和引导，做好文化与旅游的深度融合，传承历史文脉，结合不同城市特点，开发特色生态休闲旅游资源产品，如乡村游、民俗游、文化游、红色游等，大力实施文化惠民工程。

(2) 推行功能经济，积极发展现代化物流业。所谓功能经济是鼓励企业不以利益作为经营目标，而是以服务功能为目标；在消费者购买产品的同时，也鼓励消费者购买产品的服务功能而不是产品本身。物流业就是以服务功能为主体的产业。例如，秦皇岛在建设生态第三产业时，注重加快各个物流园区的建设，大力发展第三方物流，积极推进电子口岸、航运服务中心的建设，推动功能性经济的发展。

(四) 生态景观

通过对人工环境、开放空间、街道桥梁等连接点和自然要素的整合，在节约能源、资源，减少交通事故和空气污染的前提下，为所有居民提供便利的城市交通，同时防止水环境恶化，减少热岛效应和对全球环境恶化的影响。

生态景观的整合直接影响城市生态系统的发展。城市生态景观建设应结合城市地域特征，开展生态景观规划与建设，充分体现城市的特色优势，按照不同层次对景观进行整合，合理布局，合理利用资源，通过生态景观整合建设来推动经济的发展。在城市建设中，注意兼顾绿地建设发展需求，为绿地建设留有一定空间和余地，实现可持续发展。在挖掘自然地貌、人文历史、社会经济等地域特征的同时，提高绿地品质，使生态效益最大化，提升市民及游客的满意度，让市民望得见山，看得见水，记得住乡愁。

(五) 生态文化

通过生态文化建设，帮助人们认识其在与自然关系中所处的位置和应负的环境责任，尊重地方历史文化，诱导人们的消费行为，改变传统的消费方式，增强自我调节的能力，以维持城市生态系统的高质量运行。

生态文化建设主要包括体制文化建设、认知文化建设、物态文化建设和心态文化建设等。生态文化建设应从以下几方面开展。

(1) 建立健全生态文明法律制度体系：根据城市地域特色，政府应出台相应的生态保护法律制度与监管措施。

(2) 加强居民生态教育：通过宣传等途径，开展多层次、多形式的生态知识教育，教育内容包括生态系统、生态健康、生态安全、生态价值、生态哲学、生态伦理、生态工艺、生态标识、生态美学、生态文明等。

(3) 建立公众参与机制：通过推行义务植树活动、生活垃圾定点分类投放活动、资源回收利用活动、环保志愿者行动等来培育公众的生态意识和保护生态的行为规范。设立公众举报电话，奖励举报人员，激励公众保护生态的积极性和自觉性。

第三节　世界各国的生态城市建设

自20世纪70年代"生态城市"的概念提出以来，世界各国对生态城市的理论在"城市—城区—园区—社区"等不同尺度上均进行了不断地探索和实践。美国、巴西、丹麦、新加坡等国家的部分城市已经较成功地进行了生态城市建设，并取得了巨大成效。这些城市从土地的利用模式、交通运输模式、社会管理模式、城市空间绿化、城市生态立法与实施、生态教育、生态科技开发等方面，为其他国家的生态城市建设提供了范例。

一、美国克利夫兰

克利夫兰是美国俄亥俄州的城市，是美国东北部湖区重要湖港及工商业城市、水陆文通枢纽。克利夫兰位于伊利湖南岸，跨凯霍加河口，历史上由于运河和铁路交会，成为制造业中心，在大型工业衰退后，成为金融、保险和医疗中心。克利夫兰市内绿地众多，公园面积约7500 hm^2，占市面积的三分之一以上，有"森林城市"的美称。

克利夫兰经历了20世纪60年代开始的城市大衰退，80年代以来依靠文化事业复兴。为了把克利夫兰建设成为一个大湖沿岸的生态宜居城市，为市民创造良好的居住环境，该市制定了城市内部改造与区域整合相结合的、全面的生态城市议程(表7-2)，提出了将城市建成为五大湖地区环保技术中心的目标，并构建了一整套生态城市建设理论和实践体系，其生态城市议程包括空气质量、气候改良、能源、绿色建筑、绿色空间、公共建设、社区特色、居民健康、可持续发展、交通选择、水质保持以及滨水区建设等多个层面。具体举措体现在以下方面：关注耗能的降低及废物的减少；推广绿色住宅，鼓励居民采用环保方式持续建造或装修房屋，使用诸如太阳能电池板、三层玻璃窗户和隔离层、有利于环境保护的无污染涂料等技术；重视生产生活的节能和太阳能/燃料电池等可再生能源的广泛利用；鼓励非机动车出行，为自行车、行人开设专门道路，设计建造公交导向型交通体系；提出建立可居住、工作、进行商业活动和有宽敞空间等多种功能的紧凑社区，使人们就近出行、工作和享用各种服务；倡导城市居民积极改变生活习惯，以便于生态城市观念的落实；政府加强规划，制定法规，完善措施，从资金和管理上为生态建设提供保障。

表7-2　克利夫兰的生态城市议程

议　题	政策措施
空气质量	政府应公正地执行法令，削减车辆污染排放量及减少大量空气污染源，基于环境公平性，应降低低收入户及少数居民地区不平衡对环境的影响
气候改良	与其他城市共同削减温室气体排放量，使城市特色更加多元化
能源	克利夫兰电力公司推动太阳能的利用，并积极替顾客节省能源；推动地区风力发电及生物质发电等小规模电力的利用
绿色建筑	采用绿色建筑法规以提升建筑品质，包括消耗最少的能源、产生最少的废物，提供健康的户外环境，提供学校经费补助，鼓励学校进行学校建筑或修整时运用绿色建筑技术

续表

议　　题	政策措施
绿色空间	建设绿色道路和公园,保护自然区域
公共建设	建立一个好的管理系统保护及维护公共工程建设
社区特色	使高密度社区环境适宜,使居民感到舒适
居民健康	公共卫生部门应提升解决问题的能力,包括儿童哮喘、中毒处理及空气污染等问题
可持续发展	政府应与民间企业、学校及非营利团体合作促进各种问题的解决,包括民众节能、降低废物产生及污染防治等问题的解决
交通选择	与其他单位合作制订交通运输计划,社区的交通规划中应鼓励骑自行车和步行,街道规划中应减少出行量和能源消耗
水质保持	执行水质改善计划;提高污水下水管道的接管率
滨水区建设	湖边、溪边等滨水区可提供民众亲水空间

克利夫兰生态城市建设特色体现在以下三个方面。

(一) 重视与区域的协调

区域主义是克利夫兰生态城市建设的特色之一。所谓区域主义是指政府在复杂的区域环境中进行协调工作,城市面临的许多重大事务必须在区域的层面与众多参与者协调,并建议市长必须同俄亥俄州的其他市长一起在州和联邦政府的层面上推进环境保护。克利夫兰特别强调其整体规划目标是建设一个大湖沿岸的绿色城市,因此建设生态城市需要从统筹整个大湖地区的环境建设行动的角度考虑,其规划和发展必须与其邻近的城市、周围水域的生态建设相协调。

(二) 倡导精明增长

精明增长是克利夫兰生态城市建设的特色之二。精明增长的核心是:用足城市存量空间,减少盲目扩张;加强对现有社区的重建,重新开发废弃、污染工业用地来节约基础设施和公共服务成本,保护空地;城市建设相对集中;密集组团,生活和就业单元尽量混合,拉近距离,少用汽车,步行上班上学,提供多样化的交通选择方式;在不同社区,提供不同类型、价格的房屋,满足低收入阶层的需要,保证各阶层混居;提倡节能建筑,减少基础设施、房屋建设和使用的成本。

(三) 强化政策资金支撑

强化政策支持和资金保障是克利夫兰生态城市建设的特色之三。为推动生态城市建设,克利夫兰市政府制订了详细的可持续发展计划,该计划包括目的、组织的选择、可能的活动、时间安排等方面。同时在该计划中还制定了一系列具体措施,包括鼓励在新的城市建设和修复中进行生态化设计,强化循环经济项目和资源再生回收、规划自行车线路和设施等 14 条措施。市政府还成立了专门的生态城市基金会,启动了生态城市建设基金,用于生态城市的宣传、信息服务、职业培训、科学研究与推广,确保生态城市建设的顺利进行。

二、巴西库里蒂巴

位于巴西南部的库里蒂巴是巴西第七大城市,享有"生态之都"的美誉,是首批被联合国评选出的“最适宜人居的城市”，是全球可持续发展的城市典范。该市制定的可持续发展的城市规划受到全世界的赞誉。1990 年，库里蒂巴被联合国命名为“城市生态规划样板”。

库里蒂巴生态城市建设的成功经验体现在以下几个方面。

第一，顺应自然的绿化设计。库里蒂巴是世界上绿化极好的城市之一，拥有 30 多个森林公园，200 多处街心公园与城市绿地，人均绿地面积高达约 $51m^2$，接近联合国规定标准的 4 倍。库里蒂巴的绿化设计，最为显著的特征就是顺应自然。在这里，城市的人工绿化与原本的自然生态融为一体。库里蒂巴的人工绿化，注重树种的多样化配置，既考虑到城市美化的视觉效果，又考虑到野生动物的栖息环境。为了顺应自然，市政府要求公园内的建筑面积不得超过 1/3，法律禁止在公园铺设硬质路面与观光结构。人与自然的完美结合，环保的概念设计，很好地保护了自然生态的健康性和完整性。

第二，公交导向式的城市开发规划。城市沿着 5 条交通轴进行高密度线状开发，改造内城，以人为本而不是以小汽车为本，确定优先发展的内容。鼓励混合土地利用开发的模式，而且总体规划以城市公交线路所在道路为中心，进行了土地利用和开发密度分区。城市仅仅鼓励公交线路附近 2 个街区的高密度开发，并严格控制公交线路 2 个街区外的土地开发。优先发展城市公共交通，库里蒂巴的一体化公共交通系统是世界上高效、方便、舒适、先进的新型现代化交通系统，吸引许多有小汽车的人转而采用安全、快捷、便宜的公共交通方式出行。公共交通的有效发展，使得库里蒂巴成为巴西私家车使用率最低的城市。

第三，垃圾处理全民参与。库里蒂巴市政府认识到，真正环保的实现需要全民参与。因此，市政府独具匠心地发起“让垃圾不再是垃圾”运动、“垃圾购买”项目与“彻底清除”计划。通过统筹安排，在创造性地解决垃圾处理问题的同时，增加社会整体效益。“让垃圾不再是垃圾”运动由市政府动员居民从垃圾中分离出可回收利用的物品，由绿色卡车进行每周 3 次的路边回收。这个创意，使得 70％的城市家庭参与了可再生物质的回收工作，垃圾的循环回收在城市达到 95％。“垃圾购买”项目，即市民可用垃圾交换食物。这个创意既调动了市民对于回收垃圾的积极性，同时为市民提供了额外的福利。垃圾回收车会在每周特定时段进入库里蒂巴的居民社区，每次都是前后两辆回收车同行。前一辆车回收垃圾，后一辆车分发食品。2 kg 回收物资可换得 1 kg 食品。袋装垃圾还可以兑换公共汽车票、玩具等其他物品。这种垃圾交换活动，无疑增强了市民参与环保的意识，实现了互惠互利的结果；“彻底清除”计划，则是另一个解决垃圾问题的创意。这个创意，是由市政府临时雇佣退休和失业人员，把城区堆积已久的废物清理干净。它采用了大众参与的方式，有效提高了城市固体垃圾处理系统的效率，并且为市民提供了更多的就业机会。

第四，注重市民的生态意识教育。生态城市的实现不仅在于规划建设，而更重要的建立全民参与机制，培养全民环境保护的意识。市民环保意识的形成是与政府长期不懈的支持以及社会的努力分不开的。儿童在学校受到与环境有关的教育，而一般市民则在“免费环境大学”接受与环境有关的教育。库里蒂巴市的“免费环境大学”向家庭主妇、建筑管理人员、商店经理等人员提供实用的短期课程，教授日常工作中(即使是最普通工作)的环境知识。

三、丹麦哥本哈根

哥本哈根坐落于丹麦西兰岛东部，是丹麦王国的首都、最大城市及最大港口，被联合国人居署评为“全球最宜居的城市”，是欧洲的“绿色首都” 和“自行车之都”。2012 年哥本哈根提出《CPH2025 气候计划》，该计划的目标是到 2025 年，将哥本哈根建成全球第一个碳中和城市，保护哥本哈根免受洪水灾害侵袭，同时创造一个拥有蓝绿休闲空间的宜居城市，这为丹麦和欧盟的生态城市建设提供了经验。

在生态城市建设过程中，哥本哈根实施了一系列具有特色的措施。第一，创新资源，引导市民回收利用生活垃圾，将垃圾视为可再生资源以新的方式回收利用。第二，节约能源，通过改变市民的生活习惯，减少家居生活电能消耗。第三，暴雨管理，辅助气候适应计划，在街道、广场和建筑周边设置兼顾休闲娱乐和滞留蓄水功能的蓝绿空间，帮助城市更好地抵御暴雨。第四，打造“自行车之城”，政府致力于给骑行者创造更好的出行条件，一方面建设自行车网络，设置自行车专用道，建设连接郊区与市中心的分离式自行车高速路，另一方面完善配套服务，包括交叉路口的红绿灯提前切换、供骑行者平衡的扶手栏杆与踏板，以及充足的自行车停放设施。第五，重视对学生的教育与培训。哥本哈根生态城市项目十分注重吸引学生参与，在学生课程中加入生态课，甚至一些学校的所有课程设计都围绕生态城市主题，通过对学生和学生家长进行与项目实施有关的培训，发动全体社区成员参与生态城市建设。

四、新加坡

新加坡位于马来半岛南端，素来享有“花园城市”的美誉，主岛面积占全国面积的90%左右，以整洁有序而闻名世界，是一个较理想的生态型城市。历史上，新加坡曾经是一个街道拥挤、公共卫生极差、居住环境恶劣的城市。为了改变这种状况，20世纪60年代初，新加坡开始实施“总体规划，合理布局，统筹兼顾，节约能源”的城市发展政策。经过几十年不懈努力，今天的新加坡已经成为自然环境优美、干净整洁卫生、资源高效利用的国际知名“花园城市”。在生态城市建设过程中，新加坡在城市规划与设计、环保立法与管理、创新技术应用以及自然资源循环利用四个方面形成了值得借鉴的成功经验。

（一）注重生态城市规划与设计

由于国土资源缺乏、国民结构复杂等客观国情，为了充分利用有限的土地，新加坡特别重视城市的规划与开发的研究。建国初期政府聘请了多名国内外专家编制城市总体规划，为城市整体布局、城市发展规模、土地合理利用、交通网络建设、产业发展战略等提供全方位的指导。新加坡城市规划注重对自然环境的保护和自然资源的高效利用。为了提高土地利用率，保护城市绿地和自然区域，新加坡城市建筑采用高密度设计，企业、商业和住宅区大多与公共交通网络相连接。新加坡城市规划还充分考虑利用原有的绿地、森林、河流、海岸等自然生态条件，来扩大城市绿色面积和自然空间，并通过最大限度地保持具有传统文化特征的古旧建筑原貌，来增强城市的历史氛围，提高城市的文化品位。

（二）重视环保立法与严格管理

环保法规的建设、优美环境的创造与政府重视环保有着莫大的关联，甚至可以说是起到了决定性作用。新加坡高度重视城市生态环境的保护和管理，制定了严格的法律。在国家环境局负责执行的法律条例中，涉及环境卫生的有《环境公共卫生法》《环境污染控制法》《公共清洁条例》《一般废物收集条例》等，涵盖了市容环境、公共卫生、污染治理等各方面，对于监督内容、办法以及惩罚均有相应的规定，使城市环卫管理完全法制化。新加坡对于违反管理办法的行为罚款名目繁多，数额较大，执行非常严格。根据2014年新修订的《环境公共卫生法》，第一次乱丢垃圾最高罚款2000新元，第二次最高罚款4000新元，第三次最高罚款1万新元。若发现有随意乱扔垃圾的人，除了给予罚款、口头警告、清扫街道等处罚以外，情节严重的还会进行鞭刑或者徒刑。完善的法律和严格的管理，使得新加坡能够长期保持城市的干净、整洁和卫生。

（三）创新技术应用

提倡创新，积极采用新技术、走可持续发展之路，是新加坡生态城市建设的重要特色。新加坡政府重视环境保护和节能领域的科技创新，一方面坚持对科研项目的直接投资，另一方面也会通过"起步企业计划""创意挑战基金""培育企业发展计划"等政策措施扶持和促进企业进行研发，为生态城市建设提供技术支持和方法突破。新生水技术是新加坡广泛采用的一项环境可持续发展技术。新加坡人均水资源占有量居世界倒数第二，一直面临着淡水资源严重匮乏的问题，国民日常生活和工业用水主要靠收集存储雨水及从邻国进口淡水，为改变这一不利情况，新加坡从20世纪70年代开始研究新生水技术，并于2003年2月正式启动推广。目前，新生水各项指标都优于自来水，清洁度至少比世界卫生组织规定的国际饮用水标准高出50倍。埋置垃圾设立人工岛屿是新加坡生态城市建设的又一创新举措。针对垃圾焚化炉底灰和建材废料等无法焚烧的垃圾，新加坡投资约30亿元建成了世界上首个在海床上完全由埋置垃圾筑成的岛屿——实马高垃圾埋置场，该埋置场尽管由废弃物筑成，但岛上种植了大量红树林，海岛沿岸保留了珊瑚礁和海藻区，未启用的埋置海水区和礁瑚区则用以储存洁净海水，该岛屿目前已发展成为市民休闲娱乐的旅游岛。

（四）循环利用自然资源

新加坡共和国是一个自然资源匮乏的国家，水和大多数工业原材料都依靠进口。如何利用有限的自然资源满足城市发展的需求，是新加坡始终面临的难题。因此注重自然资源的高效循环利用成为新加坡生态城市建设的重要内容。在水资源利用方面，为解决缺水问题，新加坡谋划并推行了"维持可持续性的供水"新策略，通过雨水收集、向马来西亚购水、新生水和海水淡化（"国家水喉"计划）等措施，建立了多渠道的城市水源保障体系。在提高能效方面，成立了能源效率计划委员会，针对企业提出了"能源效率提升援助计划"，发起全国性的"10%能源挑战"运动，力求在经济效益和环境可持续性间取得平衡。针对废物管理，制定了"迈向零点废物埋置、迈向零点废物"的垃圾处理政策。新加坡在废物再循环利用过程中，通过给居民发放专用垃圾袋和在人流密集的公共场所放置废品回收箱，对纸张、塑料、金属罐、玻璃瓶和旧衣服等可再生资源进行回收。凭借对废物的循环可持续处理，目前新加坡废物可循环再利用率已达到60%，预计在2030年将达到70%。

五、国外生态城市建设的启示

从1971年提出"生态城市"的概念至今，世界上已有很多国家在城市生态化建设上做出了尝试，不少城市开始探索适合自身发展的生态城市建设之路，美国的克利夫兰、巴西的库里蒂巴、丹麦的哥本哈根、新加坡、澳大利亚的怀阿拉和阿德莱德、印度的班加罗尔、日本的千叶、德国的弗莱堡等都取得了令人鼓舞的成绩，并为人们提供了成功的经验。这些生态城市的建设实践，对我们有以下启示。

（一）生态城市建设要不断完善法规与制度体系

综观国际生态城市建设案例，完善的法律与制度体系能为生态城市建设提供有力保障，这是重要的成功经验。从国家层面到地方层面，都对生态城市建设的立法工作极为重视。通过立法，已经为生态城市建立了一套绿色（或生态）法律保障体系，包括绿色秩序制度、生态激励制度、绿色社会制度等。另外，国外生态城市在管理体系方面也取得了丰富经验。例如，澳大利亚著名的哈利法克斯生态城近十年的建设，自始至终都是由非营利机构——澳大利亚生态城市委员会组织实施的，该机构将政界、建筑企业、采矿和能源组织、自然保护组织和遗产保护委员会等各方力量聚集到生态城市的建设活动中，保障生态城市规划和建设项目的顺利开展。

（二）生态城市建设要科学制定总体规划与具体可行目标

许多国家在生态城市的建设实践中，既高度关注城市发展的总体规划，也重视制定具体的可操作性的目标。城市规划是城市建设的未来蓝图，是生态城市建设的重要基础。国外生态城市的总体规划往往以一个生态项目或生态领域作为城市建设的核心。例如"巴西生活水平指数最高的城市"——库里蒂巴，城市总体规划就是坚持城市公交优先的发展模式，以城市公交线路所经过的道路为中心对土地进行分区建设。正是这种建设模式，避免了城市扩张过程中交通拥堵问题。此外，制定具体可行的目标，并以可操作性强的项目作为支撑是生态城市建设实施的关键，有利于公众的理解和积极参与，也便于职能部门主动组织规划建设，以保障生态城市的建设成果。又如丹麦哥本哈根生态城区建设的阶段性环境目标为试验区内水和电的消费量分别减少10%、回收10%的有机垃圾制作堆肥、回收40%的建筑材料等。

（三）生态城市建设要突出重点建设领域

国外生态城市建设的一个突出特点是其问题指向性，它往往不试图在城市中全面铺开地进行生态城市建设，而是面向问题、抓住重点、逐步推进，集中力量解决突出问题，如交通拥堵、垃圾污染等问题，逐步推进总体生态城市建设。如北九州是日本四大工业基地之一，工业发展带来的大气污染曾使其有了"七色烟城"的称号。为此北九州将治理大气污染作为城市生态建设迫切需要解决的问题。经过多年坚持不懈的环境治理，使北九州由"七色烟城"变为"星空城市"，1990年成为日本首个获得联合国环境规划署颁发的"全球500佳"奖的城市。

（四）生态城市建设要注重生态科技的研发与应用

创新技术的研发与应用，以及拓展环保和节能的新方法，将先进技术融入生态城市建设中，开辟了全新生态建设之路，是生态城市建设的重要依托。国外生态城市的建设始终将生态环境方面的科技研究置于重要地位，并使之产业化。如：西班牙的马德里与德国的柏林合作，重点研究与实践用绿色植被覆盖城市空间和建筑物表面、雨水就地渗入地下、推广建筑节能技术、使用可循环材料等项目，极大地改善了城市的生态系统。

（五）生态城市建设要引导公众广泛参与

生态城市的建设是一项系统工程，离不开公众的参与。国外成功的生态城市建设中，政府都通过对市民进行环境教育，向公众普及环保知识，提高了公众的生态意识。引导公众广泛参与，无论是规划方案的制定、建设项目的实施，还是后续的监督监控，都有具体的措施保证群众的广泛参与，并取得了良好的效果。例如，丹麦的哥本哈根通过推行"绿色账户"（通过记录一个学校或者一个家庭日常活动的资源消费，比较不同城区的资源消费结构，确定主要的资源消费量，为有效削减资源消费和循环利用提供依据）、"生态市场交易日"等特色举措，提高公众的生态意识，增进公众对生态城市项目的了解。

第四节　中国的生态城市建设

中国城市正面临大规模城市化和高速工业化带来的巨大挑战。环境污染、生态破坏、能源短缺将成为未来城市建设的瓶颈。在这样的社会经济背景下，生态城市成为城市建设的必然发展方向。党的十九大报告指出：人与自然是生命共同体，人类必须尊重自然、顺应自然、保护自然。构筑尊崇自然、绿色发展的生态体系。在我国新时代生态城市建设中，产业、交通、能源、建筑等领域仍然存在大量的生态问题，应通过对生态意识、科技支撑、绿色交通、节能建筑、环保机制、公众参与等方面的有力规划和严格落实，努力把城市建设成绿色低碳、健康环保与智慧宜居的生态城市，以期提供更多优质生态产品来满足人民日益增长的优美生态环境需要。

一、中国生态城市建设的探索

我国从20世纪80年代便开始重视生态城市的建设，虽然起步比国外晚，但是也取得了一些成绩。国家和政府对于生态城市的建设高度关注，并且将其纳入国家政策的范畴，专门制定了《全国生态环境建设规划》，生态城市的建设在该规划下得以迅速展开。首先从江西宜春的试点开始，再到1999年海南生态省的建设，由此拉开了生态城市建设的序幕，我国开始大规模地建设生态城市。

（一）生态城市建设实践探索萌芽期

中国的生态城市建设始自江西省宜春市，该城市于1986年提出了生态城市建设目标，之后经历了一段相对平静的蛰伏期。根据我国生态城市的实践特征，生态城市建设实践探索萌芽期为1986—1999年。1986年，江西省宜春市提出建设生态城市发展目标，并于1987年开始生态城市规划与建设试点工作，这标志着我国生态城市的初次探索开始。由于当时中国尚处于城镇化快速发展阶段，建设模式更多强调自上而下的规划引导，宜春市也是我国第一个自上而下型生态城市，拉开了我国生态城市建设的序幕并取得了良好的效益。

宜春市作为我国第一个生态城市试点，其建设实践对于其他城市建设有一定的借鉴作用。宜春市生态城市规划将城乡人工复合生态系统作为建设研究对象，其生态城市建设目标是在总结我国生态田、生态户、生态村、生态农场等生态农业实验和发展模式的基础上结合对城市生态系统的研究提出来的，因此它立足于生态农业，注重自然生态系统的良性循环。

1995年，国家环境保护局发布了《全国生态示范区建设规划纲要（1996～2050年）》，提出了生态示范区的概念和建设内容，并明确了到2050年全国生态示范区总面积要达到国土面积50%左右的建设目标。随着全国生态示范区创建工作的推广，我国各省、市、县纷纷提出各自的生态建设目标。1996年，国家环境保护局确定了全国首批生态示范区建设试点单位，对这些地区的公共绿地、自然保护区、垃圾处理、污水处理等基础设施的建设从生态农业、清洁生产、生态旅游等产业发展上提出了较高的要求，并要求这些城市或地区将生态示范区建设纳入国民经济和社会发展规划之中。生态示范区是以生态学和生态经济学原理为指导，以协调经济、社会发展和环境保护为主要对象，统一规划，综合建设，是生态良性循环及社会经济全面、健康持续发展的一定行政区域。经过几年的努力，生态示范区所在城市或地区的生态环境得到有效的保护和明显的改善，有力地推动了城市或地区物质文明和精神文明的发展；并在生态住宅建设、太阳能利用及设备生产、生态农业、生态旅游、绿色食品基地、生态工业、农村新能源开发、生物多样性保护、水土保持、环境污染治理等方面涌现出一大批示范性工程，为生态城市的建设打下了良好的基础。

1997年大连、深圳、厦门、威海、珠海、张家港6个城市，1998年昆山、烟台、莱州、荣成、中山5个城市被命名为“国家环境保护模范城市”。1999年，海南省人大颁布《关于建设生态省的决定》，通过了《海南生态省建设规划纲要》，同年国家环境保护总局批准海南省为全国生态建设示范省。

（二）生态城市建设实践迅速发展期

进入21世纪以后，随着全球资源能源短缺问题逐步升级以及气候变化问题日渐喧嚣，生态城市成为世界各国降低资源能源消耗、转变旧的发展模式、谋求城市新兴竞争力的关键所在。越来越多的城市开始制订计划，实施生态城市的建设。根据我国生态城市的实践特征，第二阶段迅速发展期的时间为2000—2008年。这一阶段是生态城市建设实践蓬勃发展的时期，在国家政策的推动下，各省市开展生态城市的工作稳步提升，大量的自上而下型生态城市开始涌现，包括新颁布的生态省市等，国家和地方政府积极投身于生态城市的建设中。这一阶段我国生态城市在生态文明及两型社会的引导下，自上而下型生态城市和自下而上型生态城市齐头并进，不管是从规模上还是数量上，都展现出迅猛发展的态势，但也使得大部分的生态城市建设质量下降。

2001年大庆被评为全国内陆首家环保模范城市，并于2005年起实施了“东移北扩”的城市发展战略，采用了依托自然设计、依湖建城的规划思想，加紧了五湖生态城的建设，2006年已入选中国十大魅力城市。2002年，贵州省贵阳市被国家环境保护总局批准为全国循环经济型生态城市建设试点城市，为资源性城市建设生态城市做出了积极探索。

2003年国家环境保护总局制定了《生态县、生态市、生态省建设指标（试行）》，指导开展生态县、生态市、生态省创建工作；2004年12月颁布了《生态县、生态市建设规划编制大纲（试行）》；《全国生态县、生态市创建工作考核方案（试行）》及《国家生态县、生态市考核验收程序》也分别于2005年和2006年颁布，用以指导生态县、生态市的创建工作，确保任务落实和目标实现；2008年初国家环境保护总局对生态县、生态市、生态省建设指标进行了修订，其中生态市建设指标包括经济发展、环境保护和社会进步的三类19项指标，修订了试行中的多项指标，使其具指导性和可操作性，为生态示范区的创建工作打下坚实基础。2005年由中科院编制、国家环境保护总局颁发了《生态功能区划暂行规程》，规定了生态功能区划的一般原则、方法、程序、内容、要求，此后全国开展了生态功能区划的编制工作，生态功能区的划分成为生态城市建设规划的重要内容之一。

2007年召开的党的十七大正式提出建设生态文明的目标，对公众的普及有助于生态城市的建设实行，提高了生态城市的完成度。另外，十七大对生态文明中循环经济的阐述对生态城市后续转型低碳方向有很大影响。2007年底国家批准武汉城市圈和长株潭城市群为全国资源节约型和环境友好型社会建设综合配套改革试验区。数年间许多生态项目纷纷建成，进展之快可圈可点。其实“两型社会”与生态城市二者的最终目标都是实现经济、社会、自然的可持续发展，即建立低消耗的生产体系和高效稳定的经济体系，实现人与自然和谐相处的可持续发展。“两型社会”与可持续发展战略一脉相承，是对可持续发展更为直观易懂的解释。在某种程度上可以理解为“两型社会”是生态城市另一种形式的尝试，都体现了我国在生态城市的实践上做出的努力。

（三）生态城市建设实践提升反思期

随着可持续发展战略的推行、生态文明理念的传播和科学发展观的深入人心，我国掀起了生态城市建设的潮流。同时针对出现的雾霾等大气污染问题，提出引入“循环经济”“低碳经济”等理念，我国开始以低碳节能、开发新能源为重点建设生态城市。根据我国生态城市的实践特征，第三阶段的时间为2009年至今。这一阶段的生态城市建设较上一阶段在数量上明显减少，并在质量上有所提升，出现了很多有质量的生态城项目。并开始走向更加有针对性和侧重点的生态城市建设，如低碳生态城市、智慧城市以及海绵城市等。

2009年住房和城乡建设部副部长仇保兴在“2009国际城市规划与发展论坛”上首次提出了“低碳生态城市”的概念。低碳生态城市概念的提出是对生态城市理念、内涵的深化和具体化，也为我国城市发展模式的转型提供了明确的方向和思路，这一概念一经提出就受到社会各界的普遍关注和认可。同年，中国城市科学研究会的《中国低碳生态城市发展战略》出版，作为生态城市基础性内容之一的生态城市指标系统构建与生态城市示范评价项目合作也正式确定开展。2010年，国家发展改革委发布了《关于开展低碳省区和低碳城市试点工作的通知》，以低碳为主要目标建设城市，明确将在广东、辽宁、湖北、陕西、云南五省和天津、重庆、深圳、厦门、杭州、南昌、贵阳、保定八市开展试点工作。

2010年1月，深圳成为全国首个国家低碳生态示范市；2010年7月，住房和城乡建设部与江苏省无锡市人民政府签署《共建国家低碳生态城示范区——无锡太湖新城合作框架协议》；2010年10月，住房和城乡建设部与河北省政府签署了《关于推进河北省生态示范城市建设促进城镇化健康发展合作备忘录》；2011年1月，住房和城乡建设部成立低碳生态城市建设领导小组，组织研究低碳生态城市的发展规划、政策建议、指标体系、示范技术等工作，引导国内低碳生态城市的健康发展。低碳示范市在这种部市共建的模式下，在规划建设低碳产业、公共交通、绿色建筑、资源利用等方面节节探索，先试先行，节节推进发展观念、发展模式的根本性转变。

寇有观于2011年发表了系列“智慧生态城市”的论文，在我国首次公开提出建设“智慧生态城市”。2014年是中国智慧城市落地的元年，政府通过政策制度建设促动智慧城市建设发展。2014年3月，国务院印发《国家新型城镇化规划（2014—2020年）》，提出走“以人为本、四化同步、优化同步、生态文明、文化传承”的中国特色新型城镇化道路，明确将智慧城市建设作为提高城市可持续发展能力的重要手段和途径，强调要继续推进创新城市、智慧城市、低碳城镇试点。同年8月，经国务院同意，发改委、工信部、科技部、公安部、国土部、住建部、交通部等八部委印发《关于促进智慧城市健康发展的指导意见》，明确了智慧城市2.0时代的顶层设计方案；全国首部《智慧城市系列标准》于2014年11月8日正式发布，并于2015年1月1日开始试行。智慧生态城市不是简单的智慧城市加生态城市，它融合了智慧城市、生态城市、绿色城市、低碳城市、数字城市、田园城市和园林城市等特点，用信息流引领技术流、资金流、人才流，提升信息采集、处理、传播、利用等能力，便于实现稳增长、调结构、惠民生、绿色环保的目标。因此建设智慧生态城市的核心内容是保护自然资源，修复生态，遏制污染，基础设施融入生态系统，生态文明贯穿五位一体建设，数据信息交换共享，发展数字经济，建设智慧社会，生态宜居城市。

2014年10月，住建部发布了《海绵城市建设技术指南——低影响开发雨水系统构建（试行）》，明确了海绵城市的概念和建设路径。12月，中德全方位战略伙伴关系中的重要组成部分——中德低碳生态城市试点示范工作在京启动（该项目于2014年10月签订）。我国与生态城市建设相关的重大举措如表7-3所示。

表7-3 我国与生态城市建设相关的重大举措一览表

年 份	管理部门	类 型
1989年	爱卫会	开展创建国家卫生城市活动
1992年	建设部	命名园林城市

续表

年份	管理部门	类型
1992年	建设部	城市环境综合整治定量考核实施办法
1995年	环境保护局	全国生态示范区建设规划纲要(1996～2050年)
1997年	环境保护局	开展创建国家环境保护模范城市活动
2000年	建设部	设立“中国人居环境奖”
2003年	环境保护总局	生态县、生态市、生态省建设指标(试行)
2004年	建设部	创建“生态园林城市”实施意见
2005年	国家林业局	“国家森林城市”评价指标
2007年	环境保护总局、商务部、科技部	开展国家生态工业示范园区建设工作
2008年	环保部	关于推进生态文明建设的指导意见
2010年	发改委	开展低碳省区和低碳城市试点工作
2011年	住建部、财政部、发改委	开展第一批绿色低碳重点小城镇试点示范工作
2013年	发改委、住建部	绿色建筑行动方案
2014年	住建部	开展海绵城市建设
2014年	发改委、工信部等8部委	促进智慧城市健康发展

2015年3月,住建部发布了中欧低碳生态城市合作项目试点城市名单,公布了珠海、洛阳等10个试点城市。4月,财政部、住建部、水利部公示了2015年厦门等14个城市及西咸新区和贵安新区作为第一批海绵城市建设试点城市。2016年4月,财政部、住建部、水利部又通过了广东珠海、福建福州等14个城市作为第二批海绵城市建设试点城市。海绵城市建设的本质是通过保护和修复“天然海绵体”,打造低影响开发的“人工海绵体”构建生态基础设施,使城市像海绵一样,同时具备既能吸水、释水的性质,又能拥有压缩、回弹、修复的功能:能将雨洪视为资源,让雨水资源最大化利用,缓解城市水资源短缺问题;能减少地表径流污染和面源污染,最大限度地争取雨水就地下渗,解决城市水环境问题;能降低洪峰和减小洪量,使城市很好地应对洪涝灾害。最终实现城市建设生态效益、经济效益、景观效益和社会效益最大化。

二、中国生态城市建设过程中存在的问题

党的十九大报告指出我国生态文明建设成效显著,生态环境治理明显加强,环境状况得到改善。新时代生态城市的建设也在不断践行着绿水青山就是金山银山的理念,从宜春生态城市建设试点开始到贵州、福建、江西、海南等国家生态文明试验区的建设,全国各地开展了大规模的生态城市建设工作。21世纪初,掀起了生态城市建设的热潮,在打造人与自然和谐共处的宜居城市方面取得了喜人的成就;但是,也出现了违背自然规律、超越生态承载能力和环境容量建设的“伪生态建设”或“伪生态文明建设”在局部范围出现甚至蔓延的乱象,凸显了生态意识匮乏、生态建设不合理、生态参与缺失等新问题。

(一)经济发展与环境保护不协调

生态城市建设包括经济、社会和环境的全面发展,它不仅是一个生态环境保护问题,更是一个经济社会发展的问题。生态城市建设需要运用可持续发展和生态经济学原理,通过综合

协调人类经济社会活动与资源环境之间的关系,促进环境质量的改善和经济发展方式的转变,实现社会经济与资源环境良性循环、协调持续发展。在改革开放之初,受总体经济政策的影响,我国将主要精力置于发展经济之上,片面追求经济的复苏与增长,实施粗放型的经济增长方式,忽视了生态环境的保持与保护,甚至以牺牲城市自然环境为代价换取经济的增长。在这种传统发展思想理念的遗留影响下,在我国后续城市建设中,依然不能对自然生态的保护提起应有的重视,城市发展规划中依然将经济发展置于首要位置,而对于经济发展过程中对生态环境造成的不利影响却没有及时采取治理措施。直到20世纪90年代,我国才逐渐意识到城市自然环境的重要性,开始强化生态环境的保护,然而先前的遗留影响依旧严重制约着城市的健康发展。

（二）存在“伪生态建设”现象

我国近几年在生态城市建设过程中取得了一定的成绩,但也存在着诸多方面的问题,“伪生态现象”作为主要问题之一,不但制约着生态城市的建设进程,同时对整体生态环境也造成了一定的危害。所谓“伪生态建设”,是指违背自然规律,超越生态承载能力和环境容量,只追求表面形式和短时间成效而忽视生态系统整体功能的完善,破坏生态稳定性或只注重单一环境指标的提高而造成整体环境质量下降或者资源浪费的建设行为,目前“伪生态建设”或“伪生态文明建设”在局部范围出现甚至蔓延,突出表现在以下方面。一是认识误区。有的人认为“生态城市”就是通过种树、铺草、造水、建景观大道等方式人工打造生态城市、宜居城市、山水田园都市,掀起了“广场热”“草坪热”“水景热”等,不顾民生力推人工生态;有的人认为应借鉴国外先进案例,只有花大价钱才能建生态城市;有的人认为应当建立一套普遍适用的生态城市规划建设标准。二是建设误区。人类文明社会经历了上千年的演进,积累了丰富的物质和非物质遗产。保护历史文化、延续社会结构是生态城市建设的重要方面。但一些城市政府对社会文化的各种片面理解,导致了让人啼笑皆非的结果。有的地方崇洋媚外,大量复制甚至抄袭西方著名建筑,一时间,假“白宫”、假“凯旋门”再现中国;有的地方盲目复古,大规模恢复“唐城”“宋城”“明城”,劳民伤财。诸如此类的做法,是用一种人工文化生态破坏当地原有的文化生态,有悖于生态文明理念。三是生态折腾。一些地方在生态文明旗号下,今天植草坪,明天改花园,后天栽大树。这不但没有产生任何价值,而且成本巨大,显然与生态城市建设的初衷背道而驰,反过来制约了生态城市的可持续发展。

（三）缺乏相应的政策、法规体系指导

政策和法律支持是生态城市建设中非常重要的组成部分,科学的政策和公正的法律能够保证生态城市建设在法制的环境中进行,能够在全社会形成有序和公平。在生态城市建设过程中,虽然制定了相关的法律、法规,在一定程度上保证了生态城市的建设向良性发展,但从整体来看,我国关于生态城市建设的法律法规、政策以及管理保障体系仍不完善,对于与生态城市建设有关的法律问题研究较少,相关法律、政策缺乏系统性和完整性,对生态城市建设的支持力度不足。而国外生态城市的建设从国家层面到地方层面都对生态城市建设的立法工作极为重视。通过立法,为生态城市建立了一套绿色(或生态)法律保障体系,包括绿色秩序制度、生态激励制度、绿色社会制度等。尽管中国现已初步形成包括宪法、法律以及相应的行政法规、规章和地方性法规所构成的保障城市生态化建设的法律法规体系,但有些相关法律法规尚不健全,还处于较低层次,一些法规在颁布后才发现缺乏针对性,脱离实际而难以实施,某些法律法规甚至有冲突之处。因此,生态城市建设过程中的政策法律体系建设亟待加强,从生态规划、生态投融资、生态城市建设和机制保障等方面进行相关法律法规制定。

（四）缺乏完善的生态城市建设资金、技术保障体系

在生态城市建设过程中，科技和资金投入非常重要。我国是发展中国家，目前正处于全面城市化阶段，在环境保护和生态基础设施建设方面的资金投入不足。这也是目前我国城市在生态城市建设中亟待解决的基础问题。只有在政府政策引导、加大资金投入、社会公众支持并广泛吸收社会资金的基础上，生态城市建设才能取得实质性进展。我国应借鉴国外生态城市建设成功经验，建立政府主导、市场运作、社会参与的新型城市化建设融资机制，引导各种资金投入生态基础设施建设，并设立生态环保专项资金，完善生态补偿政策，保证稳定有效投入。此外，生态城市在我国还是一个新兴的概念，近年来，虽然我国在生态城市建设上政府给予了政策上的支持，加快了生态城市技术的开发研究，投入了大量的资金，但是由于没有一个完整的生态城市建设理念，缺乏完善的生态资金、技术保障体系，从而影响了生态城市建设的进程。今后应重视生态技术的开发与应用，增加科技投入，开发生态适用技术，推广生态产业，提高资源循环利用率，使之逐步走上清洁生产之路，依靠科技进步来保证生态城市的建设和发展。另外，国家应对生态城市建设适用技术的研发给予资金支持，设立专项研究基金。

（五）缺乏成熟的规划理念、技术与方法

生态城市是人类理想的人居环境，因此，生态城市的规划设计对人类未来的生存和发展至关重要。生态城市在规划过程中，要根据不同地方的地域性特点，利用地方性的优势，在相关生态城市建设理论的指导下，以人与自然可持续协调发展为宗旨，来进行生态城市的规划。以往的生态城市规划大多忽视了对人口承载力的研究，人口的数量远远超过了生态良性循环的最大限量，资源的短缺无法保证人口未来增长的需求。另外，一些城市的规划忽视了对城市景观格局的重塑，城市景观缺少整体优化及合理的功能分区，这样很不利于城市的可持续发展。此外，很多城市在规划建设中忽视了地方特色的保护与构建，原有的富有民族特色及地方特色的街道与建筑，逐渐被统一的新形象所覆盖。这些都是与生态城市建设相违背的，在规划中没有体现生态设计的理念。总体而言，目前生态城市规划存在以下问题。第一，生态城市设计和规划缺乏科学性、权威性和持续性。生态城市建设缺乏成体系的理论指导和经验借鉴，另外，随着政府领导和政策变更，生态城市建设会出现停滞的情况，甚至建设方向发生偏移。第二，生态城市规划缺乏地方特色，不能因地制宜。国内生态城市规划和设计大多千篇一律，很少结合地方性的优势来因地制宜建设具有地域性特点的生态城市。第三，生态城市规划缺乏执行力。在生态城市设计与规划的过程中，存在着重重阻力，在实践过程中很难执行。

（六）组织、管理体制不够完善

现代城市是一类脆弱的人工生态系统，它在生态过程上是耗竭性的，管理体制上是链状而非循环式的。目前我国城市内实行的是“二级政府，三级管理”的管理体制，“二级政府”即市、区两级政府；“三级管理”即市、区、街道三级管理。城市管理中大量的管理子系统如卫生、水务、防灾、文物保护、行政执法、能源、交通、环保等有的单独成立一个部门，有的分散在多个部门中。目前这种管理体制在操作上存在很多问题：一是各部门各自为政，自成体系，资源浪费严重，管理效率低下，使城市整体功能难以充分发挥；二是各部门间职能划分不清晰，职能交叉与缺位并存；三是不能形成统一的城市管理法律法规体系；四是“大政府小社会”，社会化、市场化程度低。生态城市的建设工作涉及多个管理机构，应由各部门协同参与。因此，建立综合的生态城市建设管理部门，将有利于有效地保证国家、省、市政策法规的贯彻执行。在生态城市

建设中，需要健全组织协调机制，成立专门的生态城市建设领导小组，统一领导、协调相关部门或地区的生态城市建设工作，形成市、区分级管理，部门分工负责的组织管理体系，从而提高城市管理效率，降低管理成本，提高社会资源的利用效率，发挥城市的整体功能，创建好可持续发展的生态型城市。

（七）公众生态意识淡漠，生态城市建设参与不够

公众生态保护意识薄弱是制约生态城市建设的关键因素之一。现阶段，我国生态城市建设处于初期阶段，生态城市建设存在上热下冷的现象，生态城市建设的重要性宣传教育不到位，再加上我国居民整体素质不高，传统思维影响严重，导致我国居民生态意识薄弱，生态城市建设理念欠缺，在建设过程中群众参与力度不足，生态城市建设延续性不够，没有建立良好、完善的生态城市建设公众参与机制。由于生态城市建设水平难以定量化表征，使得人们对生态城市经济高效、环境宜人、社会和谐的特点没有清晰的认识。我国生态城市建设公众参与存在的问题，具体表现在以下几个方面。①参与程度较浅，参与质量不高。从整体来看，在生态城市建设领域中的公众参与程度较低，其公众在建设过程中更多充当的是“看客”的角色，而非参与的角色。在参与的公众中，更多的是专家学者或者一些专业人士，即高知识层次的参与，所以其个体性的公众参与还不普遍。②政务信息公开度不足，相关制度缺乏可执行性。公众参与的外在支持条件不足主要体现在两个方面，首先是政务信息公开方面，其次是相关的法律制度建设和反馈机制方面。目前，各类生态环保信息在一定程度上公开得比较好，但仍存在问题，需要进一步的改善。此外，我国在公众参与方面的法律制度建设虽然有很大进步，但仍缺乏具体的法律制度保障和反馈机制。例如，2014 年修订的《中华人民共和国环境保护法》规定社会组织可以提起公益诉讼，认可了社会组织的环保诉讼地位，但是它也对诉讼主体给予了明确的限制条件，对于不符合规定的社会组织同样无法参与，这在一定程度上限制了公众参与的数量。

三、新时代下生态城市建设的路径选择

党的十九大报告指出：建设生态文明是中华民族永续发展的千年大计。必须树立和践行绿水青山就是金山银山的理念，坚持节约资源和保护环境的基本国策，像对待生命一样对待生态环境，统筹山水林田湖草系统治理，实行最严格的生态环境保护制度，形成绿色发展方式和生活方式，坚定走生产发展、生活富裕、生态良好的文明发展道路，建设美丽中国，为人民创造良好生产生活环境，为全球生态安全作出贡献。

基于十九大报告的政策指导，立足中国国情和时代特征，以绿色发展理念建设新时代生态文明城市，探求更为科学合理的城市发展路径和人类聚居模式，建立一种自然和谐、社会公平和经济高效的生态城市可持续发展模式，是建设中国特色社会主义的必然选择。

（一）制定合适的城市总体规划和发展战略

生态城市的建设和发展，是一项十分复杂的、综合性的系统工程，要在可持续发展思想和原则的指导下，做好城市发展战略的制定、城市的规划与设计、城市的建设与管理等现实工作，使城市真正成为宜人居住的人居环境，并能充分发挥其区域中心的作用。城市规划要预见并合理安排城市的发展方向、规模和布局，协调各方面在城市发展中的关系，安排各项建设，使整个城市的发展和建设达到技术先进、经济合理、环境优美的综合效果，这是一项政策性、科学性、区域性和综合性很强的工作。生态城市的规划，要把自然规律和经济规律结合起来，把人

与自然看作一个整体系统进行规划，达到生态城市有序、稳定、高效发展的目的。

（1）通过规划，使空间结构布局合理，基础设施完善，充分体现生态城市绿化、美化、净化的特点，同时注重城市文化品位，突出人文景观在规划中的地位。

（2）城市环境质量与其周围的自然环境密切相关，城市规划应着眼于整个大的区域范围来考虑，对城市周围的自然环境进行保护性规划。

（3）要将城市、区域规划和国家不同层次的规划结合起来，使城市发展与区域经济的发展相协调，达到与区域共存、与自然共生。

（4）将空间环境和生态经济体系规划相结合，寻求区域复合生态系统可持续发展的途径和整体最优化方案，追求整个城市经济、社会和生态环境的最佳效益。

（二）发挥政策引导与制度保障在生态城市建设过程中的作用

政策引导是建设生态城市的重要基础。政策与制度的创新在建设生态城市的过程中发挥重要的作用。生态城市建设有很强的公益性，因此，我国要注重发挥政府的职能作用。①对资源回收利用、生态型产业等方面制定相应政策引导，按照零排放原则控制污水排放。②结合公共交通政策，制定引导沿线土地管理的配套政策，实现土地使用和公共交通互相促进；建立生态安全及防灾预警机制。③建立生态技术推广机制，制定利于生态技术的承接、转化、推广和研发工作的相关政策。④制定推动生态城市建设的相关政策措施，特别应针对不同阶段的目标和项目实施，制定相关政策，如生态建设项目的投融资政策、税收减免政策、财政补贴政策等。⑤建立健全组织协调制度：建立专门的生态城市建设领导小组、生态城市指标体系专业委员会，统筹协调各部门、各地区的规划、建设、运营等，制定切实可行的实施方案，组织实施生态城市建设任务，引导各部门在城市开发、园林建筑绿化、交通规划等方面实施评估并且提出具体措施。⑥制定奖惩和监督机制：对生态城市建设中的重大项目，如城市规划、土地规划、资源开发项目等，实施政府财政补贴、容积率奖励、贷款利率优惠、资质评优活动中加分等激励措施。⑦完善公众对生态城市建设的舆论监督机制，建立信息公开制，把生态城市建设工作纳入工作督查范围。⑧完善实时监测和反馈机制：加强对居民生活方式的变化、城市空间布局的变化、土地构成层的变化等监测反馈工作，完善生态监管体系。⑨通过环保网站及时发布环境污染信息和环境政务信息，按照《中华人民共和国环境影响评价法》对土地建设各类项目实施环评监测等。

（三）大力调整产业结构，坚持经济建设与生态建设协调发展

建设生态城市要大力调整产业结构，坚持经济建设与生态建设协调发展。升级产业结构是建设生态城市的必然选择，转变经济发展方式，坚持走新型工业化的道路，大力调整产业结构，优化工业内部结构，整合城市有利资源，结合本地区产业特点，发展循环经济，降低废物排放，减少环境污染，推动新兴产业发展，实现工业、农业、服务业协调发展。以集约发展提高资源有效利用，从源头上缓解生态环境压力。改造提升传统产业结构，加速发展体现自主创新能力的高新技术产业，加快确立第三产业的主体地位，加速提升城市的功能形象。有效利用城市特有生态资源，开发生态观光，创造以绿色休闲为主题的具有生态功能的生态旅游品牌，积极推进经济建设和生态建设协调发展，促进产业竞争力与环境竞争力同步提升。推进“低碳城市”建设，开发以低能耗、低排放为主的绿色、低碳经济，加快研究促进低碳经济发展的政策，形成有利于发展循环经济、绿色经济和低碳经济的氛围，以环境保护优化经济发展，促进人与自然和谐发展，实现经济建设与生态建设共赢的良好环境。

（四）注重生态文明教育，树立可持续发展观念

在生态城市建设过程中，生态文明教育可以说是十分关键的环节，这不仅是转变人们观念、督促民众形成正确生态文明观的重要内容，也能够有效地提升人们的生态环境保护意识，引领市民积极投身到生态城市建设中来。要加强生态环境保护的宣传教育，开展系列环境国情、国策教育，并组织特色宣传教育活动，向公众普及生态环境保护等知识，积极培养城市市民的生态意识，树立牢固的可持续发展的观念。同时广泛开展绿色创建活动，使生态文明理念深入人心，建立并完善善待自然、和谐文明的生态文化体系。提高公众的生态意识，切实地让人们意识到自己在自然中所处的位置和应负的环境责任，改变传统的消费方式，形成绿色消费观。用法律、经济、宣传和行政手段发动全社会参与环境保护，特别要加强对绿色消费观念的宣传。倡导绿色产品，转变消费观念，加强对物资的回收利用，从大量的建筑垃圾、可循环利用包装等方面入手，从源头上减少生态环境污染，从而带动绿色产业发展，形成生产与消费的良性循环，引领可持续发展。

（五）重视绿色科技创新，强化生态城市建设的技术支撑

党的十九大报告提出了要倡导简约适度、绿色低碳的生活方式。这就要求我们在生态城市建设中，要努力构建绿色技术创新体系，强化生态城市建设的科技支撑。

首先，加强科技创新的基础作用。应特别重视科技创新对生态城市建设的基础和先导作用。一是要加强生态城市建设中各类技术的基础研究，包括共性技术、关键技术和专门技术等，并尽快建立生态城市建设综合利用技术开发专项资金，以支持重大关键项目的研究；二是加快建立生态城市技术体系并形成全面完整的生态城市技术体系；三是积极推进"产、学、研、用"合作创新体制的建立，通过加强技术创新系统中各行为主体的合作与协同，加快科研成果的创新和转化应用，为生态城市建设提供技术支撑。

其次，构建生态城市交通体系。鉴于我国不同城市的交通运输和土地开发状况，在生态城市建设中应坚持的原则包括以下几点：一是坚持将改善城市交通运输体系与城市的土地综合开发利用进行统筹规划，提高城市交通运输效率和土地开发利用率；二是调整传统交通结构，优先发展公共交通系统，城市土地的开发利用应为优先发展公共交通创造条件，并采取政策措施鼓励人们利用城市市区公共交通；三是应适度控制私人汽车在城市市区的使用，加快完善自行车专业设施，改善当地步行环境，实现资源节约，减少环境污染。

最后，强化城乡融合的建设理念和规划。借鉴发达国家城乡融合、统筹规划、协调发展的模式和经验，当前我国生态城市建设主要应做好以下几个方面的工作：一是强化城乡融合的建设理念，打破行政区界限，从区域整体对生态城市建设进行统筹全面规划；二是按照城市生态学原理，使物质资源、能量资源和信息资源在城乡区域之间得到合理配置和调控，实现城乡和谐发展；三是运用循环经济的原理，将城乡区域作为整体，实行资源的节约、合理和循环利用，增强城市和区域的可持续发展能力。

（六）鼓励公众参与，增强生态城市建设的群众基础

建设生态城市是一个循序渐进的过程，不仅需要发展战略的转变，更需要从根本上调整价值取向、政策导向、建设步骤、建设结构等，这不仅是政府行为，同时更需要广大社会公众的积极主动参与。政策、法规等外在条件决定着公众参与生态城市建设的渠道和机会的多寡，公民可持续性行为习惯的培养则决定着公众参与生态城市建设的深度和广度，为城市生态化发展奠定基础。因此，城市公众有责任并主动参与生态城市建设。首先，建立绿色生活方式。通过

广泛宣传、行为示范等方式推广绿色理念，如使用太阳能热水器、推广垃圾分类处理、引导公众普及光盘行动、减少使用私家车、减少使用包装商品等，在衣食住行等方面培养公众的环保素质和绿色消费意识；鼓励人民使用各种城市娱乐设施，如街心公园、文娱中心、户外运动场、体育场等，有效地满足其精神文化需求，形成全方位的生态城市建设氛围。其次，营造绿色家居环境。从建筑选材、能源利用与环境营造入手，让天然绿色能源和绿色植被回归居民生活，建造“绿色社区”“绿色院落”，提高城市的居住舒适度和总体环境质量。最后，强化各类生态环保教育。例如：为小学生建立与图书馆、博物馆合作的触摸体验中心；为中学生开设相关的生态课程；为大学生创办绿色学校，完善生态城市学科体系；为成年人建立示范项目等。通过一系列直观有趣、丰富活泼的形式展示绿色生活，引导人们想象未来生态城市图景，给每一个居民参与生态城市建设的机会。

第八章　新时代美丽中国建设

第一节　美丽中国的提出与内涵

一、美丽中国的提出

2012 年 11 月 8 日，中国共产党第十八次全国代表大会在北京召开。十八大报告明确提出：建设生态文明，是关系人民福祉、关乎民族未来的长远大计。面对资源约束趋紧、环境污染严重、生态系统退化的严峻形势，必须树立尊重自然、顺应自然、保护自然的生态文明理念，把生态文明建设放在突出地位，融入经济建设、政治建设、文化建设、社会建设各方面和全过程，努力建设美丽中国，实现中华民族永续发展。由此，“美丽中国”逐渐走进民众的视野。美丽中国建设强调把生态文明建设放在突出地位，融入经济建设、政治建设、文化建设、社会建设各方面和全过程。在 2015 年 10 月召开的十八届五中全会上，“美丽中国”被纳入“十三五”规划，首次被纳入五年计划。党的十八大以来，我国取得历史性成就和历史性变革，中国特色社会主义进入了新时代。2017 年 10 月 18 日，习近平总书记在十九大报告中强调：加快生态文明体制改革，建设美丽中国。这要求我们在新时代要牢固树立社会主义生态文明观，重视生态文明建设，要把美丽中国建设放在突出位置，推动形成人与自然和谐发展的现代化建设新格局，开启美丽中国建设新征程。

二、美丽中国的内涵

美丽中国是时代之美、社会之美、生活之美、百姓之美、环境之美的总和，承载着党和人民对美好的物质生活、精神生活、政治生活、社会生活以及绿水青山的美丽生活环境的向往和追求。

（一）自然之美

自然之美是建设美丽中国的首要前提。美丽中国建设就是要重塑人与自然的和谐之美，解决人与自然的关系问题，构建人与自然和谐共生关系。马克思主义生态观认为：自然是一切人类生存的第一前提，没有了健全的生态系统，人类的物质生产和再生产必然会受到影响。人本身是自然界的产物，是在自己所处的环境中并且和这个环境一起发展起来的。因此，人与自然的关系应该是相辅相成、共同发展的，人类可以利用自然，但不能违背自然。中国古代的“天人合一”思想历经岁月的雕琢，在当今时代被赋予了新的内涵，即“可持续发展”理念和生态文明建设理论。建设美丽中国的构想紧紧围绕人与自然的关系问题展开，最终目的是构建人与自然和谐相处的自然之美。在新时代，人要学会尊重自然、顺应自然，打造人与自然和谐共生的美好家园。创建文明、美丽、和谐的自然环境，给自然留出足够的修复时间，为子孙后代创造一个天蓝、地绿、水清的生存环境，这是美丽中国建设的重要内涵。

（二）科学发展之美

建设美丽中国必须以发展、强盛为前提，否则就无所谓美丽可言。美丽中国一定是富强中国。强调协调发展，力求内外部协调，改变经济对出口的过度依赖，优化投资、出口和内需对经济的拉动比率；实现资源和要素在内外两个市场的优化配置；统筹区域协调发展、城乡一体发展；推动各经济环节的良性循环；优化商品、要素、金融与资本市场结构，实现均衡增长，实现"美"的协调发展。因此，美丽中国的发展是科学的发展，科学发展包括以绿色经济、循环经济和低碳经济为引领的可持续发展和绿色发展，涵盖生产生活的各个领域，主要依靠科技的进步和人们思想观念的转变得以实现，加快转变新的发展理念和发展模式不仅是建设美丽中国的必由之路，也是新时代中国特色社会主义的内在要求。

（三）和谐之美

美丽中国包括人与自然、人与自身以及人与人之间的和谐之美，分别对应生态美、心灵美和社会美。首先，美丽中国倡导的是人与自然关系的和谐。人类应以科学发展观为指导，构建人与自然和谐相处的伦理精神，实现人与自然的和谐相处，实现真正意义上的可持续发展。只有人与自然和谐发展，才能实现人与自然共生共赢。人与自然的和谐之美是美丽中国的本质要求。其次，美丽中国强调的是人与人之间的和谐。构建和谐社会，实现小康社会要求我们要树立以人为本的社会共同价值观和求同存异、共处竞争的理念。我们必须在承认社会制度、意识形态、价值取向、经济模式、文化传统、民族特性等都具有多样性的基础上，大力倡导不同民族、不同地区、不同国家和社会组织以及不同的人与人之间相互尊重、平等对话，用和平和文明的方式处理分歧，在开放的、坦率的交往和长期的共存中，进行公平、合作的竞争，以达到共同发展、共同进步、共同繁荣的目的。再次，美丽中国强调人与社会的和谐。人与社会的关系能不能和谐发展，是人类在生存与发展过程中面临的主要矛盾。科学发展观彰显了在社会发展中协调发展的意义，也正是在社会发展的各种矛盾和问题的解决中，才形成了一种整体的发展观。习近平总书记在十九大报告中指出：中国特色社会主义进入新时代，我国社会主要矛盾已经转变为人民日益增长的美好生活需要和不平衡不充分的发展之间的矛盾。社会和谐稳定是人民美好生活需要的重要组成部分，也是美丽中国的落脚点和最终归宿。总之，"美丽中国"的提出既指出了科学发展的具体方式，又指明了自然经济社会全面协调发展的美好愿景。

三、美丽中国建设的主要内容

美丽中国建设的内容颇多，具体涉及以下几个方面。

（一）贯彻绿水青山就是金山银山理念，推动形成绿色发展方式和生活方式

2013 年 9 月 7 日，习近平总书记在哈萨克斯坦纳扎尔巴耶夫大学演讲回答学生们关于环境保护的问题时强调：宁要绿水青山，不要金山银山，而且绿水青山就是金山银山。绿水青山就是金山银山的理念，引领中国迈向生态文明新时代，推动形成绿色发展方式和生活方式是贯彻新发展理念的必然要求。党的十九大报告首次把"美丽中国"作为建设社会主义现代化强国的重要目标，将建设生态文明提升为中华民族永续发展的千年大计。建设美丽中国要协调好生产力和生态环境保护的关系，大力推动绿色发展。必须坚持节约资源和保护环境的基本国策，坚持可持续发展，坚定走生产发展、生活富裕、生态良好的文明发展道路，要紧紧围绕可持续发展主题和加快转变经济发展方式主线，把生态文明建设放在突出的地位，以优化国土空间开发格局、推动节能减排和生态环保、促进能源生产和消费革命为重点，加快推动绿色发展、循环发展和低碳发展。一是优化国土空间开发格局，这是生态文明建设的重要基础；二是大力推动节能减排，这是生态文明建设的重要抓手；三是加快发展循环经济，这是生态文明建设的有

效途径；四是开展低碳试点，这是生态文明建设的迫切需要；五是走新型城镇化道路，这是生态文明建设的重要内容。此外，要转变生活方式，这是生态文明建设的必然要求。我们要大力倡导绿色低碳出行，践行“光盘行动”，引导规范绿色产品生产，畅通绿色产品流通渠道，引导消费者购买节能环保低碳产品、节能环保型汽车和节能省地型住宅，减少使用一次性用品，限制过度包装，真正推动消费方式的转变。

（二）统筹推进山水林田湖草系统治理，着力解决突出环境问题

山水林田湖草是生态系统的重要组成部分，是人类生存及国家发展所依赖的重要基础。加快推进山水林田湖草系统治理，将有助于提升生态系统健康与永续发展水平，增加生态系统服务与产品供给，满足人民日益增长的优美生态环境需要，并为我国经济社会发展提供重要支撑。山水林田湖草是绿水青山的基底，也是决定区域发展空间以及资源环境承载能力的重要因素。近年来，随着环境污染、土地退化、生物多样性丧失等问题的集中显现，社会各界开始反思并不断深化对生态环境与区域发展关系的认识。中国政府针对日趋严重的突出环境问题，实施了大气、水、土壤污染防治三大行动计划，中国是世界上第一个大规模开展 $PM_{2.5}$ 治理的发展中大国，具备极强的污水处理能力，主要举措包括以下方面：坚持全民共治、源头防治，持续实施大气污染防治行动，打赢蓝天保卫战；加快水污染防治，实施流域环境和近岸海域综合治理；强化土壤污染管控和修复，加强农业面源污染防治，开展农村人居环境整治行动；加强固体废物和垃圾处置；提高污染排放标准，强化排污者责任，健全环保信用评价、信息强制性披露、严惩重罚等制度；构建以政府为主导、企业为主体、社会组织和公众共同参与的环境治理体系；积极参与全球环境治理，落实减排承诺等。

（三）建设生态文明制度体系，用最严格的制度、最严密的法治保护生态环境

从党的十八大到党的十九大，我国制定、实施了 40 多项涉及生态文明建设的改革方案。以《中华人民共和国环境保护法》（2014 年修订）、《中华人民共和国大气污染防治法》（2015 年修订、2018 年修正）为标志，环境法治建设迈上新台阶。十九大报告提出加快生态文明体制改革，实行最严格的生态环境保护制度。党和政府采取了一系列措施：加强对生态文明建设的总体设计和组织领导，设立国有自然资源资产管理和自然生态监管机构，完善生态环境管理制度，统一行使全民所有自然资源资产所有者职责，统一行使所有国土空间用途管制和生态环境保护修复职责，统一行使监管城乡各类污染排放和行政执法职责。构建国土空间开发保护制度，完善主体功能区配套政策，建立以国家公园为主体的自然保护地体系。坚决制止和惩处破坏生态环境的行为。

（四）深度参与全球气候治理，共建生态良好的地球美好家园

保护生态环境，应对气候变化，维护能源资源安全，是全球面临的共同任务。党的十九大报告提出：要积极参与全球环境治理，落实减排承诺，为全球生态安全做出贡献。中国坚定不移地履行《巴黎协定》，积极倡导并推动将绿色生态理念贯穿于共建“一带一路”的倡议。中国与联合国环境规划署签署了关于建设绿色“一带一路”的谅解备忘录，与 30 多个沿线国家签署了生态环境保护的合作协议。建设绿色丝绸之路已成为落实联合国 2030 年可持续发展议程的重要路径，100 多个来自相关国家和地区的合作伙伴共同成立“一带一路”绿色发展国际联盟。中国积极实施“绿色丝路使者计划”，已培训沿线国家的 2000 人次。十八大以来，中国作为负责任的发展中大国，在履行《生物多样性公约》和《蒙特利尔议定书》等国际环境公约的同时，共谋全球生态文明建设，深度参与全球环境治理，为世界可持续发展提供了中国理念、中国

方案和中国贡献。

四、美丽中国建设评估指标体系

2020年3月，国家发展和改革委员会印发了《美丽中国建设评估指标体系及实施方案》（以下简称《方案》）。《方案》强调，要面向2035年“美丽中国目标基本实现”的愿景，按照体现通用性、阶段性、不同区域特性的要求，聚焦生态环境良好、人居环境整洁等方面，构建评估指标体系，结合实际分阶段提出全国及各地区预期目标，由第三方机构开展美丽中国建设进程评估，引导各地区加快推进美丽中国建设。

美丽中国建设评估指标体系包括空气清新、水体洁净、土壤安全、生态良好、人居整洁五类指标。按照突出重点、群众关切、数据可得的原则，注重美丽中国建设进程结果性评估，分类提出了22项具体细化指标。其中，空气清新包括地级及以上城市细颗粒物（$PM_{2.5}$）浓度、地级及以上城市可吸入颗粒物（PM_{10}）浓度、地级及以上城市空气质量优良天数比例3个指标。水体洁净包括地表水水质优良（达到或好于Ⅲ类）比例、地表水劣Ⅴ类水体比例、地级及以上城市集中式饮用水水源地水质达标率3个指标。土壤安全包括受污染耕地安全利用率、污染地块安全利用率、农膜回收率、化肥利用率、农药利用率5个指标。生态良好包括森林覆盖率、湿地保护率、水土保持率、自然保护地面积占陆域国土面积比例、重点生物物种种数保护率5个指标。人居整洁包括城镇生活污水集中收集率、城镇生活垃圾无害化处理率、农村生活污水处理和综合利用率、农村生活垃圾无害化处理率、城市公园绿地500米服务半径覆盖率、农村卫生厕所普及率6个指标（表8-1）。后续将根据党中央、国务院部署以及经济社会发展、生态文明建设实际情况，对美丽中国建设评估指标体系持续进行完善。

表8-1　美丽中国建设评估指标体系

评估指标	序号	具体指标（单位）	数据来源
空气清新	1	地级及以上城市细颗粒物（$PM_{2.5}$）浓度（$\mu g/m^3$）	生态环境部
	2	地级及以上城市可吸入颗粒物（PM_{10}）浓度（$\mu g/m^3$）	
	3	地级及以上城市空气质量优良天数比例（%）	
水体洁净	4	地表水水质优良（达到或好于Ⅲ类）比例（%）	生态环境部
	5	地表水劣Ⅴ类水体比例（%）	
	6	地级及以上城市集中式饮用水水源地水质达标率（%）	
土壤安全	7	受污染耕地安全利用率（%）	农业农村部、生态环境部
	8	污染地块安全利用率（%）	生态环境部、自然资源部
	9	农膜回收率（%）	农业农村部
	10	化肥利用率（%）	
	11	农药利用率（%）	

续表

评估指标	序号	具体指标(单位)	数据来源
生态良好	12	森林覆盖率(%)	国家林业和草原局、自然资源部
	13	湿地保护率(%)	
	14	水土保持率(%)	水利部
	15	自然保护地面积占陆域国土面积比例(%)	国家林业和草原局、自然资源部
	16	重点生物物种种数保护率(%)	生态环境部
人居整洁	17	城镇生活污水集中收集率(%)	住房和城乡建设部
	18	城镇生活垃圾无害化处理率(%)	
	19	农村生活污水处理和综合利用率(%)	生态环境部
	20	农村生活垃圾无害化处理率(%)	住房和城乡建设部
	21	城市公园绿地 500 米服务半径覆盖率(%)	
	22	农村卫生厕所普及率(%)	农业农村部

第二节　美丽中国建设的现状及问题

一、美丽中国建设的现状

党的十八大以来，中国把生态文明建设提升到与经济建设、政治建设、文化建设、社会建设并列的战略高度，纳入中国特色社会主义事业“五位一体”总体布局，生态文明建设融入经济建设、政治建设、文化建设、社会建设各方面和全过程。进入新时代，党中央大力推进生态文明建设、美丽中国建设，污染治理力度之大、制度出台频度之密、监管执法尺度之严、环境质量改善速度之快前所未有，推动生态环境保护发生历史性、转折性、全局性变化。

(一) 绿色发展与美丽中国展现新貌

党的十八大以来党中央国务院高度重视美丽中国建设，中央和各级政府加大了环境保护和污染治理力度，出台了大量关于生态文明建设的法律制度政策，加大了环境执法力度，大力推动绿色发展和可持续发展。通过实行供给侧改革，淘汰了一大批高污染、高能耗、高排放的落后产能，整治“散乱污”，代之以新产业、绿色产业和新技术，推动产业结构优化升级，助推经济社会协调发展，取得了明显成效。国土空间不断优化，部分省区市生态保护线已经划定。能源结构发生了可喜变化，中国已经建成了世界上最大的燃煤发电清洁体，同时在钢铁、水泥等产业上大力推广超低排放。2013—2018 年，中国的 GDP 增加了 39%，汽车保有量增加了 83%，能源消费量增加了 11%，但空气质量明显改善，$PM_{2.5}$平均水平下降了 42%，空气中的二氧化硫指标下降了 68%。全国地表水优良水质断面比例稳步提高，近海海域水质稳中向好，全国主要污染物排放量和单位 GDP 能耗以及二氧化碳排放量持续下降，森林覆盖率由 21 世纪初的 16.6%提高到 22%，生态环境质量持续改善。

（二）生态文明制度建设加速推进

2015 年 4 月，中共中央、国务院印发《关于加快推进生态文明建设的意见》，明确了生态文明建设的总体要求、目标愿景、重点任务、制度体系。同年 9 月公布的《生态文明体制改革总体方案》，高屋建瓴地筹划了以自然资源资产产权制度、国土空间开发保护制度、资源有偿使用和生态补偿制度、环境治理体系、生态文明绩效评价考核和责任追究制度等 8 项制度构成的生态文明制度体系。生态文明建设有了更加明晰的路线图。近年来，生态文明建设的相关制度逐步完善：①生态文明建设目标评价考核办法颁布，以考核、促进各地推动生态文明建设；②实行河长制、湖长制，为每一条河、每一个湖明确生态“管家”；③试行生态环境损害赔偿制度，着力破解生态环境“公地悲剧”；④开启生态环境保护红线战略，将重要生态空间进行严格保护。我国生态文明建设的法律体系不断健全：①实施“史上最严”环保法，增加了按日连续计罚等执法手段；②修订大气污染防治法、水污染防治法、环境影响评价法等，加大惩罚力度，提高违法成本；③我国打响大气、水、土壤污染防治“三大战役”，《大气污染防治行动计划》《水污染防治行动计划》《土壤污染防治行动计划》陆续出台，环境污染治理迈出更加坚实的步伐。

（三）生态文明理念与生态文化建设深入人心

中华民族自古以来就非常热爱自然，尊重自然，5000 多年的中华文明孕育了丰富的生态文化，我国先贤所著的《易经》《老子》《荀子》《齐民要术》等著作中都强调要把天、地、人看成是有机的统一体，把人类文明与生态环境联系起来，按自然规律办事，提倡人和自然和谐，取之有时有度，注重可持续性，这些都反映了我们璀璨悠久的生态文化。由于政府不断完善生态环境保护法制，加大执法力度，同时宣传生态文明思想，使公民对生态环境保护认知得到提升，我国社会的生态文化建设已进入了良性发展轨道。党的十七大正式将生态文明建设作为 2020 年全面建成小康社会的五大奋斗目标之一。这是在反思传统经济发展模式、扬弃旧的工业文明理念基础上提出的重大战略思想。党的十八大报告强调：把生态文明建设放在突出地位，融入经济建设、政治建设、文化建设、社会建设各方面和全过程，提出努力建设美丽中国，实现中华民族永续发展。把生态文明建设纳入社会主义现代化建设总体布局，提升到治国理念的高度。美丽中国是自然生态、经济生态、政治生态、文化生态和社会生态的统一，是十八大强调的“生态文明”与习近平总书记提出的“美好生活”的统一，是国家“五位一体”实际发展与人民集体感受的统一。美丽中国的治国理念，体现了从“人定胜天”到“既要金山银山，也要绿水青山”，再到“要金山银山，更要绿水青山”的发展观念的转变，这是历史发展的必然结果，凝结了民族与集体的智慧，具有深厚的社会基础。

（四）生态政治建设任重道远

十八大以来，随着人们对人与自然和谐发展内在规律认识的进一步提高和综合国力的不断提升，以习近平为核心的新一届中央领导集体对建设美丽中国、加强环境保护、生态文明建设做出了一系列重大决策。2018 年 2 月政府决定组建生态环境部和生态环境保护综合执法队伍，2018 年 3 月通过的宪法修正案将新发展理念、生态文明和建设美丽中国写入宪法。习近平总书记身体力行，亲自抓环境保护，大力倡导践行绿色发展观，成效显著，实现了生态政治建设和生态文明建设的有机结合。在生态文明建设实践中，为强化政治意识，严格落实党政主体环境责任，国家先后制定了《党政领导干部生态环境损害责任追究办法》《生态文明建设目标评价考核办法》等法规，明确各级党委和政府“一把手”是本行政区域生态环境保护第一责任人，职责同有，责任共担，制定党政领导干部生态损害责任追究实施细则且终身追责。为督促落实生态环境保护"党政同责、一岗双责",国家开展覆盖全国地市的针对重点区域、重点领域、重点行业的环境保护巡视督查和"回头看"工作,完善督查、交办、巡查、约谈、专项督察机制,7万多个群众身边的生态环境问题得到快速解决,人民群众生态环境获得感、幸福感、安全感明显增强。但是如何用绿色 GDP 取代现行 GDP 考核,以调动地方政府以及各个市场主体实现绿色发展,仍然需要在理论和制度上创新,实践上还有很多工作要做。

二、美丽中国建设存在的问题

(一)生态文明意识缺乏

近年来,由于生态环境问题日趋严重,人们的生态文明意识也在逐渐提高。但是,仍然存在生态文明知识缺乏、深层次生态文明意识不强、生态环境道德意识薄弱、生态保护责任感和使命感较差、对政府依赖性较强等问题,这些问题都是生态文明意识提升亟需要解决的,并直接关系到美丽中国建设的进展和深入程度。生态文明理念淡薄是环境恶化的一个重要原因,美丽中国建设不仅需要政府部门的大力支持,更需要大量企业和社会公众理念的转变。但现阶段我国公众的环境保护意识相对较弱,部分人存在错误的自然观、价值观和不科学的政绩观等。建设美丽中国,实现中华民族伟大复兴的中国梦需要全体国民共同努力。但是,目前"美丽中国,人人有责"的责任意识普遍缺失,制约着美丽中国建设。个人价值观中的利益诉求、利己诉求过重,公益心淡薄,使得人们在生产、消费时,首先考虑的是个人利益、个人方便,而非他人、集体、社会的长期利益。随着国家经济的发展,享乐主义价值观和炫耀式消费行为在国民中滋生。若不及时制止,利己型生活观将加剧人们需求无限性与生态系统供给有限性之间的矛盾,势必对生态环境造成大的威胁,并成为美丽中国建设的重要制约因素。

(二)生态环境恶化

美丽中国的核心是生态文明建设,然而当前我国生态文明建设面临的形势严峻。人口众多、资源短缺的基本国情难以改变,环境进一步恶化,生态赤字不断扩大。当今世界存在着两大类环境问题:一类是工业化过程中排放大量废水、废气、废渣带来的环境污染问题;另一类是由不合理开发利用自然资源导致的森林面积锐减、水土流失、土地沙漠化和物种灭绝等生态破坏问题。中国作为发展中国家,两类问题兼而有之,更严重的是第二类问题。一方面,中国的环境污染日趋严重。我国污染物排放总量位居世界前列,水污染、大气污染、固体废物污染日益突出,尤其是大气污染已成为中国第一大环境污染问题。我国大多数城市的大气环境质量超过国家规定的标准,尤其是近年来许多地方雾霾现象比较严重。另一方面,由于过度采伐、乱捕滥猎、乱砍滥伐、过度放牧、不合理引进物种、过度开垦等不合理、不科学的发展方式使我国生态环境逐渐被破坏,主要表现:①水土流失日趋严重;②荒漠化土地面积不断扩大;③森林面积锐减和草原退化;④生物多样性减少。

(三)经济发展方式滞后

长期以来,我国经济发展曾一味地追求经济增长的高速度,逐渐形成了粗放型的经济增长方式,高投入、高消耗、高污染成为这种增长方式的典型特征。具体表现:①我国已连续多年存在经济增长速度赶不上能源消费的增长速度;②单位产品的能源消耗一般高于世界平均水平;③产业结构趋同,重复建设问题严重。这种增长方式使我们付出了很大资源和环境的代价。资源被无度地浪费,环境被无休止地破坏。如果我们在生态文明建设中不转变为粗放型的经济增长方式,仍然沿用以高投入为特征的旧有经济增长方式,美丽中国建设的愿景将很难实现。因此，如何在未充分工业化的经济基础上，完成经济发展方式的转变，实现经济的集约型、内涵式、可持续发展，是摆在我国经济发展与生态文明建设面前的一大难题。

（四）生态文明建设体制机制不健全

在美丽中国建设中需要构建成熟的法律制度体系。当前，我国生态文明的立法还远不能满足生态文明建设的需求，生态文明体制机制建设仍处于初级阶段，环境产权制度不明晰，环境经济政策体系不完善。我国尚未真正建立起完善的排污权交易市场机制，生态补偿机制不完善。生态补偿融资渠道和主体单一、补偿领域过窄、标准偏低，以“项目工程”为主的补偿方式缺乏稳定性，节约资源、保护环境的价格体系还没有形成，生态文明的技术创新体制也还没有形成，有利于生态文明建设的考评机制还不成熟，目前我国的政绩考评仍然多以 GDP 为主要指标，对生态文明建设的刚性规范较少，地方政府基于政绩考核等因素，对生态文明建设的重视程度不够，同时，考评与任职周期短，造成了地方政府偏重短期利益，生态建设的长期效益被人为忽视。此外，我国的环境与发展综合决策机制还很不完善，公众参与的生态文明机制尚未建立，生态文明的监督机制还很不完善，体制机制障碍还需要破除。上述问题都直接影响了美丽中国建设的顺利开展。

第三节　美丽中国的实践探索和建设路径

一、美丽中国的实践探索

习近平总书记在十九大报告中提出：建设生态文明是中华民族永续发展的千年大计。习近平总书记在浙江工作期间，提出“绿水青山就是金山银山”，这可被视为新时代中国着手千年大计建设美丽中国的起始点。美丽中国提出以来，各级政府陆续以生态文明建设为抓手全面开展污染防治、生态修复和人居生态环境改善工作，探索美丽中国的地区建设模式。在实践探索的过程中，浙江、云南等政策和环境较为优越的地区在美丽中国建设中形成了独具特色的发展模式。福建、江西、贵州作为中国首批生态文明试验区，根据改革试验任务，从生态文明建设和产业转型升级等方面进行了美丽中国的实践探索。

（一）美丽浙江

浙江生态文明建设一直走在全国前列，习近平总书记在浙江工作期间提出的“绿水青山就是金山银山”理论为其绿色发展奠定了基础。2014 年，中共浙江省委正式发布《关于建设美丽浙江创造美好生活的决定》。从绿色浙江到生态浙江再到美丽浙江，浙江省坚持以“八八战略”为总纲，以“两山论”重要思想为指导，深入践行国家生态文明建设，为中国的美丽建设积累了重要的实践经验。在环境整治方面，浙江积极推进城乡人居环境改善工作，形成了以“千万工程”为代表的浙江经验，同时深入开展美丽乡村、美丽庭院、五水共治、三改一拆、四边三化以及大花园建设等综合整治行动，取得了显著成效；在制度建设方面，完善各项制度机制，加强信用浙江建设，深化“最多跑一次”改革、“区域环评＋环境标准”改革等，为美丽中国建设进行了深入的实践探索和创新。

（二）美丽云南

云南作为中国西南地区的重要生态屏障，一直坚持“生态立省、环境优先”的发展战略。近年来，云南省按照习近平总书记 2015 年考察云南时提出的成为全国生态文明建设排头兵的要求，在环境质量改善、生态保护、绿色发展、环保督察等方面制定了相关的制度和政策，并进一步提出要坚持生态美、环境美、山水美、城市美、乡村美，把云南建设成为中国最美丽省份。2019 年 1 月，云南出台了《云南省人民政府关于"美丽县城"建设的指导意见》，要求按照干净、宜居、特色的目标和以人为本、因地制宜、品质提升、产城融合、问题导向的建设原则，全力打造形成一批特色鲜明、功能完善、生态优美、宜居宜业的美丽县城，为建设美丽中国提供了云南发展经验。

（三）美丽福建

作为国务院批准建设的全国第一个生态文明先行示范区，根据国务院印发的《关于支持福建省深入实施生态省战略加快生态文明先行示范区建设的若干意见》赋予福建生态文明先行示范区建设"国土空间科学开发先导区、绿色循环低碳发展先行区、城乡人居环境建设示范区、生态文明制度创新实验区"四大战略定位，福建省一直坚持生态文明理念、发展绿色产业、建立党政领导生态环境保护目标责任制、出台生态文明建设目标评价考核办法等，打造出了"清新福建"的绿色招牌，为美丽中国建设做出了表率，提供了思路。福建省构建了可持续发展的六大体系，包括协调发展的生态效益型经济体系、永续利用的资源保障体系、自然和谐的人居环境体系、良性循环的农村生态环境体系、稳定可靠的生态安全保障体系、先进高效的科教支持与管理决策体系等，经过近 20 年的努力奋斗，六大支撑体系建设已趋于完善，生态省建设的各项工作不断深化和提高，全省经济社会与人口、资源环境协调发展，可持续发展能力达到目前中等发达国家水平，全面开启基本实现现代化新征程。

（四）美丽江西

江西绿色生态是江西的最大财富、最大优势、最大品牌。在习近平总书记从生态文明先行示范区的"江西样板"到美丽中国的"江西样板"指示下，近年来江西省在探索经济发展和生态文明水平提高相辅相成、相得益彰的路子中取得一定的进展。江西省坚决贯彻五大发展理念。强调创新发展理念，着力在先行先试、勇作表率等方面下功夫，努力形成一批可复制可推广的制度成果；强调协调发展理念，让生态文明建设融入经济、政治、文化、社会建设的各方面和全过程；强调绿色发展理念，加快建设资源节约型、环境友好型社会，形成节约资源和保护环境的空间格局、产业结构、生产方式、消费模式；强调开放发展理念，将江西省生态文明建设放在全国大背景下加以谋划，加强与周边省份的交流合作，努力构建生态文明利益共同体和生态环境保护新格局；强调共享发展的理念，从解决人民最关心、最直接、最现实的利益问题入手，提供优质的生态产品，提高生态服务水平，让人民群众的生活更幸福。

（五）美丽贵州

贵州素有"公园省"之美誉。贵州守好发展和生态两条底线，正确处理发展和生态环境保护的关系，在生态文明建设体制机制改革方面先行先试，以生态文明法制、生态文明论坛、生态产业为支撑，率先走出一条绿色发展道路，被各方认为是贵州实现后发赶超、弯道取直的重要举措，与国家绿色发展战略高度契合。贵州积极贯彻落实党的十九大精神和习近平总书记重要讲话精神，把生态文明建设深度融入经济建设、政治建设、文化建设和社会建设的各方面和全过程，并结合贵州正在实施的大扶贫、大数据、大生态三大战略行动，以完善绿色制度、筑牢绿色屏障、发展绿色经济、建造绿色家园、培育绿色文化"五个绿色"为基本路径，以促进大生态与大扶贫、大数据、大旅游、大开放融合发展为重要支撑，大力构建产权清晰、多元参与、激励约束并重、系统完整的生态文明制度体系，摒弃唯 GDP 论的政绩观，让贵州的绿水青山真正成为

“金山银山”,加快形成绿色生态廊道和绿色产业体系,实现百姓富与生态美有机统一,为美丽中国建设贡献贵州力量。

二、美丽中国的建设路径

习近平总书记在十九大报告中明确指出:中国特色社会主义进入新时代。在这一重要的战略机遇期,要想满足人民日益增长的美好生活需要,必须坚持人与自然共生,建设美丽中国,为人民创造良好的生产生活环境。美丽中国是一个集经济、政治、文化、社会、生态为一体的绿色综合体,建设美丽中国,必须针对中国现阶段存在的发展问题,采用最切实可行的建设路径。

(一) 加强宣传教育,树立生态文明理念

建设美丽中国需要全社会树立生态文明理念,为美丽中国建设打好思想基础。面对资源约束趋紧、环境污染严重、生态系统退化的严峻形势,必须树立尊重自然、顺应自然、保护自然的生态文明理念,把生态文明建设放在突出地位。在新时代,要加强生态环境宣传教育,加强生态文化宣传力度,就要做到以下几点。首先,要加强生态文明的学校、社区教育,做好形式多样的生态意识教育宣传和培养工作,并通过出版生态文明保护的书、报、刊等提升生态环境建设的理论水平。其次,要加强新闻宣传,营造良好的舆论氛围。新闻宣传工作不仅仅是宣传生态环境保护的法律法规、科学知识,更重要的是宣传一种生态道德意识,使之成为生态环境保护的内在动力,让人们意识到要主动履行保护生态环境的义务。最后,要大力倡导绿色消费和文明生活,杜绝将个人享受建立在破坏生态环境基础之上的消费模式。

(二) 推进生态法治,改革生态环境监管体制

全面升级我国环境资源立法,完善生态环境管理制度,是美丽中国建设坚实的制度保障。在建设美丽中国过程中,要加强生态文明建设的制度化、法治化,形成完善的监管制度,推进资源和生态环境保护领域国家治理体系和治理能力现代化。在针对污染物排放上,要制定严格的标准,强化污染物排放者责任,对他们实施严格的惩罚措施,加大惩罚力度。坚决制止和惩处破坏生态环境行为,对破坏生态环境的行为进行严厉打击、严罚重惩,形成不敢且不能破坏生态环境的高压态势和社会氛围。在生态环境监管制度中,要以政府为主导,企业和社会组织共同参与治理,携手并进,共同建设生态良好的美丽中国。建立健全国土空间开发保护制度,推动中央环境保护督察向纵深发展,为推进美丽中国建设提供制度保障。

(三) 转变经济发展方式,持续推进绿色发展

建设美丽中国需要健康可持续的发展。在生态文明建设的过程中,必须加快转变经济发展方式,推动产业结构优化升级,要不断推进产业的绿色发展、循环发展。强化生态保护红线、环境质量底线、资源利用上线和环境准入负面清单的“三线一单”硬约束,建立健全绿色低碳循环发展的经济体系。从源头上推进实体经济绿色转型,减少资源消耗、减少污染排放、减少生态破坏。构建以市场为导向的绿色技术创新体系,在创新驱动发展中,面向市场需求促进绿色技术的研发、转化和推广,用绿色技术改造形成绿色经济。积极发展绿色信贷、绿色债券、绿色基金等绿色金融,推进金融更好地服务于实体经济的绿色转型。壮大节能环保产业、清洁生产产业、清洁能源产业,推动这些绿色产业培育形成更多市场主体和新的经济增长点。推进能源生产和消费革命,紧跟世界能源技术进步和产业变革新趋势,构建清洁低碳、安全高效的能源体系。推进资源全面节约和循环利用,坚持节约资源的基本国策,推进节能、节水、节地、节材、节矿,节约一切自然资源。实现生产系统和生活系统循环连接,打通生产与消费环节,更好地

推进循环经济发展。

（四）着力解决突出的环境问题

目前，我国环境污染问题主要集中在三个方面，即大气污染、水污染和土壤污染。国家针对这三个方面的突出问题作出了一系列的重大部署，目的是改造生活环境，为人民创造出“天蓝、水清、地绿”的生态美好的和谐家园。在针对大气污染的治理过程中，要持续实施大气污染防治行动，推进供给侧结构性改革，严格执行环保标准，推动“散乱污”企业整治、重点行业污染源治理，加快不达标产能依法关停退出，推动煤炭等化石能源清洁高效利用，减少重点区域煤炭消费，加强机动车尾气治理，深化重点区域大气污染联防联控，有效应对重污染天气，从根本上打赢蓝天保卫战，最终实现“天蓝”的美丽中国目标。在针对水污染的治理过程中，要系统推进水环境治理、水生态修复、水资源管理和水灾害防治，抓好重点流域、近岸海域污染防治，大力整治不达标水体、黑臭水体和纳污坑塘，严格保护良好水体和饮用水水源，加强地下水污染综合防治，实施流域环境综合治理和管理，最终实现“水清”的美丽中国目标。在针对土壤污染的治理过程中，要强化土壤污染的管控和修复，保障农产品质量和人居环境安全，开展针对农村居住环境的整治行动，在改变耕作制度和减少对土地污染行为的基础上，加大天然森林的保护力度，最终实现“地绿”的美丽中国目标。

（五）加大生态系统的保护力度

在建设美丽中国的过程中，要实施针对重要领域的生态系统的保护和修复，完善和优化生态安全屏障体系，构建生物多样性的保护网络。完成生态保护红线、永久基本农田、城镇开发边界三条控制线划定工作，通过规划体制改革，从国家、省、市县三个层级划定三条控制线，明确城镇空间、农业空间、生态空间，为各类开发建设活动提供依据。开展国土绿化行动，针对我国缺林少绿的情况，集中连片建设森林，并持之以恒地推进荒漠化、石漠化、水土流失综合治理，强化湿地保护和恢复，加强地质灾害防治，为国土增添“绿装”。完善天然林保护制度，在停止天然林采伐基础上，完善相关政策，使该制度可持续。扩大退耕还林还草力度，严格保护耕地，扩大轮作休耕制度试点，在坚持最严格的耕地保护制度基础上，针对耕地退化问题，抓住粮食高产量、高库存的有利时机，通过轮作休耕等使超载的耕地休养生息。建立政府主导、企业和社会各界参与、市场化运作、可持续的多元化生态补偿机制。加强自然保护区、国家公园等重点区域的环境管理，深入开展山水林田湖草生态保护修复工程试点。

（六）加强交流合作，共商共建共享美丽世界

全球化使得中国的发展和世界的前途和命运紧密联系在一起，美丽中国的建成离不开与世界各国的合作和交流。我们要秉持人类命运共同体理念，明确自身在国际环境问题中的责任，承担自己应尽的义务，积极参与应对气候变化国际合作，协调推进国际社会共同行动。坚持以区域合作为基础，以发展战略对接为桥梁，培育新的经济增长点，构建起以基础设施建设和互联互通为先导的经济治理新模式；推动绿色基础设施建设、绿色投资、绿色金融等一揽子工程和项目，形成了以绿色发展为重点、以政策沟通为依托的环境治理新路径。同时要注重借鉴国际经验，引进发达国家环境治理和环境保护的高新技术，加快节能环保产业发展，在共享中不断向着建设美丽中国的目标前进，并为解决全球性环境问题和建设美丽世界贡献中国智慧。

第四节　美丽乡村建设

党的十八大把生态文明建设纳入中国特色社会主义事业五位一体总体布局，明确提出大力推进生态文明建设，努力建设美丽中国，实现中华民族永续发展。建设美丽中国的重点和难点都在乡村，美丽乡村既是美丽中国建设的基础和前提，也是推进生态文明和新农村建设的新工程、新载体。

一、美丽乡村建设的内涵、问题及推进对策

（一）美丽乡村建设的内涵

美丽乡村是指经济、政治、文化、社会和生态文明协调发展，规划科学、生产发展、生活宽裕、乡风文明、村容整洁、管理民主，宜居、宜业的可持续发展乡村（包括建制村和自然村）。

美，包含自然美和社会美。美丽能够使人产生美好心情或身心舒畅。乡村是农民集聚定居的空间形态，是农民生产生活的聚集地，是农村经济社会发展的基本载体。

美丽乡村建设是依托农村空间形态，遵循社会发展规律，坚持城乡一体发展，农民群众广泛参与，社会各界关爱帮扶，注重自然层面和社会层面，形象美与内在美有机结合，不断加强农村经济、政治、文化、社会和生态建设，不断满足人们内心感受又不断实现其预期建设目标的一个循序渐进的自然历史过程。

2013 年农业部在美丽乡村创建目标体系中，提出了美丽乡村建设的蓝图和框架。作为整个创建活动的核心，这一目标提出了产业美、生态美、生活美、人文美等基本表征。其中，产业美是美丽乡村的前提，生活美是美丽乡村的目的，生态美是美丽乡村的特征，人文美是美丽乡村的灵魂。这些表征归结起来即生产、生活与生态“三生”和谐。总之，美丽乡村应该是生态宜居、生产高效、生活美好、人文和谐的典范，是让农村人乐享其中、让城市人心驰神往的所在。

（二）中国美丽乡村建设的发展阶段、新进展、存在的主要问题及推进对策

1. 中国美丽乡村建设发展阶段

新中国成立以来我国农村发展的历程，大概可分为三个阶段。

以粮为纲发展阶段（新中国成立初期至 1978 年 12 月十一届三中全会以前）：20 世纪 50 年代中期，我国就提出“农村现代化”的社会主义新农村建设目标，由于当时社会生产力水平低，农民的温饱还难以保障，建设新农村的任务主要是发展农业互助合作社和人民公社、解放和发展农业生产力，解决农民的温饱和社会粮食需求问题。

市场化发展阶段（1978 年 12 月十一届三中全会至 2005 年 10 月十六届五中全会以前）：改革开放以后，政治上废社建乡（镇），实行村民委员会管理体制；经济上推行家庭联产承包责任制，体制上突破计划经济模式，发展社会主义市场经济，极大地调动了亿万农民的积极性，农村生产力获得了空前解放，农村各项事业都获得了飞速进步，农村的发展迎来了前所未有的机遇。十五届三中全会高度评价和肯定了农村改革开放以来所取得的成就和丰富经验，并从经济上、政治上、文化上对“建设中国特色社会主义新农村”的任务提出了要求，新农村建设已经成为一个系统工程。

社会主义新农村建设阶段（2005 年 10 月十六届五中全会至现在）：十六届五中全会更加明确具体地提出了社会主义新农村建设的 20 字方针，即“生产发展、生活宽裕、乡风文明、村容

整洁、管理民主”,对新农村建设进行了全面部署。党的十七大进一步提出要统筹城乡发展,推进社会主义新农村建设,把农村建设纳入了国家建设的全局,充分体现了全国一盘棋的科学发展思想。党的十八大报告更是明确提出要努力建设美丽中国,实现中华民族永续发展,第一次提出了城乡统筹协调发展共建美丽中国的全新概念,随即出台的 2013 年中央一号文件,依据美丽中国的理念第一次提出了要建设美丽乡村的奋斗目标,新农村建设以美丽乡村建设的形式首次在国家层面明确提出。习近平总书记在 2013 年底召开的中央农村工作会议上强调:中国要强,农业必须强;中国要富,农民必须富;中国要美,农村必须美。建设美丽中国,必须建设好美丽乡村。

2. 中国美丽乡村建设新进展

一是强化组织领导,健全工作机构,明确工作职责。浙江、安徽、广西等地都将美丽乡村建设作为“一把手”工程,试点县市成立了以主要领导任组长、相关部门共同参与的美丽乡村建设领导小组及办事机构。福建省将美丽乡村建设纳入干部考核和对乡村目标管理考评,作为评价党政领导班子政绩和干部选拔任用的重要依据。

二是加大投入整合力度,引导社会资金多元投入。各省份积极调整支出结构,统筹存量、盘活增量,努力增加美丽乡村建设试点专项预算安排。例如安徽省从 2013 年起,省级每年安排 10 亿元美丽乡村建设专项资金,要求每年市级安排不少于 5000 万元、县级不少于 1000 万元美丽乡村建设专项资金,主要用于中心村建设和其他自然村治理。贵州省对专项资金连续两年结转的无条件转向支持美丽乡村建设,整合农业产业化发展资金、生态移民建设补助、农民健身工程补助、农民文化家园补助等多渠道资金用于美丽乡村建设。

三是因地制宜,探索美丽乡村建设模式。从全国美丽乡村建设试点情况看,主要包括以下四种类型。①聚集发展型。对明确作为中心村的,完善水、电、路、气、房和公共服务等配套建设。浙江省永嘉县将楠溪江沿岸的岩头镇等 3 个乡镇 15 个村进行整体规划,将地域相近、人缘相亲、经济相融的村庄成片组团,引导农民向中心村和新社区适度集中,建立新型农村社区管理机制。②旧村改造型。通过村内、道路硬化、路灯亮化、绿化美化、休闲场地等设施建设,促进村庄整体建筑、布局与当地自然景观协调。③古村保护型。对自然和文化遗产保留完好、原有古村落景观特征明显、保护开发价值较高的古村落,以保护性修缮为主。安徽省黄山区在对永丰、饶村、郭村等几处古村落的传统街巷格局与形态、地貌遗迹、古文化遗址、古建筑、石刻等文化遗存进行重点调查的基础上,积极完善村庄道路、水系、基础设施和配套设施,按照修旧如旧的原则,提升村庄人居品味。④景区园区带动型。安徽省当涂县依托现代农业示范区建设,建设了松塘社区,探索出一条“旧宅变新房、村庄变社区、村民变居民、农民变工人”的美丽乡村建设之路。

四是注重规划实效,探索美丽乡村建设标准化体系。浙江省尝试以村级为主体编制试点规划,切实尊重村级组织和村民的主体地位,将规划费用补助下达到村,在政府引导、专家论证的基础上,美丽乡村建设规划由村民会议决策,避免出现“规划连村支书都看不懂”的问题。安吉县采取“专家设计、公开征询、群众讨论”的办法,将全县行政村进行差异化规划,2014 年 10 月,该县通过了全国首个美丽乡村标准化示范区验收。

五是加强制度建设,促进规范管理。安徽省制订了《财政支持美好乡村建设专项资金使用管理办法》《财政引导社会资金参与美好乡村建设的意见》和《整合涉农资金支持美好乡村建设的意见》,省财政厅还会同有关部门,对部门掌握的可整合资金,拟定了 20 项具体办法,初步构建了资金分配规范、适用范围清晰、管理监督严格、职责效能统一的管理制度体系。重庆市修订了一事一议财政奖补项目资金管理办法，专门制订了美丽乡村试点资金管理办法和申报文本。福建省明确美丽乡村建设试点资金严格遵守一事一议财政奖补相关规定，实行专户专账管理，并通过信息监管系统实现实时在线监控。

3. 中国美丽乡村建设存在的主要问题

美丽乡村建设是一项投资较大、涉及面广的复杂的系统工程。当前，全国各地美丽乡村建设如火如荼，成效显著，但建设过程中还面临一些困难和问题，主要体现在以下几个方面。

一是农民绿色发展意识比较薄弱，参与美丽乡村建设的积极性有待加强。农民是美丽乡村建设的主体力量，只有农民具有较高的文化水平、掌握专门的科学技术、具备共建共享的公共观念，才能更好地发挥农民在美丽乡村建设中的主体作用。总体而言，在我国农村生产生活中，农民文化程度较低，整体素质水平参差不齐，农民参与美丽乡村建设的积极性不高，部分村庄美丽乡村建设未能发挥农民的主观能动性。

二是重建设、轻规划现象突出，规划标准缺失。目前在美丽乡村建设中，一些地方强调硬件设施建设，缺乏科学的总体建设规划和预设行动计划，集中表现在以下几个方面：一是重建设，轻规划。在美丽乡村建设的过程中，部分基层部门只重视建设而缺乏相应的规划，为了追求短期效益，建设先行，边建边改。短期行为多，长远设计少，视野狭隘，缺乏全域一体的建设理念。二是规划不科学，法治意识淡薄。地方政府虽然建设美丽乡村的积极性很高，但由于各地资源的差异性、管理者水平和专业设计人员水平的局限等，出现规划未经审批及违法占地、违章建筑的情况，为下一步的具体实施，埋下了很多隐患。三是盲目跟风、缺乏地域特色和文化景观保护。部分农村建设的主导模式就是农村模仿城市，重蹈城市建设中的“摊大饼”与“千村一面”。有的地方甚至将城市规划代替乡村规划，用城市的视角来美化乡村，大搞乱搞拆村建居、基础设施及道路硬化等工程，导致乡村景观风貌严重受损，同质化建设严重、乡村特色丢失，乡村文化未能得到切实重视与保护。

三是政府支持乏力，市场机制和社会力量的作用发挥不到位。目前政府在美丽乡村建设中发挥着主导作用，但政府主导有余、农民参与不足的现象比较普遍，农民主体地位和主体作用未能充分发挥。许多乡村在建设过程中政府虽然起到了应有的作用，却没有积极探索如何更好地引入市场机制，集合社会力量，多渠道、多方式地筹集建设资金，吸引社会工商资本和成功人士积极参与家乡的美丽乡村建设，而是采取传统的行政动员、运动式方法，尽管一些设施（如垃圾处理、生活污水处理设施等）一时高标准建成了，却难以维持长期运转，缺乏长效机制。

四是要素支撑力弱，支撑体系尚未建立。强有力的支撑，是美丽乡村建设的必备条件。当前，美丽乡村建设还存在现实需要大与支撑能力小的突出矛盾，资金、人力资源、科学技术等要素支撑能力及公共服务体系、治理机制支撑等方面还不能满足美丽乡村发展需求。就资金而言，较大一部分村庄发展建设主要依靠上级补助和奖励款，社会资金进入量依然较少，多元化资金配套渠道发展仍不健全。人力资源支撑能力方面，由于外出务工人员越来越多，专职农民比重呈下降态势，农业生产技术带头人越来越少等导致现有农村人力资源要素整体支撑能力与美丽乡村建设的内在要求还存在较大差距。科学技术方面，先进技术及设备推广使用范围还较小，农业现代化水平依然不高，生态农业、循环农业、观光农业等先进业态发展不足。公共服务体系方面，受多种因素影响，现实医疗卫生教育、交通、通信等服务体系发展还相对滞后、失衡，满足不了其要求。在治理机制方面，很多村庄尚未建立切实可行的长效治理机制，现代化乡村管理制度的缺位，在很大程度上影响着美丽乡村的建设。

4. 中国美丽乡村建设推进的对策

必须将美丽乡村建设作为我国生态文明建设的重要组成部分，使其始终贯穿于农村生产、生活、生态的各方面和全过程。政府应时刻保持“用科学发展观统领美丽乡村建设”的基本路线不动摇，做好顶层设计，并着手提升村民的综合素养，发挥农民在美丽乡村建设过程中的主体性作用，健全完善美丽乡村建设工作运行机制，通过强化资金、人才、技术等要素支撑，全面推进美丽乡村的规划建设。

(1) 培育和发挥农民的主体性作用，引导群众积极参与美丽乡村建设。

美丽乡村建设是一项系统工程，单靠政府的力量难以为继。建设美丽乡村，要把握好政府是主导、农民是主体的关系。推进美丽乡村建设，一定要充分尊重农民意愿，充分发挥好农民主体作用，提升美丽乡村建设原动力，并进一步探索乡村自主治理体系，让农民获得自治权利，从而激发他们建设美丽乡村的积极性。目前由于农民的综合素质普遍不高，在美丽乡村建设过程中农民的主体性未得到充分发挥，多数农民并没有把美丽乡村建设事务与自己的生活联系起来，这必将影响美丽乡村建设及城乡一体化建设的进程。在这一背景之下，建立多元化、多层次的农民培训体系有助于提高农民的整体素质，提升农民的环保意识，提升农民主人翁的地位，更好地培育村民共建共享的公共精神，让他们积极投身于美丽乡村建设，这样才能取得实效。

(2) 加强顶层设计，做好科学规划。

美丽乡村建设没有统一的模式可循，但必须有统一的发展思路。每个地方都有自己不同的区位条件、地缘优势、产业优势，应该准确定位，科学决策，选择符合自身特点的发展道路。为推动美丽乡村建设稳步发展，避免盲目建设、造成资源浪费，政府需要结合我国的具体国情，科学地规划美丽乡村建设过程中的一系列根本目标与指标性任务，做到以人为本、科学谋划、实事求是、量力而行，使规划性建设经得起时间的检验。一方面，坚持系统的思维和方法，把美丽乡村建设融入农村经济、政治、文化、社会各方面和全过程，从农民、农业和农村三位一体的战略高度整体推进；另一方面，立足长远，做好美丽乡村建设的顶层设计。在美丽乡村建设过程中，政府应出台宏观的整体规划和实施细则，使总体规划制度化、常态化、标准化。同时，把握全局建设的整体方向，并拓宽建设资金的来源渠道，加大政策性扶持力度，着力推动科学发展与转变发展方式，促进美丽乡村建设计划的实施。

(3) 完善乡村治理体系，形成长效工作机制。

培育和建立良好的乡村管理体系，是发挥村集体引领作用、促进美丽乡村建设生态和谐发展的关键。应逐步建立健全乡村治理体系，提升村集体基层工作的制度化和法制化建设，并加强对美丽乡村建设中生态发展理念的认识理解，因地制宜出台政策，稳步推进美丽乡村建设。体制机制创新是美丽乡村建设的保障。开展美丽乡村创建活动要建立“政府指导、目标引导、乡村主体、科技帮扶、项目带动、多方参与”的工作机制，形成政府推动、农民主体、企业和社团等社会力量共同参与的格局与机制。建立或完善美丽乡村建设工作机构配置，设立镇级美丽乡村建设工作办公室，明确职责，有固定工作人员和工作场所，加强对美丽乡村建设的宣传培训。建立和完善公众参与、监督制度。完善文明村规民约，建立责任制，划分责任区，建立人居环境管护长效机制。结合村庄劳动力、资金等要素支撑现状及变化特征，建立要素稳定支撑机制。通过推进制度的不断完善，促进美丽乡村建设稳定、健康、有序发展。

(4) 强化要素支撑,统筹资源配置。

稳步推进美丽乡村建设,要想方设法不断强化资金、人才、技术等要素支撑。美丽乡村建设需要大量资金的投入,由于目前我国各地区经济发展水平参差不齐,许多地方政府在美丽乡村建设项目上投入的资金相对有限。对此,各地方政府应改变单一国家财政投资的建设思路,拓宽资金的来源渠道,通过招商引资、整合农村资源、引入市场机制、发动慈善企业捐助及政企合作等形式为美丽乡村建设筹集更多的建设资金。在强化人才支撑方面,要结合农村劳动力结构及变化趋势,坚持引进与培育相结合,着力形成一支由企业带头人、创业能人、"乡愁"回流人才等组成的多层次、多样化的人才队伍,为美丽乡村建设提供坚实的人才支撑和智力保障。在强化科技支撑方面,要围绕美丽乡村建设需求,运用多元化乡村建设思维,加强技术性扶持力度,将科学、高效的技术以及创新思路推广到各个地区,全面开展农民培训,提高农民素质和务农技能,提升科技贡献率及服务范围。在强化公共服务体系建设方面,要结合群众意愿与需求,不断完善医疗、教育、卫生、文化等服务体系建设,统筹资源配置,推进资源服务更加均衡化,实现合理流动、优化配置。

(三) 国外美丽乡村建设实践

发达国家在城市化初期,由于城市的快速扩张使得城乡发展不平衡而出现一系列问题,如农村普遍出现劳动力老化、农村景观丧失等问题。随后,发达国家进入调整阶段,乡村建设日益受到重视。

1. 韩国的"新村运动"

20 世纪 60 年代是韩国城市化速度最快的时候,这一时期城市和农村发展严重不平衡,农民收入很低,甚至连温饱都不能解决,社会问题突出。20 世纪 70 年代初,韩国政府倡导推行"新村运动",把"工农业均衡发展"政策放在国民经济建设首要位置,整个"新村运动"由政府组织、直接参与并投入大量的资源支持。"新村运动"的主要内容包括以下三个方面。一是改善居住环境。政府以实验的性质提出改善基础环境的十大事业,即拓宽修缮围墙、改良屋顶、挖井引水、架设桥梁和整治溪流等,改变农村面貌。二是增加农民所得。通过耕地整治、道路修建、河流整理,改善农业基础条件;通过新建乡村工厂,吸纳农民尤其是妇女就业,增加农业以外收入。三是发展公益事业。修建乡村会馆,为村民提供常用的公用设施和活动场所。通过长达几十年的努力,如今韩国农村的人均收入基本和城市人均收入持平,农村的生活环境得到有效改善,城乡差距明显缩小,取得了令人瞩目的成绩,造就了"江汉奇迹"。"新村运动"是政府低财政资金投入和农民主动建设的模式,打造了低成本推进农村跨越发展的先进案例。但是政府的过分干预产生了一些负面效应,比如在住房和村庄设计上过分强调统一,致使村庄缺乏特色,"千房一面、千村一面"的现象比较突出。

2. 日本的"造村运动"

"二战"后,日本经济遭受重创,为了重建家园,政府大力扶持重要城市的建设,大量农村青壮年涌向城市,工业和非农产业迅速发展壮大,城市发展迅速。由于年轻人大部分涌向城市,农村空心化现象严重,农业生产下降,农村经济下滑明显,农村的发展面临危机。为了解决这一困境,政府通过"造村运动"的方式来缓解社会压力。其中最有名的是 1979 年大分县前知事平松彦提出的"一村一品"的造村运动,该运动以振兴区域经济为目标,号召每一个村镇培育发展一种符合自身特色的农副产品,实现农业经济的多元化和深层次发展。其主要做法如下:一是通过特殊农产品的培育,打造农产品的品牌效应,扩大村庄影响力;二是发展"1.5 次产业”，提高产品附加值；三是发挥村民主观能动意愿，提供技术支持，整合同类农产品，打开市场避免恶性竞争；四是培养农村人才，把引入农村建设人才和培养当地农业技术人才结合起来，保持农村发展的活力。经过数十年的努力，日本的“造村运动”取得了显著成效，农民素质得到明显的提高，城乡居民收入差距逐渐缩小，乡村面貌发生根本性的改变，乡村经济的发展、乡风文明的建设都取得巨大进步，乡村旅游业迅速发展。但是“造村运动”也存在一些不足：影响了生态环境，为培养农作物，兴修水库，破坏了自然生态；不断缩减的耕地面积导致农业产业未能满足人民的消费需求，从而不得不大量进口农产品等。

3. 德国的“村庄更新”

德国的乡村治理起步于20世纪初期，其中“村庄更新”是政府改善农村社会的主要方式，历经了不同的发展阶段。1936年，政府通过实施《帝国土地改革法》，由此开始对乡村的农地建设、生产用地以及荒废地进行合理规划。1954年，村庄更新的概念正式被提出，在《土地整理法》中政府将乡村建设和农村公共基础设施完善作为村庄更新的重要任务。1976年，德国在总结原有村庄更新经验的基础上，不仅首次将村庄更新写入修订的《土地整理法》，而且试图保持村庄的地方特色和独具优势来对乡村的社会环境和基础设施进行整顿完善。到了20世纪90年代，村庄更新，融入了更多的科学生态发展元素，乡村的文化价值、休闲价值和生态价值被提升到和经济价值同等的重要地位，实现了村庄的可持续发展。在德国的村庄更新中，每一个改造建设充分尊重当地居民的意愿并得到政府的支持，都是多方论证、规划后合力完成的成果。因为德国有完善的村庄更新机制，最大限度地尊重当地的文化，所以很多具有历史意义的古建筑得以很好地保存和利用。德国的村庄更新模式的主要做法如下：一是政府财政支持，加大对公共设施建设投入力度，增强农村综合功能；二是重视老旧建筑的重新利用，对旧房进行修缮、改造，提高使用率；三是更新计划比较完善，充分考虑村落结构、文化特色等因素，体现了对人的关怀。德国村庄更新的周期虽然漫长，但是所发挥的价值和起到的影响都是深远的，对乡村治理来说，这种循序渐进的村庄发展步骤更能使农村保持活力和特色。

（四）中国美丽乡村建设实践

2008年，浙江省安吉县第一个提出“美丽乡村”建设计划，中国的美丽乡村建设拉开的帷幕。受到江浙一带美丽乡村成功案例的影响，近年来我国各省份各地区大力开展美丽乡村建设，借鉴优秀的案例经验，结合本地特色，用一方水土打造属于一方人的美丽家园，取得了显著的成效。

1. 浙江安吉美丽乡村建设

安吉县位于浙江省西北部，地处长江三角洲核心区，是典型的山区县。受工业化城市化的影响，安吉县加大工农业发展，致使环境污染严重，最终被迫停止工业促农业的发展思路，提出生态立县的发展思路。2008年，安吉县提出“中国美丽乡村建设”，计划10年左右时间，把安吉县建设成为“村村优美、农家创业、处处和谐、人人幸福”的现代化新农村样板，构建全国新农村建设的“安吉模式”。通过美丽乡村的建设，安吉县积极发展以农产品加工为主的第二产业和休闲旅游为主的第三产业，实现一二三产业融合发展，完善了产业链，提高了农产品的附加值。同时努力建设良好的村庄环境，提高农民的素质，加强生态经济的活力，弘扬乡村传统文化。

安吉县美丽乡村建设特点是以经营乡村为理念，主要做法如下。

（1）建立部门联动机制，明确各部门、各层级的职责定位，理顺权责关系。县级政府负责美丽乡村建设标准、规划、体系制度等的建立；乡镇政府负责乡域内统筹协调，并在资金、技术、人才上给予支持；村级委员会具体负责方案的落实和项目建设工作。

（2）充分利用财政资金的激励作用"以奖代投"，并积极引导农民自有资金、村集体资金等投入特色农业、旅游农业，为美丽乡村建设奠定物质基础。

（3）依托区位优势，打造生态产业。安吉县紧密依托毗邻上海、杭州、南京等城市的市场区位优势，将农业资源、乡村景观等经过市场化运作，形成可持续发展的农业生态资本。

（4）发展"乡村人文美"的战略，以文化践行美丽。一方面大力挖掘和弘扬安吉县特有的孝文化、竹文化、茶文化、昌硕文化、畲族文化和移民文化，推动乡土文化产业的发展；另一方面高度重视建设农村文化设施，如庙堂、古树、古代建筑等文物古迹的修复和保护。经过10多年的艰苦奋斗，目前安吉县几乎每个村庄都成为风景优美、产业发展良好、人民素质普遍提高的美丽乡村，成为中国美丽乡村建设的典范。

2. 江西婺源美丽乡村建设

婺源位于江西省东北部，隶属于上饶市，与皖、浙交界，县域面积为2947平方公里，拥有26万人口，是国家3A级旅游风景区，也是全国唯一一个以行政地名命名的旅游风景区。婺源以茶、文化和自然景观而闻名，故有"茶乡"与"书乡"等美誉，是全国著名的生态与文化旅游线，被誉为中国最美乡村、中国旅游强县、中国最佳文化生态旅游目的地、全国首批生态农业示范区、中国乡村旅游的典范。婺源是我国进行美丽乡村探索较早的县城，其美丽乡村建设主要以独特的传统文化和别具一格的自然风光为依托，发展乡村独具特色的旅游产业。

婺源美丽乡村的建设始终坚持着以人为本的发展理念，遵循人与自然和谐发展的规律，坚持生态环境保护和经济社会发展两手都要抓、两手都要硬的原则，不断推进新型城镇化建设，弘扬生态文明，建设和谐生态家园。打造美丽人居家园，让最美乡村的家更和、人更美。婺源美丽乡村建设经验主要体现在以下方面。

（1）强化规划引领。

全面编制和不断完善县域城乡规划，着力构建"做靓中心城区、辐射特色集镇、带动村级发展"的三级框架格局，努力建成老城改造与新区建设承转并进、中心城区和特色集镇相互辉映、文化生态景观村与新农村建设融合发展的生态家园。

（2）注重细节特色。

按照"每一项建设都要体现婺源特色、每一个细节都要符合最美乡村品位"的建设理念，集中打造了一批具有浓郁地方特色、集中体现婺源风光的人文自然景观。通过设立文化生态保护小区等平台，着力加强徽剧、傩舞、三雕、歙砚制作技艺等国家级非物质文化遗产的保护与传承，健全完善古文化保护县、乡、村、组四级联控网络，进行古村落、古文物普查登记和挂牌保护，探索推进了古村落异地搬迁保护工作，弘扬并推进了文化与生态文明相融互促。

（3）优化管理机制。

以推动城乡公园化、精细化管理为导向，突出抓好县域的"净、花、绿、美、亮"五化工程，健全完善县、乡、村、组、户五级卫生联动管理机制，针对统一徽派风格的需要，在建立县、乡、村三级联动防控体系的基础上，还专门设计了数十套农村建房图纸，免费供村民建房使用，有效杜绝了农民建房乱搭乱建现象，不断巩固和优化生态文化大公园的建设成果。

（4）以创建文明县城为主线。

持续开展文明村镇、文明单位、文明社区创建活动，积极开展"村村秀美、家家富美、处处和美、人人淳美"最美乡村主题活动，倡导文明健康的生活方式，促进城乡文明程度的整体提高。

以争做“最美婺源人”为抓手，大力开展“最美教师”“最美学生”等十大最美称号评选活动，将争做“最美婺源人”细化并深入全社会各阶层，全方位展现山美、水美、人更美的“中国最美乡村”新形象。

(5) 加强生态环境保护，让最美乡村的山更青、水更秀。

多年来，婺源坚持把生态保护作为立县之基，引入绿色 GDP 考核体系，把环境指标作为一个权重大、考核严的重要指标，坚决实行环保目标管理责任制、环境问责制、责任追究制、一票否决制，使政绩考核的导向真正扭转到科学发展上来，建立起一整套体现科学发展观的政绩考评体系和生态文明建设标准体系。

(6) 实施“三大工程”，呵护“青山常在”。

全县从政府、社会、群众三个层面着手，重点实施资源管护、节能替代、造林绿化三大工程，全县森林覆盖率高达 82.6%。资源管护方面，在全县范围内实行封山育林，在国内首创自然保护小区模式，深入推进林政标准化管理工作，筑就生态环境“安全网”。节能替代方面，毅然关闭近 200 家污染严重、资源消耗量大的“五小企业”，积极推广以林蓄水、以水发电、以电养林的生态保护模式，推行以“改燃节柴、改灶节柴”为主要内容的“双改双节”工程，积极推进农村沼气建设。造林绿化方面，先后在荒山、园区、乡村、道路等地域实施“一大四小”绿化工程，精选 100 个村推进以绿化、美化、花化为主要内容的“花开百村”工程，迅速做大最美乡村的“绿肺量”。

(7) 开展水体保护整治活动，力保“秀水长流”。

在全县各自然村进行农村清洁工程，实行农村垃圾规范化、标准化收集处理；加强农村餐饮宾招服务业的污水处理，所有规模畜禽养殖场全部实现粪便、污水无害化处理，加强农村工业企业污染整顿，对整改不到位、不达标的企业予以关闭；所有山塘水库全面禁止化肥养鱼，全面禁止毒鱼、电鱼、炸鱼，所有沿河沿溪建设项目要求做到“环保三同时”（在建设项目中必须做到防治污染的措施与主体工程同时设计、同时施工、同时投产使用）。同时，将所有河道采沙工作全部纳入规范管理，所有矿山全部进行环境恢复治理。通过以上综合整治措施，切实保障最美乡村的“一汪清水”。

(8) 大力发展以乡村旅游为核心的生态旅游业。

坚持把旅游产业作为“核心产业、第一产业”来打造，按照“政府主导、社会参与、规划引领、统筹推进”的思路，成功开发 20 个精品景区，其中国家 5A 级景区 1 个、4A 级景区 7 个，成为全国 4A 级以上景区最多的县。旅游产业的蓬勃发展，发挥了富民的引领作用，截至 2012 年，全县经营旅游商品生产和销售的企业和个体工商户已达 400 余家，7 万余人通过从事旅游及相关产业实现“门口致富”。以旅游业为主的第三产业占全县 GDP 的比重达 47.2%。

(9) 突出发展以低碳节能为方向的生态工业。

积极拓展生态工业平台，按照建设循环经济示范园区和生态工业园的要求，积极发展高新技术、旅游商品加工和机械电子加工等产业，创建了全省第一家生态工业园区。先后引进了中科院电子云计算数据运营中心、洁华环保、聚芳永茶叶深加工等一批带动能力强、关联度大的重大项目。依托全省首家旅游商品加工基地，大力发展以徽州三雕、龙尾砚台、甲路纸伞等一批特色生态旅游产品加工为主产业，带动当地特色旅游产品加工业发展，拉动就业 1 万多人，婺源也被评为国家可持续发展实验区和全国低碳国土实验区。

(10) 着力发展以茶业为龙头的生态农业。

立足优美的生态环境，积极推进农业“生态化、品牌化、多元化”发展，逐步形成以婺源绿茶品牌为核心，以荷包红鱼、油茶等农产品为支柱的产业体系。2012 年婺源茶园面积达 17 万亩，加工贸易量达 3.8 万吨，出口创汇 3100 万美元，有机茶出口占据欧盟市场的半壁江山，婺源已成为中国十大生态产茶县。同时，通过生态农业与乡村旅游嫁接互动的新型休闲农业模式，农业产业化水平明显加快，有力促进了农民增收致富。

二、中国美丽乡村模式

2013 年农业部启动了“美丽乡村”创建活动，2014 年 2 月，农业部在“乡村梦想——美丽乡村建设与发展国际论坛”上正式对外发布美丽乡村建设十大模式，为全国的美丽乡村建设提供范本和借鉴。每种美丽乡村建设模式，分别代表了某一类型乡村在各自的自然资源禀赋、社会经济发展水平、产业发展特点以及民俗文化传承等条件下建设美丽乡村的成功路径和有益启示。具体而言，这十大模式分别为产业发展型、生态保护型、城郊集约型、社会综治型、文化传承型、渔业开发型、草原牧场型、环境整治型、休闲旅游型、高效农业型。

（一）产业发展型模式

产业发展型模式主要应用在东部沿海等经济相对发达地区，其特点是产业优势和特色明显，农民专业合作社、龙头企业发展基础好，产业化水平高，初步形成“一村一品”“一乡一业”，实现了农业生产聚集、农业规模经营，农业产业链条不断延伸，产业带动效果明显。

典型：江苏省张家港市南丰镇永联村。

（二）生态保护型模式

生态保护型模式主要应用在生态优美、环境污染少的地区，其特点是自然条件优越，水资源和森林资源丰富，具有传统的田园风光和乡村特色，生态环境优势明显，把生态环境优势变为经济优势的潜力大，适宜发展生态旅游。

典型：浙江省安吉县山川乡高家堂村。

（三）城郊集约型模式

城郊集约型模式主要应用在大中城市郊区，其特点是经济条件较好，公共设施和基础设施较为完善，交通便捷，农业集约化、规模化经营水平高，土地产出率高，农民收入水平相对较高，是大中城市重要的“菜篮子”基地。

典型：上海市松江区泖港镇。

（四）社会综治型模式

社会综治型模式主要应用于人数较多、规模较大、居住较集中的村镇，其特点是区位条件好、经济基础强、带动作用大、基础设施相对完善。

典型：吉林省松原市扶余弓棚子镇广发村。

（五）文化传承型模式

文化传承型模式主要应用于具有特殊人文景观（包括古村落、古建筑、古民居）以及传统文化的地区，其特点是乡村文化资源丰富，具有优秀民俗文化以及非物质文化，文化展示和传承的潜力大。

典型：河南省洛阳市孟津区平乐镇平乐村。

（六）渔业开发型模式

渔业开发型模式主要应用于沿海和水网地区的传统渔区，其特点是产业以渔业为主，通过发展渔业促进就业，增加渔民收入，繁荣农村经济，渔业在农业产业中占主导地位。

典型：广东省广州市南沙区横沥镇冯马三村。

（七）草原牧场型模式

草原牧场型模式主要应用于我国牧区半牧区县（旗、市），其占全国国土面积的40%以上。其特点是草原畜牧业是牧区经济发展的基础产业，是牧民收入的主要来源。

典型：内蒙古锡林郭勒盟西乌珠穆沁旗浩勒图高勒镇脑干宝力格嘎查。

（八）环境整治型模式

环境整治型模式主要应用于脏乱差问题突出的农村地区，其特点是农村环境基础设施建设滞后，环境污染问题严重，当地农民群众对环境整治的呼声高、反应强烈。

典型：广西壮族自治区恭城瑶族自治县莲花镇红岩村。

（九）休闲旅游型模式

休闲旅游型模式主要应用于适宜发展乡村旅游的地区，其特点是旅游资源丰富，住宿、餐饮、休闲娱乐设施完善齐备，交通便捷，距离城市较近，适合休闲度假，发展乡村旅游潜力大。

典型：江西省婺源县江湾镇。

（十）高效农业型模式

高效农业型模式主要应用于我国的农业主产区，其特点是以发展农业作物生产为主，农田水利等农业基础设施相对完善，农产品商品化率和农业机械化水平高，人均耕地资源丰富，农作物秸秆产量大。

典型：福建省漳州市平和县三坪村。

三、中国美丽乡村建设主要内容、量化指标及评价体系

2015年4月29日，国家质量监督检验检疫总局和国家标准委发布了《美丽乡村建设指南》国家标准，对全国各地开展美丽乡村建设在技术和管理上进行统一要求、统一规范，该指南为推荐性国家标准，从2015年6月1日起实施，明确规定了美丽乡村建设要遵循政府引导、村民主体，以人为本、因地制宜、规划先行、统筹兼顾、民主规范的总体要求，按照因地制宜、村民参与、合理布局、节约用地基本原则开展村庄规划，提出坚持以需求和问题为导向，强化规划引领，做好统筹和顶层设计。该指南规定了美丽乡村建设的八大内容及21项量化指标。

（一）中国美丽乡村建设主要内容

1. 村庄规划

明确了房屋建筑、公共服务和管理设施、基础设施、生产经营设施用地、环境卫生设施、防灾减灾、人文景观保护与利用等村庄规划的基本要素，规定了村庄建设、生态环境治理、产业发展、公共服务等方面的系统规划要求。

2. 村庄建设

规定了道路、桥梁、引水、供电、通信等生活设施和农业生产设施的建设要求。

3. 生态环境

规定了水、土、气等环境质量要求，对农业、工业、生活等污染防治，森林、水体、植被等自然资源生态保护、水土流失综合治理、河道整治、土壤环境及农田质量改善等生态保护与治理，以及村容维护、环境绿化、厕所改造等环境整治进行指导。

4. 经济发展

规定了美丽乡村的农业、工业、服务业三大产业的发展要求。

5. 公共服务

规定了医疗卫生、公共教育、文化体育、社会保障、劳动就业、公共安全、便民服务等方面的要求。

6. 乡风文明

提出了弘扬文明风尚、开展文明建设、提升文明素养的要求。

7. 基层组织

提出健全基层党组织、村级组织，服务美丽乡村建设。

8. 长效管理

明确了公众参与和监督两个长效管理机制，规定了健全村民自治机制，建立健全村庄建设、运行管理、服务等制度，建立保障与动态监督机制等要求。

（二）美丽乡村建设量化指标

《美丽乡村建设指南》与现行的标准、法律法规相协调一致，以定性和定量相结合，明确了美丽乡村建设的总体方向和基本要求，并给乡村个性化发展预留了自由发挥空间，对村庄建设、生态环境保护、公共服务等方面等提出了有关美丽乡村的重要量化指征共21项，包括：村庄道路路面硬化率达100%，村域内工业污染源达标排放率达100%，农膜回收率达80%以上，农作物秸秆综合利用率达70%以上，病死畜禽无害化处理率达100%，畜禽粪便综合利用率达80%以上，使用清洁能源的农户数比例达70%以上，林草覆盖率平原地区达20%以上、丘陵地区达50%以上、山区达80%以上，生活垃圾无害化处理率达80%以上，生活污水处理农户覆盖率达70%以上、卫生公厕拥有率不低于1座/600户，户用卫生厕所普及率达80%以上，村卫生室建筑面积大于60平方米，学前一年毛入园率达85%以上，九年义务教育目标人群覆盖率达100%，九年义务教育巩固率达93%以上，农村五保供养目标人群覆盖率达100%，农村五保集中供养能力达50%以上，基本养老服务补贴目标人群覆盖率达50%以上，村民的城乡居民基本医疗保险参保率达90%以上，管护人员比例不低于常住人口的2%。

（三）美丽乡村建设评价体系

2019年2月18日，国家市场监督管理总局、国家标准化管理委员会正式批准发布了由福建省市场监管局牵头、福建省标准化院主导制定的《美丽乡村建设评价》国家标准（GB/T 37072—2018）。该标准紧扣《美丽乡村建设指南》国家标准中的建设要求和实施乡村振兴战略的相关要求，提出了美丽乡村建设评价的评价原则、评价内容、评价程序、计算方法等通用方法，以便更好地引导和推进美丽乡村建设，推动乡村振兴战略，还老百姓绿水青山。

1. 评价原则

（1）坚持全面客观、科学公正和注重实效的综合性评价原则。

（2）坚持定性与定量、基础与加强相结合的评价指标分类原则。

2. 评价内容

在指标选取上，采取定性和定量相结合的方法，选择GB/T 32000中规定的主要方面作为评价体系的一级指标，即村庄规划、村庄建设、生态环境、经济发展、公共服务、乡风文明、基层组织。

（1）村庄规划指标。该指标强调“规划先行”，有5项子指标：规划合规性，规划衔接性，规划流程，规划编制要素，编制规划村民参与性。

（2）村庄建设指标。在村庄建设方面选取如下子指标：基础要求；设施安全性；设施完整性；设施运行管理维护制度；管护人员比例；村主干道路面硬化率；路、桥设施；广电、通信设施；饮用水设施；饮用水安全覆盖率；供电设施；土地；水利设施、防灾基础设施；人行道铺装材料、传统街巷建筑材料；照明路灯。

（3）生态环境指标。生态环境指标是核心指标之一，主要包括如下子指标：大气、声、土壤环境质量；水体水质；病虫害防治；农业生产废物；农膜回收率；农作物秸秆综合利用率；畜禽养殖场粪便综合利用率；病死动物无害化处理率；养殖业污染物；工业企业污染物排放达标率；生态环境设施管理维护制度；垃圾收运处置体系；生活垃圾无害化处理率；污水收集设施；生活污水处理率；使用清洁能源的农户数比例；生态保护；生态治理；村容巡查制度；村容维护；林木花草养护制度；林草覆盖率；厕所；户用卫生厕所普及率；卫生公厕拥有率；公厕管护；污水管网；生活垃圾分类回收；生态污水处理设施；市场化管理与维护运作。

（4）经济发展指标。经济发展指标共有如下子指标：特色产业；村级集体收入；产业融合；经营主体；农村电商；产业社会化服务；农产品；品牌产品；农民专业合作社；创业；标准化试点。

（5）公共服务指标。公共服务指标包含如下子指标：村卫生室（所、站）；村卫生室人员；基本公共卫生服务；学校、幼儿园建设；学前一年毛入园率；九年义务教育目标人群覆盖率；九年义务教育巩固率；文体活动场所设施；文体活动；乡村文化；乡村文化管护制度；城乡居民基本养老保险参保率；村民基本养老服务补贴覆盖率；五保供养目标人群覆盖率；五保户集中供养能力；城乡居民基本医疗保险参保率；劳动就业服务；消防安全管理制度；用电安全管理制度；治安管理制度；防（避）灾；公共安全人员配置；便民服务机构；公共交通服务；商贸服务；养老服务；视频监控设施；文体活动；乡村特色活动；商贸网点信息化。

（6）乡风文明指标。乡风文明指标共有如下子指标：文明宣传教育；文明建设成效；各级表彰。

（7）基层组织指标。基层组织包含如下子指标：组织健全；规章制度；领导班子；乡村治理效果；工作档案；基层组织荣誉。

3. 指标体系

美丽乡村建设评价指标分为两个层级：一级指标和二级指标。根据美丽乡村建设的不同要求，二级指标又进一步细分为两类。①基础项：美丽乡村建设过程中应评价的指标项目。②加强项：美丽乡村建设过程中鼓励实现的指标项目。该指标体系由100个指标所构成。这100个指标中有定量指标22个、定性指标78个，分别从村庄规划、村庄建设、生态环境、经济发展、公共服务、乡风文明、基层组织等层面度量和描述了美丽乡村建设情况（表8-2）。

表8-2 美丽乡村建设指标体系

序号	一级指标	二级指标	
		指标类型	指标名称
1	村庄规划	基础项	规划合规性
2			规划衔接性
3			规划流程
4			规划编制要素
5		加强项	编制规划村民参与性

续表

序　号	一级指标	二级指标	
		指标类型	指标名称
6	村庄建设	基础项	基础要求
7			设施安全性
8			设施完整性
9			设施运行管理维护制度
10			管护人员比例
11			村主干道路面硬化率
12			路、桥设施
13			广电、通信设施
14			饮用水设施
15			饮用水安全覆盖率
16			供电设施
17			土地
18			水利设施、防灾基础设施
19		加强项	人行道铺装材料、传统街巷建筑材料
20			照明路灯
21	生态环境	基础项	大气、声、土壤环境质量
22			水体水质
23			病虫害防治
24			农业生产废物
25			农膜回收率
26			农作物秸秆综合利用率
27			畜禽养殖场粪便综合利用率
28			病死动物无害化处理率
29			养殖业污染物
30			工业企业污染物排放达标率
31			生态环境设施管理维护制度
32			垃圾收运处置体系
33			生活垃圾无害化处理率

续表

序　号	一级指标	二级指标	
		指标类型	指标名称
34	生态环境	基础项	污水收集设施
35			生活污水处理率
36			使用清洁能源的农户数比例
37			生态保护
38			生态治理
39			村容巡查制度
40			村容维护
41			林木花草养护制度
42			林草覆盖率
43			厕所
44			户用卫生厕所普及率
45			卫生公厕拥有率
46			公厕管护
47		加强项	污水管网
48			生活垃圾分类回收
49			生态污水处理设施
50			市场化管理与维护运作
51	经济发展	基础项	特色产业
52			村级集体收入
53			产业融合
54			经营主体
55			农村电商
56			产业社会化服务
57		加强项	农产品
58			品牌产品
59			农民专业合作社
60			创业
61			标准化试点

续表

序　号	一级指标	二级指标	
		指标类型	指标名称
62	公共服务	基础项	村卫生室(所、站)
63			村卫生室人员
64			基本公共卫生服务
65			学校、幼儿园建设
66			学前一年毛入园率
67			九年义务教育目标人群覆盖率
68			九年义务教育巩固率
69			文体活动场所设施
70			文体活动
71			乡村文化
72			乡村文化管护制度
73			城乡居民基本养老保险参保率
74			村民基本养老服务补贴覆盖率
75			五保供养目标人群覆盖率
76			五保户集中供养能力
77			城乡居民基本医疗保险参保率
78			劳动就业服务
79			消防安全管理制度
80			用电安全管理制度
81			治安管理制度
82			防(避)灾
83			公共安全人员配置
84			便民服务机构
85			公共交通服务
86			商贸服务
87		加强项	养老服务
88			视频监控设施
89			文体活动
90			乡村特色活动
91			商贸网点信息化

续表

序号	一级指标	二级指标	
		指标类型	指标名称
92	乡风文明	基础项	文明宣传教育
93			文明建设成效
94		加强项	各级表彰
95	基层组织	基础项	组织健全
96			规章制度
97			领导班子
98			乡村治理效果
99			工作档案
100		加强项	基层组织荣誉

第九章　全球应对气候变化

第一节　全球气候变化趋势及影响

全球变暖已经引发了一系列的生态环境问题，如极地冰川融化、海平面上升和各种极端气候的出现，给世界带来了极大的挑战和危机。2017 年 10 月世界气象组织（WMO）公布的数据显示，2016 年全球温室气体二氧化碳平均浓度再创新高，已突破 400×10^{-6} g/g（百万分比浓度）的警示线，达到 403.3×10^{-6} g/g；2020 年 8 月，空气中二氧化碳含量已经上升至 409.50×10^{-6} g/g。高温加剧了自然灾害，全球极端气候事件频发，监测数据显示，北极海冰面积逐渐萎缩至 1979 年开始记录以来的最小值，这是气候变化成为当前国际社会受关注的重要议题之一的原因。

一、气候变化及其变化趋势

1. 气候变化的定义

气候变化是指气候平均状态统计学意义上的巨大改变或者持续较长一段时间（典型的为 10 年或更长）的气候变动。气候变化的原因可能是自然的内部进程，或是外部强迫，或者是人为持续地对大气成分和土地利用的改变。《联合国气候变化框架公约》（UNFCCC）将气候变化定义为经过相当一段时间的观察，在气候变化之外由人类活动直接或间接地改变大气组成所导致的气候变化。这一定义强调了人类活动对气候变化的影响。在政府间气候变化专门委员会（IPCC）的定义中，气候变化是气候随时间的变化，无论是气候的自然变化，还是人类活动的结果，都属于气候变化的范畴。

气候变化与人们的生活息息相关，气候变化包括温度、湿度和降水等数值的变化。地球气候系统涉及阳光、大气、陆地和海洋等内容，是一个十分丰富的系统。天气是大气的自然过程，人类活动会影响大气活动，从而导致天气的变化。

2. 气候变化的原因

全球气候变化以气候变暖为主，造成这种现象的原因非常复杂，可能是自然的内部进程，也可能是外部强迫，或者是人为地持续对大气组成成分和土地利用进行改变，因此，既有自然因素也有人为因素。自然因素主要包括以下内容：海陆分布的隐性变化对气候及自然地理环境的影响；大洋环流对高低纬度之间热能的输送和交换产生的影响；大气环流形式的变化也会导致气候变化和极端天气；火山活动也影响着地球上各种空间尺度内的气候变化；太阳辐射是形成地球气候的重要因素，因此太阳活动的变化必将导致地球气候的变化；地球轨道偏心率、地轴倾斜率等也会影响地球接收到的太阳辐射量。人为因素主要是工业革命以来人类活动特别是发达国家工业化过程的经济活动引起的，在工业化过程中，化石燃料燃烧、森林和植被破坏、土地利用变化，这些人类活动所排放的二氧化碳和甲烷等温室气体导致大气中温室气体浓度大幅增加，打破了大气中的辐射平衡，导致温室效应增强，从而引起全球气候变暖。

3. 全球气候变化趋势

(1) 气温的变化趋势。

近百年来,全球气候经历着由变暖为主的显著变化。图 9-1 所示的是全球陆地-海洋平均温度指数,全球陆地-海洋平均温度指数呈缓慢上升的趋势。

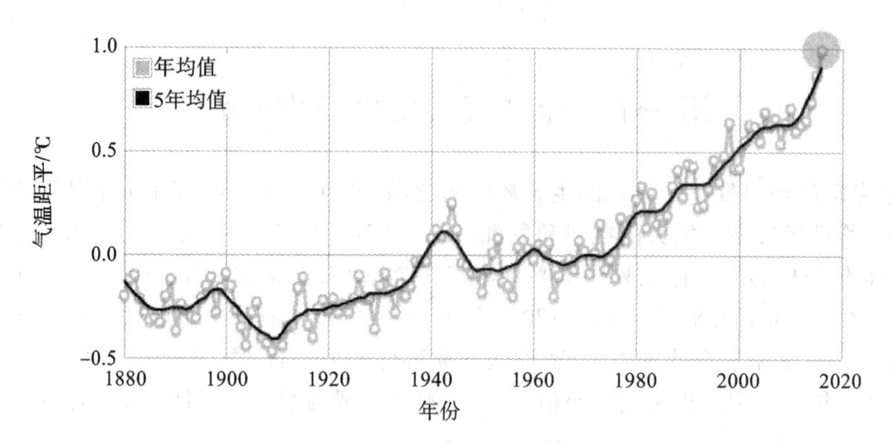

图 9-1 全球陆地-海洋平均温度指数

IPCC(政府间气候变化专门委员会)第五次评估报告显示,1880—2012 年,全球地表温度上升了 0.85 ℃,2003—2012 年的平均温度比 1850—1900 年的平均温度升高了 0.78 ℃,而温室气体排放使地表温度升高了 0.5~1.3 ℃。由于二氧化碳排放量约占温室气体排放总量的 82%,其结构稳定,致温暖化效应最强,约占总效应的 64%。因此,具有短期内改变地球气候的可能性。IPCC 认为,按照目前的碳排放增长速率估计,到 2100 年,全球气温可能会上升 1.9 ℃。因此,对温室气体中二氧化碳的治理已刻不容缓。为此,联合国于 2015 年 12 月在巴黎召开了应对全球气候变化会议,发布了于 2016 年 11 月 4 日正式生效的《巴黎协定》,这在国际社会应对全球气候变化历史上具有重大里程碑意义。

2018 年《中国气候变化蓝皮书》报道,2017 年,全球表面平均温度比 1981—2010 年平均值(14.3 ℃)高出 0.46 ℃,比工业化前水平(1850—1900 年平均值)高出约 1.1 ℃,为有完整气象观测记录以来的第二暖年份,也是有完整气象观测记录以来最暖的非厄尔尼诺年份。2017 年,亚洲陆地表面平均气温比常年值(1981—2010 年平均值)偏高 0.74 ℃,是 1901 年以来的第三暖年份。

中国是全球气候变化的敏感区和影响显著区域,整体变化如图 9-2 所示。从图 9-2 可知,1901—2017 年,中国地表年平均气温呈显著上升趋势。1951—2017 年,中国地表年平均气温平均每 10 年升高 0.24 ℃,升温率高于同期全球平均水平;区域间差异明显,北方地区增温速率明显大于南方地区,西部地区大于东部地区,青藏地区增温速率最大。2017 年,中国属异常偏暖年份,地表年平均气温接近 20 世纪初以来的最高值。

(2) 大气降水的变化趋势。

全球温度的变化还会导致降水的变化,总体上呈北半球大陆中高纬度地区降水增加,暴雨的频率也增多,热带和亚热带地区的降水则有所减少。

2018 年《中国气候变化蓝皮书》报道,1961—2017 年,中国平均年降水量无明显的增减趋势;20 世纪 90 年代降水量以偏多为主,21 世纪最初十年总体偏少,2012 年以来降水量持续偏多。21 世纪初以来,华北、华南和西北地区平均年降水量波动上升,而东北和华东地区降水量年际波动幅度增大。2017 年,中国年平均降水量为 641.3 毫米,较常年值偏多 1.8%。

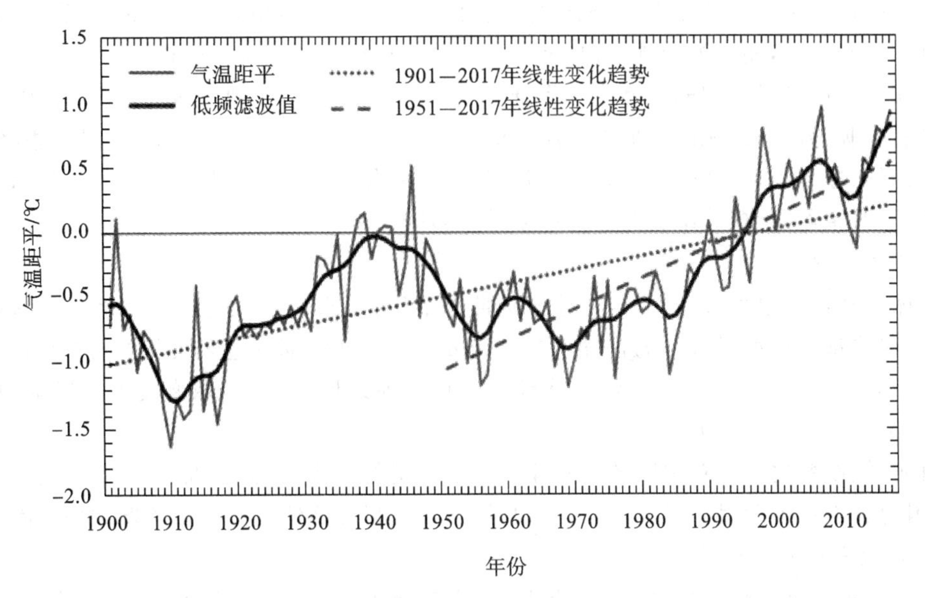

图 9-2　中国 1901—2017 年地表年平均气温距平图

气候极端事件的发生概率增大。当某地的天气、气候出现不容易发生的“异常”现象，或者说当某地的天气、气候严重偏离其平均状态时，即意味着发生“极端事件”。2017 年，北方高温出现早、南方高温强度大。与之对应的是中国暴雨洪涝灾害比较突出，暴雨过程频繁、重叠度高、极端性强；登陆台风多、时间集中，登陆点重叠。

二、气候变化的影响

气候变化的影响是多尺度、全方位、多层次的，正面和负面影响并存，但它的负面影响更受关注。这些影响主要集中在人类赖以生存的生物圈中，影响着整个生态系统的正常发展。

1. 对生态系统的影响

每个物种皆有其独特的生态位置，而进化可让它们在这独特的位置生存——生活于其特殊的“居所”及特定的生活环境(包括温度、其他动植物)。这表明自然生态系统由于适应能力有限，容易受到严重的甚至不可恢复的破坏。

全球气候变暖对全球许多地区的自然生态系统已经产生了影响，如海平面升高、冰川退缩、湖泊水位下降、湖泊面积萎缩、冻土融化、中高纬生长季节延长、动植物分布范围向极区和高海拔区延伸、某些动植物数量减少、一些植物开花期提前等。正面临这种危险的生态系统包括冰川、珊瑚礁岛、红树林、热带雨林、极地和高山生态系统、草原湿地、残余天然草地和海岸带生态系统等。随着气候变化频率和幅度的增加，遭受破坏的自然生态系统在数目上会有所增加，其地理范围也将增加。

当然，有些生物有较强的适应力，例如老鼠和狗。它们能在很艰难的环境生存，但考拉却只能在有桉树的地方生活。人类活动导致气候变化，气温、降雨量及海平面上升，摧毁了一些生物的栖息地。

政府间气候变化专门委员会报告，如果温度升高超过 2.5 ℃，全球五大洲和四大洋的所有区域都可能遭受不利影响，发展中国家所受的损失可能最为严重；如果升温 4 ℃，则可能对全球生态系统带来不可逆的损害，造成全球经济的重大损失。冰川融化导致海平面上升，造成海岸侵蚀和海水入侵，使滨海湿地、红树林和珊瑚礁等典型生态系统发生退化。

气候变化已经对中国的自然生态系统产生了一定的影响，主要表现为近50年中国青藏高原和昆仑山脉等高寒区域冰川面积缩小，冻土厚度减薄。预计到2050年，冰川面积将进一步缩小，青藏高原多年冻土空间分布格局将发生较大变化。这些将对物种多样性造成威胁，可能对大熊猫、滇金丝猴、藏羚羊和秃杉等产生较大影响。

2. 对农牧业的影响

全球变暖造成粮食减产，因为全球变暖带来干旱、缺水、海平面上升、洪水泛滥、热浪及气温剧变，这些都会使世界各地的粮食生产受到破坏。亚洲大部分地区及美国的谷物带地区，将会变得干旱。一些干旱农业地区，如非洲撒哈拉沙漠地区，只要全球变暖带来轻微的气温上升，粮食生产量都将会大大减少。

目前，气候变化已经对中国的农牧业产生了一定的影响，主要表现为自20世纪80年代以来，中国的春季物候期提前了2～4天。同时，气候变暖可能使某些家畜的发病率提高。

3. 对大气降水的影响

全球变暖使得气候极端事件更容易发生，大气降水呈现出区域性变化，有可能导致降水丰富的地方降水更多，洪水泛滥，从而引起一系列的灾害性事件的发生。干旱的地方有可能更加缺水，从而导致干旱、缺水、土壤荒漠化加剧，从而进一步影响生态系统的平衡。

4. 气候变暖对我国全球战略的影响

中国倡导的“丝绸之路”和“一带一路”全球发展战略，需要在一个相对温和的环境下实施和实现。然而，气候变暖将导致北极冰川逐渐消融，出现的夏季新航道可能使世界贸易重心发生改变，这将对我国未来海上运输产生影响。因此，“丝绸之路”和“一带一路”沿线重大基础设施建设，以及区域可持续发展，可能面临气候变暖而出现的自然灾害的重大威胁。

第二节　全球应对气候变化框架的形成与挑战

全球气候变化一直是国际社会受关注的重要话题之一，2015年在法国达成的《巴黎协定》，是众多国家应对气候变化在《联合国气候变化框架公约》大会期间取得的一个重大成果，也成为包括中国在内的许多国家的经济发展和生态环境保护的重要工作。同时，《巴黎协定》的实施，将有利于全球气候治理机制的创新与可持续发展目标的顺利达成。

一、全球应对气候变化框架的形成

20世纪70年代以来，国际社会对气候变化问题的关注度与日俱增。1972年联合国召开的斯德哥尔摩人类环境会议，是国际社会就环境问题召开的第一次世界性会议，它标志着人类对环境问题的觉醒。1979年，在瑞士日内瓦召开了第一届世界气候大会，大会中提出了大气中二氧化碳浓度升高将导致地球温度升高的警告，大会通过了《世界气候大会宣言》。1990年，政府间气候变化专门委员会(IPCC)在日内瓦举办的第二届世界气候大会通过了《部长宣言》，该宣言指出，控制二氧化碳等温室气体的排放，保护全球气候是各国共同的责任。此次会议确定了发达国家和发展中国家在应对气候变化中负有“共同但有区别的责任”。在此基础上，1992年联合国环境与发展会议通过了《联合国气候变化框架公约》(UNFCCC，以下简称《公约》)，其最终目的是稳定温室气体浓度水平，使生态系统能自然适应气候变化。《公约》的签订在国际层面为各国合作应对气候变化奠定了基础。《公约》确定了"共同但有区别的责任",以尊重发展中国家的国情和需要为基本原则。《公约》提出通过协商谈判应对气候变化、资金来源、技术转移、透明度及核查等方面做出具体的机制规划。对待发达国家和发展中国家的差异方面,《公约》明确承认发达国家和发展中国家在气候变化方面存在不对称责任,且要求各缔约国提供"可测量、可报告、可核实"的相关信息,以及接受其附属履行机构定期评审的义务。《公约》的发布,表明全球应对气候变化的框架已经形成。

1997 年通过并在 2005 年正式生效的《京都议定书》,是人类历史上首次以国际法律形式限制温室气体排放,提出了发达国家和发展中国家的减排目标。这也是缔约方签署的首份"自上而下"形式强制性量化减排的国际协定,成为全球气候治理进程中的重要里程碑。同时,建立了以清洁发展机制(CDM)、联合履约机制(JI)、排放贸易机制(ET)三种灵活的市场机制为主题的资金与技术转让机制。

为适应国际形势和全球气候变化的新趋势,各缔约方在 2007 年通过了将减缓、适应、技术和资金作为支柱力量的"巴厘岛路线图"决议,在其中明确和发展了气候治理的内涵,推动全球气候治理机制的发展与完善。2009 年,联合国环境规划署发布了"全球绿色新政"的报告,号召各国发展低碳产业。2011 年在德班气候变化大会上启动了"绿色气候基金",同时也对到 2020 年各国应对气候变化的资金来源,机制构建等做出相应安排。"巴厘岛路线图"的实现,使得全球气候治理进入新的发展阶段,为 2020 年后的全球气候治理奠定了基本框架。

2015 年在法国达成的《巴黎协定》的主要目标是"把全球平均气温较工业化前水平升高控制在 2 ℃之内,并为把升温控制在 1.5 ℃之内而努力",该协定提出了各缔约方提交国家自主贡献量的"自下而上"的新减排方式。

二、全球气候治理面临的挑战

全球气候问题并非一日之物,它将与人类社会发展并行,不可能在短期内得到妥善解决。气候问题的形成既包括内部的自然因素,也包括外部的人为因素,主要是指工业革命以来频繁的活动。气候问题的复杂性和长期性决定了其解决难度将远超其他全球公共产品问题,气候变化作为全球温室气体长期排放的累积结果,其影响是长期的。因此,全球气候治理面临一系列的挑战,虽然凭借人类现有的科学技术能力,在短期内很难找到应对气候变化的有力之策,但从长远看,人类通过自身的努力,至少能够找到减缓气候变暖的一些良策。

全球气候变暖是一个相当缓慢的过程,既有自然原因,也有人为因素。因此,在国际上一直存在"气候阴谋论"之说,认为人类的经济活动导致大气二氧化碳浓度,或温室气体浓度升高值得怀疑。尽管非主流,但依旧会对许多参与气候治理以及制定相关的气候政策产生一定的消极影响。在面对如此复杂且难以短期解决的气候问题之时,国际层面也缺乏有效应对气候变化所需的政治意愿,某些国家出于自身利益考虑,选择极为漠视的应对态度。美国作为世界经济强国、全球第二大温室气体排放国,退出《巴黎协定》就是一个例子。

《联合国气候变化框架公约》虽然是在联合国框架下通过的,但联合国没有凌驾于主权国家之上的绝对权威,无法在实践中完全履行历届缔约方大会的协议内容,其有效性会大打折扣。这是全球气候治理存在的问题。因此,联合国虽是国际谈判合作气候变化信息的提供者和气候谈判的发起者,在推进全球气候治理过程中发挥着不可替代的作用,但温室气体减排量是通过各国的自主贡献,缔约方会议达成的协议不具有强制的法律约束力,这也会使减排目标在实践中出现极大的不确定性。

气候变化问题已经成为各国面临的最大的外部性问题，并且逐步渗透到国际政治、经济、社会和技术等领域。由于各国发展阶段、国家经济实力、排放量、在气候变化领域利益诉求上存在很大差异，大国间的博弈尤为明显，这些问题都影响和限制了国际合作的广度和深度。如果各国能够主动承担起各自的责任，从可持续发展理念出发，针对气候变化的基本原则，合理分摊减排任务，达成应对气候变化问题的有效决议将在不远的未来实现。

三、中国应对气候变化的行动

全球变暖对人类和生态系统造成了严重、普遍和不可逆转的影响。从《京都议定书》到《巴黎协定》，全球温室气体减排工作一直在艰难中前进。美国退出《巴黎协定》给全球温室气体减排工作带来了新的阴影。中国作为世界上最大的发展中国家，地形地貌特征复杂、人口众多，受气候变化的影响较大，且中国正处于经济结构转型，以及实施“丝绸之路”和“一带一路”倡议的重大历史时期，应该从维护国家安全的高度看待气候变化问题，积极推动全球气候治理进程。目前，中国应对全球气候变化采取了一系列的行动。

1. 设置专门机构应对全球气候变化

为了参与全球气候变化治理这一国际进程，中国政府于 1990 年设置了“国家气候变化协调小组”，并将中国气象局作为中国政府参与政府间气候变化专门委员会的联系机构。为加强对气候变化的科学认知，开始组织中国学者（主要是自然科学界的学者）参与气候变化的科学评估工作。1994 年 3 月 21 日起《联合国气候变化框架公约》对中国生效。

中国于 1998 年签署了《京都议定书》，并参与《京都议定书》下清洁发展机制项目的国际合作。1998 年中国政府设立了“国家气候变化对策协调小组”。面对发达国家要求中国参与减排的压力，中国强调了发展中国家地位，坚持“共同但有区别的责任”原则，争取并维护发展权益，明确表示根据《京都议定书》规定，在发达国家资金支持下，积极减缓和适应气候变化。

2007 年中国政府进一步提升并扩充国家气候变化对策协调小组的地位和力量，在国家发展改革委下专设“应对气候变化司”，并制定《中国应对气候变化国家方案》。在国家“十一五”规划中纳入单位 GDP 能耗目标、在“十二五”规划中纳入单位 GDP 碳排放目标。在 2015 年《联合国气候变化框架公约》第 21 次缔约方会议上，中国政府正式宣布控制温室气体排放的行动目标，即 2030 年单位 GDP 的二氧化碳排放量比 2005 年下降 60%～65%；2030 年非化石能源比重提升到 20%左右；2030 年左右，化石能源消费的二氧化碳排放达到峰值；2030 年森林蓄积量比 2005 年增加 45 亿立方米。同时，中国力求加强与发展中国家的团结合作，营造良好的国际发展环境，推动全球气候治理合作进程。

2. 采取节能减排，降低碳强度

世界银行公布的数字显示，从 2005 年开始，中国累计节能量占全球的 50%以上。中国的可再生能源，在世界上投资最大、规模最大、质量最好，占全球可再生能源装机容量的 28%左右。同时，由于技术的进步，整个光伏发电、风力发电的成本大大降低，这为世界发展可再生能源做出了很大贡献。

3. 广泛开展植树造林

中国是人工造林面积最大的国家，森林覆盖率已经达到了 22%。中国启动了全国的碳交易市场，这个市场所涉及的排放量和交易量可能是世界上最大的。欧盟的碳交易量为 17 亿吨，中国的几乎达到 30 亿吨。

4. 建立全国碳排放权交易市场

建立全国碳排放权交易市场是中国用市场机制控制温室气体排放的重大制度创新。中国从 2011 年起就开始在 7 个省市开展了碳排放权交易试点工作，通过试点来探索相关的经验，为建立全国统一的碳排放权交易市场打基础。从 2013 年 6 月开始，试点碳市场陆续上线交易。2016 年和 2017 年一直在开展碳排放数据报告、核算、核查的工作。2017 年国家发改委发布了《全国碳排放权交易市场建设方案(发电行业)》，启动了我国的碳排放权交易体系。在启动碳排放权交易体系以后，政府又开展了一系列的工作，截至 2018 年底，试点地区碳市场成交量达 2.7 亿吨二氧化碳，成交金额超过了 60 亿元。因此，碳排放权交易市场确实发挥了控制温室气体排放、促进地方低碳发展的作用。

5. 提高公众意识与管理水平

利用现代信息传播技术，加强气候变化方面相关知识的宣传、教育和培训，鼓励公众参与，提高全社会应对气候变化的意识。同时，进一步完善多部门参与的决策协调机制，建立企业、公众广泛参与应对气候变化的行动机制等措施，建立并形成与未来应对气候变化工作相适应的、高效的组织机构和管理体系。

6. 推动绿色能源建设

快速推动新能源交通工具的产业化，积极倡导绿色出行。目前，电动汽车、共享单车和混合动力车在中国均得到了快速发展，政府从政策和财政上均给予了大力支持，新能源交通工具产业呈快速发展之势。

7. 加强国际间的交流与合作

中国政府始终积极建设性参与气候变化国际谈判，借鉴发达国家碳市场和管理等方面的经验，实现了中国的碳排放权交易市场。同时，中国坚定维护《联合国气候变化框架公约》，坚持公平、共同但有区别的责任和各自能力原则，与各方携手推进全球气候治理。

中国从起初的被动参与者，逐渐成为全球生态安全的重要贡献者和参与者，积极引领全球气候治理。2014 年 11 月，中美两国元首发表《中美元首气候变化联合声明》。2015 年 11 月，习近平主席在巴黎出席气候变化巴黎大会开幕式时发表了《携手构建合作共赢、公平合理的气候变化治理机制》的讲话，强调各方要展现诚意，坚定信心、齐心协力，推动建立公平有效的全球应对气候变化机制，实现更高水平全球可持续发展，构建合作共赢的国际关系，最终与各国一起，形成并通过了应对全球气候变化的《巴黎协定》。2016 年 11 月，中国、摩洛哥与联合国在摩洛哥马拉喀什共同主办“应对气候变化南南合作高级别论坛”，敦促发达国家尽快明确出资时间表和路线图，履行国际义务，中国强调将气候变化南南合作的“朋友圈”做大做强。2016 年 9 月，在我国召开的二十国集团领导人杭州峰会上，中美两国元首向联合国秘书长共同提交气候变化《巴黎协定》的批准文书。

在 2018 年举行的全国生态环境保护大会上，国家主席习近平强调要实施积极应对气候变化的国家战略，推动和引导建立公平合理、合作共赢的全球气候治理体系，推动构建人类命运共同体。中国将不断加强与各方在气候变化领域的对话交流，开展气候变化务实合作，通过气候变化南南合作，积极支持其他发展中国家提高应对气候变化能力，这些积极应对气候变化的国家战略和实践，受到国际社会的高度评价和发展中国家的广泛欢迎。

未来中国将继续以积极建设性的姿态与世界各国一道，推动构建公平合理、合作共赢的全球气候治理体系，坚定不移地推动气候变化领域的多边体制，推动《联合国气候变化框架公约》和《巴黎协定》的全面有效实施。

第三节　共谋全球生态文明建设

2017年党的十九大上习近平总书记明确提出：坚持和平发展道路，推动构建人类命运共同体，中国的现代化是人与自然和谐共生的现代化，以及引导气候变化的国际合作，成为全球生态文明建设的重要参与者、贡献者和引领者。这为中国引领气候治理、推动全球生态文明建设进行了清晰定位。中国未来应引导应对气候变化国际合作，共谋全球生态文明建设，深度参与全球环境治理，形成世界环境保护和可持续发展的解决方案。在履行国际公约方面，要彰显我国负责任大国形象，推动构建人类命运共同体。

一、新时代中国推进全球生态文明建设面临的挑战

（一）全球生态环境恶化趋势加剧

在不断加快的世界工业化、城市化进程作用下，气候变暖、自然灾害、水土污染等日益成为影响全球发展的重大生态环境问题。近年来，尽管世界大多数国家都在齐心协力积极采取措施保护生态环境，但是，全球生态环境并未好转，反而更加严重。突出表现在两个方面：一是由全球气候变化引起的高温、干旱、极寒、暴雨、台风等极端天气灾害更加频发，给世界各国造成严重灾难。联合国秘书长减灾事务特别代表水鸟真美称，2018年全球所有地区都受到极端天气不同程度的影响。联合国减少灾害风险办公室2019年1月24日发布的数据显示，2018年全球约6000万人的生活受到极端天气影响，1万多人死于各类自然灾害。二是由生态环境破坏造成的流感、新型冠状病毒肺炎等新发传染病严重威胁着人类健康。世界卫生组织2020年12月29日公布的最新数据显示，全球累计新冠病毒感染确诊病例已超过8015万例，死亡病例达到177万例。

（二）生态环境保护国际合作机制遭受破坏

为应对全球气候变化造成的生态危机，保护日益脆弱的全球生态环境，从20世纪90年代起，在联合国的推动下，世界多国相继签署了《关于消耗臭氧层物质的蒙特利尔议定书》《生物多样性公约》《控制危险废物越境转移及其处置的巴塞尔公约》《京都议定书》《巴黎协定》等一系列针对全球性环境问题的国际环境公约和议定书，为全球生态治理奠定了良好的基础。但是，目前这些公约的落实正遭遇前所未有的严峻挑战。突出表现在个别西方国家从自身利益出发相继选择了“退群”。如美国认为《巴黎协定》“对美国经济增长产生了负面影响”，“使美国处于不利竞争地位”，2017年6月，美国宣布退出《巴黎协定》。2018年12月，日本正式宣布退出国际捕鲸委员会。尽管这些国家的行为不至于让全球生态治理体系瓦解，但却使生态环境合作保护机制遭到严重破坏。尤其像美国这样的超级大国，理应承担更多的国际责任，但却逃避责任，在国际上造成严重的负面影响。

（三）发展中国家生态环境问题日益严重

近年来，中国在加快生态文明建设的同时，通过技术合作、资金支持、物质援助等多种形式大力支持和帮助其他发展中国家减灾防灾，保护野生动植物，保护生态环境，发展高效生态农业，使广大发展中国家的生态文明意识和可持续发展能力得到显著提升。但是，当前广大发展中国家在现实利益面前依然缺少把生态环境建设放在更加重要位置的决心和勇气。以抵制“洋垃圾”为例，自中国宣布从2018年起全面禁止洋垃圾入境后，得到了包括菲律宾和斯里兰

卡在内的许多发展中国家响应。但是,更多的发展中国家从经济利益的角度依然选择了继续充当西方发达国家的垃圾场,从而导致这些国家的生态环境更加恶化。

二、“共谋全球生态文明建设”的实践路径

生态环境危机威胁全人类可持续发展,特别是在面临全球气候变暖的背景下,如何携手实现把全球平均气温较工业化前水平升高控制在 2 ℃内的目标,需要全球共同的努力。由于生态资源属于公共物品,为解决全球生态环境问题,需要全球各国共同谋划、共同参与,合力推动全球生态文明建设。

(一)倡导“基于自然的解决方案”,构筑尊重自然、绿色发展的经济社会体系

构筑尊重自然、绿色发展的生态体系,是构建人类命运共同体的重要内容。“基于自然的解决方案”其本质是以保护自然生态底线、恢复自然生态本底和尊重自然规律为基本原则。具体来看,基于自然的解决方案主要通过对生态系统的管理,解决全球的气候变化以及快速城镇化所产生的叠加问题,并把对生态系统的保护、开发和修复活动进行系统考虑和统筹安排。新冠肺炎疫情的发生使得人们不断反思人与自然和谐共生等深层次问题,人类必须尊重自然、保护自然、顺应自然,形成人与自然和谐相处的美好局面。中国作为全球生态文明建设的重要引领者,应识别脆弱环境的韧性区间,进一步提高在全球气候治理和全球生物多样性保护中的话语权;加强与各国法律法规的对接,在符合各项法规的基础上积极通过对话等方式调节制度性的矛盾。倡导以“基于自然的解决方案”加强环境领域的国际合作,促进各国分享成功经验,形成多种交流互动平台。

(二)增强绿色价值理念认同,积极推进“一带一路”绿色理念的深化

“一带一路”是积极推进中国与周边国家经济合作关系的重要纽带,加深了中国与沿线国家更深层次的合作与互信。同时,在“一带一路”建设中,也应认识到目前所处的错综复杂的国际形势,传统的资源保护与利用的理念已经发生变化,新的数字化时代的来临,要借助互联网等现代技术条件开发新兴商业模式,拓宽生产、消费、交易的内容和方式。从 2018 年开始的中美贸易摩擦为中国产业链升级提供了发展的机遇与挑战,中国的“世界工厂”功能正在逐步改变。随着 2020 年小康社会全面建成目标的达成,中国正在逐步实现产业转型升级,制造业发展中的隐含能源消耗以及碳排放格局也将发生变化,为“绿色智造”的发展提供了机遇。同时,“一带一路” 所推动的共享、共建,为各国共享建设成果提供了重要的平台。“一带一路”沿线国家的资源与环境存在较大的差异,特别是生态环境的脆弱性面临着多方面的挑战,急需各国增加对绿色发展价值观的认同感,在共同建设过程中,要以当地的资源环境容量作为重要的约束性指标,采取设立绿色化建设示范工程等方式,让绿色理念融入“一带一路”建设之中。

(三)深度参与全球环境治理,全面落实《2030 年可持续发展议程》

当前,全球气候变暖、环境污染、生物种类锐减等全球性问题不能只靠某一个国家来解决。全面落实《2030 年可持续发展议程》,既是各国领导人的庄严承诺,也是普通民众的热切期盼。世界各国应牢固树立命运共同体的意识,为落实可持续发展议程营造良好国际环境;应全面贯彻以人为本的原则,推动人人参与可持续发展;应统筹规划落实工作,协调推进经济、社会、环境发展;应深化全球发展伙伴关系,助力各国落实进程;应支持联合国发挥中心作用,完善全球发展合作架构。为实现 2030 年可持续发展目标,世界各国必须协商合作,依靠国际社会的力量应对全球环境和资源危机。此外,也要充分发挥非政府组织的作用,鼓励多种主体参与国际

环境保护行动，积极开展跨区域、跨流域的生态治理活动。习近平主席所提出的全球生态文明建设思想，是中国推动《2030年可持续发展议程》落实的重要途径和手段。推动“气候金融”“绿色金融”等成为全球气候治理的新的范式，形成具有前瞻性的金融产品。以建立气候标准化服务为着力点，提升中国的核心竞争力。

第十章　长江经济带绿色发展战略

长江经济带覆盖上海、江苏、浙江、安徽、江西、湖北、湖南、重庆、四川、云南、贵州等11个省(直辖市)，面积约205.23万平方千米，占全国的21.4%，人口和地区生产总值均超过全国的40%。推动长江经济带发展，是党中央、国务院做出的重大决策，是关系国家发展全局的重大战略，对实现"两个一百年"奋斗目标、实现中华民族伟大复兴的中国梦具有重要意义。2018年11月，中共中央、国务院明确要求充分发挥长江经济带横跨东中西三大板块的区位优势，以共抓大保护、不搞大开发为导向，以生态优先、绿色发展为引领，依托长江黄金水道，推动长江上中下游地区协调发展和沿江地区高质量发展。

第一节　长江经济带基本情况概述

一、长江流域地理地貌特征概述

长江是中国第一大河流，也是世界第三长的河流。其发源于具有"世界屋脊"之称的青藏高原唐古拉山脉各拉丹冬峰西南侧，长江源区水系主要由北支楚玛尔河水系、西支沱沱河水系及南支当曲水系组成。其中，发源于唐古拉山东段霞舍日阿巴山东麓的南支当曲水系，其长度、流域面积和水量均排在第一位，是长江的真正源头。沱沱河、楚玛尔河和当曲三大水系汇合后，形成通天河。通天河与纳巴塘河会合后进入西藏自治区与四川省交界处的高山峡谷之间，形成的河流称为金沙江。金沙江穿过云贵高原北侧，流经四川省宜宾市，然后与岷江在宜宾市汇合后形成的水系，称为长江。长江干流流经青海、西藏、四川、云南、重庆、湖北、湖南、江西、安徽、江苏、上海，于崇明岛以东流入东海。

长江流域地势高程相差非常悬殊，地貌类型复杂，干流总落差达5000米以上，呈多级阶梯形地形，流经山地、高原、盆地(支流)、丘陵和平原等地貌特征。这些地貌的典型代表有青藏高原、横断山脉、云贵高原、四川盆地、江南丘陵、长江中下游平原。其中：山地在长江流域中占40.6%，丘陵和盆地占31.7%，高原占13.3%，平原和湖泊仅占14.4%。上游地区海拔较高，有3500米以上的隶属于青藏高原的昆仑山脉、唐古拉山脉和横断山脉，以及夹于其中的纵横山岭。中下游的海拔较低，主要山脉有龙门山、峨眉山、巫山、大别山、南陵等。海拔500～1000米的低山及丘陵地带，主要有江南丘陵区。这些低山丘陵区在川、湘、鄂、赣、皖分布非常广泛，四川盆地和江南各省是丘陵分布最为集中的地区。长江流域的平原区域主要以冲积和湖积为主，包括上游的成都平原，中游的两湖平原、鄱阳湖平原，下游的长江三角洲平原。长江流域的喀斯特地貌集中于湘西、鄂西、川南与云贵高原。

长江流域的湖泊众多，典型的湖泊包括鄱阳湖、洞庭湖、太湖、巢湖等。鄱阳湖，中国第一大淡水湖，是一个季节性、吞吐型的湖泊，位于江西省北部，承纳赣江、抚河、信江、饶河、修河五大河流，经调蓄后，由湖口注入长江。鄱阳湖在调节长江水位、涵养水源、改善当地气候和维护周围地区生态平衡等方面都起着巨大的作用。洞庭湖位于湖南省北部，长江荆江河段以南，洞庭湖南纳湘、资、沅、澧四水，北与长江相连，通过松滋、太平、藕池吞纳长江洪水，湖水由东南的城陵矶附近流入长江。因此，洞庭湖也是长江流域重要的调蓄湖泊，具有强大蓄洪能力，曾使长江多次的洪患化险为夷，江汉平原和武汉三镇得以安全度过汛期。太湖位于江苏、浙江两省的交界处，长江三角洲的南部，西侧和西南侧为丘陵山地，东侧以平原及水网为主。巢湖位于安徽省中部，地处长江与淮河两大河流之间，属于长江下游左岸水系。

二、长江经济带自然资源和社会资源概述

1. 长江经济带自然资源概述

长江自西向东横跨中国东部、中部和西部三大经济区，战略地位十分重要，因为整个长江流域具有丰富的资源。其中：长江的水资源总量高达 9600 亿立方米，约占全国河流径流总量的 37%；干流全长 6300 千米，流域面积 180 万平方千米，约占全国总面积的 1/5。长江水量充沛，单位土地面积占有的水资源量为全国的 2.1 倍，为北方沿海五省市的 3.3 倍。金沙江下游和三峡地区水能丰富，加上支流的水能资源，全流域水能蕴藏量达 2.68 亿千瓦，可开发量为 1.97亿千瓦，随着三峡工程的建成，长江中上游已经成为世界上最大的水电基地。

长江流域林木资源丰富，蓄积量占全国的 1/4。主要林区在川西、滇北、鄂西、湘西和江西等地。用材林仅次于东北林区，经济林则居全国首位，以油桐、漆树、柑橘、竹林等最为著称。流域内国家重点保护的野生动植物群落、物种和数量在中国七大流域中多占首位。古老珍稀的孑遗植物如水杉、银杉、珙桐，仅存的珍禽异兽如大熊猫、金丝猴、白鱀豚、扬子鳄、朱鹮等驰名中外，多属长江流域特有。为此，流域内已建立了超过 100 处的自然保护区，包括著名的湖北神农架自然保护区等。

长江流域矿产丰富，在全国已探明的 130 种矿产中，长江流域有 110 余种，占全国的 80%。各类矿产中储量占 80%以上的有钒、钛、汞、磷、萤石、芒硝、石棉等；占 50%以上的有铜、钨、锑、铋、锰、高岭土、天然气等。全国 11 个大型锰矿、8 大铜矿，长江流域分别占有 5 处和 3 处；湖南、江西的钨矿，湖南的锑矿，湖北的磷矿，均居全国之首。流域煤炭保有量达560.6亿吨，仅占全国煤炭储量的 7.7%，主要集中于黔、川、滇三省，其中黔北六盘水煤矿居全国第三位。石油地质储量达 2.02 亿吨，仅占全国石油地质储量的 2.4%；天然气储量丰富，约为 1992 亿立方米，占全国天然气储量的 63.6%。

长江拥有巨大的航运资源，与世界各国比，长江水系通航里程居世界之首，水运总通航里程达 7 万千米，约占全国内河通航里程的 70%以上。其中：干流通航里程 2713 千米，上起四川宜宾，下至长江口。支流航道 700 余条，主要支流航道 50 余条。长江干支流航道与京杭运河共同组成中国最大的内河水运网。干支流水运中心有重庆、武汉、长沙、南昌、芜湖和上海的 6 大港口。通航的河流终年不冻，可四季通航。

长江流域农业资源丰富。由于长江流域大部分地处亚热带季风区，气候温暖湿润，四季分明，许多地区雨热同季。因此，农作物生长所需的光、热、水、土条件优越，是中国最主要的农业生产基地，包括成都平原、江汉平原、洞庭湖区、鄱阳湖区、巢湖地区和太湖地区等。流域耕地面积约 2460 万公顷，占全国耕地总面积的 1/4。农业生产值占全国农业总产值的 40%，粮食产量也占全国的 40%。其中：水稻产量占全国的 70%，棉花产量占全国的 1/3 以上，油菜籽、芝麻、蚕丝、麻类、茶叶、烟草、水果等经济作物，在全国也占有非常重要的地位。

长江流域的畜牧业发达。长江流域西部为气候高寒的青藏高原，日照充足，温差较大，有利于牧草生长，该区域草场辽阔，牧草营养丰富，适口性好，是中国重要的牧区，主要牲畜有藏牦牛、藏绵羊、藏山羊、藏马。长江中下游农业发达，养殖业兴旺，四川、湖南、江苏是全国生猪

拥有量最多的省份，四川、上海、湖南每公顷耕地载有生猪量为全国最高，四川的黄牛、水牛等大型家畜拥有量居全国之最。因此，长江流域也是中国畜牧业生产的重要基地。

长江流域渔业资源丰富。长江流域湖泊众多，河川水系发达，现有水域面积约 1.3 亿亩，接近全国淡水总面积的 1/2，其中可用于养殖的约 5000 万亩。鱼类的品种和产量均居全国首位，占全国产量的 60%以上。长江水系淡水鱼已知 274 种，为全国淡水鱼种的 39%，其中鲤形目和鲈形目占半数以上，主要经济鱼类 60 多种，产区主要在长江中下游水域。

长江流域旅游资源丰富。整个流域幅员广阔，历史悠久，景观纷呈，有荆州、岳阳、昆明、贵阳、成都、重庆、南京、南阳、扬州、镇江、苏州、宜昌、武汉、上海、杭州、安庆、南昌、九江、长沙、无锡等历史文化名城，以及峨眉山、九寨沟、三峡、张家界、武当山、九华山、黄山、庐山、宝天曼、太湖、巢湖、洞庭湖、鄱阳湖等都是全国著名的旅游度假休闲胜地。

长江资源丰富，哺育着华夏大地，成为中国承东启西的现代重要经济带。长江经济带东起上海，西至云南，横跨我国东、中、西三大区域，覆盖上海、江苏、浙江、安徽、江西、湖北、湖南、重庆、四川、云南、贵州 11 个省（直辖市），面积约 205 万平方公里，人口和生产总值均超过全国的 40%。该经济带是长江流域最发达的地区，也是全国高密度的经济走廊之一。

2. 长江经济带社会资源概述

长江经济带具有独特的交通优势。长江经济带横贯我国腹心地带，交通便捷，不仅把东、中、西三大地带连接起来，而且还与京沪、京九、京广、皖赣、焦柳等南北铁路干线交汇，承东启西，接南济北，通江达海。流域内具有丰沛的淡水资源、矿产资源和农业生物资源，开发潜力巨大。

长江经济带产业优势突出，是我国重要的农业主产区、工业走廊和现代服务业聚集区。粮食总产量占全国三分之一以上，水稻、油菜籽、淡水产品等重点农产品产量占比超过 50%。电子信息、装备制造、有色金属、纺织服装等产业规模占全国比重均超过 50%，新型平板显示设备、集成电路、先进轨道交通装备、船舶和海洋工程装备、汽车、电子商务、生物医药、航空航天等产业已具备较强国际竞争力。金融保险、航运、工业设计、文化创意等服务业特色优势突出。

长江经济带是我国创新驱动的重要策源地，对外开放程度高，创新资源丰富，集中了全国 1/3 的高等院校和科研机构，拥有全国一半左右的两院院士和科技人员，各类国家级创新平台超过 500 家，涌现了高性能计算机、量子保密通信等一批具有国际影响力的重大创新成果。研发投入成效显著，研发经费支出、有效发明专利数、新产品销售收入占全国比重分别为 43.9%、44.3%、50%，形成了一批创新引领示范作用显著的城市群。

三、长江经济带发展面临的主要突出问题

1. 区域的差异性问题

长江经济带在发展过程中遇到了一系列的问题，最为突出的就是经济发展与生态建设之间的矛盾，上游地区环境条件恶劣，中下游地区水体污染严重，水污染的治理、水生态的修复、水资源的保护形势非常的严峻。在经济发展方面，全流域的产业低端与产能过剩问题突出。为发展经济，一些地方引进高污染的矿产、钢铁、水泥、化工企业布局在江边，长江水质不断恶化。“黄金水道”作用的发挥与生态保护的压力并存，协调好经济发展和生态建设的关系是推动长江经济带发展的核心问题。

2. 对长江经济带发展战略的片面认识

在生态建设方面，上游生态建设重点区与贫困地区高度契合，除了高原、干热干旱地区之

外，其他地区缺乏绿地，中下游水体污染严重，水污染治理、水生态修复、水资源保护形势极其严峻；在经济方面，全流域存在产业低端与产能过剩情况。为了发展经济，一些地市引进一些高污染项目，部分企业无视长江水环境，污水直排、偷排问题突出，沿线水污染事件多发，水质恶化。

"共抓大保护、不搞大开发"不是不发展，而是保护与发展同步，开发不能以牺牲生态环境为代价。要辩证地看待经济发展和生态环境保护的关系，不能走先污染后治理、先破坏后修复的老路。

3. 生态环境形势严峻

流域内生态功能退化依然严峻，长江的"双肾"——洞庭湖、鄱阳湖频频干旱，流域内接近30%的重要湖库处于富营养化状态。沿江工业污染物排放基数大，废水、化学需氧量、氨氮排放量分别占全国的43%、37%和43%。长江经济带内30%的环境风险企业位于饮用水源地周边5000米范围内，生产储运区交替分布。干线港口化学危险品的吞吐量大，存在跨区域违法倾倒危险废物、污染产业向中上游转移的情况。

4. 同质竞争和松散合作

沿江开发往往是以地方政府为主导，基本上以省或市为单位，行政色彩浓厚。各省市都在强调长江经济带战略实施给本地区发展带来的机遇，而在生态环境建设与环境治理、完善综合交通体系、产业转型升级、推进城镇化、扩大对外开放等方面共识多、协同少，商议多、行动少。现有的协调机制缺乏相应激励约束机制，往往协调多、落实少。在经济社会发展上，部分地市资源同争、市场同抢，互不相让，甚至以牺牲资源和环境为代价，搞政策洼地，进行恶性竞争。

5. 统筹协调不够

长江经济带发展是全流域管理和发展的问题，涉及生态环境保护、综合立体交通走廊、经济协调发展、产业整体布局等多方面，涉及水利部、生态环境部、住房和城乡建设部、农业农村部、交通运输部、发改委等管理部门以及沿江11省(直辖市)。因此，推动长江经济带全流域发展，需要有统分结合、整体联动的工作机制，但是，现状却是大家都从各自角度思考问题、各自为政、自行其是。例如在大交通建设方面，铁路、公路、港口、航道、岸线、水利、航空、管道等分别由不同部委机构管理，项目建设由不同省市具体实施，各管一段，导致各省之间、同省之间"最后一公里"问题严重，货物中转能力和效率低下；在长江环境保护方面，多个部委和沿江省市都有各自职责，但职责缺乏整合、功能缺乏归集，各管各段、各行其是。这些现状难以有效适应全流域完整性管理的要求。

6. 有关方面主观能动性不高

长江经济带生态环境保护的专项资金规模不大，长江经济带生态环境保护资金安排统筹度不强，整体效率不高。地方投资力度和积极性欠缺，政策性金融和开发性金融机构的支持力度不够。

第二节　长江经济带绿色发展现状

一、长江经济带在中国发展中的战略地位

(一) 引领中国经济高质量发展的排头兵

长江经济带覆盖我国11省(直辖市)，横跨东中西三大板块，国土面积虽然只占全国的

21.4%，但集聚了42.8%的人口，2018年创造了44.1%的国内生产总值，在我国经济发展中具有重要引擎作用。长江经济带东有长三角城市群，西为中西部广阔腹地，市场需求潜力和发展回旋空间巨大。在当前全球经济增速放缓、不确定性增多、我国经济已由高速增长阶段转向高质量发展阶段的大背景下，推动长江经济带高质量发展，必须充分发挥长江黄金水道的独特作用，构建现代化综合交通运输体系，推动沿江产业结构优化升级，培育具有强大竞争力的三大城市群，使之成为引领我国经济高质量发展的排头兵。

（二）具有全球影响力的内河经济带

长江是货运量居全球内河第一的黄金水道，长江通道是我国国土空间开发最重要的东西轴线，在区域发展总体格局中具有重要战略地位。长江经济带集聚着大量的人口，上中下游分布着长三角城市群、长江中游城市群和成渝城市群三大巨型城市群。长江经济带的经济地位，特别是产业地位接近全国的一半分量，这是其他任何一个经济区域都无法比拟的，庞大的经济体量和密集的人口数量要求构建发达的综合交通运输网络，满足区内人流、物流、资金流、信息流、技术流的充分流动，从而加快经济社会发展。从古至今长江都是中华民族的东西向运输大动脉，现已形成世界上最大的以水运为主，包括铁路、高速公路、管道以及超高压输电等组成的综合性运输通道。2016年长江航运年货运量达20.6亿吨，分别为美国密西西比河、欧洲莱茵河年货运量的4倍和6倍。具有国际竞争力的世界级产业集群、完备的现代综合立体交通网络、功能健全的世界级国家级城市群，使得长江经济带成为具有全球影响力的内河经济带。

（三）实施生态环境系统保护修复的先行示范带

长江是我国重要的生态宝库和生物基因宝库，流域内动植物千姿百态，珍稀水生生物十分宝贵，生物多样性居我国七大流域之首。长江也是我国水量最丰富的河流，年均水资源总量达9960亿立方米。长江流域森林覆盖率达40%以上，河湖湿地面积约占全国的20%。推动长江经济带高质量发展，必须坚持共抓大保护、不搞大开发、统筹江河湖泊丰富多样的生态要素，构建江湖关系和谐、流域水质优良、生态流量充足、水土保持有效、生物种类多样的生态安全格局，使之成为实施生态环境系统保护修复的先行示范带。

（四）培育新动能引领转型发展的创新驱动带

长江经济带是我国创新驱动的重要策源地，教育与科技创新资源富集，普通高等院校数量占全国的43%，研发经费支出占全国的46.7%，有效发明专利数占全国40%以上。长江沿线集聚了2个综合性国家科学中心、9个国家级自主创新示范区、90个国家级高新区、161个国家重点实验室、667个企业技术中心，占据了全国的“半壁江山”。长江经济带高质量发展，必须依托区域人才、智力密集优势，坚定不移地推进供给侧结构性改革，坚决淘汰落后过剩产能，大力激发创新创业创造活力，实现要素驱动、投资驱动向创新驱动的转变，使之成为培育新动能引领转型发展的创新驱动带。

（五）创新体制机制推动区域合作的协调发展带

长江经济带上中下游资源、环境、交通、产业基础等发展条件差异较大，中游、上游人均地区生产总值仅分别为下游的60.3%和49.2%，地区间基本公共服务水平差距明显。推动长江经济带高质量发展，必须立足上中下游地区比较优势，创新区域协调发展机制，统筹人口分布、经济布局与资源环境承载能力，打破行政分割和市场壁垒，促进要素跨区域自由流动，提高要素配置效率，激发内生发展活力，使之成为创新体制机制推动区域合作的协调发展带。

二、长江经济带建设绿色发展面临的问题

1. 保护与发展存在尖锐矛盾

20世纪90年代初，浦东新区建设给整个长江流域带来了前所未有的机遇。几十年来，长江流域各地区经历了全面的大规模开发。仅皖、赣、湘、鄂、川、渝、黔、滇等中上游地区近10年来，都基本实现了平均10%的超高速经济增长，25年中，各地的年GDP总量翻了3.5番。高于全国同一指标。这种增长主要支撑部分是由能源、重化工、物流、大农业等产业提供的。长江经济带实现了长时期的高速经济增长，但忽视了生态环境保护的重要性。当前长江流域开发和生态安全保护之间仍存在着非常尖锐的矛盾，生态环境保护面临着巨大的挑战：第一，流域的整体性保护不足，破碎化、生态系统退化趋势加剧；第二，污染物的排放量大，风险隐患大，饮用水安全保障压力大；第三，重点区域的发展和保护的矛盾十分突出。长江上中下游地区经济发展水平不同，客观存在区域发展差距，诉求不尽相同。上游部分地区希望国家能够充分考虑所处发展阶段和发展要求，结合资源等条件，放宽经济发展空间。中下游部分地区在航运基础设施建设和产业布局过程中，也提出面临的发展和保护的两难境地。

2. 水生态环境面临严峻挑战

长江经济带是我国一条巨型流域经济带，依托长江黄金水道，连接上下游、东西部、左右岸，水生态环境是其赖以存在发展的重要基础，关系着产业的持续发展与居民的身心健康。然而，长江经济带水生态环境发展不容乐观，水污染严重，生态系统失衡。上游地区水能资源开发过度，水土流失加剧。根据2015年《长江泥沙公报》，三峡下游宜昌站年径流量和输沙量分别为3946亿立方米和0.037亿吨，与1950—2015年的平均值相比，分别减少8.5%和99.1%。由于清水下泄量增大，中下游河道冲刷下切，河流特性发生改变，河口从堆积转向侵蚀，洞庭湖、鄱阳湖水位相对抬高。同时，随着长江上游干支流水电项目持续开发，以及世界最大的水库群建设，长江干流径流量将进一步减少。中下游地区湖泊、湿地生态功能退化，长江“双肾”面临严重生存危机。特别是沿江大型湖泊蓄水滞洪功能削弱、枯水期延长、水体富营养化导致水质下降，部分河段饱受重金属污染。沿江工业及生活废水排放点源污染、农业生产面源污染以及船舶运输流动源污染为主要污染来源。自2003年以来，洞庭湖三口水系分流减少，断流时间增加，湖水出流加快，枯水期提前20天左右；鄱阳湖由于受长江干流的“顶托”作用减小，湖口年均倒灌水量由蓄水前的25亿立方米减少至蓄水后的8亿立方米，“拉空”效应使鄱阳湖枯水期提前1个月，水位的快速下降加剧了鄱阳湖枯水期水质恶化的趋势。长三角地区局部饮用水水源地受上游和天然背景值影响，水质尚未全面达到饮用水标准。2015年，上海市水源地水质达标率仅为68.6%，主要超标因子为氨氮、总磷和粪大肠菌群，饮水安全形势不容乐观。

3. 大耗能、大污染的重化工产业比重较高

长江经济带特别是中上游地区长期是我国传统制造业的重要基地，在沿海快速发展的“压力”下奋力追赶。利用长江流域的资源、廉价水运，以及国内外市场提供能源、矿物原料及需求的条件，大规模发展钢铁、船舶、石化、化工、造纸、电力、有色金属、建材等高污染、高能耗的资源性行业与产能过剩行业。超高速度增长及比较初级的产业结构导致能源消耗，原材料与建筑材料需求量、物流量与污染物的大幅度增加，并造成了巨大的生态环境压力，通过流域生态系统联动性，最终将中上游地区严重的生态环境压力传导至各个地区。2015年长江经济带九省二直辖市六大高耗能产业销售产值占工业销售总产值的比重均高于20%，而中上游地区的

江西、贵州、云南更是分别高达39.93%、39.60%和48.70%，这不仅成为维系长江经济带经济稳定增长的核心原动力，也是其生态系统不稳定的重要原因。总体而言，长江经济带尚未摆脱高能耗、高投入、高排放的粗放扩张型发展模式，仍旧延续着重化工型产业化趋势，存在着绿色发展与经济稳定增长的两难取舍问题，构成绿色发展短期难以逾越的褐色门槛。

4. 区域协调联动发展机制尚不健全

长江干支流与上中下游同时被十多个行政区、几十个部门所管理，受到太多方面利益的驱动，统筹管理和协同保护的大格局尚未真正形成。虽然长江经济带整体及上中下游均建立了常态的对话沟通平台，如长江沿岸中心城市经济协调会、长江上游地区省际协商合作专题联席会、长江中游城市群省会城市会商会与长江三角洲城市经济协调会，并发表了加快绿色发展与加强生态保护合作的《武汉共识》《长沙宣言》《合肥纲要》《南昌行动》《淮南宣言》等集体倡议，但相关合作平台和协议约束力不够，难以对长江经济带一体化绿色发展产生持续性实质影响。长江流域整体在协调部门利益、区域利益，以及推动绿色发展和产业转型等方面还存在不少问题。长江经济带上中下游区域协调程度有所加强，但上中下游之间的协调联动机制还有待进一步完善。受营商环境不佳、交易成本较高等因素制约，下游的资本、技术和人才难以进入上游地区。城市群内部的协调联动机制还比较滞后，城市间产业、生态合作不足，整体竞争力有待进一步提升。跨区域的推动新型城镇化的机制尚未建立，中上游农村转移到下游地区城镇就业的人口难以完全实现市民化，以及难以享受与当地居民相同的基本公共服务。

三、长江经济带绿色发展进展

（一）顶层、中层设计不断完善

习近平总书记针对长江流域的保护与发展明确提出，长江经济带发展必须坚持生态优先、绿色发展的战略定位。这不仅对长江流域的保护和发展具有历史性意义，也对实现中华民族伟大复兴具有指导意义。

顶层设计指的是《长江经济带发展规划纲要》，这是长江经济带发展的总规，更是纲领性文件。中层设计指的是国家有关部委和沿江11省（直辖市）针对规划的落实，制定的一系列专项规划、政策文件和实施方案。如《成渝城市群发展规划》《长江三角洲城市群发展规划》《长江经济带生态环境保护规划》《长江岸线保护和开发利用总体规划》《长江经济带发展水利专项规划》《长江经济带沿江取水口、排污口和应急水源布局规划》《长江经济带综合立体交通走廊规划（2014—2020年）》等专项规划，还有各省市陆续制定的《长江经济带发展规划纲要》实施方案，全面部署长江经济带绿色发展。至此，长江经济带“1＋N”模式的规划政策体系已经形成，规划引领的先导作用在发展过程中被充分运用。此外，立法进程一直在向前推进，2019年12月23日，《中华人民共和国长江保护法（草案）》首次提请审议，2020年12月26日，第十三届全国人民代表大会常务委员会第二十四次会议通过了《中华人民共和国长江保护法》。《中华人民共和国长江保护法》包括总则、规划与管控、资源保护、水污染防治、生态环境修复、绿色发展、保障与监督、法律责任、附则九章内容。这是我国首部流域性的法律文件，未来长江经济带有望形成“1＋N＋1”的规划政策和法律体系。

（二）生态环境持续改善

长江经济带生态资源禀赋、生态系统独特、生物种类繁多，是我国重要的生态屏障区。在“共抓大保护，不搞大开发”政策指引下，一系列针对生态环境保护修复的专项行动得以有效开展，其中"4+1"工程取得明显成效。国家发展改革委2019年11月底的数据显示，长江经济带优良水质比例达82.5%，优于全国平均水平，劣Ⅴ类比例为1.2%。长江干线非法码头已彻底整改1361座，1318万亩土地造林绿化，长江生态屏障得以巩固，沿江生态环境质量得以改善。

（三）经济发展态势良好

四年来，在加强生态环境保护的同时，长江经济带经济整体水平保持稳定增长，经济总量逐年提升。2017年长江经济带地区生产总值从2016年的33.3万亿元增加到37.38万亿元，增加了4.08万亿元；2018年长江经济带地区生产总值达40.30万亿元，增长7.8%；2019年长江经济带地区生产总值达45.78万亿元，总量占全国的46.20%。

（四）绿色发展水平稳步上升

长江经济带沿江地区绿色发展水平随时间推移也表现出稳步提高的总体趋势。《长江经济带高质量发展指数报告》显示，2011—2016年间，长江经济带高质量发展指数呈稳步上升趋势。长江经济带绿色发展水平在全国处于中上游水平。2013—2016年，长江经济带11省（直辖市）的绿色发展综合指数在全国范围内前10名中占据5位，且没有省（直辖市）出现在后10名。根据国家统计局2017年公布的数据，长江经济带11省（直辖市）2016年绿色发展指数平均达到80.4，高于79.2的全国平均水平，并在资源利用、环境治理、环境质量、生态保护、增长质量、绿色生活、公众满意程度等方面保持领先。长江经济带绿色发展水平的稳步提升，反映出长江经济带的绿色发展战略和发展重点，在改善生态环境、促进转型发展等方面取得了一定进展，也反映出我国"生态优先，绿色发展"的理念取得明显成效。

（五）创新驱动发展持续向好

自主创新取得突破。长江经济带多省（直辖市）加快全面创新改革试验。上海、湖北、重庆、四川等走在前列，国家自主创新示范区、国家级科技创新平台（中心）、综合性国家科学中心、创新型省（直辖市）加快建设。产业转型升级不断加快。一产、二产、三产结构不断优化，三产发展趋势最佳，现代工业体系逐步形成。2019年，沿江11省（直辖市）30个战略性新兴产业集群获国家发改委重点支持建设。

（六）开发开放程度不断深化

从我国开发开放的宏大蓝图中可以看出，长江经济带对外通过"一带一路"与"陆海新通道"等，衔接广袤的欧亚内陆和南亚、东南亚等辽阔海洋，对内辐射京津冀、粤港澳大湾区，联动新一轮西部大开发，开发开放格局不断深化。目前，我国已挂牌的18个自贸区中，有7个（其中2019年新批复设立2个）位于长江经济带，这是长江经济带对外开发开放的重要平台和窗口，是推动区域经济"引进来"和"走出去"的主要支撑。

（七）综合立体交通走廊加快建设

近年来，长江经济带"铁水公空"多式联运协调发展，有效促进了区域内外交通互联互通，现代化综合立体交通走廊基本成型，"黄金水道"的优势和效益开始显现。目前，长江航道航运能力明显提升，数据显示：5万吨海船可直达南京，万吨轮船可达武汉，3000吨级船舶可常年通达重庆。沿江港口、综合保税区协同发展力度加大，航运效率获得提高，运输成本进一步降低。

（八）共抓大保护形成强大合力

一是在国家生态环境保护修护的严要求下，长江经济带生态环境突出问题绝大部分已经得到整改，生态系统发挥出对经济增长的强有力支撑作用。二是建立健全国土空间管控机制，划定54.42万平方千米的生态保护红线，占带内国土面积四分之一。三是生态补偿机制探索初见成效。一方面，建立省内生态补偿机制，另一方面，签署横向生态补偿协议，如云贵川、浙皖等。四是三峡集团、国家开发银行等多家央企或金融机构积极参与共抓大保护工作，提供稳固的金融支撑。

第三节　推进长江经济带绿色发展路径

绿色发展是一种以人为本的可持续发展方式，强调经济增长与环境保护的和谐发展。推动长江经济带发展是我国区域发展的重大战略，绿色协调发展是实现长江经济带高质量发展的基本要求之一。2016年，习近平总书记提出，当前和今后相当长一个时期，要把修复长江生态环境摆在压倒性位置，共抓大保护，不搞大开发。2018年，习近平总书记再次强调，要正确把握生态环境保护和经济发展的关系，探索协同推进生态优先和绿色发展新路子。

一、长江经济带绿色发展的目标要求

（一）全面保护和修复长江生态环境

当前和今后一个时期，要按照《"十三五"生态环境保护规划》和《长江经济带生态环境保护规划》部署的各项目标任务，从严从实抓好长江经济带生态环境保护工作。推动长江经济带发展，必须坚持生态优先、绿色发展，要把保护和修复长江生态环境摆在首要位置，共抓大保护，不搞大开发。全面落实主体功能区规划，明确生态功能分区，划定生态保护红线、水资源开发利用红线和水功能区限制纳污红线，强化水质跨界断面考核，推动协同治理，严格保护一江清水，努力建成上中下游相协调、人与自然相和谐的绿色生态廊道。《长江经济带发展规划纲要》指出，到2020年，生态环境明显改善，水资源得到有效保护和合理利用，河湖、湿地生态功能基本恢复，水质优良（达到或优于Ⅲ类）比例达到75%以上，森林覆盖率达到43%，生态环境保护体制机制进一步完善。到2030年，水环境和水生态质量全面改善，生态系统功能显著增强等。

（二）推动长江经济带发展方式转变

建设好长江经济带，必须全面贯彻落实创新、协调、绿色、开放、共享的发展理念，深入推进实施创新驱动发展战略，加快长江经济带产业向中高端水平迈进，增强对全国的辐射带动作用。深刻认识绿色发展内涵，挖掘绿水青山的真正价值，引入国内外先进技术和市场化运作机制，探索绿水青山变金山银山的实施路径，彻底摒弃以经济快速增长为导向的价值观和牺牲绿水青山换取短期经济利益的行为。坚持以优化为主线，调整产业存量、做优产业增量，完善现代产业体系。坚持以创新为动力，依托科技创新、制度创新双轮驱动，构建全方位创新发展体系。《长江经济带创新驱动产业转型升级方案》指出，到2020年，长江经济带在创新能力、产业结构、经济发展等方面取得突破性进展。基本实现由要素驱动向创新驱动转变，研发投入不断加强，战略性新兴产业自主创新能力全面提升。形成若干世界级产业集群和具有国际先进水平的产业基地，打造一批创新型领军企业。产业空间布局更加合理，生产要素实现区域内自由、合理流动，下游地区高端产业、科技资源、人才要素优势更为突出，中上游地区承接产业转移规模进一步扩大，东中西协同发展的格局基本形成。经济总量占全国比重稳步上升，对全国的辐射带动示范作用进一步显现。外向型经济快速发展，出口产品规模持续扩大，涌现一批具有国际影响力的品牌，国际分工地位显著提升。到2030年，创新驱动型产业体系和经济格局

全面建成，创新能力进入世界前列，区域协同合作一体化发展成效显著，成为引领我国经济转型升级、支撑全国统筹发展的重要引擎。

（三）落实绿色发展理念和举措，提高民生福祉

良好生态环境是最公平的公共产品，是最普惠的民生福祉。在推动长江经济带发展座谈会上，习近平总书记明确强调：推动长江经济带发展必须从中华民族长远利益考虑，走生态优先、绿色发展之路，使绿水青山产生巨大生态效益、经济效益、社会效益，使母亲河永葆生机活力。要进一步深化思想认识，从解决民生痛点入手，让母亲河永葆生机活力，让美丽长江润泽百姓。要建立长江流域生态补偿机制。落实碳排放补偿机制，建立下游经济发达地区反哺中上游欠发达地区机制，加大退耕还林补偿力度。要保护好水源地，进一步提高长江经济带饮用水水质安全保障水平，切实保障农村饮水安全。严格执行污染物处置标准，开展环境绩效评价。控制农业面源污染，大力推行生态养殖模式，加强污染物无害化处理，抓好美丽村庄建设。长江经济带的建设与发展，归根结底是要让它哺育的中华儿女获得更多的幸福感。要积极探索推广绿水青山转化为金山银山的新路径，采取政府主导，企业、社会各界和人民群众广泛参与，市场化运作等方式，努力实现经济发展与人口、资源、环境相协调，使长江经济带充分发挥好生态资源优势，吸引长江经济带沿线更多的资本、技术、人才等要素集聚，带动群众不断增收，更好地惠及民生福祉。

（四）推动长江经济带绿色低碳循环发展

长江是中华民族的生命河，也是中华民族发展的重要支撑。长江经济带发展的战略定位必须坚持生态优先、绿色发展，共抓大保护，不搞大开发。习近平总书记要求：自觉推动绿色循环低碳发展，有条件的地区率先形成节约能源资源和保护生态环境的产业结构、增长方式、消费模式。坚持生态优先、绿色发展，关键在于优化长江流域产业结构和企业布局。通过重构产业发展格局、推动企业转型升级、完善区域合作机制，形成自然资源能源节约的消费模式和生态环保的经济增长方式。要按照全国主体功能区规划要求，建立生态环境硬约束机制，列出负面清单，设定禁止开发的岸线、河段、区域、产业，强化日常监测和问责。要抓紧研究制定和修订相关法律，把全面依法治国的要求覆盖到长江流域。要有明确的激励机制，激发沿江各地区保护生态环境的内在动力。要贯彻落实供给侧结构性改革决策部署，在改革创新和发展新动能上做“加法”，在淘汰落后过剩产能上做“减法”，走出一条绿色低碳循环发展的道路。

二、长江经济带绿色发展路径

（一）扎实推进水污染治理、水生态修复、水资源保护“三水共治”

强化“三水共治”整体观念，推动长江经济带绿色发展。以“三水共治”为抓手，将水资源、水环境、水生态治理作为长江经济带发展的第一要务，实现“让一江清水绵延后世”。一是全面实施水污染治理。保护和改善水环境的重点在于控制水污染，要采取超常措施，打好水污染防治攻坚战，构建源头控污、系统截污、全面治污三位一体的水污染治理体系，以城镇污水垃圾处置为突破口和系统截污重点，以工业污染、农业面源污染治理为源头管控重点，以严重污染水体、重要水域为全面治污重点，以点带面、全面推进，实现水体达标排放。二是加强水生态修复。保护和修复水生态的重点任务在于恢复长江水生态功能，必须妥善处理好流域内江河湖泊关系，维护水生生物多样性以及加强沿江森林保护和生态修复。协调三峡水库与中下游水系生态关系，稳定中下游河湖基本生态用水，加强洞庭湖、鄱阳湖、洪湖等大型湖泊滞洪调蓄能

力，继续实施退田还湖工程，确保河湖数量、面积不减少，质量不降低。全力实施森林、湿地保护修复和水生生物多样性保护工程，加快推进岸线修复、绿色廊道建设，增强长江生态系统服务功能。三是加强水资源保护。保护和利用水资源的重点任务是提高水资源使用效率，必须强化饮用水水源地保护，优化水资源配置，加快节水型社会建设。设立沿江、沿河、环湖水资源保护带与生态隔离带，全面加强饮用水源地水质保护提升。建立健全长江流域水资源统一管理制度，优化水源水质结构，切实增强全流域水资源调配和保障能力。落实最严格的水资源管理制度，划定水资源开发利用红线与用水效率红线，全面开展农业、工业和城镇节水行动，大力推动全社会牢固树立节水意识并付诸实践。

（二）科学布局，发展壮大绿色产业

长江通道是我国国土空间开发最重要的东西轴线，在区域发展总体格局中具有重要战略地位。长江经济带的绿色发展必须扎根于绿色产业的发展，这是发展的持久动力与根本基础。在长江国土空间产业规划布局方面，需要科学的布局谋篇。优化长江经济带沿江地区空间布局是落实长江经济带功能定位及各项任务的载体，是长江经济带规划战略实施的重点，必须抓好以下三个着力点。一要着力优化长江经济带产业发展路径，推进产业空间布局的绿色化进程，实行差异化分工、协同式发展，严格沿江产业环境准入，推动沿江产业调整优化。二要着力发展绿色产业，加快产业绿色生态化改造升级步伐。在长江经济带产业结构调整中，严格推进产业转入负面清单制度。按照主体生态功能定位，以保护和修复生态环境、提供优质生态产品为主要任务，明确禁止类与限制类产业清单，存量与增量产业必须具有涵养水源、保持水土与维护生态多样性功能，严禁高能耗、高排放、高污染型产业进入。加快推动产业结构绿色化、低碳化、高端化。改造升级传统重化工产业，发展壮大先进制造业、高技术产业与战略性新兴产业。大力建设生态工业园区，加快工业园区循环化发展，规范推广“回收—再利用—设计—生产”的循环经济发展模式，推动长江经济带工业绿色发展、循环发展、低碳发展，实现经济效益、生态效益、社会效益的有机统一。三要着力优化长江经济带城市空间发展布局，推进沿江地区绿色生态城市建设大发展，把长江经济带不同区域的产业结构调整和土地资源的合理配置结合起来，提高土地开发利用效率，突出规划先行，科学编制森林城市、生态城市的基本构架，优化长江经济带区域内城市体系布局，构建长江经济带城市间快速交通系统、生态资源共享系统和环境保护系统。

（三）积极探索践行绿色发展机制

营造有效的制度机制和政策环境，是实现绿色发展的关键。探索践行长江经济带绿色发展机制有如下三个重要抓手：一是建立流域综合职能管理机构。整合水利部长江水利委员会、交通运输部长江航务管理局等国务院部委派出机构与国家推动长江经济带发展领导小组，成立长江经济带建设发展委员会，扩大其相应职能与权力。二是建立绿色政绩考核评价体系。将自然资源损耗与环境修复治理成本纳入政绩考核评价体系，逐步建立健全并全面推广河长制、生态环境损害问责制度和领导干部自然资源资产离任审计制度，切实转变唯 GDP 忽视生态环境的政绩考核评价导向。强化绿色政绩考核结果运用，将评价结果作为地方领导班子调整和干部选拔任用、培训教育、奖励惩戒的重要依据，增强各级政府和领导干部绿色发展的积极性、主动性和约束性。三是建立健全“三位一体”生态补偿机制。特别是中央对中上游地区的纵向专项财政生态补偿机制、下游地区对中上游地区的横向流域生态补偿机制，以及下游地区对中上游地区的绿色产业生态补偿机制。

（四）完善党政、企业和公民共建共治共享的生态治理体系

构建党政、企业、公民集体行动的绿色发展实践共同体。通过三方的合作努力，提高长江经济带环境保护和工业污染治理能力。各级党委和政府要始终将生态环境问题当作关系国家长治久安的重大政治问题和关系民生福祉的重大社会问题，促进执政理念、执政方式的转换，当好长江经济带绿色发展的领导者和组织者，坚持生态惠民、生态利民和生态为民。企业要当好长江经济带绿色发展的生力军，自觉地坚持绿色发展、低碳发展、循环发展，切实履行为环境保护尽责尽力的社会责任，建立健全绿色发展、低碳发展的现代经济体系。公民要自觉地形成和倡导简约适度、绿色低碳的生活方式和消费方式，将承担绿色发展的责任生活化、实践化、具体化。努力把长江岸线建设成为高水平的黄金经济带、生态屏障带、文化旅游带、生态文明教育带。

三、长江经济带绿色发展战略性举措——以湖北为例

2018 年 8 月 8 日，为深入贯彻落实习近平总书记在深入推动长江经济带发展座谈会上的重要讲话精神，正确把握“五个关系”，扎实做好生态修复、环境保护和绿色发展“三篇文章”，湖北省发布“长江经济带绿色发展十大战略性举措”，以长江经济带发展推动高质量发展。“长江经济带绿色发展十大战略性举措”分为十个部分，总共 58 个重大事项，91 个重大项目，总投资 1.3 万亿元。

（一）加快发展绿色产业

加快发展绿色产业主要包括全力打造新兴支柱产业、加快制造业改造升级、推进工业互联网基础设施建设、提高资源能源利用效率和清洁生产水平、大力构建工业绿色制造体系、大力发展节能环保产业、打造清洁多元的绿色能源供给体系、建立健全绿色矿山发展机制、积极推进中国（湖北）自由贸易区建设、加快发展临空经济 10 个重大事项，以及 12 英寸先进半导体存储器技术开发及产业化项目一期工程、京东方武汉 10.5 代线项目、华星光电显示面板项目、武汉国家航天产业基地等 19 个重大项目，总投资 2454 亿元。

（二）构建综合立体绿色交通走廊

构建综合立体绿色交通走廊主要包括推进江海联运船舶标准化、武汉长江中游航运中心建设、加快推进多式联运示范工程建设、探索推进旅客联程运输发展、推进砂石集并中心建设等 5 个重大事项，以及湖北国际物流核心枢纽新建鄂州机场项目、武汉枢纽改造工程、沿江高铁、三峡翻坝综合交通运输体系、长江航道“645”工程等 17 个重大项目，总投资 3256 亿元。

（三）推进绿色宜居城镇建设

推进绿色宜居城镇建设主要包括优化省域城镇布局、优化城市公共绿地布局、推动绿色建筑快速发展、编制实施湖北省长江经济带国土空间规划、建立数字化城市管理平台 5 个重大事项，以及地下综合管廊、海绵城市、特色小镇、乡镇生活污水处理厂、城镇生活垃圾无害化处理、棚户区改造等 19 个重大项目，总投资 3977 亿元。

（四）实施园区循环发展引领行动

实施园区循环发展引领行动主要包括建立循环经济统计评价考核机制 1 个重大事项，以及国家级、省级示范试点园区循环化改造等 6 个重大项目，总投资 334 亿元。

（五）开展绿色发展示范

开展绿色发展示范主要包括支持武汉市创建国家级绿色发展示范、开展省级绿色发展示

范、支持武汉市高标准规划长江新城、支持襄阳产业绿色发展减量化增长工程、三峡生态合作区生态治理“宜昌实验”、支持荆门建设循环经济四大特色园区、黄石市绿色矿业示范区创建、加快推进神农架国家公园体制试点等8个重大事项，以及武汉“四水共治”、武汉“东湖城市生态绿心”建设、青山北湖生态试验区综合治理、硚口汉江湾生态综合治理、宜昌市城区污水厂网与生态水网共建工程5个重大项目，总投资1581亿元。

（六）探索“两山”理念实现路径

探索“两山”理念实现路径主要包括开展湖北长江经济带自然资源全域调查、开展生态环境大普查、探索建立生态产品价值评价体系、探索建立自然资源有偿使用机制、开展生态补偿试点、开展生态文明考评6个重大事项。

（七）建设长江国际黄金旅游带核心区

建设长江国际黄金旅游带核心区主要包括强化旅游规划引领、引导发展长江游船、推进创建旅游品牌、开展全域旅游示范行动、加强旅游形象推广、提升旅游服务质量、加快自驾游服务设施建设7个重大事项，以及长江游轮母港、旅游厕所革命、长江经济带旅游大数据中心项目、武汉江汉朝宗文化旅游区项目等20个重大项目，总投资1224亿元。

（八）大力发展绿色金融

大力发展绿色金融主要包括出台工作意见、加大政策性金融和开发性金融支持力度、推动绿色债券发行、推动绿色直接融资、发展绿色保险、加强与中国三峡集团合作6个重大事项。

（九）支持绿色交易平台发展

支持绿色交易平台发展主要包括建设全国碳排放权注册登记系统、组建中国碳排放权登记结算有限责任公司、开展用能权交易试点3个重大事项，以及长江国际低碳产业园等5个重大项目，总投资112亿元。

（十）倡导绿色生活方式和消费模式

倡导绿色生活方式和消费模式主要包括发展绿色流通、深入开展绿色商场创建、大力发展绿色餐饮、积极推进绿色采购、着力推动绿色包装、减少一次性用品使用、持续推广绿色回收7个重大事项。

第十一章　长江经济带生态环境保护方案

第一节　长江经济带生态环境保护现状

长江经济带横跨中国东中西三大区域，是中央重点实施的“三大战略”之一，是具有全球影响力的内河经济带、东中西互动合作的协调发展带、沿海沿江沿边全面推进的对内对外开放带，也是生态文明建设的先行示范带。根据全国主体功能区规划，长江三角洲属于优化开发区，长江中游、成渝、黔中、滇中城市群属于重点开发区，上游地区特别是三江源地区，属于重点生态功能区。长江流域及其主要支流是众多湖库的重要源头和水源涵养区，也是三峡大坝和南水北调工程等重要水利枢纽的绿色屏障。其生态状况不仅关系到我国数亿人口的生存与发展，而且是我国实现经济社会可持续发展的重要基础和保障。

一、长江经济带生态环境的重要地位

十九大报告指出，加快生态文明体制改革，建设美丽中国，要着力解决突出环境问题。加快水污染防治，实施流域环境综合治理是其中的重要部署之一。长江流域一直是我国环境保护的重点流域，覆盖 11 省(直辖市)的长江经济带更是我国经济重心和活力所在，也是中华民族永续发展的重要支撑。长江经济带发展必须坚持生态优先、绿色发展。习近平总书记指出，要把修复长江生态环境摆在压倒性位置，涉及长江的一切经济活动都要以不破坏生态环境为前提。十九大报告再次明确以共抓大保护、不搞大开发为导向推动长江经济带发展。长江经济带发挥着确保我国总体生态功能格局安全稳定的全局性、战略性支撑作用。长江经济带生态环境的重要地位主要体现在以下三个方面。

一是山水林田湖草浑然一体，是我国重要的生态宝库。长江经济带地跨热带、亚热带和暖温带，地貌类型复杂，生态系统类型多样，川西河谷森林生态系统、南方亚热带常绿阔叶林森林生态系统、长江中下游湿地生态系统等是具有全球重大意义的生物多样性优先保护区域。

二是蕴藏极其丰富的水资源，是中华民族战略水源地。长江是中华民族的生命河，多年平均水资源总量约 9958 亿立方米，约占全国水资源总量的 35%。每年长江供水量超过 2000 亿立方米，保障了沿江 4 亿人民生活和生产用水需求，还通过南水北调惠泽华北、苏北、山东半岛等广大地区。

三是具有重要的水土保持、洪水调蓄功能，是生态安全屏障区。金沙江岷江上游及“三江并流”、丹江口库区、嘉陵江上游、武陵山、新安江和湘资沅上游等地区是国家水土流失重点预防区，金沙江下游、嘉陵江及沱江中下游、三峡库区、湘资沅中游、乌江赤水河上中游等地区是国家水土流失重点治理区，贵州等西南喀斯特地区是世界三大石漠化地区之一。长江流域山水林田湖草浑然一体，具有强大的洪水调蓄、净化环境功能。

二、长江流域的生态环境现状

随着近几十年长江流域经济的不断发展壮大，整个流域的人口剧增，城市、集镇以及工矿

企业的大量涌现，土地开垦指数不断提高，使得长江流域的生态环境质量也随之发生了变化。

（一）水环境现状

长江流域水质整体较好，但由于地区经济发展的不平衡，对流域内生态环境的影响也不相同，流域内水体污染问题依然严峻。主要表现如下。①局部污染严重。长江干流部分城市江段存在岸边污染带，水质较差，如上海、南京、武汉、重庆、攀枝花；同时，部分支流污染也较严重。②中下游水网地区污染。这些地方沟渠纵横，河流流动性较差，再加上工业排污、农业污染，可以说是“有河皆污”。③流域内主要湖泊均存在污染。太湖湖体为轻度污染，主要污染指标为总磷，全湖平均为轻度富营养状态，环湖河流为轻度污染，主要污染指标为氨氮、化学需氧量和总磷；巢湖湖体为中度污染，主要污染指标为总磷，全湖平均为轻度富营养状态，环湖河流为中度污染，主要污染指标为氨氮、总磷和五日生化需氧量；滇池湖体为重度污染，主要污染指标为化学需氧量、总磷和五日生化需氧量，全湖平均为中度富营养状态，环湖河流为轻度污染，主要污染指标为总磷、化学需氧量和氨氮。

随着长江流域经济的发展，长江的水质经历了由好变坏再逐步治理的变化，2003—2017年长江流域水质年际变化趋势图如图 11-1 所示。截至 2018 年，长江流域及西南诸河共评价 1244 个水功能区，1093 个达标，达标率为 87.9%。水功能区总评价河长 47930.1 千米，达标河长 89.9%；湖（库）总评价面积 8727.9 平方千米，达标面积 5012.2 平方千米，达标率为 57.4%。长江流域水功能一级区达标率为 87.8%，水功能二级区达标率为 89.0%。西南诸河水功能一级区达标率为 82.8%，水功能二级区达标率为 81.4%，2003—2017 年西南诸河水质年际变化趋势图如图 11-2 所示。

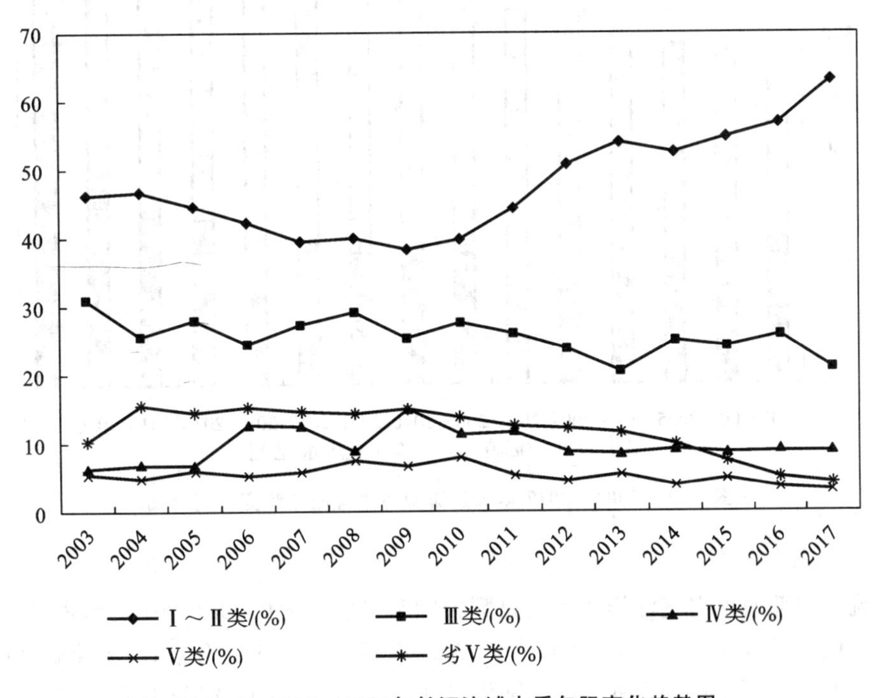

图 11-1 2003—2017 年长江流域水质年际变化趋势图

造成长江流域水环境污染的因素很多，包括矿产资源开发利用过程中对水环境的污染、化工行业对水环境的污染、农业生产对水环境的污染和航运对水体的污染等。尤其是工业废水和生活污水的排放，2003—2017 年长江流域污水排放年际变化统计图如图 11-3 所示。

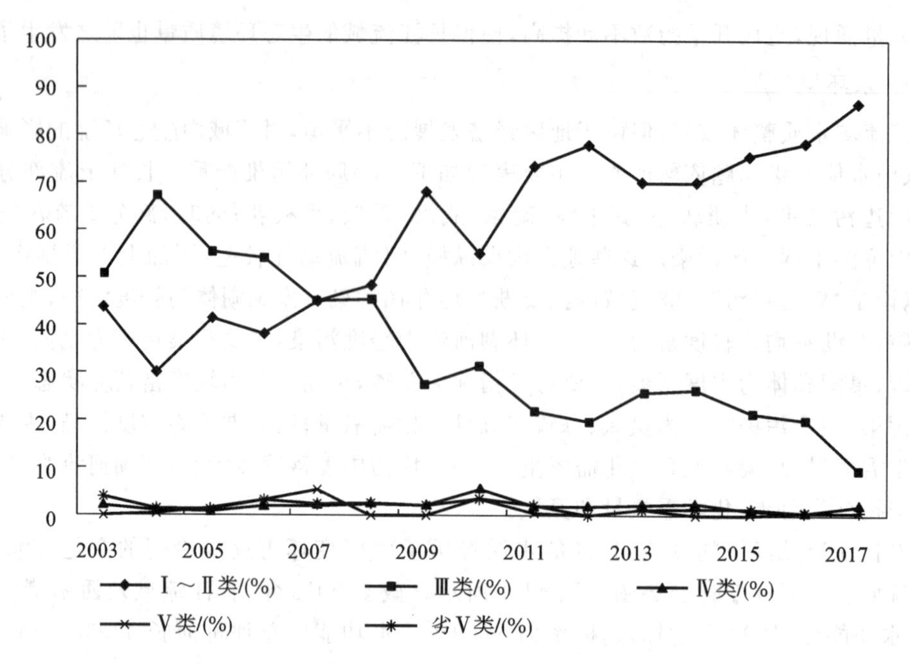

图 11-2　2003—2017 年西南诸河水质年际变化趋势图

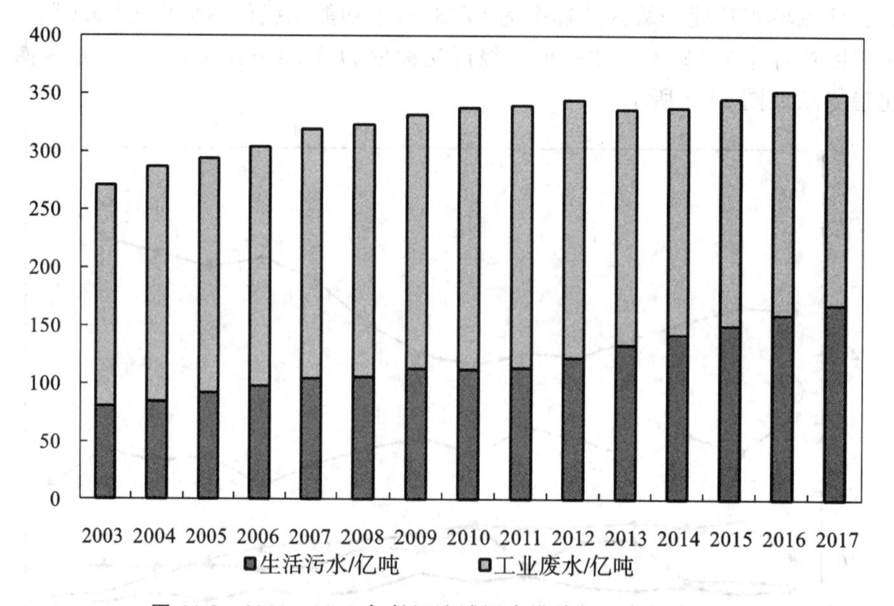

图 11-3　2003—2017 年长江流域污水排放年际变化统计图

（二）大气环境现状

长江流域中部城市空气污染物主要是颗粒物和二氧化氮（NO_2），2018 年，湖北省 17 个重点城市空气优良天数比例平均为 78.4%，较 2017 年降低 0.7 个百分点；二氧化硫（SO_2）、可吸入颗粒物（PM_{10}）、细颗粒物（$PM_{2.5}$）、一氧化碳（CO）浓度较 2017 年分别下降 15.4%、6.5%、10.3%和 5.9%，臭氧日最大 8 小时（O_3-8h）第 90 百分位浓度值较 2017 年上升 10.8%，二氧化氮（NO_2）浓度与 2017 年持平。2017 年，湖南省 14 个城市平均空气质量优良天数比例为 81.5%，轻度污染天数比例为 13.8%，中度污染天数比例为 3.2%，重度及以上污染天数比例为1.5%。全省大气二氧化硫(SO_2)、二氧化氮(NO_2)、一氧化碳(CO)、臭氧(O_3)含量均优于国家二级标准,可吸入颗粒(PM_{10})和细颗粒物($PM_{2.5}$)含量均超过国家二级标准。

2018年四川省平均空气质量优良天数比例为84.8%,同比上升2.6个百分点,其中优占30.1%、良占54.7%,总体污染天数比例为15.2%,其中轻度污染为12.3%、中度污染为2.2%、重度污染为0.6%。全省各市州二氧化硫(SO_2)年均浓度都达标,其中:20个城市达到一级标准,攀枝花市达到二级标准;成都市二氧化氮超标,其余20个城市均达标;颗粒物年均浓度同比下降7.5%,成都、自贡、德阳、绵阳、南充、宜宾、达州7个城市超标,超标倍数为0.03～0.16倍。重庆市空气质量达标天数为316天;6项基本项目中,可吸入颗粒物(PM_{10})、二氧化硫(SO_2)和一氧化碳(CO)浓度达标,细颗粒物($PM_{2.5}$)、二氧化氮(NO_2)和臭氧(O_3)浓度分别超标0.14倍、0.10倍和0.04倍。

《2018中国生态环境状况公报》显示,长江三角洲地区空气质量优良天数比例在56.2%～98.4%,平均为74.1%,比2017年上升2.5个百分点;平均超标天数比例为25.9%,其中轻度污染为19.5%、中度污染为4.5%、重度污染为1.9%、严重污染不足0.1%。超标天数中以O_3、$PM_{2.5}$、PM_{10}和NO_2为首要污染物的天数分别占污染总天数的49.3%、44.3%、4.5%和2.2%,未出现以SO_2和CO为首要污染物的污染天。长三角地区的能源消费结构主要以煤为主,其大气污染的主要来源是煤燃烧、机动车尾气排放等,这决定长三角地区空气中主要的污染物为可吸入颗粒物、SO_2和NO_2等。煤燃烧排放的SO_2、机动车尾气排放和城市烟尘造成空气中O_3和细颗粒物大量增加,加上金属冶炼、矿物燃烧和化肥农药等污染行业排放出大量的SO_2和NO_x,使长三角地区酸雨和温室效应日益严重。

1. 化工行业对大气环境的影响

1994—2014年,长江经济带工业废气排放量持续上升,2014年工业废气的排放量达到251432亿立方米,其中NO_x、SO_2、烟粉尘等大气污染物排放量分别为666万吨、679万吨和480万吨,分别占全国相应污染物排放量的32%、34%和28%。长江流域的大气污染问题越来越严重,成都平原和长江三角洲成为我国霾天数最多的地区。

2. 交通运输对大气环境的影响

汽车尾气是目前我国大气污染的重要污染源,2018年武汉市机动车保有量为324万辆,机动车氮氧化物(NO_x)排放量为43427.61吨,一氧化碳(CO)排放量为89486.47吨,碳氢化合物(HC)排放量为31536.52吨,可吸入颗粒物(PM_{10})排放量为1301.31吨,细颗粒物($PM_{2.5}$)排放量为1208.96吨。汽车是机动车污染物排放的主要贡献者,2018年排放氮氧化物(NO_x)、一氧化碳(CO)、碳氢化合物(HC)、可吸入颗粒物(PM_{10})、细颗粒物($PM_{2.5}$)分别为42801.40吨、80773.20吨、28844.33吨、1260.97吨、1170.20吨,分别占机动车污染物排放总量的98.56%、90.26%、91.46%、96.90%和96.79%。

长江流域是我国最重要的内河通航流域,据统计,长江流域2016年水运船舶货运周转量为31020.42亿吨·公里,船舶的尾气排放对大气污染的影响也不容忽视。船舶尾气中的污染物主要有CO、NO_x、HC和PM,2016年长江流域船舶的尾气排放总量,CO、NO_x、HC和PM的船舶大气排放总量分别为26.58万吨、89.02万吨、6.12万吨和8.06万吨,分别占全国机动车总排放量的0.78%、15.41%、1.45%、15.09%。

(三)土壤环境现状

长江经济带在程度较高的城镇化、工业化和农业现代化以及高强度的土地利用形势下,区域内的土壤污染较为严重，损失和退化问题日益突出。当前，长江经济带土壤污染防控形势严峻，全国6个土壤污染防治先行区，即浙江台州、湖北黄石、湖南常德、广东韶关、广西河池和贵州铜仁中有4个(铜仁、黄石、常德、台州)集中在长江经济带，一部分重金属重点防控区位于长江经济带。

《四川省土壤环境污染状况调查公报》表明，全省土壤污染总的点位超标率为28.7%，轻微、轻度、中度和重度污染点位比例分别为22.6%、3.41%、1.59%和1.07%。污染类型以无机型为主，有机型次之，复合型污染比重较小，无机污染物超标点位占全部超标点位的93.9%。镉、汞、砷、铜、铅、铬、锌、镍8种无机污染物点位超标率分别为20.8%、0.76%、1.98%、3.77%、1.44%、1.79%、0.61%、9.52%。六六六、滴滴涕、多环芳烃3类有机污染物点位超标率分别为0.04%、1.22%、0.57%。

江西省是我国有色、稀有、稀土矿产主要基地之一，部分地区重金属污染严重，德兴铜矿区土壤重金属铜含量严重超标，大余县稻田土壤镉含量超标，稀土开采遍布漳州18个县，稀土开发累计破坏土地面积74.87平方千米，造成水土流失面积81.02平方千米。鄱阳湖流域土壤中重金属污染相对较严重，尤其是重金属铜，在乐安河-鄱阳湖段湿地土壤中，最高含量达到774.79 mg/kg；铅和镉污染程度相对较弱，最高含量分别为35.76 mg/kg和3.79 mg/kg。

《2018江苏省生态环境状况公报》显示，在82个土壤背景点位的土壤环境质量监测中，有72个未超过《土壤环境质量农用地土壤污染风险管控标准(试行)》风险筛选值，达标率为87.8%。超标点位中，处于轻微污染、中度污染点位个数分别为9个和1个，占比分别为11.0%和1.2%，无轻度污染和重度污染点位。无机超标项目主要为镉、砷、铜、镍和铬，有机项目未出现超标现象。

长江经济带的矿产丰富，矿产开发造成了区域内重金属的污染。此外，长江流域是我国重要的粮食生产基地，农药和化肥的使用也是造成该区域土壤污染的重要原因。

(四) 自然生态环境现状

近年来，长江流域的过度开发，造成了生态环境的严重破坏，部分地区湿地退化，水土流失严重，物种多样性锐减，并由此造成一系列的次生问题。

长江湿地面积约2500万公顷，由于地理位置特殊，长江经济带湿地在我国生态保护中处于极其重要的地位，广泛分布的湖泊群和密集分布的河流，在维系长江生态平衡方面，发挥涵养水源、调蓄洪水、净化水质、调节气候，以及维持生物多样性和美化环境等重要的生态服务功能。据水利部门调查，目前我国湖泊湿地只有20世纪50年代的34%，长江中游70%的湿地已经消失，河流湿地已消失了近3万条。2014年1月公布的第二次全国湿地资源调查统计显示，长江流域湿地面积为945.69万公顷，其中自然湿地或天然湿地为751.40万公顷。长江流域湿地统计表如表11-1所示。

表11-1　长江流域湿地统计表

单位：万公顷

流域名称	流域湿地面积	自然湿地					人工湿地
		合计	近海与海岸湿地	河流湿地	湖泊湿地	沼泽湿地	
总计	945.69	751.40	70.61	274.91	182.35	223.53	194.29
长江上游	367.86	338.67	—	107.90	22.42	208.35	29.19

续表

流域名称	流域湿地面积	自然湿地					人工湿地
		合计	近海与海岸湿地	河流湿地	湖泊湿地	沼泽湿地	
长江中游	266.34	172.41	—	99.88	66.45	6.08	93.93
长江下游	311.49	240.32	70.61	67.13	93.48	9.10	71.17

2013年，全国第一次水利普查完成。据统计，长江流域水土流失面积为38.47万平方千米，占流域总面积的21.4%。其中，水力侵蚀面积为36.12万平方千米，风力侵蚀面积为2.35万平方千米。另外，有冻融侵蚀9.62万平方千米。其中，上游地区集中分布在金沙江下游、嘉陵江、沱江、乌江及三峡库区，中游地区的汉江上游、沅江中游、澧水河清江上中游、湘江资水中游、赣江上中游、大别山南麓等区域水土流失较为突出。流域水土流失较大的省（直辖市）有四川、贵州、湖北、云南、湖南、重庆、江西、青海、陕西等，长江流域各省（自治区、直辖市）水土流失面积见表11-2。

表11-2　长江流域各省（自治区、直辖市）水土流失面积

省（自治区、直辖市）	水土流失面积/平方千米	水土流失比例
合计	384632	21.37%
青海	24671	15.53%
西藏	3098	13.20%
云南	32008	29.28%
贵州	36799	31.61%
四川	116393	24.68%
甘肃	9428	24.40%
陕西	19529	26.64%
重庆	31363	37.74%
湖北	36627	19.67%
湖南	31577	15.14%
江西	25783	15.68%
安徽	9097	13.52%
河南	4361	15.69%
江苏	1325	3.34%
浙江	595	4.59%
上海	4	0.05%
福建	91	8.31%
广东	71	17.88%
广西	1812	21.30%

水土流失造成大量的土壤流失，流失的土壤一部分随水直接进入海洋，更大一部分则随水流流速的降低淤积在沿途的河道和塘堰，使河道和塘堰的功能降低，蓄水调洪能力锐减。因此，水土流失造成的后果是破坏土地资源，恶化生态环境，加剧洪旱自然灾害和江河湖库面源污染。

长江流域长期围湖造田、挖沙采石、交通航运及干支流部分已建、在建水电站，均压缩了水生生物生存空间，导致水生生物栖息地被破坏。总体而言，长江流域水生生物多样性正呈现逐年降低的趋势，上游受威胁鱼类种数占总数的27.6%，重点保护物种濒危程度加剧，白鱀豚、白鲟、鲥鱼已功能性灭绝，长江江豚、中华鲟成为极危物种。

三、长江经济带生态安全面临的主要问题

长江经济带是我国生态安全受威胁相对严重的地区之一，随着工业化和城市化的快速发展，区域资源和能源约束日趋紧张，自然生态系统功能发生退化，生物多样性锐减。污染物排放量大，风险隐患多，饮用水安全保障压力大。区域发展不平衡，传统的粗放型发展方式仍在持续，部分区域发展与保护矛盾突出，生态环境保护形势严峻。流域内危险化学品运输量持续攀升，航运交通事故引发的环境污染风险增加。环境质量改善压力持续增大，区域生态安全面临严峻威胁，其态势已制约了长江经济带乃至全国的经济增长和可持续发展。长江经济带区域生态安全面临的主要问题有以下几种。

（一）国土生态空间保护面临巨大压力

长江流域作为贯穿东西的经济大动脉，沿海、沿江、沿边聚集了许多大中型城市和城镇，随着工业化、信息化、城镇化和农业现代化建设的快速推进，各类建设违法违规占用林地湿地面积呈现加速的趋势，局部地区毁林开垦、滩涂围垦、围湖毁林等问题依然突出。长江岸线、洲滩是我国国土资源的组成部分，也是有限的宝贵资源。长江流域地少人多，随着经济社会的发展，沿江各地开发利用岸线、洲滩资源的要求日趋迫切，对河道防洪、水环境等均会带来一定的不良影响，生态空间保护面临巨大压力。以湖北省为例，2014年发布的湖北省第二次土地调查结果显示，与第一次土地调查数据相比，人均耕地少、耕地质量总体不高、耕地后备资源不足的基本省情没有改变。建设用地增加与经济社会发展要求基本适应，但土地利用比较粗放。而生态用地数据变化明显，与第一次调查相比，全省因耕地开垦、建设占用等因素导致草地从2061万亩（1亩≈666.67平方米）减少到441万亩，减少了1620万亩，具有生态涵养功能的河流、湖泊、水库、内陆滩涂、沼泽地从1851万亩减少到1449万亩，减少了402万亩（图11-4）。生态用地变化反映了渐趋突出的生态承载问题及比较严峻的生态环境形势。今后，由于耕地“占补平衡”带来的巨大压力，长江经济带生态建设空间仍面临进一步被挤压的危险。

（二）流域湿地面积萎缩，生态功能退化

长江经济带是我国河流、湖泊、沼泽等湿地资源类型极为集中的区域，长江湿地资源极为丰富。当前，长江湿地面积接近2500万公顷（1公顷＝10000平方米＝0.01平方千米），占到全国湿地总面积的20%左右，其中自然湿地接近900万公顷。长期以来，长江流域的湿地资源在被开发利用的同时，没有得到充分的保护，加之自然环境的变迁，导致长江流域湿地面积在不断萎缩，生态功能日益退化、生物多样性降低、水质性缺水、水污染严重等问题凸显。国家林业局统计数据表明，长江中游地区的湖泊面积已由1949年的25828平方千米减少到现在的10493平方千米。其中，具有标志意义的洞庭湖面积由20世纪50年代初的4300平方千米减

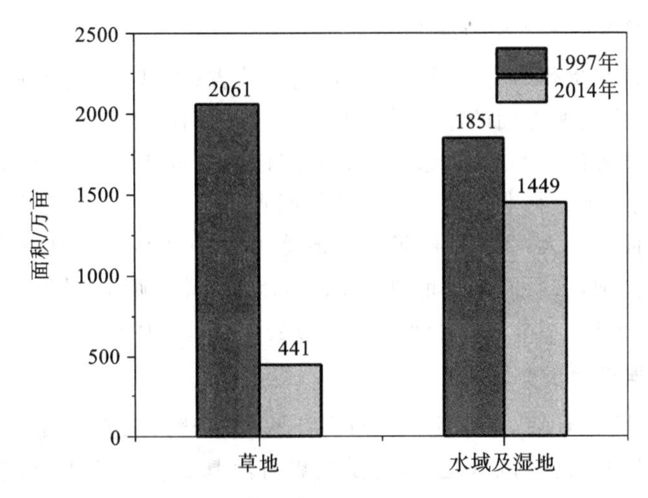

图 11-4　湖北省两次土地调查草地、水域及湿地面积对比

少到现在的不足 2700 平方千米，鄱阳湖面积由 5053 平方千米降为 3283 平方千米，江汉湖群面积已从 8330 平方千米下降到 2270 平方千米。

（三）森林植被锐减，水土流失严重

长江中上游的森林面积急剧减少，林木的主要种类也从原来原始森林变为次生林，导致水土流失现象严重，地质灾害频发。目前，全流域森林面积为 8466 万公顷，森林覆盖率为 36％左右，但从流域所处的自然条件和占有的林地资源来看并不算高，且分布不均。长江上游西南国有林区尚有天然林分布；长江中下游以集体林为主，多为 20 世纪 80 年代以来营造的人工林，林种结构单一，中幼林比重偏大，龄组结构不合理；林地生产力低，森林每公顷蓄积量不高。由于中游湖南中南部及沿长江两岸城市周边区域植被覆盖度呈显著下降趋势，导致相应区域水源涵养和水土保持等生态服务功能下降。2013 年《第一次全国水利普查水土保持情况公报》显示，长江沿线 9 省 2 市水土流失面积为 4400 万公顷，其中长江上中游地区水土流失面积为 4063 万公顷。长江经济带 11 省（直辖市）森林面积和森林覆盖率如表 11-3 所示。

表 11-3　长江经济带 11 省（直辖市）森林面积和森林覆盖率

省（直辖市）	森林面积/万公顷	森林覆盖率/（％）
上海	6.81	14.04
江苏	162.1	14.8
浙江	601.36	60.5
安徽	380.42	30.3
江西	1001.81	60
湖北	713.86	31.61
湖南	1011.94	55
重庆	316.44	30
四川	1703.74	28.98
贵州	653.35	50
云南	1914.19	50

（四）人为活动频繁导致土地石漠化

土地石漠化是云南、贵州、四川、重庆、湖南、湖北等省（直辖市）最严重的生态环境问题之一。石漠化是自然和人为两方面的原因导致的，但人地之间的突出矛盾造成大面积的森林、草原被破坏，打破了自然界的平衡状态，最终导致岩溶地区植被破坏严重，水土大量流失，土地地力下降并开始石漠化。国家林业局第二次石漠化调查结果表明，石漠化主要分布在长江和珠江流域，而长江流域面积最大，大约占石漠化土地总面积的58%。其中，贵州省石漠化土地面积最大，为302.4万公顷，占石漠化土地总面积的30%；云南、湖南、湖北、重庆、四川石漠化土地面积分别为284万公顷、143.1万公顷、109.1万公顷、89.5万公顷、73.2万公顷。

（五）生物多样性保护压力较大

长江有多样化的生态环境，整个流域分布有江豚、中华鲟、朱鹮、丹顶鹤等珍稀野生动物，是全球生物多样性极为丰富的区域之一，也是世界自然基金会（WWF）在全球重点保护的35个优先生态区之一。由于人为活动的干扰，野生动植物资源遭到了较大破坏，尤其是部分珍稀濒危物种面临灭绝的危险。长江水生生物多样性指数持续下降，多种珍稀物种濒临灭绝，中华鲟、达氏鲟（长江鲟）、胭脂鱼及“四大家鱼”等鱼卵和鱼苗大幅减少，长江上游受威胁鱼类种类占全国总数的40%，白鱀豚已功能性灭绝，江豚也面临灭绝的极危态势。我国长江流域淡水豚类科考结果显示，长江江豚种群数量大幅减少，全流域不足千头，其数量比“国宝”大熊猫还稀少，已极度濒危，而且近年来数量下降的速度还在不断增加。此外，长江沿岸城市与国内外交流频繁，是外来物种入侵的高危地区，近年来外来有害生物入侵呈加剧趋势，对长江生态安全构成严重威胁。

（六）流域环境风险较高，潜在的风险隐患大

长江经济带结构性、布局性风险突出，次生事件引发的环境风险防控压力大。长江经济带聚集了全国40%的造纸、43%的合成氨、81%的磷铵、72%的印染布、40%的烧碱产能。沿江11省（直辖市）化工产量约占全国的46%；长江沿线化工园区分布密集，共布局化工园区60多个，生产企业约2100家。长江干线港口危险化学品年吞吐量达1.7亿吨，生产运输的危险化学品种类多达250余种，船舶等流动源管控力量薄弱。涉危险化学品码头、船舶数量多、分布广，仅重庆至安徽段危险化学品码头就接近300个。危险化学品生产和运输点多线长，船舶老旧、运输路线不合理、应急救援处置能力薄弱等问题突出。主要饮用水水源同各类危、重污染企业及产品生产储存集中区交错配置，水运航道穿过饮用水水源保护区现象普遍。地级及以上城市297个集中式饮用水水源中有28个水质不达标，37个未完成一级保护区整治，水源保护区内仍有排污口50个，52.8%的水源风险应急能力不足。长江经济带年均发生突发环境事件300多起，60%以上由生产安全和交通运输事故引发，企业排污、自然灾害及其他原因分别占16%、8%和15%，危险废物非法转移和倾倒也成为长江经济带突发环境事件诱因之一。

四、长江经济带生态环境保护现状

长期以来，长江经济带以牺牲生态环境的代价换取了经济的发展，但生态保护工作并未受到足够的重视，也大大落后于经济社会的建设。党中央、国务院高度重视长江经济带生态环境保护工作，习近平总书记多次对长江经济带生态环境保护与修复做出重要指示。近年来，在习近平总书记“共抓大保护、不搞大开发”的思想指导下，长江经济带沿线省市在生态环境保护方面做了大量工作，并取得了可观成效。

（一）完善防汛抗旱体系，开展河道综合整治

长江流域的水旱灾害防治以及河道整治从新中国成立伊始一直持续至今。通过水利枢纽的建设与全流域河道整治的不断深入，长江流域的综合防汛抗旱工程体系已经基本建成。特别是三峡工程建成运行，流域防洪抗旱形势发生了根本性变化。结合水库群联合调度、调水调沙、退耕还湖、平垸行洪等调控措施，长江沿线防汛抗旱能力有了大幅提高，水旱灾害得到了有力的扼制，干流和支流河势的归顺也显著改善了长江的通航条件。加之近年来生态调控的广泛开展，水利枢纽对生态环境的不利影响已经得到了一定程度的缓和。长江沿江省市高度重视河道整治工作，几十年来通过制定治理规划、强化监测巡查、加强节点控制、加快崩岸治理、强化应急抢护等措施，全面加强了长江中下游干流河道河势控制和崩岸治理，目前长江中下游干流河势总体稳定。

（二）强化生态环境保护与修复

长江经济带的生态环境保护与修复坚持保护优先、自然恢复为主的基本方针，实施山水林田湖草生态保护和修复工程。上游注重水土流失和石漠化的防治，并积极应用植被恢复、水土保持、生态农业、生态移民等手段大力开展综合治理。长江源头的青海省树立生态立省的理念，打造上游生态屏障，着力抓重大工程建设，如三江源生态保护与建设一期工程、青海湖流域生态保护综合治理工程、祁连山生态保护区建设工程、三江源国家生态公园建设等；四川加快实施大规模绿化全川行动、川西藏区生态保护与建设规划、山水林田湖生态保护工程等，2016年完成营造林1113.7万亩，同比增长27%，增加森林面积628.5万亩。中游以湿地为保护治理重点，建设了大量湿地保护区和湿地公园，已基本形成了以湿地保护区和湿地公园为主体的湿地保护体系，到2016年底，共建立了湿地类型的自然保护区80处、湿地公园314处。此外，还确定了国际重要湿地7处、国家重要湿地5处和省级重要湿地89处。但在“抢救式保护”的策略指导下，部分湿地保护区建设较为仓促，尚存在一定的保护空缺。下游则大力开展水污染治理，将工程与非工程治污措施有机结合，有效改善了长江中下游的水质情况。长三角地区着力推进生态环境综合治理，倒逼产业转型升级推进绿色发展。如浙江全面吹响“五水共治”（治污水、防洪水、排涝水、保供水、抓节水）号角，消灭超过1万多千米的黑臭河，2016年实现污水治理行政村全覆盖。同时构筑了五级河长体系，配备各级河长6.1万名。

（三）生态环境质量有所改善

天然林保护工程实施以来，共完成营造林1019.48万公顷，长江防护林工程完成营造林任务504.97万公顷，完成退耕还林面积572.79万公顷，综合治理石漠化面积达到357.33万公顷，累计治理水土流失面积47.29万公顷。“十二五”期间，地表水国控断面优于Ⅲ类水质比例提高23个百分点，劣Ⅴ类比例下降7.5个百分点，水功能区达标率提高到81.3%。二氧化硫平均浓度下降34.4%，二氧化氮浓度保持稳定。与2013年相比，长三角地区25个城市细颗粒物年均浓度从67 $\mu g/m^3$下降至53 $\mu g/m^3$，可吸入颗粒物年均浓度从88 $\mu g/m^3$下降至75 $\mu g/m^3$。

（四）治污工程加快推进

“十二五”期间，污水管网增加约9.3万千米，再生水利用设施增加约80万 m^3/d，城镇污水处理能力增加约2400万 m^3/d，污水处理率提高13个百分点左右。煤电脱硫机组和脱硝机组占总装机容量的比例分别提高30%和85%，安装脱硝装置的水泥熟料生产线比例提高

82%，安装脱硫装置的烧结机和球团生产设备占比分别提高55%和52%。化学需氧量和氨氮排放量分别削减12.45%和12.62%，二氧化硫和氮氧化物排放量分别削减20.27%和21.11%。

（五）流域规划不断发展

长江流域的总体规划随着时代进步而不断发展。目前，在长江干流和诸多支流上，均编制了统筹流域开发和保护的综合规划，在客观评价流域水资源数量、质量和开发保护现状的基础上，综合考虑经济发展和环境保护的需求，为水资源的具体利用和保护制订了计划。同时，长江水利委员会还组织有关单位开展了诸如河道整治、防洪蓄洪、退田还湖、水利发展、水资源保护、生态隔离带、水土保持等专项规划，指明了长江经济带生态环境保护的重心与发展方向，并建立了流域生态环境体系，促进了环境保护工作的有序部署和稳步推进。

（六）生态环境管理制度不断健全

长江经济带既是经济发展带，更是生态共同体。近年来，生态环境保护管理制度及协同合作机制不断健全。2016年以来，以省际协作为重点，沿江省（直辖市）加快推进了体制机制创新。长江防护林体系建设和退耕还林还草等政策的实施，为母亲河永葆生机发挥了重要作用。最严格水资源管理制度考核、重点流域水污染防治规划考核和城市空气质量评价考核制度日益深化，初步形成生态环境保护硬约束。长江三角洲地区大气污染防治协作机制的建立，促进了区域空气质量逐步向好。重庆、贵州、湖南、湖北建立跨区域环境保护联动协作机制和长江上游地区流域水库水情信息共享平台，加大流域环境监控力度。新安江开展上下游水环境补偿，进行跨区域补偿的有益探索。与此同时，各省市一批重大的体制机制改革项目落地实施。如湖北省主动开展了自然资源资产负债表编制和领导干部自然资源资产离任审计试点，有序推进永久基本农田和城市开发边界划定。青海省提出以主体功能区规划为基础划定生态红线、建立自然资源产权制度、环保分类考核等为重点，带动其他领域改革发展。

第二节　长江流域生态环境保护政策与计划

长江经济带发展是国家的一项重大区域发展战略，为了实现这一战略，推进长江经济带发展领导小组、国务院有关部门和沿江省（直辖市）在整治航道、利用水资源、沿江污染控制和治理等方面制定了一系列方针政策，在促进长江经济带可持续发展的同时，使长江流域的生态环境得到持续改善。

一、关于依托长江黄金水道推动长江经济带发展的指导意见

为了依托黄金水道推动长江经济带发展，挖掘上中下游广阔腹地蕴含的巨大内需潜力，促使经济增长空间从沿海向沿江内陆扩展，优化沿江产业结构和城镇化布局，推动我国经济提质增效升级，形成上中游优势互补、协作互动格局，缩小东中西部地区发展差距，建设陆海双向对外开放新走廊，打造中国经济新支撑，培育国际经济合作竞争新优势，促进长江生态环境保护和全国生态文明建设，国务院于2014年9月印发《关于依托黄金水道推动长江经济带发展的指导意见》（以下简称《意见》）。

1. 长江经济带建设的七项重点目标

《意见》提出了以下七项重点目标。

(1) 提升黄金水道功能。增强干线和支流航运能力，优化港口的布局，扩大三峡枢纽的通过能力，合理布局过江通道。

(2) 建设综合立体交通走廊。加快区域内铁路、公路、航空路线的建设与协调。

(3) 创新驱动促进产业转型升级。提升区域内自主创新能力，加快产业融合发展，加快发展现代化服务业，打造沿江绿色能源产业带，提升现代化和特色农业发展水平。

(4) 全面推进新型城镇化。优化沿江城镇化格局，提升长江三角洲城市群国际竞争力，培育发展长江中游城市群，促进成渝城市群一体化发展，推动黔中和滇中区域性城市群发展，科学引导沿江城市发展，强化城市群交通网络建设，创新城镇化发展体制机制。

(5) 推动对外开放口岸和特殊区域建设，构建长江大通关体制，达到培育全方位的对外开放优势。

(6) 保护和利用好长江水资源，严格控制和治理长江水污染，妥善处理江河湖泊关系，加强流域综合治理，强化沿江生态保护和吸附，促进长江岸线有序开发，建设绿色生态走廊。

(7) 创新区域协调发展机制。推进一体化市场体系建设，不仅促进金融合作力度，同时也要建立生态环境协同保护治理机制，建立公共服务和社会治理协调机制。

2. 融入创新、协调、绿色、开放、共享五大发展理念

《意见》要求以最严格的生态环境保护和水资源管理制度，推动长江流域生态环境监管和综合治理，协调江河湖泊、干支流、上中下游关系，推动流域绿色循环低碳发展。为此，在推动长江经济带的发展和长江流域生态环境的保护中都必须贯彻创新、协调、绿色、开放、共享五大发展理念，走生态优先、绿色发展之路，把长江经济带建设成黄金经济带。

在推动长江经济带发展的过程中，需要始终把创新摆在长江经济带发展全局的核心位置。长江经济带跨越中国东部、中部和西部区域，有巨大的发展空间，没有创新就无法挖掘长江经济带不同区域发展的潜力。新型工业化、信息化、城镇化、农业现代化同步发展，以沿江大城市带动区域内小城市的发展，以达到资源环境可承载的长江经济带区域协调发展目的。

长江流域具备良好的发展农业、工业、运输条件，但也存在长江上游的“石漠化”和中下游的“水污染”等环境问题。为此，在加快建设长江经济带主体功能区的同时，需要分类治理长江经济带不同区域生态环境问题。建立健全用能权、用水权、排污权、碳排放权初始分配制度；在长江经济带实行最严格的环境保护制度，深入实施大气、水、土壤污染行动计划，筑牢绿色生态安全屏障。

推动长江经济带和“一带一路”的协同建设，也是《意见》提出的要求。“一带”与“一路”之间可以通过长江经济带有机地联系在一起，实现新陆海内外联动、东西双向开放的新开放格局。

在推动长江经济带发展过程中，需要提高公共服务共建能力和共享水平，加大对长江流域贫困地区的转移，实施脱贫攻坚工程，实施精准扶贫，坚持发展为了人民、发展依靠人民、发展成果由人民共享。

二、关于共抓大保护、不搞大开发的座谈会

针对长江经济带各地区工业发展状况凌乱、沿江重化工业密度高、环境污染严重导致长江流域生态环境保护和经济发展矛盾日益突出、发展的可持续性面临严峻的挑战现状，习近平总书记多次明确指出，推动长江经济带发展，要从中华民族长远利益考虑，牢固树立和贯彻新发展理念，把长江生态环境摆在压倒性位置，在保护的前提下发展，实现经济发展与资源环境相适应。

2016年1月5日，习近平总书记在重庆召开的推动长江经济带发展座谈会上指出：长江拥有独特的生态系统，是我国重要的生态宝库。当前和今后相当长一个时期，要把修复长江生态环境摆在压倒性位置，共抓大保护，不搞大开发。党的十九大报告指出：以共抓大保护、不搞大开发为导向推动长江经济带发展。2018年习近平总书记在视察长江的过程中也多次提到"共抓大保护、不搞大开发"，这一思想为未来长江流域经济可持续发展、流域污染的综合治理以及生态文明建设指明新的方向。今天的大保护就是对过去几十年大开发的新发展，从过去粗放式、不计生态环境发展的老路走上经济与生态环境协调共赢的新路。今天的大保护是全流域各省市的共同协作，是长江经济带各行业的共同发展。一个"共"字体现了大保护的特点，在生态建设保护山水林田湖草共同体时，不能顾此失彼，要对整个生态系统进行统一管理；在社会建设建立命运共同体时，各省市间合作共赢，各尽其力，各美其美；在经济建设实现各方利益时，缩小群体、城乡、区域之间的发展差异。

长江经济带生态环境的重点在上游，难点在支流。因此，要深化长江经济带上游主题功能区建设，实施重要生态系统保护和修复重大工程。明确支流流域的功能定位，在长江经济带整体框架下加强支流流域环境的综合治理，特别是加强长江上游乌江、嘉陵江、岷江等一级支流流域的生态环境治理和生态廊道以及生物多样性保护网络建设。

长江经济带生态环境问题在水里，根在陆地上，要着重加强农业面源污染治理、优化沿江工业布局和加快城镇生活污水治理，促进农业绿色化、工业园区化和生活低碳化。严格把控战略环评、规划环评、政策环评环节，特别是要把战略环境影响评价作为科学决策的前置条件。突破传统"行政区划式"管理，探索推进建立跨部门、跨区域的长江流域生态环境综合治理合作机制。

自"共抓大保护、不搞大开发"提出以来，各省（直辖市）积极制定各项相关的政策措施，推动长江经济带的可持续发展。青海省持续推进三江源地区牧民的搬迁，退牧还草，建设三江源国家公园，保护长江源头。湖北省各地市拆除搬迁沿江化工企业，规范沿江码头，修建生态长廊，保护野生动物栖息地，引进新型高技术环保产业。江苏省优先生态环境建设，科学规划水上交通，关停小型造船厂，推动生态农业发展，鼓励渔民上岸定居。浙江省科学规划港口建设，使用清洁能源，打击违法捕捞，推动生态旅游。上海市滨江贯通，为生态留白，建设绿色港口主打岸电和光伏，加快建设崇明世界级生态岛屿。

三、关于长江经济带国家级转型升级示范开发区建设要求与实践

为承接国际产业转移，促进开放型经济发展；承接国际、沿海产业转移，带动区域协调发展；产城互动，引导产业和城市同步融合发展；低碳减排，建设绿色发展示范开发区；创新驱动，建设科技引领示范开发区；制度创新，建设投资环境示范开发区。国家发展和改革委员会于2016年发布了《长江经济带国家级转型升级示范开发区建设要求》，加强对转型升级示范开发区建设的指导。以坚持生态优先、转变发展方式、创新体制机制为导向，推进转型升级示范开发区在绿色发展、创新驱动发展、产业升级、开放合作、深化改革等方面探索所有经验、取得实际成效。

1. 总体要求

《长江经济带国家级转型升级示范开发区建设要求》对长江经济带国家级转型升级示范开发区的建设工作提出了以下几点要求。

(1) 坚持生态优先。转型升级示范开发区要符合主题功能区规划、环境保护规划，严格执

行生态环境保护和水资源管理制度，把生态文明建设放在更加突出的地位，在保护生态的条件下推动发展，实现经济发展与资源环境相适应，充分发挥开发区在绿色发展、循环发展、低碳发展中的示范带动作用。

(2) 转变发展方式。转型升级示范开发区要构建符合开发区特点的创新体系，推动开发区发展由要素驱动、投资驱动向创新驱动转变。要形成特色鲜明的主导产业，培育竞争力强、影响力大的产业集群。要提高开放型经济发展水平，成为区域对外开放基地。要优化开发区功能布局，提升土地利用和产出效率。

(3) 创新体制机制。转型升级示范开发区要在开发区管理体制改革方面先行先试，推进重点领域和关键环节改革，建设国际化、高水平的营商环境，通过体制机制创新增强发展动力。鼓励长江经济带上中下游开发区建立合作机制，促进产业分工协作和有序转移，形成各类开发区错位发展、协同发展的新格局。

2. 长江经济带工业园区的转型升级与实践

对于长江流域沿岸的化工企业的产品升级换代，工信部和部分省(直辖市)，依据生态环境保护要求，在不同的时间给出了相应的生态环境修复整治政策，如表 11-4 所示。

表 11-4　国家及长江沿岸各省份化工企业整治政策

部门	政策名称	基本要求
工信部	坚决打好工业和通信业污染防治攻坚战三年行动计划(2018 年 7 月)	实施长江经济带产业发展市场准入负面清单，明确禁止和限制发展的行业、生产工艺、产品目录。到 2020 年，中小型企业和存在重大风险隐患的大型企业搬迁改造工作基本完成，重点区域和重点流域力争率先完成
湖北省	省人民政府关于印发沿江化工企业关改搬转等湖北长江大保护十大标志性战役相关工作方案的通知(2018 年 6 月)	2020 年 12 月 31 日前，完成沿江 1 千米范围内化工企业关改搬转。已在合规化工园区内，未达安全、环保要求的，就地改造达标；不在合规化工园区内，不符合规划、区划要求的，搬迁进入合规化工园区；不在合规化工园区内，安全、环保均达标的大中型化工企业，可暂不搬迁，但要制订更高的改造要求；不符合规划要求，安全、环保风险较大，改造难度大，关闭退出或转产
		2025 年 12 月 31 日前，完成沿江 1～15 千米范围内的化工企业关改搬转。已在合规化工园区内，未达安全、环保要求的，就地改造达标；不在合规化工园区内，安全环保风险较低，就地改造或者搬迁进入合规化工园区；不符合规划要求，环保风险较大，改造难度较大的，关闭、退出或转产
江西省	鄱阳湖生态环境综合整治三年行动计划(2018—2020 年)(2018 年 5 月)	除在建项目外，长江江西段及赣江、抚河、信江、饶河、修河岸线及鄱阳湖周边 1 千米范围内禁止新建重化工项目，周边 5 千米范围内不再新布局有重化工定位的工业园区
		到 2018 年，依法取缔位于各类保护区及其他环境敏感区域内的化工园区、化工企业，限期整改有排污问题的化工企业，推动化工企业搬迁进入合规园区
		到 2020 年，依法依规清除距离长江江西段和赣江、抚河、信江、饶河、修河岸线及鄱阳湖周边 1 千米范围内未入园的化工企业，依法关闭“小化工”企业

续表

部门	政策名称	基本要求
江苏省	江苏省“两减六治三提升”专项行动实施方案(2017年2月)	原则上在2018年底前关停一批化工企业
		完成太湖一级保护区化工企业的关停并转迁工作
		2018年底前,对规模小、产业关联度底、安全环保基础设施配套不完善且持续整改仍不达标的化工园区,取消化工园区定位,园区内企业由地方政府限期整改或关停并转
		2020年6月底前,原则上完成搬迁一批、升级一批、重组一批化工企业
		到2020年,大幅削减宜兴、武进两地化工、印染、电镀三个行业的产能、企业数量和污染物排放总量
		开展安全隐患排查整顿,2018年停产整顿1000家化工企业、关闭400家;2019年停产整顿1300家、关闭450家;2020年停产整顿1500家、关闭500家

为了有序推进长江经济带工业园区的转型升级,国家发展改革委员会《关于建设长江经济带国家级转型升级示范开发区的通知》的附件中,给出了长江经济带国家级工业园区的转型升级示范开发区名单,如表11-5所示。

表11-5　长江经济带国家级转型升级示范开发区名单

序号	开发区名称	省(直辖市)
1	漕河泾新兴技术开发区	上海市
2	上海市北工业园区	
3	上海紫竹高新技术产业开发区	
4	苏州工业园区	江苏省
5	张家港保税区	
6	南通经济技术开发区	
7	杭州经济技术开发区	浙江省
8	浙江海宁经济开发区	
9	平湖经济技术开发区	
10	安徽新芜经济开发区	安徽省
11	安徽天长经济开发区	
12	合肥包河工业园区	
13	江西新建长堎工业园区	江西省
14	江西奉新工业园区	
15	江西瑞昌经济开发区	

续表

序号	开发区名称	省(直辖市)
16	宜昌高新技术产业开发区	湖北省
17	荆州经济技术开发区	
18	湖北浠水经济开发区	
19	宁乡经济技术开发区	湖南省
20	株洲高新技术产业开发区	
21	浏阳经济技术开发区	
22	重庆涪陵工业园区	重庆市
23	重庆永川工业园区	
24	重庆合川工业园区	
25	泸州高新技术产业开发区	四川省
26	宜宾临港经济技术开发区	
27	四川资阳经济开发区	
28	昆明经济技术开发区	云南省
29	曲靖经济技术开发区	
30	蒙自经济技术开发区	
31	贵阳经济技术开发区	贵州省
32	贵阳高新技术产业开发区	
33	遵义经济技术开发区	

3. 沿江工业企业产业转化升级与实践

化工企业的污染是长江污染的重点，沿江布局方便化工企业的用水和运输，同时也有大量的污水排入长江。沿江化工企业的搬迁是实现长江经济带绿色发展的重要一步。针对沿江化工企业污染的治理，各省市纷纷开展行动。以湖北省为例，其作为长江经济带内的化工大省，为落实长江经济带绿色发展措施，治理沿江化工污染，开展了一系列的工作。

(1) 化工企业的关改搬转。

制定实施《湖北省沿江化工企业关改搬转工作方案》，加强统筹协调，推进全省沿江化工企业关改搬转的各项工作。首先对沿江化工企业和园区进行全面、真实的调查摸底，掌握本地化工企业和园区的基本情况，逐一登记造册，科学评估现有化工企业的规划、区划及安全、环保条件及所在化工园区合规情况。统筹制定企业关改搬转工作方案和“一企一策”任务清单，明确时间表、路线图。

在搬迁工作实施的过程中需要各项政策的支持，来保障搬迁工作的顺利实施。

①要严格产业政策，沿江 1 千米内禁止新建化工项目和重化工园区，沿江 15 千米范围内一律禁止在园内外新建化工项目。淘汰落后产能、综合利用能耗、环保、质量、安全法律法规和技术标准，依法依规加快推进不达标或不合规落后生产技术、装备和生产企业淘汰。严控新增产能，对尿素、磷铵、电石、烧碱、聚氯乙烯、纯碱、黄磷等过剩行业新增产能严格控制。

②加大财税政策支持力度。支持化工企业关改搬转工作，对化工企业关改搬转给予贷款贴息、基建投资补助、职工安置等支持。各地设立财政专项资金，支持本地化工企业关改搬转和化工园区规范提升；鼓励长江经济带产业基金、省级股权投资引导基金等政府投资基金通过设立的子基金，重点支持化工企业关改搬转项目；各地政府性融资担保机构积极为符合条件的化工企业搬迁改造项目提供担保服务。

③保障搬迁改造项目土地供应。各市、州要督促和引导企业加强腾退土地污染风险管控和治理修复，防止发生二次污染和次生突发环境事件。在下达年度新增建设用地计划指标时，向搬迁改造企业承接地适当倾斜，对搬迁改造项目优先安排用地指标。

④拓宽资金筹措渠道。鼓励金融机构对搬迁改造企业给予信贷支持。支持符合条件的搬迁改造企业通过合法方式募集搬迁改造资金。鼓励社会资本参与搬迁改造企业改制重组和相关基础设施建设。合理引导金融租赁公司和融资租赁公司依法依规参与化工企业搬迁改造。

⑤妥善化解各类风险。妥善处理关改搬转企业债务和银行不良资产，强化企业法人信用，坚决打击企业逃废银行债务行为，依法保护债权人合法权益。

⑥强化安全环保管理。各市、州严格执行建设项目安全设施和污染防治设施“三同时”制度，确保项目建成投产后满足安全和环保要求。对正在实施关改搬转的企业加大监督检查的力度，确保企业在停产后的安全、环保问题的妥善处理。

(2) 化工园区产业的转型升级建设。

化工园区产业的转型升级建设是落实环保优先、绿色发展的一项重要措施，有利于化工企业布局的合理规划、统一管理、排污治污措施的统一建设运行，以及产业链的衔接和相关产业的集聚发展。建设新型绿色工业园区要严格落实安全生产和节能环保制度，加强安全管理、环境监测和污染治理，推进园区企业做好循环利用、产业升级、能源高效利用。具体要求如下。

①科学规划园区布局。明确化工园区布局原则，严禁在生态红线区域、自然保护区、饮用水水源保护区、基本农田保护区，以及其他环境敏感区域内建设园区。限制在长江沿线开发区新建石油化工、煤化工等化工项目，坚决取缔“十小”企业，整治造纸、制革、电镀、印染、有色金属等行业。同时，需要按照资源、市场、辅助工程一体化，基础和物流设施服务共享等要求开展化工园区规划，实现产业上下游一体化布局。

②提升化工园区环保水平。园区建设要严格执行环评制度，对建设用地的土壤和地下水污染情况进行风险评估，提出防渗、监测等场地污染防治措施，并适时对园区规划开展环境影响跟踪评价。推行清洁生产，应用清洁设备和工艺，降低能耗及限用物质含量。支持园区企业开发绿色产品，建设绿色工厂，实现厂房集约化、原料无害化、生产清洁化、废物资源化，能源低碳化。同时，需要加强环境应急预案管理和风险预警。

③严格化工园区安全管理。健全安全管理机构，设置专门的安全生产管理机构，配备相应管理人员，包括具有化工安全生产实践经验的人员，实施安全生产一体化管理。同时，定期组织开展园区整体性安全风险评价，定期开展应急演练，严控安全风险。

④推进化工园区循环化改造。按照循环经济“减量化、再利用、资源化”理念，全力推进产业链循环化，实现企业内、企业间、产业间首尾相连、环环相扣、物料闭路循环，物尽其用，促进原料投入和废物排放的减量化、再利用和资源化，以及危险废物的资源化和无害化处理。探索具有开发区特色的“企业小循环、产业中循环、园区大循环”循环经济发展模式，健全激励约束机制，加快形成产业共生体系，构建生态工业链条。

四、关于长江经济带发展规划纲要

《长江经济带发展规划纲要》(以下简称《纲要》)由中共中央政治局于2016年3月25日审议通过,《纲要》从规划背景、总体要求、大力保护长江生态环境、加快构建综合立体交通走廊、创新驱动产业转型升级、积极推进新型城镇化、努力构建全方位开放新格局、创新区域协调发展体制机制、保障措施等方面描绘了长江经济带发展的宏伟蓝图,是推动长江经济带发展重大国家战略的纲领性文件。

(一)长江经济带战略定位和发展目标

《纲要》围绕生态优先、绿色发展的理念,统筹江河湖泊丰富多样的生态要素,提出长江经济带的四大战略定位:生态文明建设的先行示范带、引领全国转型发展的创新驱动带、具有全球影响力的内河经济带、东中西互动合作的协调发展带。

推动长江经济带发展的目标:到2020年,生态环境明显改善,水资源得到有效保护和合理利用,河湖、湿地生态功能基本恢复,水质优良(达到或优于Ⅲ类)比例达到75%以上,森林覆盖率达到43%,生态环境保护体制机制进一步完善;长江黄金水道瓶颈制约有效疏通、功能显著提升,基本建成衔接高效、安全便捷、绿色低碳的综合立体交通走廊;创新驱动取得重大进展,研究与试验发展经费投入强度达到2.5%以上,战略性新兴产业形成规模,培育形成一批世界级的企业和产业集群,参与国际竞争的能力显著增强;基本形成陆海统筹、双向开放,与“一带一路”建设深度融合的全方位对外开放新格局;发展的统筹度和整体性、协调性、可持续性进一步增强,基本建立以城市群为主体形态的城镇化战略格局,城镇化率达到60%以上,人民生活水平显著提升,现行标准下农村贫困人口实现脱贫;重点领域和关键环节改革取得重要进展,协调统一、运行高效的长江流域管理体制全面建立,统一开放的现代市场体系基本建立;经济发展质量和效益大幅提升,基本形成引领全国经济社会发展的战略支撑带。到2030年,水环境和水生态质量全面改善,生态系统功能显著增强,水脉畅通、功能完备的长江全流域黄金水道全面建成,创新型现代产业体系全面建立,上中下游一体化发展格局全面形成,生态环境更加美好、经济发展更具活力、人民生活更加殷实,在全国经济社会发展中发挥更加重要的示范引领和战略支撑作用。

(二)长江经济带发展的基本原则

《纲要》坚持创新、协调、绿色、开放、共享的发展理念,制定了遵循长江经济带发展的五大基本原则。

1. 江湖和谐、生态文明

建立健全最严格的生态环境保护和水资源管理制度,强化长江全流域生态修复,尊重自然规律及河流演变规律,协调处理好江河湖泊、上中下游、干流支流等关系,保护和改善流域生态服务功能。在保护生态的条件下推进发展,实现经济发展与资源环境相适应,走出一条绿色低碳循环发展的道路。

2. 改革引领、创新驱动

坚持制度创新、科技创新,推动重点领域和关键环节改革先行先试。健全技术创新市场导向机制,增强市场主体创新能力,促进创新资源综合集成。建设统一开放、竞争有序的现代市场体系,不搞“政策洼地”,不搞“拉郎配”。

3. 通道支撑、协同发展

充分发挥各地区比较优势，以沿江综合立体交通走廊为支撑，推动各类要素跨区域有序自由流动和优化配置。建立区域联动合作机制，促进产业分工协作和有序转移，防止低水平重复建设。

4. 陆海统筹、双向开放

深化向东开放，加快向西开放，统筹沿海内陆开放，扩大沿边开放。更好推动“引进来”和“走出去”相结合，更好利用国际国内两个市场、两种资源，构建开放型经济新体制，形成全方位开放新格局。

5. 统筹规划、整体联动

着眼长远发展，做好顶层设计，加强规划引导，既要有“快思维”，也要有“慢思维”，既要做加法，也要做减法，统筹推进各地区各领域改革和发展。统筹好、引导好、发挥好沿江各地积极性，形成统分结合、整体联动的工作机制。

（三）长江经济带发展规划布局

长江经济带发展规划的重点是“一轴、两翼、三极、多点”的空间布局。“一轴”是以长江黄金水道为依托，发挥上海、武汉、重庆的核心作用，以沿江主要城镇为节点，构建沿江绿色发展轴；“两翼”分别指沪瑞和沪蓉南北两大运输通道，是指发挥长江主轴线的辐射带动作用，向南北两侧腹地延伸拓展，提升南北两翼支撑力；“三极”是指长江三角洲、长江中游和成渝三个城市群，发挥辐射带动作用，打造长江经济带三大增长极；“多点”是指发挥三大城市群以外地级城市的支撑作用，以资源环境承载力为基础，不断完善城市功能，发展优势产业，建设特色城市，加强与中心城市的经济联系与互动，带动整个地区经济发展。

五、关于长江经济带生态环境保护规划

长江经济带是我国重要的生态安全屏障。环境保护部、国家发展改革委、水利部 2017 年 7 月联合印发《长江经济带生态环境保护规划》（以下简称《规划》），以切实保护和改善长江生态环境，确保一江清水绵延后世。

（一）规划编制的原则和目标

1. 基本原则

(1) 生态优先，绿色发展。尊重自然规律，坚持“绿水青山就是金山银山”的基本理念，从中华民族长远利益出发，把生态环境保护摆在压倒性的位置，在生态环境容量上过紧日子，自觉推动绿色低碳循环发展，形成节约资源和保护生态环境的产业结构、增长方式和消费模式，增强和提高优质生态产品供给能力。

(2) 统筹协调，系统保护。以长江干支流为经脉，以山水林田湖为有机整体，统筹水陆、城乡、江湖、河海，统筹上中下游，统筹水资源、水生态、水环境，统筹产业布局、资源开发与生态环境保护，对水利水电工程实施科学调度，发挥水资源综合效益，构建区域一体化的生态环境保护格局，系统推进大保护。

(3) 空间管控，分区施策。根据长江流域生态环境系统特征，以主体功能区规划为基础，强化水环境、大气环境、生态环境分区管治，系统构建生态安全格局。西部和上游地区以预防保护为主，中部和中游地区以保护恢复为主，东部和下游地区以治理修复为主。根据东中西部、上中下游、干流支流生态环境功能定位与重点地区的突出问题，制定差别化的保护策略与

管理措施，实施精准治理。

(4) 强化底线，严格约束。确立资源利用上线、生态保护红线、环境质量底线，制定产业准入负面清单，强化生态环境硬约束，确保长江生态环境质量只能更好、不能变坏。设定禁止开发的岸线、河段、区域、产业，实施更严格的管理要求。

(5) 改革引领，科技支撑。针对长江经济带整体性保护不足、累积性风险加剧、碎片化管理乏力等突出问题，加快推进重点领域、关键环节体制改革，形成长江生态环境保护共抓、共管、共享的体制机制。大力推进生态环保科技创新体系建设，有效支撑生态环境保护与修复重点工作。

2. 主要目标

《规划》对长江经济带生态环境保护提出了一系列目标。

到 2020 年，生态环境明显改善，生态系统稳定性全面提升，河湖、湿地生态功能基本恢复，生态环境保护体制机制进一步完善。

建设和谐长江。水资源得到有效保护和合理利用，生态流量得到有效保障，江湖关系趋于和谐。

建设健康长江。水源涵养、水土保持等生态功能增强，生物种类多样，自然保护区面积稳步增加，湿地生态系统稳定性和生态服务功能逐步提升。

建设清洁长江。水环境质量持续改善，长江干流水质稳定保持在优良水平，饮用水水源达到Ⅲ类水质比例持续提升。

建设优美长江。城市空气质量持续好转，主要农产品产地土壤环境安全得到基本保障。

建设安全长江。涉危企业环境风险防控体系基本健全，区域环境风险得到有效控制。

到 2030 年，干支流生态水量充足，水环境质量、空气质量和水生态质量全面改善，生态系统服务功能显著增强，生态环境更加美好。

(二) 主要规划措施

长江经济带生态环境保护涵盖领域多，《规划》以保护一江清水为主线，水资源、水生态、水环境三位一体统筹推进，兼顾城乡环境治理、大气污染防治和土壤污染防治等内容，严控环境风险，强化共抓大保护的联防联控机制建设。具体内容可以概括为以下六个方面。

1. 确立水资源利用上线，妥善处理江河湖库关系

(1) 实行总量强度双控。根据国务院确定的各省市用水总量控制目标，健全覆盖省、市、县三级行政区域的用水总量控制指标体系；严格强度指标管理，建立重点用水单位监控名录，对纳入取水许可管理的单位和其他用水大户实行计划用水管理。健全覆盖省、市、县三级行政区的用水强度控制指标体系。

(2) 实施以水定成、以水定产。合理确定区域水资源承载能力，将再生水、雨水和微咸水纳入水资源统一配置。加强高耗水行业用水定额管理，严格控制高耗水项目建设。恢复长江下游地区河、湖、塘的容水纳水能力，加强污水处理和再生水开发，解决长江口、平原河网等局部地区缺水问题。深化水资源统一调度，实施长江流域水库群联合调度，优化水资源配置，保障生产、生活、生态用水。

(3) 严格水资源保护。优先保障枯水期供水河生态水量，协调好上下游、干支流关系，深化河湖水系连通运行管理和优化调度，增加枯水期下泄流量，保障生活和生产用水的同时，促进长江干流、鄱阳湖及洞庭湖生态系统平稳恢复。强化水功能区水质达标管理，根据重要江河

湖泊水功能区水质达标要求，落实污染物达标排放措施，切实监管入河湖排污口，严格控制入河湖排污总量。

2. 划定生态保护红线，实施生态保护与修复

(1) 划定并严守生态保护红线。基于长江经济带生态整体性和上中下游生态服务功能定位差异性，开展科学评估，识别水源涵养、生物多样性维护、水土保持、防风固沙等生态功能重要区域和生态环境敏感脆弱区域，划定生态保护红线。任何活动都要符合生态保护红线空间管控要求，严守生态保护红线。

(2) 严格管控岸线开发利用。实施《长江岸线保护和开发利用总体规划》统筹规划长江岸线资源，严格分区管理与用途管制。

(3) 强化生态系统服务功能保护。推动若尔盖湿地、南岭山地、大别山、三峡库区、川滇森林、秦巴山地、武陵山区等国家重点生态功能区的区域共建，优先布局重大生态保护工程。继续实施天然林资源保护，并全面停止商业性采伐。实施退耕还林还草、退牧还草、退田还湖还湿、湿地保护、沙化土地修复和自然保护区建设等工程，提升水源涵养和水土保持功能。

(4) 开展生态退化区修复。建设沿江、沿河、环湖水资源保护带和生态隔离带，增强水源涵养和水土保持能力。加强长江流域内湖泊的治理，推进富营养化湖泊生态修复。

(5) 加强生物多样性维护。加强珍稀特有水生生物就地保护，新建一批水生动物自然保护区和水产种质资源保护区，完善保护地的结构和布局，使典型水生生物栖息地和物种得到全面的保护。对不能就地保护的珍稀水生生物，寻找新的合适的保护地进行迁地保护。完善水生生物保护和监管方案，加大物种生境的保护力度。强化长江沿线水生生物资源的引进与开发利用管理，提升外来入侵物种防范能力。

3. 坚持环境质量底线，推进流域水污染统防统治

(1) 实施质量底线管理，严格执行国家环境质量标准，将水质达标作为环境质量的底线要求，严格控制污染物入河量。对汇入富营养化湖库的河流和沿海地级及以上城市实施总氮排放总量控制。

(2) 优先保护良好水体。对于现状水质达到或优于Ⅱ类的汉江、湘江、青衣江等江河源头以及水质较好的湖泊，应严格控制开发建设活动，减少对自然生态系统的干扰和破坏，全面清理和整治影响水质的污染源，维持其自然生态环境现状。

(3) 治理污染严重水体。采取控源截污、节水减排、内源治理、生态修复、垃圾清理、底泥疏浚等综合性措施，大力整治城市黑臭水体。

(4) 综合控制磷污染源。以成都、乐山、眉山、绵阳、德阳等为重点，治理岷江、沱江流域总磷污染。以重庆武隆、酉阳、彭水及贵州贵阳、遵义、铜仁、黔南州、黔东南州为重点，治理乌江、清水江流域总磷污染。以宜昌市的磷肥制造、磷矿开采等行业为重点，治理长江干流宜昌段总磷污染。

4. 全面推进环境污染治理，建设宜居城乡环境

(1) 改善城市空气质量。全面推进长江经济带126个地级及以上城市空气质量限期达标工作。以长江三角洲地区三省一市、成渝城市群和湘鄂两省城市为重点，积极推进区域大气污染联合防治，防治区域复合型大气污染，控制长江三角洲地区细颗粒物污染，控制湘鄂两省城市颗粒物污染。

(2) 推进重点区域土壤污染防治。加强长江经济带69个重金属污染重点防控区域治理。推进农用地土壤环境保护与安全利用，严控建设用地开发利用环境风险，建立土壤污染综合防

治先行区。

(3) 加快农村农业环境整治。加快农村环境基础设施建设，全面推进农村垃圾治理。开展截污治污、水系连通、清淤疏浚、岸坡整治、河道保洁，建设生态型河渠塘坝，整乡整村推进农村河道综合治理。控制农业面源污染，发展循环农业，推行农业清洁生产，控制农药化肥的使用。

5. 强化突发环境事件预防应对，严格管控环境风险

(1) 严格环境风险源头防控。坚持预防为主，构建以企业为主体的环境风险防控体系，优化产业布局。

(2) 加强环境应急协调联动。加强环境应急预案编制与备案管理，建设跨部门、跨区域、跨流域监管与应急协调联动机制，建立流域突发环境事件监控预警与应急平台，强化环境应急队伍建设和物资储备，提升应急救援能力。

(3) 遏制重点领域重大环境风险。实施全过程管控，有效应对饮用水、交通运输、有毒有害物质、长江上游梯级水库等重点领域重大环境风险。

6. 创新大保护的生态环保机制政策，推动区域协同联动

(1) 健全生态环境协同保护机制。推动制定长江经济带统一的限制、禁止、淘汰类产业目录，加强对高耗水、高污染、高排放工业项目新增产能的协同控制，完善环境污染联防联控机制。

(2) 创新上中下游共抓大保护路径。建设统一的生态环境监测网络，设立全流域保护治理基金，推进生态保护补偿。

六、关于加快推进长江经济带农业面源污染治理的指导意见

长江经济带是中国重要的粮油、畜禽和水产品主产区，农业面源污染已成为长江水体污染的重要来源之一。为改善和减轻长江流域农业面源问题，进一步贯彻落实深入推动长江经济带发展座谈会精神，根据推动长江经济带发展领导小组办公室会议部署，国家发展和改革委员会、生态环境部、农业农村部、住房和城乡建设部、水利部会同有关部门于 2018 年 10 月联合发布了《关于加快推进长江经济带农业面源污染治理的指导意见》。

(一) 农业面源污染治理目标

总体目标：到 2020 年，农业农村面源污染得到有效治理，种养业布局进一步优化，农业农村废物资源化利用水平明显提高，绿色发展取得积极成效，对流域水质的污染显著降低。

农田污染治理方面：减少化肥农药使用量，实现主要农作物化肥农药使用量负增长。提高农业资源、投入品利用效率和废弃物回收利用水平，化肥农药利用率提高到 40%以上，测土配方施肥技术覆盖率提高到 90%以上，病虫害绿色防控覆盖率提高到 30%以上，专业化统防统治率提高到 40%以上，农田灌溉水有效利用系数提高到 0.55 以上，秸秆综合利用率提高到 85%以上，农田残膜回收率提高到 80%以上。

养殖污染治理方面：畜禽养殖污染得到严格控制，养殖废弃物处理和资源化利用水平显著提升。畜禽粪污综合利用率提高到 75%以上，规模养殖场粪污处理设施装备配套率提高到 95%以上，大型养殖场 2019 年底前达到 100%。水产生态健康养殖水平进一步提升，主产区水产养殖尾水实现有效处理或循环利用。

农村人居环境治理方面：行政村农村人居环境整治实现全覆盖，垃圾污水治理水平和卫生

厕所普及率稳步提升。90%左右的村庄生活垃圾得到治理,基本完成非正规垃圾堆放点整治,有较好基础的地区农村卫生厕所普及率提高到85%左右,农村生活污水治理水平明显提高,乱排乱放得到有效管控。

(二)农业面源污染控制具体措施

1. 优化发展空间布局,加大重点地区治理力度,优化农业农村发展布局

强化长江干流和重要支流沿线,三峡库区及其上游等重大工程区域,丹江口库区、南水北调水源地及沿线、洱海、滇池、鄱阳湖、洞庭湖、巢湖、太湖和千岛湖等汇水区,重要的饮用水水源地等重点区域的面源污染治理。为此,需要加快划定和建设粮食生产功能区、重要农产品生产保护区,积极推进特色农产品优势区建设,实现重要农产品和特色农产品向资源环境较好、生态系统稳定的优势区集中。

长三角、长江中上游城市近郊区,要实现农村生活垃圾收运和处置体系全覆盖,完成农村厕所无害化改造,基本实现厕所粪污的有效处理或资源化利用;同时,根据环境容量确定养殖区的位置和养殖规模,明确养殖区、限养区、禁养区,消除长江干流和重要支流沿岸小规模畜禽养殖场。最终达到显著提高农村生活污水治理水平。

2. 综合防控农田面源污染,推动农业绿色发展,推进化肥减施增效

控制鄱阳湖和洞庭湖周边地区农药化肥的使用,长三角地区2019年底前完成化肥农药减量目标。为此,需要大力推广机械施肥、种肥同播、水肥一体化等高效施肥技术,推广缓控释肥料、水溶性肥、生物肥等新型高效肥料,提高利用效率。鼓励使用有机肥,在重点农产品种植区推动有机肥代替化肥。同时,科学使用农药,精准施药,应用低毒低残留农药、生物农药,禁限用高毒的农药,推广农作物病虫害绿色防控技术。

强化秸秆的循环利用,开展秸秆肥料化、饲料化、能源化、基料化、原料化利用。完善秸秆还田技术模式,因地制宜地发展秸秆热解气化、秸秆沼气等农村清洁能源。严格控制秸秆焚烧,避免造成区域性严重大气污染。

发展节水农业,提高灌溉水利用率,严禁使用未经处理的工业和城市污水灌溉农田。对重点污染地区做好源头控制,采取人工湿地、植被过滤带和草地、河岸缓冲带、暴雨蓄积池和沉淀塘等人工措施,有效拦截和消纳农田退水和农村生活污水中的污染物。

合理地使用地膜技术,降低对地膜覆盖依赖度,使用达到国家标准的地膜,从源头上保障地膜减量和可回收利用。推动废旧地膜的回收加工利用以及农用化学包装废物回收处理,开展全生物可降解地膜研发和实验示范。

在长江流域小麦稻谷低效低质区开展稻油、稻肥等轮作,其他区域推行用养结合、良性循环的种植模式。推行退耕还林还草还湿和退田还湖。对于湖南长株潭等重金属污染严重的区域实行多年休耕,对于贵州、云南石漠化区的坡耕地和瘠薄地实行生态修复型休耕。

3. 严格控制畜禽养殖污染,推进粪污资源化利用,促进畜牧业转型升级

大力发展畜禽标准化规模养殖,支持符合条件的规模养殖场改造圈舍和更新设备,建设粪污贮存处理利用设施,提高集约化、自动化、生态化养殖水平。推广节水、节料等清洁养殖工艺和干清粪、微生物发酵等实用技术,实现污染物的源头减量。

加强养殖污染监管,推进畜禽粪污资源化利用。将规模以上畜禽养殖场纳入重点污染源管理,依法执行环评和排污许可制度。将畜禽废弃物治理与资源化利用量纳入污染物减排总量核算。因地制宜采取就近就地还田、生产有机肥、发展沼气和生物天然气等方式,加大畜禽

粪污资源化利用力度。

规模养殖场要严格履行环境保护主体责任，根据土地消纳能力，自行或委托第三方进行粪污处理和资源化利用；培育壮大畜禽粪污治理专业化、社会化组织，形成收集、存储、运输、处理和综合利用全产业链。

4. 推进水产健康养殖，改善水域生态环境

长江流域是我国重要的水产品生产基地，加强养殖规划管理，合理调整和规划水产养殖空间布局，规范河流、湖泊、水库等天然水域的水产养殖行为，不仅能够保证水产品质量，而且对减轻水体水质污染具有重要意义。为此，需要禁止在饮用水源一级保护区从事网箱养殖，科学划定禁养区、限养区、养殖区，为水产养殖业发展设定底线。撤出和转移禁养区内的水产养殖，合理确定限养区养殖规模和养殖品种，促进渔业产业健康可持续发展。

推行标准化生态健康养殖，多品种立体混养及稻田综合种养等养殖模式，推进水产养殖装备现代化、生产管理智能化。推进水产养殖节水减排，开展尾水处理，加强养殖副产物及废弃物集中处置和资源化利用。推广以渔控草、以渔抑藻等净水模式，修复水域生态环境。

5. 加快农村人居环境整治，实现村庄干净整洁

农村尤其是城市近郊区域，是城市的后花园，但由于生活习惯和受教育程度的差异，农村人居环境不尽如人意。因此，需要加快农村人居环境整治，实现村庄干净整洁。这样既可以实现清净优雅的生态环境，也能够减轻农业农村面源污染程度。为此，需要统筹考虑农村生活和生产废弃物，有条件的地区推广垃圾的村收集、镇转运、县处理模式，对适合在农村消纳的有机垃圾，开展就地就近资源化利用。

加强农村生活污水治理。根据村庄区位、人口规模和密度、地形条件等因素，因地制宜采用集中与分散相结合、工程措施与生态措施相结合、污染治理与资源利用相结合的治理模式。积极推动城镇污水管网向周边村庄延伸覆盖。加强生活污水源头减量和尾水回收利用。以房前屋后河塘沟渠为重点实施清淤疏浚，采取综合措施恢复水生态，逐步消除农村黑臭水体。

大力开展厕所革命。加快普及不同类型的卫生厕所，优先对江河湖泊水库周边村庄、一般村庄中的简易露天圈厕进行无害化卫生厕所改造。在中小学校、乡镇卫生院、集贸市场等公共场所和人口集中区域，加快建设卫生公厕。有条件的地方要将厕所粪污、畜禽养殖废弃物一并处理和资源化利用。

鼓励有条件的地区建立财政补贴、村集体自筹和农户付费合理分担机制，建立农村生活污水、垃圾处理收费和村庄保洁收费制度，促进农村人居环境的长期干净整洁。

七、长江保护修复攻坚战行动计划

为深入贯彻全国生态环境保护大会精神，打好长江保护修复攻坚战，生态环境部和国家发展和改革委员会于 2019 年 1 月联合发布了《长江保护修复攻坚战行动计划》(以下简称《行动计划》)。

(一) 基本原则和目标

《行动计划》遵从生态优先、统筹兼顾，空间管控、严守红线，突出重点、带动全局，齐抓共管、形成合力的原则。通过攻坚，长江干流、主要支流及重点湖库的湿地生态功能得到有效保护，生态用水需求得到基本保障，生态环境风险得到有效遏制，生态环境质量持续改善。

《行动计划》的目标是到 2020 年底，长江流域水质优良(达到或优于Ⅲ类)的国控断面比例

达到85%以上，丧失使用功能（劣Ⅴ类）的国控断面比例低于2%；长江经济带地级及以上城市建成区黑臭水体消除比例达90%以上，地级及以上城市集中式饮用水水源水质优良比例高于97%。

（二）主要行动措施

《行动计划》中的许多行动措施，均参考了《关于依托黄金水道推动长江经济带发展的指导意见》和《长江经济带生态环境保护规划》中的一些指导性措施。

1. 强化生态环境空间管控，严守生态保护红线

根据流域生态环境功能需要，加快确定生态保护红线、环境质量底线、资源利用上线，制定生态环境准入清单。原则上在长江干流、主要支流及重点湖库周边一定范围划定生态缓冲带，依法严厉打击侵占河湖水域岸线、围垦湖泊、填湖造地等行为，各地可根据河湖周边实际情况对范围进行合理调整。开展生态缓冲带综合整治，严格控制与长江生态保护无关的开发活动，积极腾退受侵占的高价值生态区域，大力保护修复沿河环湖湿地生态系统，提高水环境承载能力。

重点强调如下劣Ⅴ类水体的治理：湖北省十堰市神定河口、泗河口断面，荆门市马良龚家湾、拖市镇、运粮湖同心队断面；四川省成都市二江寺断面，自贡市碳研所断面，内江市球溪河口断面；云南省昆明市通仙桥、富民大桥断面，楚雄州西观桥断面；贵州省黔南州凤山桥边断面。

2. 排查整治排污口，推进水陆统一监管

选择有代表性的地级城市深入开展各类排污口排查整治试点，综合利用卫星遥感、无人机航拍、无人船和智能机器人探测等先进技术，全面查清各类排污口情况和存在的问题，实施分类管理，落实整治措施。通过试点工作，探索出排污口排查和整治经验，建立健全一整套排污口排查整治标准规范体系。

3. 加强工业污染治理，有效防范生态环境风险

长江干流及主要支流岸线1千米范围内不准新增化工园区，依法淘汰取缔违法违规工业园区。以长江干流、主要支流及重点湖库为重点，全面开展“散乱污”涉水企业综合整治，分类实施关停取缔、整合搬迁、提升改造等措施，依法淘汰涉及污染的落后产能。优化产业结构布局，加快重污染企业搬迁改造或关闭退出，严禁污染产业、企业向长江中上游地区转移。

组织湖北、四川、贵州、云南、湖南、重庆等省市开展“三磷”（磷矿、磷肥和含磷农药制造等磷化工企业、磷石膏库）专项排查整治行动，磷矿重点排查矿井水等污水处理回用和监测监管，磷化工重点排查企业和园区的初期雨水、含磷农药母液收集处理以及磷酸生产环节磷回收，磷石膏库重点排查规范化建设管理和综合利用等情况。

开展长江生态隐患和环境风险调查评估，从严实施环境风险防控措施。深化沿江石化、化工、医药、纺织、印染、化纤、危化品和石油类仓储、涉重金属和危险废物等重点企业环境风险评估，限期治理风险隐患。在主要支流组织调查，摸清尾矿库底数，按照“一库一策”开展整治工作。

4. 持续改善农村人居环境，遏制农业面源污染

持续开展农村人居环境整治行动，推进农村“厕所革命”，探索建立符合农村实际的生活污水、垃圾处理处置体系，有条件的地区可开展农村生活垃圾分类减量化试点，推行垃圾就地分类和资源化利用。加快推进农村生态清洁小流域建设。加强农村饮用水水源环境状况调查评

估和保护区(保护范围)划定。

开展化肥、农药减量利用和替代利用,加大测土配方施肥推广力度,引导科学合理施肥,推进畜禽粪污资源化利用,鼓励第三方处理企业开展畜禽粪污专业化集中处理,因地制宜推广粪污全量收集。

2020年底前,所有规模养殖场粪污处理设施装备配套率达到95%以上,生猪等畜牧大县整县实现畜禽粪污资源化利用。持续推进渔业绿色发展,积极引导渔民退捕转产,实施水生生物保护区全面禁捕。严厉打击"电毒炸"和违反禁渔期禁渔区规定等非法捕捞行为,全面清理取缔"绝户网"等严重破坏水生生态系统的禁用渔具和涉渔"三无"船舶。

5. 补齐环境基础设施短板,保障饮用水水源水质安全

全面推进长江经济带饮用水水源地环境保护专项行动,划定饮用水水源保护区,规范保护区标志及交通警示标志设置,建设一级保护区隔离防护工程。重点排查和整治县级及以上城市饮用水水源保护区内的违法违规问题。

加快推进沿江地级及以上城市建成区黑臭水体治理,加快补齐生活污水收集和处理设施短板,推进老旧污水管网改造和破损修复,提升城镇污水处理水平。禁止处理处置不达标的污泥进入耕地,非法污泥堆放点一律予以取缔。建立健全城镇垃圾收集转运及处理处置体系,推动生活垃圾强制分类机制。

6. 加强航运污染防治,规范船舶港口环境风险

按照长江干线非法码头治理标准和生态保护红线管控等要求,开展长江主要支流非法码头整治。优化沿江码头布局,加快港口码头岸电设施建设,逐步提高三峡、葛洲坝过闸船舶待闸期间的岸电使用率。

港口、船舶修造厂所在地市、县级人民政府切实落实《中华人民共和国水污染防治法》要求,严格执行《船舶水污染物排放控制标准》,加快淘汰不符合标准要求的高污染、高能耗、老旧落后船舶,推进现有不达标船舶升级改造。统筹规划建设船舶污染物接收、转运及处理处置设施,推进生活污水、垃圾、含油污水、化学品洗舱水接收设施建设。

强化长江干流及主要支流水上危险化学品运输环境风险防范,严厉打击危险化学品非法水上运输及油污水、化学品洗舱水等非法转运处置等行为。

7. 优化水资源配置,有效保障生态用水需求

加快完成跨省江河流域水量分配,严格取水用水管控。加强流域水量统一调度,切实保障长江干流、主要支流和重点湖库基本生态用水需求,确保生态用水比例只增不减。严格用水强度指标管理,对纳入取水许可管理的单位和其他用水大户实行计划用水管理,实行水资源消耗总量和强度双控措施。

严格控制长江干流及主要支流小水电、引水式水电开发。沿江11省(直辖市)组织开展摸底排查,科学评估,建立台账,实施分类清理整顿,依法退出涉及自然保护区核心区或缓冲区、严重破坏生态环境的违法违规建设项目,进行必要的生态修复。对保留的小水电项目加强监管,完善生态环境保护措施。

8. 强化生态系统保护,严厉打击生态破坏行为

实施长江岸线保护和开发利用总体规划,统筹规划长江岸线资源,严格分区管理与用途管制。落实河长制或湖长制,编制"一河一策""一湖一策"方案,推进长江干流两岸城市规划范围内滨水绿地等生态缓冲带建设。沿江11省(直辖市)严格落实禁采区、可采区、保留区和禁采期的管理措施,加强对非法采沙行为的监督执法。

从生态系统整体性和长江流域系统性出发，开展长江生态环境大普查，摸清资源环境本底情况，系统梳理和掌握各类生态环境风险隐患。开展退耕还林还草还湿、天然林资源保护、河湖与湿地保护恢复、矿山生态修复、水土流失和石漠化综合治理、森林质量精准提升、长江防护林体系建设、野生动植物保护及自然保护区建设、生物多样性保护等生态保护修复工程。

因地制宜实施排污口下游、主要入河(湖)口等区域人工湿地水质净化工程。强化以中华鲟、长江鲟、长江江豚为代表的珍稀濒危物种拯救工作，加大长江水生生物重要栖息地保护力度，实施水生生物产卵场、索饵场、越冬场和洄游通道等关键生态环境保护修复工程，开展长江干流、主要支流及重点湖库水生生物保护区监督检查，坚决查处各种违法违规行为。

《长江保护修复攻坚战行动计划》提出了一系列的措施来保障计划中的各项目标的按时完成，要求全面落实生态环境保护"党政同责""一岗双责"，认真落实政府各部门的责任。严格执行考核问责制度，将长江保护修复攻坚战年度和终期目标任务完成情况作为重要内容，纳入污染防治攻坚战成效考核，做好考核结果应用。推动制定出台长江保护法，为长江经济带实现绿色发展，全面系统解决空间管控、防洪减灾、水资源开发利用与保护、水污染防治、水生态保护、航运管理、产业布局等重大问题提供法律保障。

八、长江经济带生态保护红线划分方案

生态保护红线是当前国家经济社会发展水平及对生态环境重要性认知程度下的保护界限，是不能再让步的保护底线。长江经济带发展是国家的一项重大区域发展战略，在推动长江流域经济发展过程中，需要谨记"共抓大保护、不搞大开发"座谈会精神。目前，长江流域上游、中游和下游区域各省市，相继开展了一些与推动长江经济带发展相关的生态环境保护红线范围的划定实践。

(一) 长江经济带生态保护红线划分方案

2018 年 2 月国务院批准了《长江经济带生态保护红线划分方案》，包括水源涵养、生物多样性维护、水土保持、水土流失控制、石漠化控制和海岸生态稳定等 6 大类 144 个片区，构成了"三区十二带"为主体的生态红线空间格局。"三区"是指川滇森林区、武陵山区和浙闽赣皖山区；"十二带"是指秦巴山地带、大别山地带、若尔盖草原湿地带、罗霄山地带、江苏西部丘陵山地带、湘赣南岭山地带、乌蒙山-苗岭山地带、西南喀斯特地带、滇南热带雨林带、川滇干热河谷带、大娄山地带和沿海生态带。

《长江经济带生态保护红线划分方案》主要依据国家生态功能区划成果，而且针对长江经济带涉及的 11 个省(直辖市)，不是依据流域分水岭划分的，许多区域超出长江流域范围或跨出流域边界，偏重于陆域和区域保护。"三区十二带"中除了川滇干热河谷带是河流带，沿海生态带是海岸线带外，其他都是山地森林区，长江中下游平原及湖泊湿地并不在其中，说明这些地区的生态功能退化明显或者作用不大。根据国家生态文明建设的要求和美丽长江发展趋势，长江流域的生态环境保护红线除国家划分的"三区十二带"外，还应该包括国家级自然保护区、国际重要湿地、重要水源地、世界自然和文化遗产及风景名胜地等。

(二) 其他地区的生态保护红线划分方案

地方政府依据不同区域的环境现状，分别划定了更为具体的生态红线。下面以四川省、湖北省和长江三角洲区域为例进行说明。

1. 四川省生态保护红线范围

四川省生态保护红线范围总面积约 14.80 万平方千米，占全省面积的 30.45%。生态保

护红线分为 5 大类 13 个区块，主要分布在川西高原山地、盆周山地的水源涵养、生物多样性维护、水土保持生态功能富集区和金沙江下游水土流失敏感区、川东南石漠化敏感区。

四川省生态保护红线空间分布格局呈"四轴九核"。其中："四轴"是指大巴山、金沙江下游干热河谷、川东南山地以及盆中丘陵区，呈带状分布，总面积约 0.95 万平方千米；"九核"是指若尔盖湿地（黄河源）、雅砻江源、大渡河源、沙鲁里山、岷山、邛崃山、凉山-相岭、锦屏山，以水系、山系为骨架集中成片分布，总面积约 13.85 万平方千米。

若尔盖湿地水源涵养-生物多样性维护生态保护红线总面积 0.83 万平方千米，区域生态系统类型主要为高原湖泊、沼泽湿地和草甸生态系统，植被以沼泽植被以及高寒草甸、草甸植被和灌丛植被为主，代表性物种有紫果云杉、大熊猫、四川梅花鹿、黑颈鹤、白唇鹿等。

雅砻江源水源涵养生态保护红线总面积 2.23 万平方千米，区域生态系统类型有高原湖泊、高寒湿地、高原及高山灌丛草甸等，代表性物种有白唇鹿、藏野驴、雪豹、野牦牛、黑颈鹤等。

大渡河源水源涵养生态保护红线总面积 1.27 万平方千米，区域生态系统类型有森林、高山草甸、高原湖泊、沼泽湿地等，植被以高山草甸、亚高山草甸、高山灌丛及亚高山针叶林等为主，代表性物种有云杉、冷杉、岷江柏、红豆杉、白唇鹿、黑颈鹤、猕猴等。

沙鲁里山生物多样性维护生态保护红线总面积 3.00 万平方千米，占生态保护红线总面积的 20.27%，占全省面积的 6.17%。区内河流属金沙江水系，植被以高山高原草甸、高山灌丛及亚高山针叶林为主，代表性物种有白唇鹿、矮岩羊、金雕、雪豹、黑熊、藏马鸡等，生物多样性保护极为重要。

岷山生物多样性维护-水源涵养生态保护红线总面积 2.23 万平方千米，区内植被以常绿阔叶林、常绿与落叶阔叶混交林和亚高山常绿针叶林为主，代表性物种有珙桐、红豆杉、岷江柏、大熊猫、川金丝猴、扭角羚、林麝、马麝、梅花鹿等。

邛崃山生物多样性维护生态保护红线总面积 0.63 万平方千米，森林植被以常绿阔叶林、常绿与落叶阔叶混交林和亚高山常绿针叶林为主，区内原始森林以及野生珍稀动植物资源十分丰富，是大熊猫、川金丝猴、扭角羚等珍稀野生动物的栖息地。

凉山-相岭生物多样性维护-水土保持生态保护红线总面积 1.10 万平方千米，区内河流分属大渡河、金沙江水系，森林类型以常绿阔叶林、常绿与落叶阔叶混交林和亚高山针叶林为主，代表性物种有红豆杉、连香树、大熊猫、四川山鹧鸪、扭角羚、白腹锦鸡、白鹇、红腹角雉等，生物多样性保护极其重要。

金沙江下游干热河谷水土流失敏感生态保护红线总面积 0.40 万平方千米，占生态保护红线总面积的 2.73%，占全省面积的 0.83%。植被类型以亚热带松栎混交林和暖温带阔叶栎林为主，代表性物种有攀枝花苏铁、大熊猫、四川山鹧鸪、黑颈鹤、林麝等。

大巴山生物多样性维护-水源涵养生态保护红线总面积 0.36 万平方千米，占生态保护红线总面积的 2.46%，占全省面积的 0.75%。生态系统类型有常绿阔叶林、针-阔混交林和亚高山常绿针叶林，代表性物种有巴山水青冈、红豆杉、大鲵、猕猴、林麝等国家重点保护珍稀动植物，是我国乃至东南亚地区暖温带与北亚热带地区生物多样性极其丰富的地区之一。

川东南石漠化敏感生态保护红线总面积 0.11 万平方千米，占生态保护红线总面积的 0.77%，占全省面积的 0.24%。区内植被以常绿阔叶林为主，生物多样性较丰富，有桫椤、川南金花茶等珍稀植物，达氏鲟、胭脂鱼等国家重点保护鱼类以及豹、林麝等国家重点保护野生动物。

2. 湖北省生态保护红线范围

湖北省生态保护红线范围总面积约 4.15 万平方千米，约占全省面积的 22.30%，总体呈现“四屏三江一区”的生态格局。“四屏”是指鄂西南武陵山区、鄂西北秦巴山区、鄂东南幕阜山区、鄂东北大别山区四个生态屏障，总面积约为 3.53 万平方千米，主要生态功能为水源涵养、生物多样性维护和水土保持。“三江”是指长江、汉江和清江干流的重要水域及岸线。“一区”是指以江汉平原为主的重要湖泊湿地，主要生态功能为生物多样性维护和洪水调蓄，面积约为 0.45 万平方千米，生态系统以淡水湖泊湿地生态系统为主，代表性物种包括莼菜、麋鹿、东方白鹳、黑鹤、白鹤、白头鹤、丹顶鹤、江豚、白鳘豚、中华鲟等。

“三江”重要水域及岸线生态保护红线主要分布在长江、汉江和清江干流已划为饮用水源一级保护区、自然保护区等保护地核心区域的水域及岸线，主要包含长江天鹅洲白鳘豚国家级自然保护区、长江新螺段白鳘豚国家级自然保护区、长江宜昌中华鲟省级自然保护区等保护地及生态功能极重要区与生态环境极敏感区，生态系统以河流湿地生态系统为主，代表性物种包括白鳘豚、江豚、中华鲟等。

另外，鄂北岗地水土保持生态保护红线的总面积约 0.17 万平方千米，生态系统以亚热带森林生态系统和农田生态系统为主，代表性物种包括银杏、白鹳、对节白蜡等。

3. 江苏省生态保护红线范围

江苏省的生态保护红线主要分布在长江、京杭大运河沿线、太湖等水源涵养重要区域，洪泽湖湿地、沿海湿地等生物多样性富集区域，宜溧宁镇丘陵、淮北丘岗等水源涵养与水土保持重要区域。全省陆域生态保护红线划定面积为 8474.27 平方千米，占全省陆域面积的8.21%。总体呈现“一横两纵三区”的生态格局。“一横”为长江及其岸线，主要生态功能为水源涵养。“两纵”为京杭大运河沿线和近岸海域，主要生态功能为水源涵养和生物多样性维护。“三区”为苏南丘陵区、江淮湖荡区和淮北丘岗区，主要生态功能为水源涵养和水土保持。

4. 浙江省生态保护红线范围

浙江省生态保护红线呈“三区一带多点”的基本格局。“三区”为浙西南山地丘陵生物多样性维护和水源涵养区、浙西北丘陵山地水源涵养和生物多样性维护区、浙中东丘陵水土保持和水源涵养区。“一带”为浙东近海生物多样性维护与海岸生态稳定带。“多点”为部分省级以上禁止开发区域及其他保护地，具有水源涵养和生物多样性维护等功能。生态保护红线总面积 3.89 万平方千米，占全省陆域面积和管辖海域面积的 26.25%。其中，陆域生态保护红线面积 2.48 万平方千米，海洋生态保护红线面积 1.41 万平方千米，分别占全省陆域面积的 23.82% 和管辖海域面积的 31.72%。

5. 上海市生态保护红线范围

上海市按照生态保护红线“陆海统筹”的要求，形成了生态保护红线“一张图”。生态保护红线共包含生物多样性维护红线、水源涵养红线、特别保护海岛红线、重要滨海湿地红线、重要渔业资源红线和自然岸线等六种类型，总面积 2082.69 平方千米，占比 11.84%。其中，陆域面积 89.11 平方千米，生态空间内占比为 10.23%，陆域边界范围内占比为 1.30%；长江河口及海域面积 1993.58 平方千米。自然岸线包含大陆自然岸线和海岛自然岸线两种类型，总长度为 142 千米，占岸线总长度 22.6%。

第十二章　长江经济带生态环境保护和修复机制建设

第一节　长江经济带生态环境保护和修复的总体方略

长江是中华民族的“母亲河”，是中华民族永续发展的重要支撑，流域上游是“中华水塔”，事关我国经济社会全局发展，也是珍稀濒危动植物的家园和生物多样性的宝库；流域中下游是我国无以替代的战略性饮用水水源地和润泽数省的调水源头。长江经济带发挥着确保我国总体生态功能格局安全稳定的全局性、战略性支撑作用。党中央、国务院高度重视长江经济带生态环境保护工作。习近平总书记多次对长江经济带生态环境保护工作做出重要指示，强调推动长江经济带发展，理念要先进，坚持生态优先、绿色发展，把生态环境保护摆上优先地位，涉及长江的一切经济活动都要以不破坏生态环境为前提，共抓大保护，不搞大开发。思路要明确，建立硬约束，长江生态环境只能优化、不能恶化。为加强长江经济带生态环境保护，国家先后制定和出台了《长江经济带发展规划纲要》《长江经济带生态环境保护规划》等相关文件，对长江经济带的环境保护和发展进行了战略布局和宏观设计。目前，长江经济带生态环境保护和修复仍面临生态环境形势严峻、流域发展不平衡不协调、生态环境协同保护体制机制尚未健全等诸多问题和挑战。

一、长江经济带生态环境保护修复面临的严峻形势

长江经济带历经持续大规模、高强度、无序的开发建设，部分地区资源环境超载，环境质量不高，生态受损较大，环境风险较高。虽然近年来我国围绕长江生态环境保护修复做了大量工作，但长江生态环境状况仍令人担忧，环境保护任务仍然十分艰巨。目前长江经济带的生态环境保护主要有以下五个问题。

一是流域整体性保护不足，生态系统破碎化，生态系统服务功能呈退化趋势。上中下游地区资源、生态利益协调机制尚未建立，缺乏具有整体性、专业性和协调性的大区域合作平台。近二十年来，长江经济带生态系统格局变化剧烈，城镇面积增加了39.03%，沿江1000米岸边带城镇面积增加51.6%，农田、天然林地、灌丛、草地、湿地和沼泽等高生态服务功能土地面积均有不同程度减少。岸线开发存在乱占滥用、占而不用、多占少用、粗放利用等问题。中下游湖泊、湿地萎缩，洞庭湖、鄱阳湖面积减少，枯水期提前。相比新中国成立初期，目前长江经济带湿地面积萎缩了近1.2万平方千米。洞庭湖和鄱阳湖在枯水期频现超低水位，挺水植物、沉水植物等水生植被覆盖面积降低，导致鱼类种群数量下降，湖泊生态系统退化严重。同时，长江中上游库群建设、水道挖沙以及环境污染等也破坏了水生生物的栖息地环境，长江多种水生生物物种数量急剧下降，多种珍稀物种濒临灭绝。中华鲟、达氏鲟（长江鲟）、胭脂鱼、“四大家鱼”等鱼卵和鱼苗大幅减少，受威胁鱼类占总数的40%，两栖类濒危物种占21%，爬行类濒危物种占17%，白鱀豚已功能性灭绝，江豚面临极危态势。

二是污染物排放量大，风险隐患多，饮用水安全保障压力大。长江经济带污染排放总量大、强度高，废水排放总量占全国的40%以上，单位面积化学需氧量、氨氮、二氧化硫、氮氧化

物、挥发性有机物排放强度是全国平均水平的1.5～2倍。重化工企业密布长江，流域内30%的环境风险企业位于饮用水水源地周边5千米范围内，各类危、重污染源生产储运集中区与主要饮用水水源交替配置。部分取水口、排污口布局不合理，12个地级及以上城市尚未建设饮用水应急水源，297个地级及以上城市集中式饮用水水源中，有20个水源水质达不到Ⅲ类标准，38个未完成一级保护区整治，水源保护区内仍有排污口52个，48.4%的水源环境风险防控与应急能力不足。

三是沿江重化工等高风险企业密布，守住环境安全的底线挑战很大。由于历史原因，长江经济带沿江两岸化工、冶炼、制药和石油高污染企业遍布，导致长江经济带沿江产业基数较大，排入长江的污染物数量较大，发生重大水污染事故的风险显著提升。统计结果表明，长江中废水、化学需氧量、氨氮的排放总量分别占全国的43%、37%和43%。长江经济带内超过30%的环境风险企业位于饮用水水源地5千米范围内。长江干流港口危险化学品种类超过250种，年吞吐量达1.7×10^{8}吨，运输量仍以年均近10%的速度增长，发生突发水污染事件造成水生态环境破坏的情况不容忽视。长江经济带纲要的正式实施，对长江流域水生态保护提出了更高的要求。

四是部分区域发展与保护矛盾突出，环境污染形势严峻。秦巴山区、武陵山区等8个集中连片特困地区，位于国家重点生态功能区，也是矿产和水资源集中分布区，资源开发和生态环境保护矛盾突出。磷矿采选与磷化工产业快速发展导致总磷成为长江首要超标污染因子。全国近一半的重金属重点防控区位于长江经济带，湘江流域等地区重金属污染问题仍未得到根本解决。长江三角洲、长江中游、成渝城市群等地区集中连片污染问题突出。部分支流水质较差，湖库富营养化未得到有效控制，城镇和农村集中居住区水体黑臭现象普遍存在。长江经济带大部分地区长期受到酸沉降影响，仍属我国酸雨污染较严重的区域。大气污染严重，成渝城市群与湘鄂两省所有城市空气质量均未达标，长江三角洲地区仅舟山、池州两个城市达标。工矿企业建设、生产以及农业生产等造成的土壤污染问题较为突出。

五是流域发展不平衡不协调问题突出，生态环境协同保护机制尚未健全。长江流域上中下游经济发展不均衡，中上游省份经济发展水平显著低于下游省份。据2014年经济数据统计，长江经济带人均GDP 5.02万元，平均城镇化率54.24%，其中，下游省份人均GDP约6.81万元，城镇化率63.37%，下游省份已基本实现城乡一体化，全面发展。下游省份人均GDP、城镇化率分别为上游、中游省份的2.03倍、1.37倍及1.66倍、1.23倍。目前长江经济带内各省在生态保护建设方面各自为政，没有形成统一的生态环境管理体制，与长江经济带发展对生态环境保护的要求存在一定差距。主要体现在长江保护法还未颁布，长江流域生态环境保护法律法规体系不健全；长江流域生态监测网络、生态补偿机制、生态环境保护稳定的投入机制、生态保护目标体系还未形成；生态环境跨部门、跨区域协同治理机制及长效管理机制、公众参与机制还未建立；长江流域水生态和水资源监测和监控能力还不足，应对突发性污染事故对生态环境造成的影响的应急响应预案和监测处置能力建设缓慢。

二、长江经济带生态环境保护修复的战略路径

根据党中央国务院长江经济带建设的重要战略部署和规划要求，长江经济带生态环境保护修复需遵循"共抓大保护，不搞大开发"的原则，坚持保护优先、自然修复为主的方针，以长江生态环境大普查和大体检为先导，加强长江经济带全域生态管控，切实提升生态治理与管控能力，强化顶层设计，建立统一高效的管理体制与协调机制，积极推动高耗能、高污染产业转型，

坚持山水林田湖草系统治理，推进沿线关键节点实施生态保护与修复，扩大生态空间，构建“全域-片区-节点”的生态环境保护与修复战略框架，将生态环境保护修复融入长江经济带建设各方面和全过程，最终实现长江经济带的可持续发展。

（一）开展生态环境大普查，建立环境风险预警平台

开展长江生态环境大普查，摸清生态环境质量的现状，系统梳理和掌握各类生态隐患和环境风险，为长江大保护和生态修复工作提供重要的调查信息支撑，为长江经济带“共抓大保护”提供科学依据。普查内容主要包括以下内容：长江干流及主要支流水环境质量、长江干流沿线集中式饮用水水源地保护、长江入河排污口设置、长江经济带城市工业布局、长江经济带城市固体废物产生处置、长江城市群大气污染物排放清单、长江沿线自然保护区情况等。整合国家相关部门、长江经济带 11 个省市的空基、天基、地基多平台、多类型数据，集成生态、水、大气、土壤、化学品等多要素全过程、全周期监测、评估、预警数据，构建长江经济带生态环境数据库及共享平台，建立环境信息的监测和共享机制；依据主体功能区制定长江经济带生态环境监控指标体系与监控指标规范标准，提出长江经济带生态、水环境、大气环境、土壤环境以及固体废物和有毒化学品监控网络；强化长江经济带环境风险预警体系，建立长江经济带产业发展的环境风险评估与预警技术平台，完善饮用水水源预警监测自动站建设和运行管理，推广建设在线生物预警系统，开展重点化工企业及工业园区环境风险防控体系建设，构建基于 5G 技术的固体废物区域尺度环境风险监控-研判-决策-调控综合平台，形成长江经济带生态、大气、水、土壤、固体废物综合治理技术体系与解决方案。

（二）构建全域生态保护与管控体系

长江经济带生态保护与管控要创新管理体制，实施差异化管理，分区分类管控，科学划定和守住各类生态红线，健全生态法制制度。

一是要加强长江流域空间格局的管控，实施差异化的分区管治策略。根据长江流域生态环境系统特征，以主体功能区规划为基础，推行水环境、大气环境、土壤环境按生态环境分区管控，系统构建国土生态安全格局。在长江经济带进行生态环境保护过程中，重视对产业转移进行严格的管控，并针对产业类型和当地生态环境的分布进行分区管控，同时在管控过程中进行功能分区，制定各类产业的准入标准，防止因产业转移而带来的环境污染扩散。此外，要加强长江流域生态空间的管控，根据东中西部、上中下游、干流支流环境功能定位与突出环境问题，制定差异化的保护策略与管理措施，实施精准治理。西部和上游地区坚持保护优先、预防为主，重点提升生态涵养、水土保持和生物多样性保护的能力，合理开发利用水资源；中部和中游地区以系统保护、自然恢复为主，重点协调河湖关系，保护水生态和生物多样性，恢复沿江沿岸湿地，确保丹江口水质安全；东部和下游地区以治理修复为主，重点加强太湖等退化水生态系统恢复，强化饮用水水源保护，严格控制城镇周边生态空间占用，开展河网地区水污染治理。

二是要科学划定并严守生态保护红线，健全生态法制制度。根据长江经济带生态资源、国土空间状态和维护国家生态安全需求，做好划定生态红线的顶层设计，以形成生态屏障、构建生态廊道为重点，切实发挥水源涵养、水土保持、生物多样性保护等生态功能，科学划分生态保护红线区域，保障长江经济带生态安全。并根据长江经济带经济社会发展需要，适时调整扩充生态保护红线，保障区域生态安全。通过生态修复、退化地恢复、沙化地治理、拆迁腾退地利用、不宜耕作的农田还林、荒滩荒地绿化和工矿废弃地恢复等措施，有效补充生态用地数量。健全生态法律法规制度，要使用法律手段保障生态红线。在国家保障生态红线的法律法规的

基础上，推动湿地集中的省份出台适合本省实际情况的生态红线保护性的地方法规，加大对破坏生态红线行为的惩处力度。最后，还需加强生态红线保护的宣传，增强公众生态红线保护的意识，倡导全社会共同努力，保护生态环境。

（三）建立健全生态环境综合管理制度和协调机制

为妥善解决长江流域的特殊问题，国家已经发布了《中华人民共和国长江保护法》，明确规定禁止在长江干支流岸线1千米范围内新建、扩建化工园区和化工项目。该法要求对磷矿、磷肥生产集中的长江干支流，有关省级人民政府应当制定更加严格的总磷排放管控要求，有效控制总磷排放总量。因此，沿江各省（直辖市）应从法律的角度，尽快制定和完善相应的政策措施，建立长效机制。长江保护法首要解决的就是管理体制的问题，从全流域的角度明确流域管理机构和相关方的定位和职能，以立法的公开透明、民主参与取代行政决策中的个别博弈、讨价还价；以法律的权威性保证管理体制的稳定性和连续性。通过制定《中华人民共和国长江保护法》，统筹考虑法律法规衔接与行政体制改革等重要问题，推动统一的流域综合管理体制的创建，从根本上解决长江流域综合管理中的诸多问题。在长江流域的生态环境保护制度政策的制定与落实方面，首先，应该建立应急制度，做好应急预案，对环境受到破坏的风险进行防范，针对长江经济带之内的化工产业、重工业进行环境污染风险评估，并监督产业制定并落实相应的环境污染应急管理办法，同时还要对应急联动进行强化，做到联防联控，使环境污染的风险得以降低。其次，建立健全长江流域的协调机制，由中央主管部门牵头，建立跨部门、跨区域的长江生态治理协商合作机制，搭建上中下游、东中西部产业协作、生态环境保护和污染防治的跨区域联动机制，环境监管和行政执法并行，以提升生态环境保护效率。最后，构建长江经济带生态环境补偿机制，推进形式多样的生态补偿方式。按照“谁受益谁补偿”及奖优罚劣的原则，探索建立上下游相邻省份及省域内市县建立流域横向生态补偿机制，加快长江保护修复，加快形成长江大保护格局。

（四）调整产业结构，壮大绿色产业

脱离产业持续发展的环境保护是不可持续的。长江流域内要共抓大保护，就要防止地区之间产业的低层次恶性竞争。地区之间的产业结构要错位和特色发展，需要优化现有的产业布局。长江经济带横跨我国三大阶梯，流域间发展差异较大，下游发达地区必须利用自身的经济优势，引导传统的加工型产业向上游欠发达地区转移，加快推进产业转型升级，发展高端环保产业，提升产业层次，坚定“经济发展必须要建立在生态保护基础上”的发展底线。中上游地区则要抓住历史机遇，根据自身的实际发展水平，积极承接产业转移，推动本地区的产业升级合并。在流域的产业结构配置方面，必须重视环境保护与经济发展的协同互助作用，推动沿江产业结构的高端化、低碳化、绿色化。改造升级传统重化工型产业，发展壮大先进制造业、高技术产业与战略性新兴产业。加快石化、钢铁、有色金属、建材、纺织等“两高一剩”产业技术改造步伐，逐步消解过剩产能，提升支柱产业绿色化生产水平，增强市场竞争力。立足产业发展根基和科教资源优势，依托国家重大项目和重点工程，加快发展高端装备制造、新一代信息技术、生物技术、节能环保、新材料、新能源等技术密集型、知识密集型产业，培育形成若干世界级绿色高新技术产业集群。大力建设生态工业园区，加强园区内基础设施和企业的绿色设计、清洁生产、污染预防、能源有效使用及企业内部合作，构建内生循环园区内生态链和生态网，规范推广“回收-再利用-设计-生产”的循环经济发展模式，推动长江经济带绿色发展、循环发展、低碳发展，优化区域社会经济发展模式，实现经济效益、生态效益、社会效益的有机统一。

（五）加强系统治理及生态修复

面对长江水域生态被严重破坏的现状，要统筹上下游、左右岸，系统地构建水域与沿岸相互联动的保护机制，摒弃“先发展、后治理”的观念，树立正确的绿色可持续发展观。系统治理是长江经济带实施生态环境保护的一项重要策略，其主要是从生态环境保护及规划的整体着手，对影响生态环境的各类因素进行细分管理，并统筹产业排放、船舶航运及分区管理等实现综合管理。而生态修复主要是基于生态保护理念来加强其连通性，构建生态廊道和生物多样性保护网络，除此之外，对已受到破坏的生态环境进行全面修复，恢复其生态功能。

一是以改善群众环境健康为目标，加大水、大气、土壤污染治理力度。严格执行国家规定的环境质量标准，将按环境质量功能区达标作为环境质量最低期望目标和最基本管理要求。通过加强江河联动、水陆统筹、系统发力，推进重点领域和重点片区污染整治。要优先保护江河源头、良好湖泊等水体，全面清理和整治影响良好水体水质的已有或潜在的污染源，降低污染风险，强化水生态保护，保障城市集中式饮用水水源供水安全。大力消除城市黑臭水体，重点治理劣Ⅴ类断面。开展农村环境综合整治和农业面源污染防控，有效改善农村生态环境质量，促进城乡人居环境健康。将清洁的空气、安全的土壤供给作为绿色发展、供给侧结构性改革的重点内容，加大长三角、湘鄂、成渝城市群大气污染防治力度，控制细颗粒物、臭氧污染，减轻酸雨污染程度。推进粮食主产区农用地土壤环境保护。

二是加强长江经济带重点生态功能区建设。依据《全国主体功能区规划》，实施重点生态功能区建设，将重点生态功能区建设成保护长江流域生态环境的示范性地区。全面贯彻实施主体功能区分区治理，在准确把握主体功能区分类的基础上，按照生产发展、生活富裕、生态良好的要求，适当压缩工矿地区空间。编制和实施重点生态功能区生态保护与建设规划，通过构建山地、水系、耕地、林地、湿地、湖泊等国土空间开发与保护利用规划体系，明确各类空间开发和使用时的管理措施，实施国土空间分类管理。开展生态监测评估，对生态环境进行实时监测，使用遥感和大数据等技术，建立各种数据信息的综合数据库，从多个角度评估生态环境效益，构建以重点生态功能区保护为中心的综合生态系统评估系统。

三是推进长江经济带关键节点保护与修复。着力推进长江经济带沿江地区关键节点保护与修复，大力保护天然林资源，继续推进退耕还林工程，巩固长江防护林体系。推进全流域湿地生态保护与修复，加快洞庭湖、洪湖、鄱阳湖、洪泽湖等湖泊地区退田还湖还湿。加强岩溶地区石漠化综合治理，重点加大对贵州、云南、湖南、湖北、重庆、四川等长江中上游和源头石漠化严重地区石漠化治理力度。推进生物多样性保护，加强长江经济带物种及其栖息地繁衍场所保护，拯救大熊猫、朱鹮、扬子鳄、兰科植物等极度濒危和极小种群野生动植物物种。深入开展沿江国家和省级森林城市创建活动，合理划定沿江城市生态保护红线，建设城市绿线，扩大城市生态空间。着力加快沿江湖泊地区农村面源污染治理，完善高效农业技术推广体系，建立农业面源污染生态补偿政策，健全农业面源污染法规，大力实施农业清洁生产工程，强化农业面源污染管理体制。

三、长江经济带生态环境保护修复的战略重点

（一）加强改革创新战略统筹规划引导，推动长江经济带高质量发展

推动长江经济带发展，必须从中华民族长远利益考虑，坚持新发展理念，把修复长江生态环境摆在压倒性位置，共抓大保护、不搞大开发，积极探索生态优先、绿色发展的新路子。习近

平总书记针对长江经济带发展症结所在，明确提出必须正确把握五个关系，即整体推进和重点突破的关系、生态环境保护和经济发展的关系、总体谋划和久久为功的关系、破除旧动能和培育新动能的关系、自我发展和协同发展的关系，体现了进入新时代中国经济转向高质量发展的全局性、长期性、战略性考量。要紧紧围绕这五个关系，聚焦前提、抓住关键、强化整体性，狠抓细化落实。一方面，要从生态系统整体性和长江流域系统性着眼，坚持以生态优先为前提，把处理好绿水青山和金山银山的关系作为关键，把推动长江经济带发展作为一个系统工程，强化战略统筹和规划引导，稳扎稳打、久久为功；另一方面，要深化改革、加快创新，扎实推进供给侧结构性改革，彻底摒弃以投资和要素投入为主导的老路，为新动能发展创造条件、留出空间，推动长江经济带发展动力转换，实现腾笼换鸟、凤凰涅槃，建设现代化经济体系。与此同时，还要把长江经济带作为流域经济，运用系统论的方法，实现错位发展、协调发展、有机融合，推动整个长江经济带高质量发展，永葆"母亲河"生机和活力。

（二）持续推进水污染治理、水生态修复、水资源保护的"三水共治"

一是坚守水环境质量底线，保护良好水体，治理黑臭及劣Ⅴ类水体，坚持"不降级、反退化、无劣质、保安全"，力争整体水质有所改善；二是落实主体功能区规划，划定生态保护红线，建立生态环境硬约束机制，列出负面清单，设定禁止开发的岸线、河段、区域、产业，共建山水林田湖草生命共同体；三是确定水资源开发利用上线，紧扣水资源调控，过紧日子，以长江中下游重要水体的水资源需求，作为上游水库联合调度和限制水电开发的硬性要求。

（三）坚持山水林田湖草系统治理，强化共抓大保护的整体性

从生态系统整体性和长江流域系统性着眼，统筹山水林田湖草等生态要素，实现对山水林田湖草生命共同体的统一管理、统一修复，着重强化生态环境上的共生，建设长江经济带生态共同体；通过山水林田湖草的系统保护，构建区域生态安全格局，统筹水上和陆域、上中下游、东中西部、污染源和污染介质，强化生态安全格局的构建及自然岸线管控和保护。加大重点生态功能区的保护，系统整体推进森林、湿地、湖泊等的系统保护和生态恢复。要加强上下游、干支流、左右岸经济合作交流，缩小区域发展差异、城乡发展差异，着重强化经济发展结构和效益上的共利，建设长江经济带高质量发展的经济共同体；要形成一条心、成为一家人、汇集一股劲、打造一盘棋，消除邻避效应，各尽其力，各美其美，着重强化社会价值上的认同，建设长江经济带互助和谐的社会共同体。在此基础上，最终共同形成生态-经济-社会复合型共同体。

（四）完善体制机制，强化共抓大保护的协同性

一要结合《中华人民共和国长江保护法》的内容，尽快完善其配套的行政法规、部门规章和规范性文件体系。二要创新生态环境管理和保护机制，推进跨区域、跨部门生态环境保护相关的管理和保护机制建设，发挥区域协商合作机制作用，建设上中下游、东中西部产业协同发展和有序转移、基础设施互联互通、生态环境协同保护治理的跨区域联动机制。三要建立健全生态补偿与保护长效机制。按照"谁受益谁补偿"及奖优罚劣的原则，积极推动各省区市建立省内上下游生态补偿机制，然后逐步扩大到跨省上下游生态补偿机制，最终建立以干流跨界断面水质为主、向中上游地区倾斜的补偿资金分配标准，形成长江干流生态补偿制度。在推进长江经济带上下游生态补偿的同时，探索在长江经济带建立重要生态功能区、湿地等领域建立生态补偿机制的可行路径，以流域生态补偿机制为核心，充分发挥不同领域生态补偿机制的协同效应，推进长江保护修复，加快形成共抓长江大保护的格局。

第二节　长江经济带生态补偿与保护长效机制

生态补偿机制是以保护生态环境、促进人与自然和谐为目的，根据生态系统服务价值、生态保护成本、发展机会成本，综合运用行政和市场手段，调整生态环境保护和建设相关各方之间利益关系的一种制度安排。主要针对区域性生态保护和环境污染防治领域，是一项具有经济激励作用、与“污染者付费”原则并存、基于“受益者付费和破坏者付费”原则的环境经济政策。

实施长江生态环境系统性保护修复，打好长江保护修复攻坚战，是促进长江流域协调发展，推动长江经济带高质量、可持续发展的基础。创新生态补偿机制，完善流域生态补偿，是强化共抓大保护，有效平衡生态保护义务与受益权不对称的重要手段，是推动长江山水林田湖草系统性修复保护、生态环境协同治理，解决区域经济社会失衡，促进长江流域共建共享，实现长江经济带生态环境保护与经济社会和谐共生的迫切需要。

一、长江经济带生态补偿实施状况与问题

长江流域是我国人口最多、经济活动强度最大的流域，也是水环境问题最为突出的流域。生态补偿机制作为缓解环境与经济发展矛盾的重要手段，是长江经济带生态保护工作中不可或缺的一环。建立有效的生态补偿区域协调机制，是推动生态补偿落实的关键。目前，我国跨省和省内生态补偿实践已经有了一些进展。在跨省生态补偿实践方面，安徽与浙江、福建与广东、广西与广东、江西与广东、河北与天津等省（区、市）人民政府正在分别推进新安江流域（二期）、汀江-韩江流域、九洲江流域、东江流域、引滦入津上下游横向生态补偿工作。就省内流域生态补偿而言，江苏省开展了较深入的探索，其境内太湖区域及全省流域生态补偿经历了三个阶段：2007—2010 年，太湖流域按水污染物通量区域补偿；2010—2014 年，通榆河流域按水环境质量区域补偿；2014 年至今，全省全流域按水质目标改善双向补偿。尽管长江流域的不少地方已经开展了一些流域生态补偿探索，但由于长江经济带涉及十余省（直辖市），流域跨度很大，各地流域生态环境情况不同、发展阶段水平不同，对流域生态补偿的理解、认识和诉求也存在较大差异，各地流域生态补偿探索进展不一，特别是建立全流域的生态补偿机制涉及的地区多、诉求多、因素多、情况复杂，长江经济带生态补偿实践起来面临诸多问题。

（一）生态补偿法律规范、制度缺乏

长江经济带流域生态补偿进程发展缓慢的主要原因在于，生态补偿激励约束机制与相关法律体系不健全。首先，我国尚未制定完善的生态补偿相关环境保护法律、法规，并没有对各利益相关者的权利、义务、责任界定及补偿内容、方式和标准等要素予以明确规定。尽管江苏、上海及浙江等地已相继出台若干区域流域生态补偿法律法规。但相关法律执行效力低，且只适用于对本省（市）内部流域生态进行补偿监管，而不适合于整个长江经济带流域生态补偿机制。因此，中央的统筹地位亟待进一步巩固，建议健全生态补偿的法律政策基础或管理原则，完善相应权责制度，加强中央的领导核心地位，建立系统性的管理和监督考核机制。其次，长江流域的水环境资源产权制度也还没有建立起来，产权关系不明确，生态环境权益交易流转体系不建立，难以充分发挥市场力量，难以调动流域上下游相关方的积极性。长江流域生态补偿机制实施还缺乏有效的监管体系，监管能力不匹配。最后，对流域生态环境保护行为的激励和奖惩机制也不完善，这在一定程度上造成了流域各相关方实施生态环境保护工作的内在动力

不足。

（二）生态补偿方式较为单一

目前长江经济带生态补偿制度的主要资金来源仍为财政资金，即根据跨界断面水质目标完成情况，流域下游向上游实施补偿或受偿，而企事业单位投入、优惠贷款、社会捐赠等其他渠道明显缺失。这种较为单一的补偿方式不仅加重政府负担，未能充分调动社会资本的有效参与，也难以保证生态补偿措施长期有效运转，环境质量改善效果难以巩固而且由国家财政纵向转移支付为主的长江经济带流域生态补偿标准偏低，补偿范围较小，补偿方式单一，这种“输血型”的流域生态补偿做法虽然起到了一定的积极作用，但基于“奖励”和“补助”的方式无法从根本上调动长江经济带流域人民生态补偿的积极性。此外，除资金补助外，产业扶持、技术援助、人才支持、就业培训等补偿方式未得到应有的重视。

（三）资金使用不均衡

现阶段我国长江经济带流域生态补偿资金主要来源于“财政专项基金”和“转移支付”。但就目前资金支付使用情况来看，长江经济带流域生态补偿资金呈现出严重的不均衡现象，且具有“横少纵多”的特点，即中央对地方的转移支付较多，而横向的同级行政区域间的转移支付却明显不足。根据部分试点地区的实施情况，部分地区（如涉及畜禽养殖清拆、居民搬迁等地区）的生态补偿金额远不能弥补生产转产或生活方式转变的应需资金，导致补偿资金不足；还有部分生态环境基础良好的地区，由于经济发展水平有限，无须建设重大治理工程，对治理工程的资金需求不大，导致部分专项资金执行率较低，部分地区“钱不够花”，有的地区却“钱花不出”。

（四）跨省界沟通协调不到位

目前长江流域的生态补偿机制建设主要是在省域范围内实施，长江流域经济带各区域之间缺乏有效协调、沟通机制。在财政分权、行政集权体制下，区域间的跨流域合作必将受到资源配置与行政区划壁垒限制。特别是跨省界流域横向补偿，上下游省份之间经济差异大，生态环境需求目标不同，对补偿标准设计的认识不同，突破流域跨省界生态补偿机制仍面临挑战。因此，在新形势下，流域内上下游相邻省（直辖市）或省域内市县要加快横向生态保护补偿机制建设，基于国家“一带一路”战略机遇，充分运用其行政职能，调动各省、市、区、县开展生态补偿合作。

二、生态补偿机制建设的总体思路与框架

（一）总体思路

围绕长江经济带生态文明建设需要，以促进环境质量改善、生态健康安全、生态环境资产增值为目标，综合考虑长江经济带上下游各地经济发展阶段的差异性和生态环境公共服务供给的不均衡性，充分创新运用多种补偿方式，既要输血即加大生态环境建设投入，又要大力营造环境并采取有效措施，扶助上游地区增强造血功能，合理弥补环境保护较好区域和企业为保护流域环境而损失的机会成本，逐步实现长江经济带上下游公平、科学、合理、高效利用长江流域生态环境资源，合理分担长江经济带各段区域内的环境保护责任，促进建立一种长效的长江经济带九省两市生态环境共同治理机制。

第一，科学利用生态环境资源，促进水资源开发利用和生态环境保护协调发展。生态补偿机制的建立要充分结合长江流域生态环境的特征情况，回应生态环境保护的特征问题和管理需要。生态环境资源是实现长江流域可持续发展的基础，只有科学、合理地利用生态环境资

源，建立科学的流域生态补偿机制，才能有效地保障长江流域的可持续发展。

第二，从长江生态环境系统性保护全局出发，推动流域上中下游共建共享、互惠共生、协调发展。长江流域生态补偿涉及保护区和受益区双方。目前，经济发展水平比较高的地区生态建设意识较强，为生态建设付出代价的，往往是贫困和不发达地区，要改变贫困和不发达地区为追求经济发展而破坏生态环境的行为，必须通过其他途径提高这些地区的经济发展水平和收入水平，使保护地区与受益地区共同发展。发达地区有必要加大对不发达地区和重要生态功能区的资金和技术支持，下游地区应脱离行政区域的概念积极对上游生态保护地区进行必要的补偿，共建共享，协调发展。不同行业、不同生态要素或自然资源开发单位间也应根据需要开展补偿。

第三，研究制定合理的生态补偿标准、程序和监督机制，确保利益相关方责、权、利相统一，做到应补则补，奖罚分明。生态补偿机制必须遵守一定的原则，即坚持开发者保护、破坏者恢复和受益者补偿原则、公平补偿原则、均衡协调原则。谁开发、谁保护，谁破坏、谁恢复，谁受益、谁补偿，谁污染、谁付费。对流域而言，下游受益区应该为上游的生态环境建设提供一定的资金和技术等方面的补偿，保障上游区域生态保护措施的实施。生态补偿涉及多方利益，需要广泛调查各利益相关方情况，明确生态补偿责任主体，确定生态补偿的对象、范围，合理分析生态保护的纵向、横向权利和义务关系，科学评估维护生态系统功能的直接和间接成本。

（二）框架体系

长江经济带生态补偿机制方案设计的重点包括补偿范围、补偿主体与对象、补偿方式、补偿标准、补偿资金来源、管理与分配、机制实施的保障措施等要素，框架体系见图 12-1。

1. 生态补偿主体与对象

长江经济带生态补偿主体主要有中央政府、上下游地方政府以及水利开发单位。对于长江经济带生态环境保护权责关系比较清晰的，则主要由上下游地区间横向补偿机制解决；对于上游水源地保护、水生态涵养等具有显著公共效益的补偿，则中央政府在事权分工上要予以支持。此外，水利开发单位等作为受益主体也是重要补偿主体。补偿对象主要为提供生态效益服务，达到生态环境保护要求的地方政府，为生态环境保护造成发展机会成本损失的地方政府和农户等相关方。

2. 生态补偿方式

从目前国内生态补偿实践经验来看，长江经济带生态补偿的方式主要基于政府主导下的财政转移支付，补偿方式以政府主导型为主。创新多元化生态补偿方式，需要充分调动长江经济带上下游地方政府之间的积极性，创新运用多样化补偿方式，包括政策性补偿、市场化补偿，如水权交易、排污权交易等，调动各利益相关方的积极性。随着水权体系的完善，政策运用的市场化环境的成熟，可逐渐转型到运用市场补偿为主的方式。

3. 生态补偿标准

长江经济带不同省份经济发展差异性很大，不宜采用统一的补偿标准，考虑建立基础补偿标准基础上的差别化跨界生态补偿标准体系。补偿标准测算可包括以下内容：以上游地区为生态环境质量达标所付出的努力即直接投入为依据；以上游地区为生态环境质量达标所丧失的发展机会的损失即间接投入为依据；上游地区为进一步改善生态环境质量而新建环境保护设施、水利设施、新上环境污染综合整治项目等方面的延伸投入。各跨界省份可依据需求协商议定。

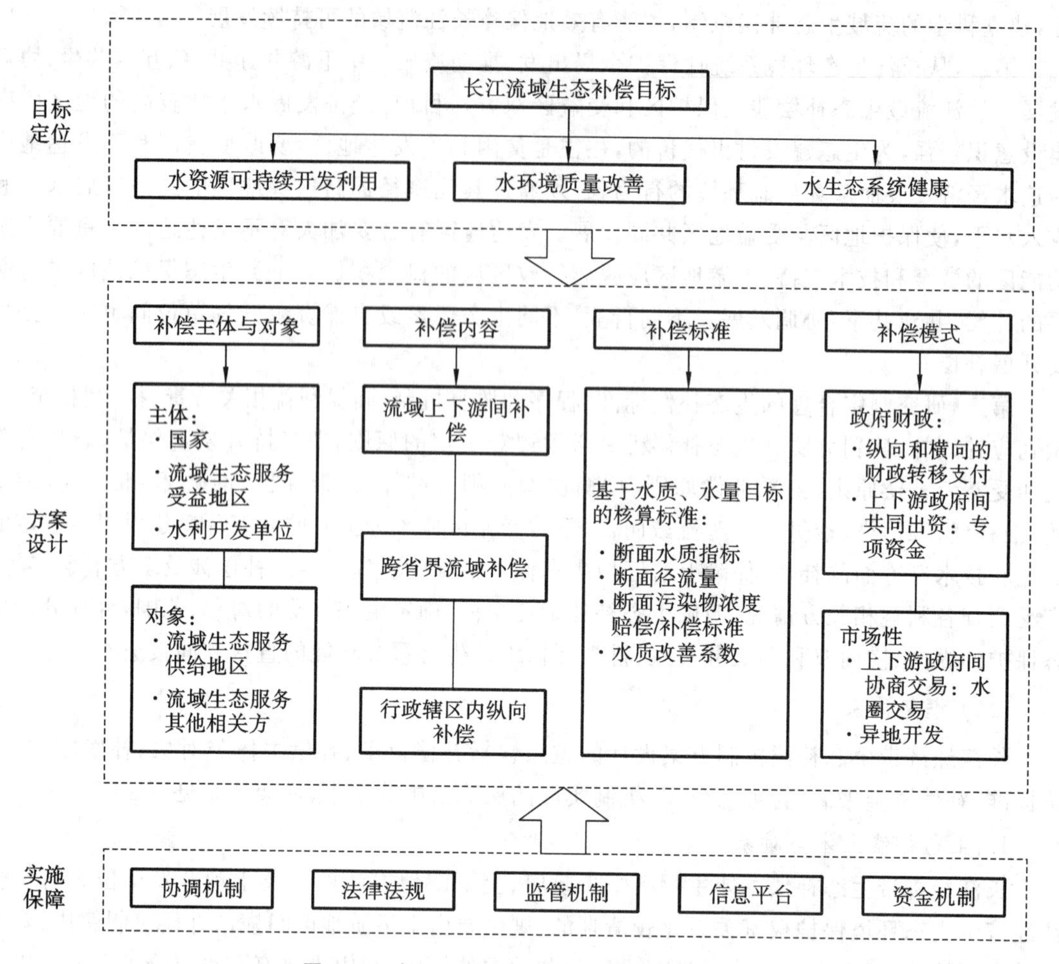

图 12-1　长江经济带生态补偿机制建设框架

4. 补偿资金来源及补偿途径

现阶段财政资金仍是当前我国生态环境保护投入的主要资金来源。根据补偿主体的范围,将长江经济带上下游生态补偿资金来源分为两部分:一是国家作为主体之一,从环保专项资金中拿出一部分资金,发挥中央资金的引导作用;二是为增强流域上下游间水环境保护制约力度,提高各省市生态环境保护工作的积极性,本着“区际公平、权责对等”的原则,在国家的统一组织下,由 11 个省(直辖市)地方财政根据受益大小共同出资,与中央财政资金共同组建长江经济带生态补偿基金,构建纵向补偿和横向补偿相结合的补偿途径。具体可由国家设置专门的账户,将生态补偿机制内置于基金的操作,其中,各省市出资比例根据受益量来确定,权、责、利相统一,国家通过财政转移支付等,按照相应补偿标准开展补偿资金的初始分配,支持各省份开展长江生态环境保护工作。

5. 配套保障能力

长江经济带生态补偿机制的建立需要完善有关法律法规,需要进行大量的沟通、协调工作,建立顺畅、有效的协调机制,明确生态补偿机制的各个环节及配套保障措施,需要环境质量监测、监管机制、补偿资金监管机制和生态环境信息共享平台等能力保障,支撑长江经济带补偿机制的顺畅运行。

三、建立健全长江经济带生态补偿与保护长效机制

为推动长江流域生态保护和治理，2018 年，财政部发布了关于建立健全长江经济带生态补偿与保护长效机制的指导意见。该指导意见提出，通过统筹一般性转移支付和相关专项转移支付资金，建立激励引导机制，明显加大对长江经济带生态补偿和保护的财政资金投入力度。指导意见明确，到 2020 年，长江流域保护和治理多元化投入机制更加完善，上下联动协同治理的工作格局更加健全，中央对地方、流域上下游间生态补偿效益更加凸显，为长江经济带生态文明建设和区域协调发展提供重要的财力支撑和制度保障。

（一）基本原则

1. 生态优先，绿色发展

把长江经济带生态补偿与保护摆在优先位置，推动长江经济带高质量发展，以绿色发展实现人民对美好生活的向往。

2. 统筹兼顾，有序推进

优先支持解决严重污染水体、重要水域、重点城镇生态治理等迫切问题，着力提升生态修复能力，构建生态补偿、生态保护和可持续发展之间的良性互动关系。

3. 明确权责，形成合力

中央财政加强长江流域生态补偿与保护制度设计，建立健全激励引导机制。地方政府要积极推动建立相邻省份及省内长江流域生态补偿与保护的长效机制。

4. 奖补结合，注重绩效

根据生态功能类型和重要性实施精准考核，强化资金分配与生态保护成效挂钩机制，充分调动市县级政府加强生态建设的积极性、主动性和创造性，用制度保护生态环境。

（二）主要措施

1. 增加均衡性转移支付分配的生态权重

中央财政加大对长江经济带相关省（直辖市）地方政府开展生态保护、污染治理、控制减少排放等带来的财政减收增支的财力补偿，进一步发挥均衡性转移支付对长江经济带生态补偿和保护的促进作用。

2. 加大重点生态功能区转移支付对长江经济带的直接补偿

增加重点生态功能区转移支付预算安排，调整重点生态功能区转移支付分配结构，重点向禁止开发区、限制开发区和上游地区倾斜，提高长江经济带生态功能重要地区的生态保护和民生改善能力。

3. 实施长江经济带生态保护修复奖励政策

鼓励省级行政区域内建立流域横向生态保护责任机制，引导长江经济带地方政府落实好流域保护和治理任务，调动地方政府积极性和主动性。

4. 加大专项对长江经济带的支持力度

中央财政将结合生态保护任务，通过林业改革发展资金、林业生态保护恢复资金、节能减排补助资金等向长江经济带予以重点倾斜，加大对长江经济带防护林体系建设、水土流失及岩溶地区石漠化治理等工程的支持力度。

5. 结合长江经济带不同区域功能定位，优先实施重点生态工程

以山水林田湖草为有机整体，重点实施森林和湿地保护修复、脆弱湖泊综合治理和水生物

多样性保护工程，增强水源涵养、水土保持、水质修复等生态系统服务功能。对岸线周边、生态保护红线区及其他环境敏感区域内落后产能排放整改或搬迁关停要给予一定政策性资金支持。

6. 建立健全长江经济带上下游间生态补偿机制

按照中央引导、自主协商的原则，鼓励相关省（直辖市）建立省（直辖市）内流域上下游之间、不同主体功能区之间的生态补偿机制，在有条件的地区推动开展省（直辖市）际流域上下游生态补偿试点，推动上中下游协同发展、东中西部互动合作。

7. 充分引导发挥市场作用

积极推动建立政府引导、市场运作、社会参与的多元化投融资机制，鼓励和引导社会力量积极参与长江经济带生态保护建设。探索推广节能量、流域水环境、湿地、碳排放权交易、排污权交易和水权交易等生态补偿试点经验，推行环境污染第三方治理，吸引和撬动更多社会资本进入生态文明建设领域。

四、借助河长制助推长江经济带生态补偿

全面推行河长制，是党中央做出的一项重大决策，也是加强河湖管理保护、促进生态文明建设的重大创新，是绿色发展和可持续发展背景下大环保理念推行的生动实践。河长制在解决跨地区、跨部门和多利益主体的复杂涉水问题方面具有明显的制度优势，能够实现跨部门协同，促进流域水环境综合管理的各项措施得到落实，可为完善长江经济带生态补偿机制提供制度和技术支撑，使建立稳定、长效的长江经济带生态补偿机制成为可能。李克强总理在2017年政府工作报告中专门提出“全面推行河长制，健全生态保护补偿机制”。因此，借力河长制的全面推行，在长江经济带贯彻新发展理念，让政府“有形之手”和市场“无形之手”有机发力，把保护和修复长江生态环境摆在首要位置，推动长江经济带市场化、多元化生态补偿的大力开展。

（一）发挥河长制组织体系作用，构建长江经济带生态补偿组织机构

长江经济带沿江政府及管理部门较多，推进长江经济带市场化多元化生态补偿必须有一个强力的组织机构来管理，河长制为此奠定了很好的组织基础。河长制的组织形式为省、市、县、乡四级河长体系，各级河长由同级党委或政府主要负责同志担任。因此，长江经济带生态补偿的组织机构设置可以依托中央和各省（直辖市）推动长江经济带发展领导小组，联合各省（直辖市）总河长共同成立长江经济带生态补偿工作委员会，下设长江经济带各级生态补偿办公室，实施与各级河长办“一套人马、两块牌子”的运行机制，统筹全流域生态补偿事宜，出台生态补偿制度，明确流域内补偿方式、标准、资金及考核体系，督促沿江11省（直辖市）制定生态补偿实施细则与配套政策。河长制实行跨区域、多部门联动的立体网络式管理模式，也有助于长江经济带生态补偿落实落细，实现长江流域“同饮长江水，共治一江水”。

（二）发挥河长制科技支撑作用，完善长江经济带生态补偿技术方法

发挥河长制“一河一档”与“一河一策”等本底数据的科技支撑作用，完善长江经济带生态补偿技术方法，实现补偿依据稳定可靠、补偿标准科学准确。首先，建立跨界断面物质通量考核体系。基于“一河一策”的水环境现状及问题梳理，准确、合理地设置跨界考核断面和物质通量考核指标体系。其次，确定跨界断面补偿依据。以上一级政府批准实施的“一河一策”的管理保护目标作为生态补偿依据。最后，建立能够反映区域差异性的补偿标准，统筹考虑河长制

“一河一档”中不同行政区域的生态敏感区面积、经济发展水平、出境水质、地表径流量等参数，以水生态服务功能价值为参考，逐步形成能够反映直接损失、机会成本及生态环境建设的补偿标准体系。

（三）发挥河长制统筹兼顾作用，完善长江经济带生态补偿方式

多元化生态补偿方式，能对各利益相关方产生激励作用，是长江经济带生态补偿长效机制的基础。首先，建立健全“三位一体”的生态补偿体系，特别是中央对中上游地区的纵向专项财政生态补偿体系、下游地区对中上游地区的横向流域生态补偿体系，以及下游地区对中上游地区的绿色产业生态补偿体系。其次，实施多样化的横向水生态保护补偿方式，由省级河长制办公室牵头，调整跨区域对口支援工作，下游地区可通过采取资金补助、产业转移、人才培训等方式补偿上游地区，实现补偿方和受偿方的共赢。最后，积极引导各级河长制办公室建立市场化补偿方式，由省（直辖市）河长制办公室牵头，确定全省（直辖市）水资源利用或排污的总量标准，并以配额的方式分配给下级河长，建立统一的水权和排污权交易市场，促进有需求的区域开展水权交易和排污权交易，探索市场化补偿模式，拓宽资金渠道。

第三节　长江经济带典型生态脆弱区的生态环境保护和修复

生态脆弱区也称生态交错区，是指两种不同类型的生态系统的交界过度区域。根据《全国生态脆弱区保护规划纲要》，全国共有八种生态脆弱区类型，其中一半类型在长江经济带范围内都有分布（西南岩溶山地石漠化生态脆弱区、西南山地农牧交错生态脆弱区、南方红壤丘陵山地生态脆弱区、沿海水陆交接带生态脆弱区）（表 12-1）。生态脆弱区是生态退化区域，系统抗干扰能力弱，对全球气候变化敏感，时空波动性强，边缘效应显著，环境异质性高。上述特点决定了生态脆弱区是极易出现生态问题的区域，也是我国生态保护与修复的重点区域。加强长江经济带生态脆弱区的保护和修复，增强生态环境监管力度，促进生态脆弱区经济发展，是贯彻落实科学发展观，牢固树立生态文明观念，实现长江经济带人与自然和谐发展的必然要求。

表 12-1　长江经济带典型生态脆弱区分布及主要生态问题

序号	生态脆弱区	分布范围	主要生态问题
1	西南岩溶山地石漠化生态脆弱区	主要分布于我国西南石灰岩岩溶山地区域，行政区域涉及川、黔、滇、渝、桂等省或直辖市	过度樵采，植被退化，土地过垦，土层薄，土壤发育缓慢，溶蚀、水蚀严重，生态脆弱
2	西南山地农牧交错生态脆弱区	主要分布于青藏高原向四川盆地过渡的横断山区，行政区域涉及四川阿坝、甘孜、凉山等州，云南省迪庆、丽江、怒江以及黔西北六盘水等 40 余个县市	森林过伐，土地过垦，植被稀疏、退化，土壤发育不全，层薄而贫瘠，水源涵养能力低，水土流失严重，石漠化强烈
3	南方红壤丘陵山地生态脆弱区	主要分布于我国长江以南红土层盆地及红壤丘陵山地，行政区域涉及浙、闽、赣、湘、鄂、苏六省	土地过垦、肥力下降，林灌过樵，植被盖度低、退化明显，流水侵蚀，水土流失严重，生态脆弱

续表

序号	生态脆弱区	分布范围	主要生态问题
4	沿海水陆交接带生态脆弱区	主要分布于我国东部水陆交接地带，行政区域涉及我国东部沿海诸省(市)，典型区域为滨海水线500米以内、向陆地延伸10千米之内的狭长地域	湿地退化，调蓄净化能力减弱，土壤次生盐渍化加重，水体污染，生物多样性下降

一、长江经济带典型生态脆弱区生态退化问题

受地形地貌以及人类活动等影响，长江经济带四大典型生态脆弱区面临的生态退化问题不尽相同。长江经济带上游云南、贵州、四川等省份岩溶山地生态脆弱区石漠化现象严重。这些西南山地农牧交错生态脆弱区同时又面临着水土流失严重，区域生态退化的问题。南方红壤丘陵山地生态脆弱区涉及长江中下游浙江、湖南、湖北、江苏等省份，丘陵坡地林木资源砍伐严重，通江江湖关系演变加剧，两湖湿地生态系统呈恶化趋势。在长江三角洲及入河口地区的沿海水陆交接带生态脆弱区，滩涂岸线的无序开发对生态空间过度挤占，导致湿地等生态系统遭到破坏，水污染严重。

（一）西南岩溶山地石漠化现象严重

长江经济带上游地区是全球三大岩溶集中连片区中面积最大、岩溶发育最强烈的典型生态脆弱区。根据国家林业和草原局2018年发布的《中国·岩溶地区石漠化状况公报》，长江流域石漠化土地面积为599.3万公顷，占石漠化土地总面积的59.5%。石漠化是指在气候湿润和岩溶发育的自然背景下，因人为干扰造成植被持续减少，导致山石受到严重侵蚀、基岩大面积裸露而呈现石质荒漠化的土地退化过程。石漠化已成为我国西南地区在脆弱的岩溶地貌基础上形成的最大生态问题。以贵州省为例，全省石漠化土地面积为247万公顷，占石漠化土地总面积的24.5%，全省88个县(市、区)中有78个不同程度存在石漠化问题，贵州省的石漠化现象是当地经济社会可持续发展的主要障碍，同时也影响着长江中下游省区的生态安全。

（二）西南山地农牧交错生态脆弱区水土流失加剧

长江流域是我国水土流失极为严重的区域之一，水土流失面积和土壤侵蚀总量均居全国七大江河流域首位，根据第一次全国水利普查数据(2013年公布)，长江流域水土流失面积38.46万平方千米，占总面积21.37%，主要分布在上中游云、贵、川等地。土壤侵蚀是导致人类赖以生存且日趋紧缺的土地资源退化和损失的主要原因，严重的水土流失不仅破坏水土资源，恶化生态环境，加剧自然灾害，而且严重制约长江经济带经济社会的可持续发展。特别是长江上游地区又集中分布着众多国家级贫困县，使得区域水土流失预防和治理任务十分艰巨。

（三）中下游湿地系统呈退化趋势

湿地是长江经济带的生态命脉，维系着流域生态安全和经济社会可持续发展的根基。目前，由于人口密度大、开发强度高等多种原因，长江经济带中下游湿地系统面临湿地面积萎缩、生态系统退化、生物多样性降低、蓄水调洪能力下降、水污染严重等严峻问题。相较于20世纪50年代，长江中游70%的湿地已经消失，长江中游地区的湖泊面积由1949年的25828平方千米减少到现在的10493平方千米。其中，具有标志意义的洞庭湖面积由20世纪50年代初的4300平方千米减少到现在的不足2700平方千米，鄱阳湖面积由5053平方千米降为3283平

方千米，江汉湖群面积已从8330平方千米下降到2270平方千米。

（四）沿海水陆交接带生态空间过度挤占和污染严重

近20年来，长江中下游城市群部分地区城镇开挖建设严重挤占江河湖泊生态空间，发展和保护的矛盾日益突出。长江下游至入海口两岸的能源重化工业快速涌现、密集布局，呈杂乱无序、过度开发之势。这些能源重化工业与长江众多支流衍生连接的各类化学工业园混成一片，排放的大量污水导致长江水体富营养化加剧，生态系统遭到破坏，污染程度远超自身的水体净化能力和环境承载能力。自20世纪80年代以来，长江口及其邻近海域的赤潮现象频繁发生，赤潮的生物种类也在持续增加、危害程度不断增大。通江湖泊数量锐减，中下游湖泊、湿地面积大量萎缩、质量下降。据水利部门调查，近十年，上海海岸湿地减少了18%，江苏湿地减少了1/3。许多重要湿地富营养化问题相当严重，部分或全部丧失了作为野生动植物栖息地的功能。长三角、长江中游等城市群地区集中连片污染问题突出。

二、长江经济带典型生态脆弱区生态环境保护和修复现状与问题

为保护长江一江清水，充分利用长江水利资源优势，国家配套实施了长江上游防护林和生态公益林建设工程以及退耕还林政策措施。这些工程和措施实施以来，长江沿线森林覆盖率得到了提高，土壤侵蚀量显著降低，各地区新营造或更新了大片河(海)岸、平原绿化、农田林网绿化等基干林带，宜林荒山变为森林。此外，国家高度重视长江上中游地区水土保持工作。2000年以来，长江流域水土流失治理成效显著，治理水土流失面积14.5万平方千米。

近年来，长江经济带沿线各省份也已开始围绕生态系统退化问题积极探索生态修复和绿色发展新路径。例如，四川省自2008年以来先后启动17个县的栽树种草、修建蓄水池等综合治理工程，治理沙化、石漠化等土地2600多平方千米，每年流入长江的泥沙量减少3亿多吨。重庆市开展了“绿色长江”行动，强化三峡库区生态保护，生态屏障区森林覆盖率比工程实施前提升了27%。湖北省致力于打造长江经济带“脊梁”，在全省13个沿江城市实施连通江河湖库水系工程，建设江河湖库岸线生态隔离带及生态修复机制，构建起以武汉为主的长江、汉江连通整治体系，对沿江流域生态环境进行修复保护。浙江省采用“五水共治”方式整治逾5000千米黑臭河道。江苏省成立长江生态环境保护联席会议制度构建长江流域生态环境保护工作保障体系，从加强长江水生野生生物资源保护与管理、推进土壤污染防治、严格沿江地区生态红线管控等方面着手实施生态保护与修复措施。

总结长江经济带典型省份的生态环境保护和修复治理工作，存在以下问题：一是立法保护不足，我国生态环境保护与修复工作起步较晚，目前未有针对生态脆弱区生态修复和保护方面的相关法律法规，相关生态修复措施和保护法律法规仅零星分散在其他生态保护规章制度中，尚未形成体系。二是缺乏完善的技术标准和规范，我国目前针对生态脆弱区的评估标准、修复技术、监测体系等较为薄弱，造成生态状况监控、风险预警、责任追究、措施效果评估等缺乏科学基础支撑。三是缺乏流域统筹，目前长江经济带沿江各省(直辖市)生态保护与修复规划布局重视局部利益和效果，缺乏流域性统筹和治理措施的系统性，破坏了流域整体的水生态系统。四是工程缺乏后续监管，部分省份实施的生态保护与修复工程仅重视前期工程建设，但对后期监督管理重视不够，对已实施工程的运行管理和维护不足，影响了工程效益的长久发挥。

三、长江经济带生态脆弱区保护和修复对策

针对长江经济带生态脆弱区生态现状以及现有保护和修复过程中存在的主要问题，下面

从区域性、整体性、政策性、创新性、长效性五个方面提出保护对策。

（一）针对不同生态脆弱区特征，系统开展重点区域生态保护和修复

总体上看，长江经济带涉及的四个典型生态脆弱区生态系统结构与功能受到损害，呈现不同程度的退化现象，水土流失、石漠化、湿地退化等生态环境问题较为突出，生态保护形势严峻。因此，根据因地制宜、自然修复与人工措施相结合、惠及民生等原则，应综合考虑生态脆弱区的资源、环境、经济等因素，针对不同的典型生态脆弱区，分别制定生态恢复的基本措施和技术对策。西南的石漠化地区，同时也是经济相对落后和贫困问题较突出的地区，植被覆盖度低，虽降水丰沛，但因喀斯特地形渗透严重，农业产量很低，依靠当地有限的土地资源，地方经济无从发展，贫困户收入无法提高，应探索生态脱贫新路，建议结合国家扶贫政策，开展生态移民工程，科学休耕，让土地休养生息。西南山地农牧交错水土流失区应采取"先移后封"的修复措施，同时在生态脆弱区开展水土流失、坡耕地及清洁型小流域、破损山地和工矿废弃地等综合整治，加强丘陵岗区、荒山等生态系统修复，减少水土流失。中游两湖地区应实施水系整治工程，统筹解决洞庭湖和鄱阳湖湿地萎缩、生态退化问题，加强长江防护林体系、退耕还林还湿、开展河湖和湿地生态保护修复等工程建设。目前长江污染主要集中在长江下游及入海口，需全面评估和梳理长江中下游现有各类水利工程的功能定位，在有条件的地区对混凝土硬化的河岸带和滨湖带实施生态化改造，针对河网黑臭现象按片区集中精力打歼灭战和加大湖泊富营养化治理力度。

（二）有序实施生态修复保护工程，促进生态系统整体治理

将实施重大生态修复工程作为推动长江经济带发展项目的优先选项，实施好长江防护林体系建设、水土流失及岩溶地区石漠化治理、退耕还林还草、水土保持、河湖和湿地生态保护修复等重大工程，增强长江经济带水源涵养、水土保持等生态功能。要整体推进森林、草地、湿地、湖泊等生态系统的系统保护，提升流域水源涵养和水土保持能力，在生态环境脆弱的生态保护红线区域首先开展典型受损生态系统修复示范工程，以实现全面遏制长江经济带生态退化，森林、湿地等生态系统稳定性逐步提高，生态服务功能逐步提升的大保护目标。

（三）落实生态保护与修复的监督管理机制，强化后续监管

为加强长江经济带典型生态脆弱区生态修复和保护，长江经济带沿江各级政府应根据主体责任不改变的管理原则，明确生态修复和保护的部门职责与管理要求，实现山水林田湖的统筹管理。建立"天地一体化"的监测与监管体系，对已经开展的生态修复工程利用大数据技术加强日常监控和定期评估，实现常态化监管。对监管发现的问题，及时通报地方政府和行业主管部门，并作为绩效考核和责任追究的重要依据。及时掌握生态修复和保护的动态变化。健全生态保护补偿机制，实行分类分级的补偿政策，将生态保护补偿与精准脱贫有机结合，创新资金使用方式，开展贫困地区生态综合补偿试点，探索生态脱贫新路。创新融资机制，采取多种方式拓宽融资渠道，鼓励、引导社会资金以 PPP 等形式参与长江经济带环境保护与修复。严格评估考核，加强生态修复工程后续监管，定期对生态修复专项资金的使用及工程项目的实施情况进行监督检查，建立定期报告制度。

（四）支持长江经济带生态保护修复技术研究，推进科技创新引领

当前我国生态修复主要集中在生态系统层次，针对局地生态退化开展修复实践较少，且局地尺度的修复措施难以整体提升生态脆弱区生态功能。因此，应加大对长江经济带生态保护措施与修复治理技术的基础理论研究，突破局地尺度的恢复治理范式，要根据生态脆弱区的主

导生态功能，开展基于生态功能的退化生态系统评价技术与诊断方法研究，识别区域生态退化的关键指标，建立基于生态服务功能的退化生态系统评价指标体系、等级判别标准及相应的技术方法，分析导致区域生态退化与生态服务功能下降的驱动因素，通过建立区域调控与局地修复技术相结合、区域生态功能提升与经济发展相协调的修复模式，探寻不同类型生态脆弱区的适宜修复模式。

（五）加快生态修复和环境保护立法工作，构建长效保护机制

目前长江经济带的管理主要采取单一部门、单一要素的管理方式，条块的分割和交叉比较严重，区域与部门之间尚未建立有效的协调机制，缺乏具有整体性、专业性、协调性的大区域合作平台。现有的长江流域综合机构长江水利委员会，职能偏向水利，主要负责防洪和水电。应尽快制定长江经济带生态环境保护相关法律法规，明确流域管理的目标、原则、体制、机制，明确相关部门的职责与任务，建立覆盖全流域的水资源保护、水生态修复、水污染防治等相关制度和措施，通过法律法规有力推动长江经济带经济发展方式的转变，促进经济社会发展与水资源和水环境承载能力相适应，保障经济社会可持续发展，维护长江经济带防洪安全、供水安全与生态安全。

参考文献

[1] 李登新.环境工程导论[M].北京:中国环境出版社,2015.
[2] 陈泉生.论环境的定义[J].法学杂志,2001(2):19-20.
[3] 朱颜明,何岩.环境地理学导论[M].北京:科学出版社,2002.
[4] 程发良,孙成访.环境保护与可持续发展[M].3版.北京:清华大学出版社,2014.
[5] 胡筱敏,王凯荣.环境学概论[M].2版.武汉:华中科技大学出版社,2020.
[6] 王民.环境意识概念的产生与定义[J].自然辩证法通讯,2000(4):86-90.
[7] 吕君,刘丽梅.环境意识的内涵及其作用[J].生态经济,2006(8):138-141.
[8] 蒋述湘.论环境意识的内涵及其在环境保护中的作用[J].重庆环境科学,1999(1):11-12,24.
[9] 洪阳,叶文虎.可持续环境承载力的度量及其应用[J].中国人口·资源与环境,1998(3):57-61.
[10] 王俭,孙铁珩,李培军,等.环境承载力研究进展[J].应用生态学报,2005,16(4):768-772.
[11] 曾维华,王华东,薛纪渝,等.人口、资源与环境协调发展关键问题之一——环境承载力研究[J].中国人口·资源与环境,1991(2):33-37.
[12] 汪诚文,刘仁志,葛春风.环境承载力理论研究及其实践[M].北京:中国环境科学出版社,2011.
[13] 陈旭东,徐明德,赵海生.基于DPCSIR模型的工业园区水资源承载力研究[J].环境科学与管理,2012,37(2):144-147.
[14] 夏军,王中根,左其亭.生态环境承载力的一种量化方法研究——以海河流域为例[J].自然资源学报,2004,19(6):786-794.
[15] 徐春.生态文明在人类文明中的地位[J].中国人民大学学报,2010,24(2):37-45.
[16] 李祖扬,邢子政.从原始文明到生态文明——关于人与自然关系的回顾和反思[J].南开学报,1999(3):36-43.
[17] 陈英旭.环境科学与人类文明[M].2版.杭州:浙江大学出版社,2012.
[18] 谭仁杰.环境与可持续发展教程[M].武汉:武汉大学出版社,2003.
[19] 巩英洲.生态文明与可持续发展对人类现在到未来文明的哲学探讨[M].兰州:兰州大学出版社,2007.
[20] 曹玉华.中国古代朴素农业可持续发展思想探讨[J].成都教育学院学报,2004,18(1):24-25.
[21] 李树人,阎志平,侯桂英,等.中国古代可持续发展思想与模式探讨[J].河南农业大学学报,2002,36(4):341-343.
[22] 郭晓丽.浅谈中国古代可持续发展的思想及实践[J].科技信息,2007(23):191.
[23] 李传印,陈得媛.环境意识与中国古代文明的可持续发展[J].学术研究,2007(12):105-109.

[24] 邵磊. 可持续发展理论在西方经济学中的演进[J]. 金融经济,2018(6):141-142.

[25] 张志强,苏娜. 国际一流智库的研究方法创新[J]. 中国科学院院刊,2017,32(12):1371-1378.

[26] 米哈依罗·米萨诺维克,爱德华·帕斯托尔. 人类处在转折点——罗马俱乐部研究报告[M]. 刘长毅,李永平,孙晓光,译. 北京:中国和平出版社,1987.

[27] 胡义成,白中伟. 可持续发展战略的提出与未来学中两派的论战[J]. 黄冈师专学报,1998,18(1):14-21.

[28] 林道谦.《联合国人类环境会议宣言》简介[J]. 云南地理环境研究,1992,4(1):14-15.

[29] 邹振旅. 经济活动国际惯例大辞典[M]. 北京:当代世界出版社,1995.

[30] 邹瑜,顾明. 法学大辞典[M]. 北京:中国政法大学出版社,1991.

[31] 钟茂初. 可持续发展思想的理论阐释与实证分析[D]. 天津:南开大学,1984.

[32] 赵士洞,王礼茂. 可持续发展的概念和内涵[J]. 自然资源学报,1996,11(3):288-291.

[33] 蒲勇健. 可持续发展概念的起源、发展与理论纷争[J]. 重庆大学学报(社会科学版),1997(1):17-23.

[34] 郭日生.《21 世纪议程》:行动与展望[J]. 中国人口·资源与环境,2012,22(5):5-8.

[35] 景维民. 经济学界讨论的若干重大问题[J]. 人民论坛,2018(16):24-25.

[36] 杨继瑞,康文峰. 中国经济不平衡不充分发展的表现、原因及对策[J]. 贵州师范大学学报(社会科学版),2018(3):71-84.

[37] 余谋昌. 中国资源现状[J]. 中国城市经济,2004(8):4-9.

[38] 杜丁. 研究报告称我国单位 GDP 废水排量比发达国家高 4 倍[J]. 资源与人居环境,2012(10):51-52.

[39] 尹玉忠,范玉国,杨升洪. 近年来我国废水排放情况及水资源保护相关政策[J]. 环境与发展,2017,29(9):184-185.

[40] 罗广. 中国 GDP 增长与全国废水排放量的关系研究[J]. 统计与管理,2014(1):32-33.

[41] 谷振宾. 中国森林资源变动与经济增长关系研究[D]. 北京:北京林业大学,2007.

[42] 李智广. 中国水土流失现状与动态变化[J]. 中国水利,2009(7):8-11.

[43] 向夏莹. 中国荒漠化治理世界领先[J]. 生态经济,2017,33(4):10-13.

[44] 郭日生.《中国 21 世纪议程》的制定与实施进展[J]. 中国人口·资源与环境,2007,17(5):1-5.

[45] 王伟中.《中国 21 世纪议程》:迎接挑战的战略抉择与实践探索[J]. 中国科学院院刊,2012,27(3):274-279.

[46] 杨雪英. 可持续发展学[M]. 徐州:中国矿业大学出版社,2004.

[47] 张新宁. 构建生态文明的机制研究[J]. 创新科技,2008(11):24-25.

[48] 凌先有. 瑞典的生态文明建设[J]. 中国水利,2008(7):52-53.

[49] 祝镇东. 美国生态环境保护的经验及其对中国生态文明建设的启示[J]. 经营管理者,2015(34):179-180.

[50] 汪松. 中外生态文明建设比较研究[J]. 黄河科技大学学报,2017,19(2):99-103.

[51] 谭颜波. 国外生态文明建设的实践与启示[J]. 党政论坛,2018(4):46-48.

[52] 袁涌波. 国外生态文明建设经验[J]. 今日浙江,2010(11):28.

[53] 丁刚,翁萍萍. 生态文明建设的国内外典型经验与启示[J]. 长春工程学院学报(社会科

学版),2017,18(1):36-40.

[54] 詹显华.澳大利亚生态文明社会建设调查报告[J].理论导报,2010(10):59-60.

[55] 张人仁,李婧雯.新中国成立以来生态文明建设的实践探索[J].文化创新比较研究,2020,4(6):144-145.

[56] 李劲.新中国70年生态文明建设的发展实践探析[J].特区实践与理论,2019(6):34-39.

[57] 周杨.新时代生态文明建设的实践路径[J].中共天津市委党校学报,2018,20(6):63-71.

[58] 欧阳志云.开创复合生态系统生态学,奠基生态文明建设——纪念著名生态学家王如松院士诞辰七十周年[J].生态学报,2017,37(17):5579-5583.

[59] 石永林,王要武.建设可持续发展生态城市的研究[J].中国软科学,2003(8):122-126.

[60] 黄光宇,陈勇.生态城市理论与规划设计方法[M].北京:科学出版社,2002.

[61] Rodney R White.生态城市的规划与建设[M].沈清基,吴斐琼,译.上海:同济大学出版社,2009.

[62] 李迅,李冰,赵雪平,等.国际绿色生态城市建设的理论与实践[J].生态城市与绿色建筑,2018(2):34-42.

[63] 王青.国外生态城市建设的模式、经验及启示[J].青岛科技大学学报(社会科学版),2009,25(1):21-24.

[64] 姜晓雪.我国生态城市建设实践历程及其特征研究[D].哈尔滨:哈尔滨工业大学,2017.

[65] 董宪军.生态城市研究[D].北京:中国社会科学院研究生院,2000.

[66] 孙铁珩,王道涵.论生态城市规划与建设的内容构架[J].上海师范大学学报(自然科学版),2005,34(3):76-79.

[67] 颜京松,王如松.生态市及城市生态建设内涵、目的和目标[J].现代城市研究,2004(3):33-38.

[68] 尉春艳.秦皇岛市生态城市建设发展战略研究[J].中国环境管理干部学院学报,2013,23(1):31-34.

[69] 马晓虹,吕红亮,苗楠,等.生态城市指标体系的优化升级与动态更新——以中新天津生态城指标体系2.0版为例[J].规划师,2019,35(11):57-62.

[70] 刘亭亭,季鸣童,彭玉丹.大庆市生态城市指标体系的构建[J].办公自动化,2018,23(18):29-30,61.

[71] 米凯,彭羽.国外生态城市指标体系及其应用现状分析[J].中国人口·资源与环境,2014,24(S3):129-134.

[72] 时保国,田一聪,赵江美,等.生态城市的研究进展与热点——基于文献计量和知识图谱分析[J].干旱区资源与环境,2020,34(3):76-84.

[73] 邵娜娜.论新时代生态城市的建设路径[J].中华文化论坛,2018(1):87-92.

[74] 张可心.美丽中国建设的科学内涵及实现路径初探[J].学理论,2018(9):36-37.

[75] 吴超.从“绿化祖国”到“美丽中国”——新中国生态文明建设70年[J].中国井冈山干部学院学报,2019,12(6):87-96.

[76] 亢佳欣.马克思主义生态观视阈下美丽中国建设研究[D].西安:西安理工大学,2019.

[77] 高卿,骆华松,王振波,等.美丽中国的研究进展及展望[J].地理科学进展,2019,38(7):1021-1033.

[78] 秦书生,胡楠.美丽中国建设的内涵分析与实践要求——关于习近平美丽中国建设重要论述的思辨[J].环境保护,2018,46(10):9-12.

[79] 王卫星.美丽乡村建设:现状与对策[J].华中师范大学学报(人文社会科学版),2014,53(1):1-6.

[80] 陈善鹤.美丽乡村建设实践模式探索[D].上海:华东理工大学,2014.

[81] 廖茂林,共谋全球生态文明建设之路的理论认知及实践路径[J].企业经济,2020,39(7):131-137.

[82] 杨洪波.新时代背景下我国推进全球生态文明建设的实践路径[J].价值工程,2020,39(12):289-290.

[83] 何立峰.扎实推动长江经济带高质量发展[J].宏观经济管理,2019(10):1-4,7.

[84] 庄超,许继军.新时期长江经济带绿色发展的实践要义与法律路径[J].人民长江,2019,50(2):35-41,52.

[85] 曲超,王东.关于推动长江经济带绿色发展的若干思考[J].环境保护,2018,46(18):52-55.

[86] 吴晓华,罗蓉,王继源.长江经济带"生态优先、绿色发展"的思考与建议[J].长江技术经济,2018,2(1):1-7.

[87] 吴传清,黄磊.长江经济带绿色发展的难点与推进路径研究[J].南开学报(哲学社会科学版),2017(3):50-61.

[88] 陆大道.长江大保护与长江经济带的可持续发展——关于落实习总书记重要指示,实现长江经济带可持续发展的认识与建议[J].地理学报,2018,73(10):1829-1836.

[89] 罗来军.长江经济带绿色发展战略成效显著[EB/OL].(2020-06-13)[2021-01-20].http://ydyl.china.com.cn/2020-06/13/content_76159165.htm.

[90] 黄园钧.推动长江经济带绿色发展[N].学习时报,2019-04-17(007).

[91] 肖琳子.长江经济带绿色发展:战略意义、概念框架与目标要求[J].经济研究导刊,2018(33):57-59,61.

[92] 彭智敏、汤鹏飞、吴晗晗.长江经济带高质量发展指数报告 2019[M].武汉:长江出版社,2020.

[93] 焦玉海.建设长江经济带湿地保护与恢复刻不容缓(湿地,我们的未来)[EB/OL].(2015-5-21)[2021-01-20].http://www.greentimes.com/greentimepaper/html/2015-05/21/content_3268902.htm.

[94] 刘振中.促进长江经济带生态保护与建设[J].宏观经济管理,2016(9):30-33,38.

[95] 王贤.长江经济带生态文明建设现状、问题及对策[J].长江大学学报(社科版),2017,40(2):36-40.

[96] 左其亭,王鑫.长江经济带保护与开发的和谐平衡发展途径探讨[J].人民长江,2017,48(13):1-6.

[97] 郜志云,姚瑞华,续衍雪,等.长江经济带生态环境保护修复的总体思考与谋划[J].环境保护,2018,46(9):13-17.

[98] 董战峰,李红祥,璩爱玉,等.长江流域生态补偿机制建设:框架与重点[J].中国环境管

理,2017,9(6):60-64.
[99] 唐见,曹慧群,何小聪,等.河长制在促进完善流域生态补偿机制中的作用研究[J].中国环境管理,2019,11(1):80-83.
[100] 曲向荣.环境规划与管理[M].北京:清华大学出版社,2013.
[101] 刘利,潘伟斌,李雅.环境规划与管理[M].2版.北京:化学工业出版社,2013.
[102] 周国强,张青.环境保护与可持续发展概论[M].北京:中国环境出版社,2017.
[103] 吴绍洪,黄季焜,刘燕华,等.气候变化对中国的影响利弊[J].中国人口·资源与环境,2014,24(1):7-13.
[104] 孙傅,何霄嘉.国际气候变化适应政策发展动态及其对中国的启示[J].中国人口·资源与环境,2014,24(5):1-9.
[105] 谭显春,顾佰和,王毅.气候变化对我国中长期发展的影响分析及对策建议[J].中国科学院院刊,2017,32(9):1029-1035.
[106] 王伟光,刘雅鸣.应对气候变化报告(2017)[M].北京:社会科学文献出版社,2017.
[107] 吴静,王铮,朱潜挺,等.应对气候变化的全球治理研究[M].北京:科学出版社,2016.
[108] 张阳武.长江流域湿地资源现状及其保护对策探讨[J].林业资源管理,2015(3):39-43.